한국분자・세포생물학회
〈21세기를 위한 생명과학〉 시리즈

유전자의 영혼

레그 모리슨 지음
황수연 옮김

전파과학사

진화

우주의 에너지는 본질적으로 카오스적이며 여러 개의 프랙털로 이루어져 있어 그 구성 요소들은 모두 동일한 법칙의 지배를 받는다. 또한 지구와 같은 행성의 모든 수면(水面)을 통하여 들고 나는 에너지 사이에서 발생하는 카오스적 상황은 지구상의 모든 생명체들에서도 발견된다. 마찬가지로 지구의 생물권 내에 존재하는 모든 생태계, 그리고 그 구성원 하나하나의 성장과 행동도 우주 전체를 지배하는 카오스 이론에 입각한 에너지 확산 법칙의 조절 하에 놓여져 있다.

생명의 나무

모든 생명체는 하나의 공통된 목적, 즉 그들의 유전자를 보존하기 위하여 살아가고 있는 셈이다. 유전물질들은 자기 복제를 통하여 존속되며, 모든 생명체가 가지는 생식 본능은 바로 여기에서 나온다. 그런데 생식 활동에는 상당한 에너지가 필요하게 마련이다. 예를 들어 식물은 그들이 필요로 하는 태양 에너지의 대부분을 잎사귀를 통해서 받아들이는데, 바로 이 때문에 식물체가 자라나면서 아래쪽 가지에 속한 잎사귀

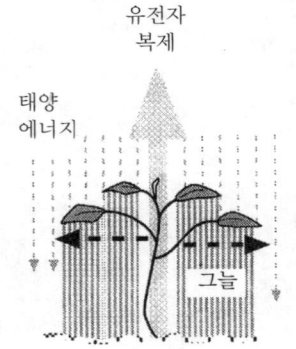

들이 점차 바깥쪽으로 퍼져 나오게 되는 것이다. 모든 생명체는 이와 비슷한 원리에 따라 언제나 '바깥쪽을 향하여', 그리고 점차 다양한 형태로 발전하는 과정을 통하여 보다 많은 에너지를 얻고자 노력하는 현상을 보인다.

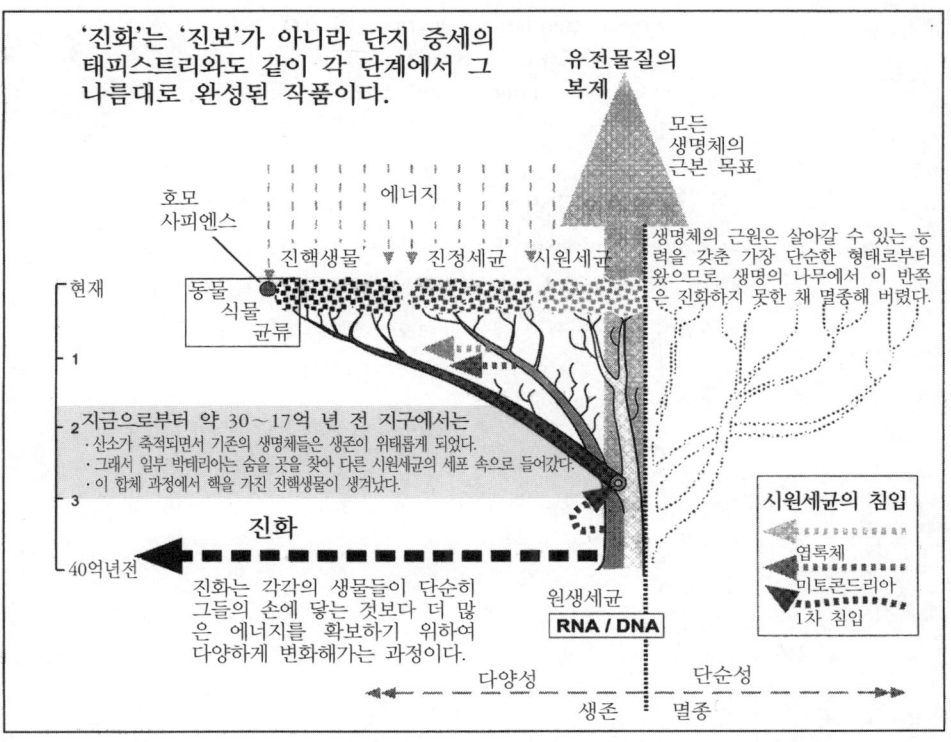

THE SPIRIT IN THE GENE :
Humanity's Proud Illusion and the Laws of Nature,
by Reg Morrison, Original published by Cornell University Press
"Copyright © 1999 by Cornell University"
All rights reserved.

Korean translation copyright © 2003
by Chon Pa Kwa Hak Sa.
This translated edition is authorized by original
publisher, via the Eric Yang Agency

이 책의 한국어판 저작권은 에릭양 에이전시를 통한
Cornell University Press사와의 독점 계약으로
한국어 판권을 '전파과학사'가 소유합니다.
저작권법에 의하여 한국 내에서 보호를 받는 저작물이므로
무단전재와 무단복제를 금합니다.

<21세기를 위한 생명과학> 시리즈를 발간하며

　인문 사회와 자연 과학, 그리고 예술의 각 분야에서 전문적인 내용을 다룬 책들이 학자들의 서가와 이를 전공하는 학생들의 책가방 속에 한정되어 있던 시기는 이미 오래 전에 지났습니다. 오늘날 서점가에 나가 보면 일반 독자들을 대상으로 상상할 수 없으리만큼 다양한 내용의 전문 서적들이 나와 있어 21세기를 살아가는 새로운 지식인들의 호기심과 탐구욕을 충족시켜 주고 있는 것을 보게 됩니다. 여러 과학 부문에서의 첨단 기술 발전을 알기 쉽게 풀이한 책들도 많이 눈에 띄는데, 이는 현대 과학 기술의 발전이 과연 어디까지 진행될 것인가, 또는 어디까지 진행되어도 좋은가를 둘러싼 문제들에 대하여 일반 사회 구성원들의 인식을 높여 준다는 점에서 매우 바람직한 일이라고 생각합니다. 이 중에서도 특히 최근 인간 유전체의 염기 서열 사업이 완성되고 포유류의 복제가 성공적으로 이루어지고 난 뒤 그 기술 적용의 범위와 대상이 윤리적 및 사회적 논란의 대상으로 대두된 생명과학 분야에서는 그 제반 현상들의 기본 원리를 일반인들에게 알기 쉽도록 설명해 줄 수 있는 양서들의 출간이 더욱 필요할 것으로 보입니다. 그러나 무조건 많은 숫자의 도서들이 출판되는 것만이 해결책은 아니며, 오히려 대중 매체들이 자칫 센세이셔널리즘으로 흐르기 쉬운 현대 사회의 특성상 복제 인간이나 유전자 조작을 둘러싼 공상과학 소설 취향의 도서들이 '과학 전문 서적'이라는 이름으로 만들어져 독자들의 말초 신경을 자극하는 현상이 일어나지는 않을까 심히 우려되는 상황입니다. 이에 한국분자·세포생물학회에서는 일반 대중에게 생명과학의 기본 원리와 가설들을 알기 쉽게 설명해 줄 수 있으면서도 변화하는 시대의 흐름에 부합한 새로운 관점들을 제시해 줄 수 있는 동서양의 명저를 〈21세기를 위한 생명과학〉 시리즈로 발간하려고 합니다. 그 첫번째로 레그 모리슨이 쓴 『유전자의 영혼 The Spirit in the Gene』을 한국판으로 출간하게 되었습니다. 이를 위하여 애써 주신 한국분자·세포생물학회 출판위원장 안태인 교수와 번역을 맡은 황수연 박사께 이 자리를 빌어 감사의 말씀을 드리며, 바라건대 이 책들이 일반 독자들, 특히 청소년들의 생명과학에 대한 이해와 관심을 높여서 향후 우리나라 생명과학 분야의 창의적 발전에 직접 간접적으로 기여할 수 있기를 소망하며, 앞으로 발간될 시리즈에도 많은 관심과 지원이 있기를 바랍니다.

2003년 겨울 한국분자·세포생물학회 회장
서울대학교 생명과학부 교수   임정빈

책 머리에

　오늘날 지구촌 곳곳에서 발생하고 있는 기아와 수자원의 오염, 온난화 현상, 그리고 열대 우림의 파괴와 여러 동식물의 급격한 멸종 현상에 이르기까지, 인류가 지구라는 행성의 생태계에 입힌 피해 상황의 실태는 실로 어마어마하다. 어떻게 해서 지구의 환경은 이다지도 심각한 위기에 빠지게 된 것일까? 지구상의 자원들을 이렇게까지 고갈시킨 가장 주된 원인이라고 할 수 있는 인구의 폭발적 증가는 왜 일어난 것일까?
　이 문제들에 대한 해답을 찾기 위하여 레그 모리슨은 생명의 정보체계, 인간 유전체의 분석, 뇌과학 등 최근 생명과학의 원리들을 총괄하여 고찰해 보는 방법을 선택한다. 이 책에서 저자는 호모 사피엔스(*Homo sapiens*)가 그 지극히 이성적인 사고와 영적 특성을 조화롭게 발전시킴으로써 지난 수천 년 동안 지구상에서 번영을 누릴 수 있었던 비결을 훌륭하게 설명해 주고 있다. 이 놀라운 능력은 다름 아니라 바로 인간들의 유전자 조성에 의하여 결정되는 일련의 특성 중의 일부이지만, 모리슨은 바로 이와 같은 성향들이 또한 거역할 수 없는 자연의 법칙에 따라 인류의 궁극적인 몰락을 초래하는 요소로 작용하게 될 것임을 경고한다.
　『유전자의 영혼』은 한국분자·세포생물학회에서 발간하는 〈21

세기를 위한 생명과학〉 시리즈의 첫번째 도서이다. 이제까지 인류는 과학과 기술의 발전을 통하여 지구상의 모든 문제들을 해결할 수 있다고 믿었고, 따라서 인간 활동으로 인한 생태계의 파괴를 복원하는 일도 첨단 과학을 더욱 발전시키는 일을 통하여 가능하다고 생각해 왔다. 그러나 모리슨은 독자들로 하여금 이 확고한 신념을 보다 겸허한 입장에서 다시 한 번 돌아 볼 것을 촉구하고 있다. 즉 저자는 인류가 자신도 지구상 생태계의 일원이며 다른 동물들과 생명 현상의 기본 원리를 공유하고 있음을 새롭게 인식해야 한다고 촉구한다. 책의 후반부에서 저자가 조심스럽게 피력하고 있는 것처럼 아마도 인류에게 남겨진 마지막 해결책은 유전자 변형을 통한 곡물 생산의 증가와 같은 최첨단 과학 기술이겠지만 이 또한 앞서의 두 가지 기본적 사실에 입각한 보다 겸허하고 조심스러운 태도로 임하지 않는다면 오히려 생태계에 더 큰 폐해를 끼치게 된다는 것이다. 이러한 관점에서 볼 때 이 책은 일반 대중은 물론 생물학을 전공하는 사람들도 꼭 한 번 읽어 볼 필요가 있다고 생각된다. 바라건대 이 책을 읽은 독자들이 이제까지 인류의 진화와 미래에 대하여 가지고 있던 고정 개념들을 새로운 관점에서 바라보고, 인류의 미래에 대하여 보다 현명한 판단과 계획을 세울 수 있었으면 한다.

한국분자・세포생물학회 출판위원장
서울대학교 생명과학부 교수 안태인

차례

<21세기를 위한 생명과학> 시리즈를 발간하며 5
책 머리에 7
서문 11
지은이의 말 19
감사의 글 27

제 1 부 문제들
제1장 수다쟁이 천재 31
제2장 변화하는 세상 43

제 2 부 근원
제3장 인류의 유전적 근원 113
제4장 농경 사회로의 전환 169
제5장 생태계의 오염과 진화 185
제6장 불균형 바로잡기 212
제7장 해결사들 254

제 3 부 해결책
제8장 유전자의 영혼 277
제9장 엑스캘리버! 334
제10장 한밤중의 예측 402

주해 447
참고문헌 467
찾아보기 479

서문

레그 모리슨의 글들은 독창적이면서도 흥미진진하기 그지없다. 인류는 왜 그들의 초원과 숲과 강둑, 그리고 심지어는 늪지대까지도 황폐한 도시로 바꾸어 버리려고 그처럼 수단과 방법을 가리지 않는 것일까? 어째서 사람들은 새 집으로 이사하거나 새 옷을 샀을 때, 또는 새로운 노래를 들었을 때, 그리고 무엇보다도 아기가 새로 태어났을 때 그토록 기뻐하며, 이러한 일들을 이루기 위해서라면 풍요로운 해안선과 푸른 들판 따위는 얼마든지 희생시켜도 좋다고 생각하는 것일까? 마지막으로, 오늘날의 인류로 발전하게 된 저 옛날의 원인(猿人)들은 어떻게 자신을 위협하는 포식자들을 따돌리고 원래의 보금자리를 떠나 지구상 모든 대륙을 차지하고 살면서 60억이라는 엄청난 숫자로 증가하여 모리슨이 지칭하는 '병균적 포유류', 또는 '수다쟁이 천재'가 될 수 있었던 것일까?

모리슨의 견해는 인류의 우월성에 대한 집요한 망상이 오늘날 결국 지구상의 인구 과잉은 물론 인간들을 제외한 다른 생태계의 구성원들을 마구잡이로 파괴시키는 결과를 가져 왔다고 하는 것이다. 나는 인류 속에서 포유류 동물의 보편적인 특징들을 찾아내는 모리슨 식의 분석 방법이 독창적일 뿐 아니라 이를 뒷받침하는 과학적 또는 실험적인 증거 또한 충분하다고 생각한다. 파격적이기는 하지만 사실에 입각한 그의 논술들은 그러나 학문적, 또는 경제적인 측면에서의 어떤 목적의식에 입각하여 씌어진 것을 아니며, 자기 과시용은 더더군다나 아니다. 한마디로 말해서 모리슨은 특정한 대상을 염두에 두고 이를 공격하기 위하여 이 글을 쓴 것이 아니라는 뜻이다.

이 책 속의 흥미로운 이야기들을 만족스럽게 표명해 줄 수 있는 제목과 부제를 설정하는 문제를 놓고 우리들—그러니까 모리슨과 나, 그리고 편집인 피터 프레스콧(Peter Prescott)은 많은 고심을 했으며 꽤 오랫동안 여러 가지 대안들을 저울질해 보곤 했는데, 그 중에서도 가장 마지막까지 고려 대상으로 남아 있었던 다섯 가지를 참고로 적어 보면 다음과 같다.

생태계의 대학살(Habitat Holocaust) : 강한 종교의식과 부족 공동체를 향한 충성심은 종족 번식을 위한 가장 확실한 보장제도이다.

종교의 기원(Origins of Religion) : 인간의 영성과 스스로의 우월성에 대한 망상이 초래한 생태계의 파괴.

상처입은 지구(Wounded Earth) : 농경주의에 입각한 도시화 현상에 대한 종교적 변명.

진정한 신앙(True Believers) : 인류의 종교와 인종차별주의, 그리고 합리주의 경제의 유전자적 근원이야말로 인구의 폭발과 환경 파괴의 주범이다.

엑스캘리버(Excalibur) : 진화의 도구로서의 인간중심주의 철학.

모든 과학자와 학문가들이 그러하듯이 코넬 대학교 출판사 역시 확실한 근거에 입각한 내용을 가진 도서만을 취급한다. 『유전자의 영혼』은 여러 과학 관련 도서들을 섭렵한 지식을 모리슨이 자신의 경험을 토대로 하여 정리한 책으로, 어떤 관점에서 볼 때는 매우 독특한 견해를 표방하고 있음을 부인할 수는 없다. 그러나 그의 문체는 때로는 명쾌하고 분명하게, 또 때로는 은유적으로, 그러면서도 강력하게 자신의 개인적 경험들을 독자들에게 서술해 주고 있다. 따라서 그의 주장들을 반증할 충분한 근거가 없이 이 책의 내용들을 무턱대고 부인하려 드는 것은 옳지 않다고 생각한다.

그렇다면 과연 무엇이 이 노련한, 그러나 그다지 잘 알려지지 않은 작가가 이 책을 통하여 표명하는 신선한 주장들에 독특함을 부여해 주고 있을까? 무엇보다도 먼저, 『유전자의 영혼』은 순서상으로는 그의 네번째 작품이지만 글로 씌어진 것으로는 첫번째에 해당한다는 점을 들 수 있다. 원래 포토저널리스트 출신인 모리슨은 그 직업상의 경험을 통하여 단련된 섬세한 시각으로 인류가 몸담고 있는, 그리고 또한 빠져 나올 수 없는 자연계의 구성 요소들—즉 공기와 땅, 그리고 물을 명확하면서도 종합적으로 표현하는 능력을 지녔다. 그래서인지 모리슨의 글을 읽고 있노라면 과학에 있어 실존하는 진실이란 존재하지 않는다고 말한 저 위대한 사회과학의 대가 루드빅 플렉(Ludwik Fleck, 1896~1961)의 주장들이 생각난다(플렉의 저술에 대하여 좀더 자세하게 알고 싶은 독자들이 있다면 『과학적 진실의 태동과 발전 *The genesis and development of scientific facts*』을 읽어 볼 것을 권한다. 1979년 시카고 대학교 출판부에서 발행한 이 영문 번역판은 1935년 스위스 바젤에서 *Entshtehung und Entwicklung einer wissenschaftlichen Tatsache*라는 제목으로 출판된 원저를 번역한 것이다). 플렉은 과학적 사실들은 매우 오랜 시간에 걸쳐 형성되어지며, 그 시대의 역사적 배경에 따라 영향을 받는다고 말했다. 따라서 엄밀한 의미로 이들은 특정한

'사실'이라기보다는 그 어떤 '사고의 복합체(the thought collective)'라고 불려져야 마땅하여, 이 '사고의 방식(thought style)' 또는 세상을 바라보는 관점을 공유하는 과학자들의 논리를 대변할 뿐이라는 것이다.

오늘날은 상당히 별나고 비전(秘傳)적인 학설들이라 해도 전문 과학 학술지를 통하여 정식으로 발표되기가 그리 어렵지 않다. 일단 발표가 이루어지고 나면 앞서 언급한 '사고의 복합체'를 구성하는 요소들이 나름대로 창의적인 방식으로 이 새로운 학설에 기준하여 기존의 과학을 재구성하고 재편집하게 된다. 그리고 일단 받아들여진 학설은 동시대 과학자들의 이름으로 '사고의 복합체'에 편입되어져 교과서적인 진실로 자리를 잡는 것이다. 그러나 새로운 사고는 제아무리 명확한 주장이라도 크든 작든 기존의 사고 체계로부터의 저항에 부딪치게 마련이다. 이 저항을 해결하는 과정에서 새로운 지식과 기존의 지식들이 서로 얽히고설켜 생겨난 총체적 산물이 바로 과학적 지식의 새로운 흐름 또는 유행이라고 할 수 있다.

과학적 진실에 대하여 플렉은 "동일한 논제의 해답을 찾기 위하여 매우 판이한 사고 체계가 적용되는 경우가 오히려 두 개의 서로 유사한 사고 체계를 동원하는 경우보다도 훨씬 빈번하다. 예를 들자면 어떤 의사가 특정한 질병을 연구한다고 가정해 보자. 대부분의 경우 의사들은 질병의 임상의학적 또는 병원균의 미생물학적 특징들과 병행하여 병을 둘러싼 인류 문명의 발전사를 함께 고려할 것이지, 임상의학적 및 미생물학적 측면을 그 화학적 배경과 병행하여 연구하지는 않을 것이다."라고 하였다. 그러니까 플렉의 주장은 전염병을 악령의 저주로 여겼던 원시 사회의 공포로부터 병원균이 가지는 독성의 원리를 유출해 낼 수 있다고 보았던 것이다. 그의 말을 좀더 인용해 보면 "진리는 인간 세상의 보편적인 상식의 입장에서 볼 때 절대로 상대적이거나 주관적인 개념이 아니다. 진리란 언제나, 아니면 적어도 대부분의 경우 특정한 사고의 방식 안에서 형성되는 것이기 때문이다. 그 어느 누구도 특정 사실이 A에게는 참이 되지만 B에게는 거짓이라고 말 할 수는 없다—A와 B 두 사람이 모두 동일한 사고의 복합체에 속해 있다면 말이다. 이 경우 한 사람에게 참인 것은 다른 사람에게도 언제나 참이 되어야만 한다. 그렇다면 만일 이 두 사람이 서로 다른 사고의 복합체에 속해 있다면? ……이 경우는 아예 비교 자체가 불가능하게 되어 버리는 것이, 이 때 A와 B 두 사람은 각기 서로 판이하게 다른 방식으로 주어진 사실을 이해하려 들 것이기 때문이다. 진리란 누군가의 발명에 의하여 생겨나는 것이 아니라 *첫째, 역사적인 관점에서 역사의 흐름을 조명하는 것이든지, 둘째, 현재의 시점에서라면 누군가에 의해 특정한 형태로 만들어질 것이 강요된 사고이기 때문이다.*(사체로 된 부분은 원문을 그대로 옮겨 온 것이다. Fleck p.100)

그의 저서에서 '폐쇄된 의식 체계의 완강함 the tenacity of closed systems of opinion'에 대하여 서술하면서 플렉은 그 사회에서 보편적으로 받아들여지는 사고의 복합체에 동참하는 사람들이 일종의 '조화로운 환상' 속에 빠져 있음을 명백하게 지적하고 있다. 플렉 못지않게 날카로운 통찰력을 가진 모리슨 역시 그 자신의 직감과 용기를 통해서 이 문제를 직접적으로 다루고 있다. 즉 이 시대의 '조화로운 환상'을 비판한 것이다. 모리슨이 가장 우려하는 환상은 이 지구상의 700만이 넘는 생물종 가운데 오로지 호모 사피엔스, 즉 인류로 하여금 그들 자신의 보금자리뿐 아니라 다른 생물들의 살 곳마저도 마구 파괴해 버리도록 유도한 바로 그 망상이다. 나는 이 문제에 대해서 대부분의 독자들—그리고 매우 박식한 독자들 중에도 모리슨의 주장이 말도 안 된다고 격분할 사

서문 15

람들이 많다는 것을 잘 알고 있다. 그러나 이것은 오래 전 플렉이 예견했던 바와 같이, 어떤 새로운 사실이 기존의 사고 복합체와 충돌할 때 흔히 발생하는 상황일 뿐이다. 플렉은 또한 이 초기의 갈등 과정을 넘어서야만 새로운 지식이 이전의 신념 체계 속으로 동화될 수 있음을 지적한 바 있다. 이 관점에서 볼 때 모리슨의 주장들은 아직 옳거나 그르다고 판정을 받을 단계는 아니다. 그는 단지 현재 지구라는 행성이 겪고 있는 혼란에 관하여 자신이 관찰한 바를, 그가 이 책을 통하여 확립하고자 하는 '새로운 사고의 방식'에 따라 서술하고 있을 뿐이기 때문이다.

　모리슨은 그가 소유한 사진작가의 시각과 철학자적인 사려 깊음을 가지고 호주의 풍경을 우리에게 꼼꼼히 읽어 준다. 또한 여러 가지 다양한 사고 복합체의 관점을 표방하는 전문 서적들의 내용을 기반으로 하여 아주 새로운, 그리고 세계적인 사고의 방식을 창출해 내려고 하고 있다. 나는 모리슨이 우리에게 인류의 신앙이 어떻게 시작되고 발전해 왔는가에 대한 새로운 과학적 설명을 제시해 준다고 생각한다. 모리슨은 이 신앙을 '신비주의'라고 부르지만, 나는 보다 넓은 의미에서 그의 주장이 인류 사회를 하나로 묶어주는 다른 모든 요소들에도 마찬가지로 적용된다고 믿는다.

　이 책의 처음부터 끝까지 일관성을 잃지 않는 서술과 다양한 관찰 및 비평, 그리고 사실과 이에 관한 해석을 통해서 모리슨은 인류가 어떻게 시작되고 진화해 왔는지를 독자들이 알기 쉽도록 설명해 준다. 또한 과거 여러 해에 걸쳐 그는 호주의 오지(奧地)에 있는 산화철의 퇴적층들과 미세한 화석들은 물론 사막 또는 그물거미를 포함한 다양한 생태계의 구성원들을 관찰해 왔다. 모리슨은 과학자도 학문적 전문가도 아니지만 엄청난 양의 책을 읽고 이를 통하여 나름대로의 관점을 확보하고자 노력해 왔으며, 그 어떤 기존의 사고 복합체에도 속해 있지 않은 작가이다. 엄밀히 말하자면 인구경제학이나 인류학, 행동학, 그리고 사회생물학을 전공하는 학자들의 궁극적인 관심사는 하나라고 할 수 있다. 모리슨 자신은 이 중 어떤 사고 복합체의 구성원도 아니지만 나름대로의 직관을 통해서 인류가 지구 환경에 미치는 해로운 영향을 본질적으로 파악하고 있는 것으로 보인다.

모리슨은 때때로 독자들을 나지막한 노랫소리가 들리는 듯한 수풀 속으로 인도하는데, 그 곳에서 우리로 하여금 육체적인 감각이 아니라 두뇌를 사용하여 사물을 보고 듣고 생각해 보라고 요구한다. 그가 우리의 사념을 인도해 가는 길은 때로는 이미 잘 닦여져 있는 경우도 있으나 때로는 이리저리 굽어지고 돌아가기도 하며, 방금 전에 새로 만들어진 것들도 많이 있다. 이 모두는 지치고 힘든 여정들이지만, 마침내 그 정상에 위치한 전망대에 올라서서 눈앞에 펼쳐진 지평선의 한계를 더듬어 볼 수 있는 기쁨을 생각하면 충분히 감수할 만한 가치가 있다고 본다. '학습'이 가능한 포유류, 그리고 똑바로 서서 걸을 수 있었던 아프리카 원인이라는 유리한 특징들을 확보한 상태로 시작되었던 인류의 진화 과정을 돌아보면서, 모리슨은 독자들에게 그 시야를 보다 넓혀서 우리의 단 하나뿐인 지구의 입장에서 인류의 삶을 새롭게 조명해 볼 것을 촉구하고 있다.

1999년 린 마길리스(Lynn Margulis)
매사추세츠 주립대학교 지구과학과 석좌 교수

지은이의 말

　무엇보다도 먼저 지금 이 글이 씌어진 쪽을 지나서 읽기를 계속하려는 독자들에게는 경고의 말을 전하고 싶다. 우리들의 앞에 놓여진 길은 다소 험난하기 때문이다. 그러나 이 책의 내용은 지난 20여 년 간 내가 걸어온 정신적 여로를 그대로 반영하고 있다. 이 여로는 결국 나 자신을 이제까지의 모든 논리가 물구나무서기를 하고 유전자의 산물이 지배하는 세상—지극히 실제적인, 그러면서도 또한 가장 황당한 상상도 그에 비하면 진부하게 느껴지는 세상에 도달하게 해주었다.
　나의 정신적 여로는 인구의 폭발적 증가로 인해 인류가 지구상 생태계에 미친 피해를 정확히 가늠해 보고자 한 데에서 시작되었다. 지난 만여 년 동안 인류의 수적 증가 양상을 나타내는 도표는 모든 면에서 어떤 특정한 동물종이 우리가 '병균적 증가(plague phase)'라고 비유하는 바로 그 증가 국면에 돌입했을 때의 모든 특징을 기분 나쁠 정도로 잘 나타내고 있다. 마찬가지로 이 기간 동안 인류가 지구의 환경에 미친 폐해의 범위 또한 병균의 창궐로 인한 역병(plague)이라고 표현해도 지나칠 것이 없다. 그러나 일반적으로 역병이라고 할 때 사람들이 연상하는 것은 쥐나 생쥐, 토끼 따위이며, 인류—그러니까 저 자랑스럽고 독보적인 영장류인 호모 사피엔스를 여기에 결부시킨다는 것은 어불성설로밖에 여겨지지 않는다. 이 눈부신 문명을 일구어 내기까지 인류가 힘겹게 걸어온 여정을 감히 어떻게 '역병의 창궐'에 비유한단 말인가?

바로 이 수수께끼에 대한 해답을 찾는 과정에서 나는 이 모든 것의 원인인 동시에 또한 인류로 하여금 동물 세계의 일원이라는 족보를 부인하도록 부추긴 특징적인 행동에 주목하게 되었다(사실 보편적인 동물 세계의 잣대로 볼 때 인류는 실로 별 볼 것 없는 적응력을 가진 미완성의 존재에 불과하다). 그리고 또한 이 과정에서 필연적으로 우리 인류가 이처럼 예상 밖으로 성공적인 진화의 경로를 걸어 올 수 있었던 이유들도 발견할 수 있었다. 한 예로 약 200만 년 전 가장 최근에 도래했던 빙하기가 끝나가면서 원래 숲 속에서 살고 있던 인류의 조상이 졸지에 메말라 가는 동부 아프리카의 평원 한복판에 내던져 지다시피 했을 때 어째서 표범들은 이들을 차례대로 잡아먹어 버리지 못했던 것일까? 이 당시 인류가 살아남을 수 있었던 것은 단순히 이들이 언어 능력과 도구를 만드는 기술, 그리고 높은 지능을 가지고 있었기 때문일까? 아마 그럴지도 모른다. 그러나 인류의 이성적인 사고 능력에 대하여 깊이 고찰하면 할수록 이 특성과 맞물려 있는 자기중심적 망상과 이로 인한 자멸(自滅)의 가능성을 무시할 수 없음을 느끼게 된다. 이 사실이 그 옛날 아프리카의 평원을 배회하던 인류의 조상에게도 마찬가지로 적용될텐데, 어째서 그들의 경우에는 이성적 사고력 속에 내재된 위험성이 그 잠재적인 유익함을 누르고 운명의 저울을 표범에게 유리한 쪽으로 기울도록 만들지 않았던 것일까?

인류의 진화를 규명해 보려는 목적으로 그 행동 양식을 면밀하게 관찰해 보면 볼수록 나는 점점 더 그 이면에 깔린 생리 화학적 반응과 신경생물학적 현상의 복잡한 거미줄 속으로 얽혀 들어가고 있는 자신을 발견하게 되었다. 그리고 결국 이 난해한 전문 용어들로 가득 찬 정글 속을 헤매는 동안 나는 필연적으로 이 모든 현상을 지배하고 있는 '유전자'와 정면으로 맞닥뜨리지 않을 수 없었다. 그러나 이처럼 DNA가 인간을 포함한 모든 동물의 행동을 결정하는 근본 요인임을 증명해 주는 여러 생물학적 증거들을 받아들인다고 하더라도 두 가지 중요한 의문에 대한 해답을 찾는 일은 여전히 남아 있다. 첫째, 인간의 유전자들이 내리는 명령이 신경계의 자극 전달을 통해 구체적인 행동으로 나타나는 과정에서 어떻게 하면 대뇌 피질의 이성적 사고 중추가 간섭하는 것을 이들이 알지 못하는 사이에 피해 갈 수 있는가 하는 문제와, 둘째, 만일 유전자가 모든 행동을 결정한다면 결국 인류의 문화는 전적으로 아무런 영향도 미칠 수 없는가에 관한 문제이다.

오늘날 인류가 원숭이를 닮은 조상으로부터 진화해 왔다고 하는 찰스 다윈(Charles Darwin)의 주장을 강력하게 부인하는 것은 종교적 근본주의자들 또는 제대로 교육을 받지 못한 사람들뿐이다. 그럼에도 불구하고 인류가 근본적으로 다른 영장류 동물과 다를 것이 없으며 또한 영장류 특유의 유전적 특징들에 의하여 조정된다는 사실에는 대부분의 사람이 반발심을 느낀다. 왜냐하면 사람들은 동물의 행동이 전적으로 유전자의 지배를 받으며 바로 그래서 이들이 '동물'일 수밖에 없다고 말하는 반면, 우리들 인간은 동물에게는 없는 영성과 지성을 지니고 있으며 이 두 가지 특성이 육체와 분리될 수 있다고 믿기 때문이다. 또한 그래서 지구상의 모든 인류 문화에서는 공통적으로 이 독립적인 인간의 '정신'이 사람들로 하여금 이성적이라고 불릴 수 있는 조건을 만족시키는 방향으로, 그리고 가능하면 인간 내부의 동물적 충동에 의해서는 지배를 받지 않는 쪽으로 그들의 행동을 규제하는 현상이 관찰된다.

여기서 나는 독자들에게 이 책의 기본 취지―즉 인류 역시 다른 동물들과 마찬가지로 진화의 산물이며 따라서 지극히 보편적인 포유류임을 다시 한 번 강조하고 싶다. 제러드 다이아몬드(Jared Diamond)와 칼 세이건(Carl Sagan)을 비롯한 여러 학자들이 지적한 바와 같이 인류과(科), 즉 *Hominidae*와 영장류의 다른 유인원들을 구분하는 차이점은 실로 미약하기 그지 없다. 사실 사람과 침팬지의 DNA 염기 서열 중에서 실제로 유전자 산물을 만들어 내는 데 관여하는 부분만을 비교해 보면 그 차이점이란 너무나도 미세한 것이어서 인류를 침팬지 속(屬)의 한 가지로 포함시킨다고 하더라도 그다지 어색할 것이 없을 정도이다.

역사가 기록되기 시작한 이래로 인간은 다른 동물과 달라서 그 육체와 정신이 따로 구분되어질 수 있다고 믿는 이상스러운 신념은 항상 인류와 함께 있어 왔다. 또한 이 신념이야말로 아리스토텔레스 이후 모든 철학에서 고르디우스의 매듭(역주 : 프리기아 국왕 고르디우스가 만든 아무도 풀 수 없었던 매듭. 알렉산더 대왕이 칼로 베어 버린 것으로 유명하다)으로 군림해 왔으며, 앞으로도 인류의 모든 행복과 비극, 그리고 윤리적 딜레마의 근원이 될 것이 분명하다. 다시 말하자면 인류의 이 이원성(二元性)이야말로 우리들의 기쁨이자 또한 비애가 되리라는 것이다. 영성은 인간으로 하여금 누군가를 사랑하거나 숭배하고 또 그와 기쁨과 희망을 공유할 수 있도록 해 주는 동시에 이들이 만들어 내는 춤과 음악과 희곡과 문학 작품 속에 빛나는 열정을 엮어 넣어주는 작용을 한다. 그런가 하면 육체와 영혼이 분리되었다고 믿는 데에서 바로 인류의 모든 비극이 싹튼 것도 사실인데, 이는 사람들이 바로 이 특성 때문에 인류의 잘못된 행동들조차 용서받을 수 있다고 생각했기 때문이다.

우리들 중 대부분은 자신뿐 아니라 다른 사람들까지도 완벽하게 이성적이고 도덕적인 존재이기를 기대하는 경향이 있으며, 따라서 인간의 약점은 그것이 누구의 것이든 우리를 짜증나게 만든다. 사람들은 또 인간의 두뇌가 마치 노련한 건축가에 의하여 빈틈없이 완성된 일종의 컴퓨터와도 같은 구조를 가지고 있으며, 따라서 이것이 때때로 엉뚱한 방향으로 작동하는 것은 다루는 사람이 어리석기 때문이라고 생각한다. 그러나 알고 보면 인간의 두뇌란 엉성하게 지어진 농가(農家)에 더 가까운 구조를 하고 있다. 즉 그 기본 핵심은 양서류와 파충류의 특징들을 그대로 답습한 헛간을 여러 가지 받침대와 가리개로 누덕누덕 기워 놓은 것이나 마찬가지여서, 솔직히 말하자면 이것이 그토록 훌륭하게 작동한다는 사실이 놀라울 정도이다. 그러니까 인간의 두뇌가 저지르는 실수들을 나무라는 것은 마치 만유인력의 법칙이나 열역학의 기본 원리 때문에 일어난 현상을 기술자의 잘못으로 돌리는 것과 다를 바가 없다. 달리 표현하자면 인류가 자신의 행동 양식에 대하여 가지고 있는 모든 편견과 망상 또한 우리의 진화 경로가 가져다 준 산물인 것이다.

영국의 유명한 진화학자인 리처드 도킨스(Richard Dawkins)는 그의 저서 『눈먼 시계수리공 *The Blind Watchmaker*』의 서문에서 "……인간의 두뇌는 마치 애초부터 다윈의 진화론을 잘못 이해하도록, 그래서 이를 믿지 않게끔 만들어진 것처럼 보인다."[1]라고 불만을 토로하고 있다. 인간을 다른 동물과 다른 존재로 보고자 하는 인류의 공통적인, 그리고 따라서 유전적인 성향 때문에 앞으로도 대부분의 사람들은 다윈의 이단적인 학설에 강력히 반발하거나, 아니면 최소한 의심스러운 눈초리로 바라보기를 거두지 않을 것이다. 인류가 지구상의 다른 생물과 다르다고 하는 편리한 가설은 실로 특별하기 짝이 없는 것으로, 이를 증명하기 위해서는 또한 매우 특별한 증거들이 필요하다. 그러나 그런 증거는 존재하지 않는다.

사실 인간의 유전적 및 형태적 특징 어느 쪽을 살펴보더라도 우리가 다른 생물에게 적용되는 진화의 보편적인 법칙에서 예외여야 한다는 증거는 찾아보기 힘들다. 아마 인류는 대단히 훌륭한 대화(對話)꾼이며 뛰어난 도구 제작자이고, 또한 이 지구상의 동물 중 가장 이성적이며 자의식이 강한 동시에 가장 신비주의적 성향이 두드러지는, 그리고 때로는 가장 심술궂은 존재일지 모른다. 그러나 많은 증거들이 이러한 특징이 정도의 차이는 있을망정 다른 동물에게도 존재한다는 것을 보여주고 있다. 반면 인류가 특별한 존재임을 뒷받침하는 증거들은 다분히 신비주의적이고 따라서 순환 논리의 한계를 벗어나지 못한다. 그럼에도 불구하고 이 신화는 여전히 살아 있다.

그렇다면 도대체 어떻게 해서 인류의 우수한 유전자 조합이 이 같은 착각을 방임하고 심지어는 조장하기까지 하게 된 것일까? 나는 인간 특유의 유전적 성향이 인류로 하여금 자신의 명령에 순종하도록 만들기 위하여 의도적으로 자신들이 특별한 존재라고 믿게끔 만들었다고 생각한다. 따라서 이러한 목적의식을 통해서 만들어진 인류의 영성은 말하자면 200만 년이라는 긴 세월에 걸친 다원주의적 선택의 결과라고 할 수 있다.

사회적인 동물로 진화해 온 인류는 포유동물의 특징 중 집단생활에 도움이 되는 모든 성향들, 그러니까 희생심, 동정심, 용기, 관대함, 그리고 위트를 모두 보유하고 있다. 그래서 인류에 관하여 가장 놀라운 점은 이 선(善)한 성질들이지 이들이 얼마나 악해질 수 있는가는 절대로 아니다. 하지만 불행하게도 인류는 자신의 좋은 점을 너무나도 당연한 것으로 생각한 나머지 대부분의 경우 이를 인식하지 못하며, 또한 드물게 이 성질을 인식하는 경우에는 이를 오직 인간만이 소유한 영적인 특성으로 착각하곤 한다. 그러나 이타적 행위는 다른 동물의 사회에도 존재하며, 더구나 인간처럼 끊임없이 칭찬과 계도(啓導)를 받지 않고서도 자연스럽게 자신을 희생하는 경우가 대부분이다. 이들은 단지 자신의 유전자에게 가장 이로운 방향으로 행동하고 있을 뿐이며, 이는 알고 보면 인간의 경우에서도 마찬가지이다. 바로 이 목적을 위해서 모든 동물은 맹목적이라고 할 정도로 새끼를 낳고 기르고 보육하는 일에 정성을 쏟으며, 자신의 가족이나 부족, 또는 영토를 수호하기 위해서라면 기꺼이 목숨을 바치는 것이다.

과거에는 이처럼 인간의 행동을 동물의 그것과 비교하는 일 자체가 엉터리 과학으로 매도되어졌다. 그러나 그 이면에는 오로지 자신들만이 유일하게 이성적이고 독보적인 존재라는 믿음이 손상될 것을 우려한 두려움이 깔려 있었음을 부인할 수 없다. 오늘날은 이 학문적인 금기(禁忌) 조항이 많이 완화되었다고 볼 수 있지만 그러나 일부의 완고한 의식은 아직도 변함이 없다. 사실 따지고 보면 어느 동물도 사람의 행동을 그대로 흉내내지는 않는다. 오히려 반대로 사람들이 동물 특유의 행동을 보이고 있을 뿐이다. 인간의 행동을 담은 영화에서 사운드트랙을 꺼 버리고 영상(映像)만을 바라보면 이를 명확하게 알 수 있다.

따라서 나는 감히 인류의 자랑스러운 영성이란 결국 인류 문명의 초기에 그들의 언어와 상상력을 통해서 굳어진 문화적인 망상에 불과하다고 말하고 싶다. 인류의 신비주의적 성향과 영적인 것들을 추구하는 특성이 모든 민족과 문화에서 공통적으로 나타난다는 사실 자체가 그 근원이 유전자로부터 왔음을 증명해 주기 때문이다. 이 책에서 나는 이 같은 특성들이 과거 인류의 조상이 멸종의 위기를 넘어설 수 있도록 도와주었고 그 결과 오늘날 인류가 지구 전체를 지배할 수 있게 만들어 준 엑스캘리버[2]로 작용할 수 있었던 배경을 설명하고자 한다. 또한 여러 가지 다양한 신비주의적 성향이야말로 인류가 오늘날 인구 폭발로 비유되는 수적 증가를 이룰 수 있었던 기반이기 때문에 이 책의 마지막 장에서는 현대 사회와 다가올 미래의 신비주의가 과연 어떻게 이미 처참하리만큼 파괴된 지구의 환경에 영향을 미칠 것인지를 다루었다.

아마도 이 말썽 많은 엑스캘리버를 다시 칼집 속에 집어넣는 것은 불가능할지 모른다. 그러나 우리는 지금 최소한 높이 쳐든 이 빛나는 무기를 잠시 내려놓기만이라도 하고, 인류의 본질을 진화적 측면에서 명철하게 살펴보아야만 한다.

감사의 글

 과학이라는 배타적 영역에 발을 들여 놓고 그 기술적 전문 분야라는 지뢰밭을 헤쳐 나가려는 작가들은 누구를 막론하고, 그 지역을 잘 아는 안내인의 도움이 없다면 오래 버틸 수 없게 마련이다. 나의 경우 수적으로는 그리 많지 않지만 각기 맡은 분야에서 단연 최고인 안내인들을 가질 수 있는 행운이 주어졌는데, 이 기회를 빌어서 그들의 아낌없는 헌신과 도움에 뜨거운 감사의 마음을 전하고 싶다.
 무엇보다도 미생물학자인 린 마길리스를 향한 나의 감사하는 마음은 도저히 말로는 다 표현하기가 어렵다. 그녀가 꼼꼼하게 생물과 관련된 분야, 그 중에서도 특히 박테리아와 진화의 경로를 언급하고 있는 부분들을 손보아 준 덕택에 이 책의 내용은 보다 높은 차원으로 발돋움 할 수가 있었다. 또한 개인적으로도 그녀의 격려와 후원은 나에게 이루 말할 수 없는 도움이 되었다. 이에 못지 않게 뉴 사우스 웨일즈 대학교의 데이빗 샌더만(David Sandeman)에게도 큰 빚을 졌는데, 그 역시 지치지 않고 내게 많은 조언과 격려를 퍼부어 주었으며 또한 인내심을 가질 것을 가르쳐 주었다. 또 여러 전문 분야의 지뢰밭을 헤쳐 나가는 동안에는 맥콰리 대학교의 지질학자인 말콤 월터(Malcolm Walter)와 유전학자

키이스 윌리엄스(Keith Williams), 그리고 호주 국립대학교의 고고학자 앨런 쏘온(Alan Thorne), 시드니 대학교의 크리스 디크먼(Chris Dickman), 그리고 호주 박물관의 수석 연구관으로 근무하고 있는 동물학자 팀 플래너리(Tim Flannery)가 나의 길잡이 역할을 해 주었다. 나의 오랜 친구이며 작가, 고식물학자, 그리고 열정적인 자연보호주의자인 매리 화이트(Mary White)에게도 언제나 변함없는 후원과 귀중한 조언을 제공해 주는 것에 대하여 특별한 감사의 마음을 전하고자 한다. 마지막으로 나의 참을성 많고 강인한 아내 폴린에게, 이 책이 나오기까지 밤새워 타이핑을 해야 했던 수없이 많은 날들과 그에 못지 않게 괴로웠을 여러 가지 잡무를 도맡아 준 것에 대해 진심으로 고마움을 표한다.

제1부

문제들

제1장
수다쟁이 천재

말, 말, 말들……
―『햄릿 Hamlet』 제 2막 2장

내 머리 속 뇌의 왼쪽에는 작은 혹이 하나 있는데, 아마도 나를 둘러싸고 일어나는 많은 문제들에 대한 책임은 바로 이 혹에 있는 것 같다. 때로 큰 소리로 혼자말을 웅얼거리게 하여 내 꼴을 우습게 만드는 것까지는 그래도 괜찮은데, 문제는 보다 심각한 사안들, 예를 들면 아프리카 대륙의 기아(飢餓) 문제에서부터 에이즈(AIDS)의 만연, 그리고 심지어는 지구 온난화 현상까지도 알고 보면 모두 이 작은 혹이 초래한 것이라는 데 있다. 여기서 내가 서둘러 덧붙이고 싶은 것은 지금 내가 일종의 신경과민적 죄의식 때문에 이런 말을 늘어놓고 있는 것은 아니라는 점이다. 왜냐하면 이 작은 혹은 나의 신체적 결함이 아니라 지금부터 약 250만 년 전 첫번째 인류의 조상들이 동부 아프리카의 메마른 평원을 배회하던 그 때부터 대대로 전해져 내려오는 특징이며, 또한 이 책을 읽고 있는 독자들의 머리 속에도 존재하고 있기 때문이다. 아니 어쩌면 이 작은 혹이야말로 우리 각자가 호모 사피엔스라는 학명으로 불려질 자격이 있음을 증명하는 가장 중요한 표징인지도 모른다.

이런 관점에서 생각해 보니 인간임을 나타내주는 이 작은 상징이 갑자기 기념비와도 같은 위업을 가지고 내 앞에 우뚝 일어서는 것처럼 느껴진다. 인류의 역사 중 과거 1만 년이라는 기간 동안 인간은 그들의 미래를 점쳤던 모든 예언들을 물리쳐 가며 이 지구 표면의 모습을 크게 변화시켰을 뿐 아니라 그 자신의 진화 경로까지 바꾸어 버렸다. 그러나 만약 앞에서 말한 그 작은 혹이 아니었더라면 이 모든 일은 일어날 수 없었고 우리 모두는 아직도 동굴 생활을 하는 원시인으로 남아 있었을 것이다. 그 엄청난 힘의 비밀은 도대체 무엇이었을까? 그것은 바로 '말, 말, 그리고 말들 ……'이다. 즉 이 보잘것없는 주머니가 바로 인류의 언어를 탄생시키는 과정에서 산파의 역할을 했던 것이다.

흔히들 인류가 이룩해 낸 눈부신 문화와 기술의 발전을 인간의 세 가지 특성, 즉 섬세한 손놀림(manual dexterity), 연역적(演繹的) 사고 능력(deductive reasoning), 그리고 끝없는 상상력(imagination)의 공으로 돌린다. 그러나 무엇보다도 언어가 있었기에 인간의 상상력에 날개를 달아 줄 수 있었으며 우리 선조들이 힘겹게 얻어낸 문화적, 기술적 지식을 자손들에게 전수하여 그들의 삶을 보다 풍요롭게 만드는 일이 가능했던 것이다. 언어는 사회를 하나로 묶어주는 접착제와도 같은 존재이다—그러나 경우에 따라서는 사회를 결렬시키는 폭탄의 역할을 하기도 한다. 또 언어는 그 자체에 생명력이 있어 때로는 우리의 의식적 사고가 없이도 머리 속에 떠오르는가 하면 우리의 판단과 상관없이 혀 위로 미끄러져 나와 버리는 경우도 있다. 언어란 근본적으로 사람과 사람 사이의 의사 전달에 사용되기 위해서 만들어진 것이지만, 들어주는 사람이 없다고 해서 그 사용가치가 줄어드는 것은 아니다—솔직히 우리 중 많은 사람들이 혼잣말하기를 즐겨하지 않는가? 일곱 살 이하의 어린아이들이 지껄이는 말은 그 20~60%가 혼잣말이다. 미국과 러시아에서 동시에 행해진 연구 결과에 따르면 이처럼 혼잣말을 중얼거리는 것은 지극히 정상적인 행동이며 정신 활동의 건전한 발달에도 도움이 된다고 한다[1].

우리 인간은 그야말로 지칠 줄 모르는 대화꾼들로, 그 두뇌 자체가 아예 몇 가지 기본적인 문법 체계를 바탕으로 배선(配線)되어진 듯하다. 이 기본적 문법은 어떤 형태의 언어에도 적용 가능하며 글로 써진 문자와 구두로 전달되는 말, 그리고 심지어는 수화(手話)에서도 찾아 볼 수 있다. 이 기능을 관장하는 대뇌의 부위가 어디인지는 대충 짐작할 수 있지만 그 복잡한 프로세스가 어떻게 이루어지는지는 아직 밝혀져 있지 않다. 인간의 두뇌에서 언어 능력을 관장하는 장소는 신경세포, 즉 뉴런(neuron)들로 빽빽이 채워진 작은 혹 같은 모습으로, 왼쪽 눈 뒤편에 눈보다 조금 높이 자리잡고 있다. 전문가들은 이 부위를 브로카 중추(Broca's area)라고 부르는데, 이는 1861년 이 구조를 처음 발견한 프랑스 외과의사(인류학의 선구자이기도 했다)인 파울 브로카(Paul Broca)의 이름을 딴 것이다.

브로카의 언어공장

대부분의 동물이 그 두뇌 속에 일반적인 의사소통을 관장하는 부위를 가지고 있기는 하지만, 인간처럼 고도로 전문화된 언어 중추를 가지고 있는 경우는 찾아 볼 수 없다. 진화상으로 볼 때 인류의 가장 가까운 친척이라고 할 수 있는 침팬지의 경우도 뇌의 구조가 인간과 매우 비슷하고 또 대뇌 전두엽(前頭葉) 왼쪽에 의

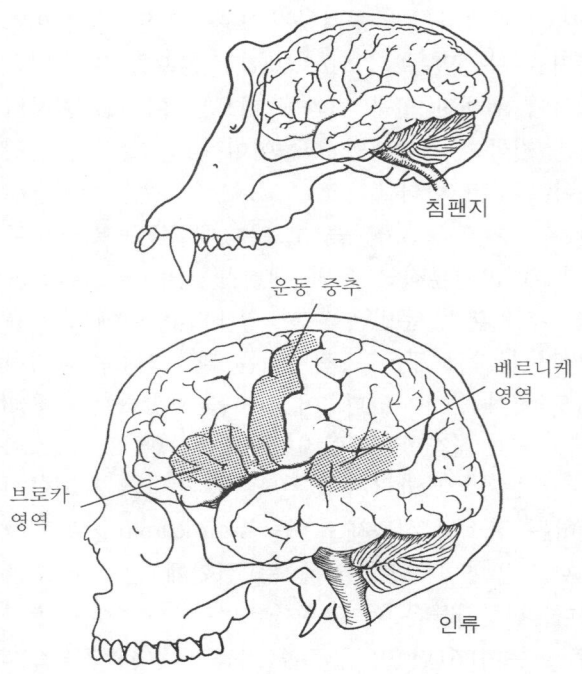

그림 1. 사람과 침팬지 두개골의 상대적 크기와 모양

사소통을 맡아보는 부위가 있기는 하지만 이것이 인간의 브로카 중추에 해당되는 기관이라고는 할 수 없다.

인류의 진화적 형제들

침팬지의 두뇌는 인간에 비해 크기가 작아서 그 표면적이 사람의 4분의 1 정도밖에 되지 않는데(그림 1) 그 결과 회백질, 즉 사고 능력의 대부분을 담당하는 대뇌 피질이 차지하는 면적도 훨씬 작다. 과거에는 이러한 차이점 자체가 인류의 우월성을 나타내는 척도로 자주 인용되었을 뿐 아니라, 나아가 인류는 애초부터 다른

보통 침팬지(Pan troglodytes)
늙은 수컷 침팬지가 집단의 나이 든 암컷이 이를 잡아 주는 꼼꼼한 손놀림에 얼굴을 맡기고 있는 모습이다.

동물과 구별되어 특별하게 창조되어졌다는 가설에 대한 증거로 제시되곤 하였다. 즉 지구상의 모든 생물 중 유일하게 인간만이 이성적 사고를 할 수 있으며 상상력과 감수성을 가지고 있다는 것이다. 이러한 오개념의 잔재들이 아직도 많이 남아 있기는 하지만 여러 연구의 객관적인 결과들은 두뇌의 크기가 지능의 높고 낮음을 재는 데 있어 정확한 척도가 될 수 없음을 보여주고 있다. 실제로 인간 이외에도 많은 동물이 기본적인 사고 능력을 가지고 있으며 때로는 매우 복잡한 의사를 주고받기도 한다. 더욱 놀라운 것은 침팬지와 고릴라, 오랑우탄은 형식을 갖춘 수화를 통하여(이들에게 있어 음성 언어를 사용하는 것은 해부학적으로 불가능하다) 제한된 범위일망정 그들이 상상하거나 소망하는 바를 돌보아

주는 사람에게 표현할 수 있다는 사실이다.

이처럼 사람 이외의 다른 영장류에게서도 발견되는, 그다지 달 갑지 않은 '인간적 특성'의 흔적들은 1970년대와 1980년대 전반에 걸쳐 세계 곳곳에서 많은 학술적 논란을 야기시켰다. 그러나 과연 이런 논쟁을 꼭 벌여야만 했을까? 유전 정보만을 놓고 본다면 우리 인간과 침팬지는 거의 구별이 되지 않을 정도로 유사해서, 오히려 이 두 종 사이에 존재하는 생리적 차이점들이 놀라울 지경이다. 흔히 사람과 침팬지의 DNA(역주 : 유전자의 구성 성분) 염기 서열 사이에는 98.4%의 유사성이 존재한다고 말하는데, 사실 이것은 유전체의 95%를 넘는 '넌센스 DNA', 즉 실제로 단백질 산물을 만드는 데는 사용되지 않는 반복적인 염기 서열이 끝없이 되풀이되는 구조를 포함시켰을 때의 수치이다. 따라서 보다 의미 있는 수치를 얻으려면 전체 DNA 중에서 '유전자(gene)', 즉 단백질 산물을 만들어 내는 데 필요한 정보를 품고 있는 부위만을 비교하는 것이 보다 타당한데, 이 경우의 유사성은 99.6%에 달한다[2]. 현존하는 침팬지 중에서 그 모습이나 행동이 인간과 가장 닮아 있는 종류는 보노보, 혹은 난쟁이 침팬지(*Pan paniscus*)라고 불리는 종류이다. 즉 인간과 침팬지는 이 0.4%라는 유전자 구조상의 차이점으로 영장류의 계통수에서 서로의 바로 옆 자리에 위치하게 된 것이다. 그런가 하면 침팬지와 고릴라는 그 닮은 모양새에도 불구하고 전체 DNA 염기 서열상의 유사성이 98.2%에 불과하므로 비유하자면 서로 사촌쯤 되는 사이라고 할 수 있다. 한편 지금으로부터 약 1500만 년 전에 독립된 가지를 형성하면서 떨어져 나간 것으로 추정되는 오랑우탄의 DNA는 침팬지와 96.7%의 유사성을 가지고 있어 고릴라보다도 더 먼 친척에 해당된다.

이렇게 분자생물학적 자료만을 토대로 하여 인간과 가장 가까운 영장류가 무엇인지를 정한다면, 그 대답은 망설일 여지가 없이 침팬지이다. 따라서 어쩌면 인간의 학명을 *Pan sapiens*라고 하든가, 아니면 근대 분류학의 창시자인 린네(Carolus Linnaeus)가 애초에 시도했던 것처럼 침팬지속에 속한 세 영장류를 모두 묶어 Homo 로 이름붙이는 것이 더 타당할지도 모르겠다. 린네가 나중에 사람과 침팬지를 각기 인류과(*Hominidae*)와 침팬지과(*Pongidae*)로 분리한 것은 아마도 당시 매우 보수적이고 종교 원론에 충실하기로 유명했던 스웨덴 사회와 루터 교회의 분노를 초래하고 싶지 않았기 때문이었을 것이다[3].

공통의 조상으로부터 전달되어져 내려온 유전자들은 이를 공유하는 동물 사이에서 공통된 형질을 나타내게 마련이라는 점에서 인간과 침팬지 사이의 유사성은 필연적이다. 그러니까 다른 영장류 동물에게서 발견되는 '인간적 특성'의 흔적은 결국 인류를 포함한 이들의 공통 조상으로부터 물려받은 특징들인 것이다.

인간 중심의 신화

찰스 다윈이 1859년 『종의 기원 *The Origin of Species*』을 발표하기 전까지 대부분의 사람은 이처럼 명백하면서도 한편 수치스러운 인류의 가계도를 무시하고 지낼 수 있었다. 하지만 다윈 이후 수행된 여러 연구의 결과로 축적된 '종의 진화'에 관한 엄청난 양의 물리적, 화학적, 그리고 유전적 증거들은 다윈을 비방하던 사람들을 우스꽝스럽게 만들고 있다. 그러나 아직도 대부분의 지식인, 그리고 진화론을 신봉하는 사람들까지도 함께 수긍하는 사실 하나는, 그래도 사람과 원숭이 사이에는 엄청나게 큰 간극이 존재한다는 점이다. 하지만 많은 사람들은 인간 중심 사상에 기반을 둔 여러 고대 신화에[4] 매혹되어 아직도 인간과 다른 영장류 사이에 존재하는 진화상의 간극이 주로 그 생활과 문화의 차이에서 비롯되어진 것일 뿐, 간극 그 자체는 유전적으로 그다지 큰 의미가 없다는 사실을 간과하고 있다.

인간과 침팬지 사이의 차이점을 들라면 여러 가지를 이야기할 수 있다. 인간은 똑바로 설 수 있으며 독특한 안면 구조를 가지고 있고 상대적으로 몸에 털이 없는 편이다. 그러나 우리가 여러 종류의 애완견을 보아도 알 수 있듯이 유전학적인 의미에서 볼 때 이러한 외관상의 차이들은 별로 믿을 것이 못된다. 차라리 '행동'을 비교해 보면 어떨까?

인류를 다른 침팬지과의 동물들과 구별짓는 가장 확실한 행동적인 특징은 바로 언어 구사 능력이다. 다른 개체와 대화를 나누고자 하는 욕망, 그리고 또 이를 가능케 하는 어느 정도의 정신적 능력은 모든 영장류, 그중에서도 특히 유인원들이 공통적으로 가지는 특성이다. 그러나 언어의 문법적인 구조를 갖추고 또 이해할 수 있는 신기한 재주, 즉 "너 저 표범이 보이니? Can you see the leopard?"와 "저 표범이 너를 본다. The leopard can see you."라는 두 문장 사이의 커다란 차이를 즉각 알아차릴 수 있는 능력은 오로지 사람에게만 국한되어 있다. 이렇게 문법이 갖추어진 대화를 통해서 사람들은 마치 구슬을 차례대로 꿰어 목걸이를 만들 듯이 자신의 머리 속에 떠오르는 연관된 상념들을 표현할 수가 있는 것이다. 만일 당신이 회의석상에서 하는 발언 중에서 이러한 단어의 목걸이들이 꿰어진 순서를 바꾸어 버린다면 그 회의는 아주 엉뚱한 방향으로 흘러갈지도 모른다.

인간의 이 독특한 재주는 우선 대뇌의 브로카 중추에 의해서 주로 조절이 되고, 또 그 바로 옆에 있는 해독기구인 베르니케 영역(Wernicke's area)에 의해서도 영향을 받는다. 대뇌의 운동신경 중추와도 인접해 있는 이 두 의사소통 조절 센터의 성공적인 발달이야말로 인류가 그 눈부신 진화를 이룩할 수 있었던 원동력이었던 것으로 보여진다. 여러 개체가 공통적으로 이해할 수 있는 소리를 사용하여 대화를 나누는 능력은 인간에게만 국한된 것이 아니지만, 문법을 사용함으로써 인류는 아주 복잡한 내용까지도 정확하게 전달할 수 있는 언어 능력을 갖출 수 있었다. 고릴라나 오랑우탄, 그리고 침팬지 같은 다른 영장류들은 아주 간단한 사람의

보노보 침팬지(*Pan paniscus*)
일반 침팬지보다 늘씬한 몸매와 유연한 몸놀림을 가졌으며 성질 또한 덜 사나운 편인 이들은 인류의 조상이 침팬지로부터 갈라져 나온 분기점에 위치한 동물일 가능성이 있다.

말을 배울 수는 있지만 이 수준을 넘어서지는 못한다. 칸지라는 아주 똘똘한 보노보 침팬지가 있는데, 만일 그가 자신을 돌보는 영장류 학자인 수잔 새비지-럼박(Sue Savage-Rumbaugh)에게 배운 대로 컴퓨터 자판을 이용해서 자신이 지금 슬프다는 것을 표현하고 싶으면, 그는 '칸지'를 상징하는 키를 누른 뒤 이어서 '슬프다'라는 키를 누른다. 그러나 그가 느끼는 바를 좀더 강조하고 싶을 경우 칸지가 할 수 있는 일은 단 하나, "칸지, 슬프다."를 거듭거듭 반복하는 것뿐이다.[5] 우리 인간에게는 물론 이러한 제약이 없다.

> 오! 이 너무도 더러운 육체가
> 녹고 녹아 이슬처럼 사라져 버렸으면!
> 아니면 영원하신 신께서
> 자살을 금하는 계율을 세우시지 않았더라면!
> 오 신이여! 오 신이여!
> 세상사 모두가 내 눈에는
> 어찌 이토록 초라하고 멋없고 진부하고 무익한지!
> 아, 더러운 세상!
> (햄릿 1막 2장)

정확하게 어떤 유전적 또는 신경학적 요소가 인간으로 하여금 마음의 고통을 이처럼 섬세하고도 강렬하게 표현할 수 있도록 해주는지는 아마 영원히 밝혀낼 수 없을지도 모르지만, 어쨌든 바로 여기에 인류를 다른 동물과 구분짓는 '간극'이 존재한다는 사실을 경이로운 마음으로 돌아보지 않을 수 없다.

이처럼 문법 구조를 갖춘 인간 언어의 유연성 덕분에 인류의 조상은 그들이 사냥을 하고 식량을 모으고, 또 이를 공평하게 나누거나 먹기 좋도록 준비하는 과정은 물론, 이 지식을 자녀들에게 가르칠 때도 아주 효과적인 의사소통이 가능했던 것이다. 마찬가지로 이들은 정확한 대화를 통하여 부족 내의 다른 구성원들에게 자연 환경에 대한 정보와 사냥 기술, 그리고 공예품의 제작법 등을 전파하고 또 전수할 수 있었다. 무엇보다도 중요한 것은 부족의 연장자들이 이렇게 축적된 지식을 다음 세대의 어린아이들에게 전달해 줌으로써 이들이 다른 동물과 생존 경쟁을 벌일 때 유리한 위치를 차지할 수 있었다는 점이다. 바로 이 놀라운 능력에 힘입어 이 '말하는 영장류'들은 먹이 피라미드의 가장 높은 자리로 기어 올라갔을 뿐 아니라 이후 그들이 살던 열대 아프리카를 벗어나 지구상 곳곳으로, 심지어는 생물이 살아가기에 적합하지 않은 지역으로까지 퍼져 나갔던 것이다.

지구 위의 수다쟁이 천재들

아마도 이 지구상에 감히 우리 인간들, 즉 '재잘거리는 천재' 족속에 맞설 만한 동물은 다시없을 것으로 보인다. 그러나 20세기, 즉 인류가 역사상 처음으로 이 지구상의 모든 교통과 통신을 장악하기에 이르렀고 우주 공간의 탐험에 나섰으며 떨리는 손으로 생명 현상 그 자체를 분자 수준에서 조작하기 시작했던 바로 그 세기가 저물고 난 이 시점에 지구 곳곳에서는 여러 가지 불길한 징조들이 우리에게 반격을 가하기 시작했다. 지구 환경의 파괴는 이제 몇몇 지역에 국한된 문제가 아니라 그 전체 생태계의 구석구석으로 그 징조가 퍼져 나가고 있다.

현재 지구상에서 연출되고 있는 시나리오는 환경 보호론자들과 이에 맞서는 사람들이 서로를 신랄하게 비판하며 대립하고 있는 상황이다. 연일 대중 매체에서는 특정 기업체 또는 그 대표가 마치 고전 영화에 나오는 악당처럼 지탄의 대상으로 떠오르곤 한다.

그러나 과연 이처럼 간단하게 '악당'을 규정지을 수 있는 것일까? 어쩌면 진실은 우리가 생각하고 있는 것보다 훨씬 복잡하게 얽혀 있을 수도 있다. 만일 이 지구상에서 날로 심각해져 가는 환경 문제들이 인간들에 의하여 발생한 것이라면, 그에 대한 책임과 비난은 어떤 특정인이나 단체를 지목하여 전가시켜야 마땅한 것일까, 아니면 우리 인류 전체가 잘못을 저질렀다고 보는 것이 옳을까? 혹시 인류는 지구상에서 그들이 이룩한 눈부신 성공에도 불구하고 본질적으로 한두 개의 약점들—우리들 자신도 어떻게 할 수 없는, 두뇌의 신경 회로나 DNA 가닥의 복잡한 꼬임 속에 숨겨진 오류를 가지고 있는 것은 아닐까?

　이 질문들에 대한 해답이 바로 인류가 걸어온 과거와 우리 앞에 놓여진 미래, 그리고 나아가 이 지구가 앞으로 겪어야 할 진화의 과정들을 밝혀 줄 것이다.

제 2 장
변화하는 세상

수풀은 어디로 가버렸나? 사라져 버렸다네.
독수리는 어디에 있나? 사라져 버렸다네.
이것은 삶의 마지막,
그러나 생존의 시작.⁽¹⁾[1]

인간들의 욕심

이 지구상에 인간의 손길이 아직 미치지 못한 미지의 장소란 더 이상 존재하지 않는다. 인류가 존재함으로써 생겨난 변화의 산물들은 바람, 때로는 물의 흐름을 타고 지구 곳곳으로 퍼져 나가 다른 모든 생물체에 영향을 미치고 있다. 지금 이 순간에도 계속적인 인구의 급증과 산업기술의 발달로 인하여 인류가 이 지구에 미치는 영향은 심화되고 있다.

육지에 사는 다른 포유류들과 마찬가지로 인간은 생존을 위하여 숨쉴 수 있는 공기와 마실 물, 경작할 땅, 그리고 다양한 생물군의 도움이 필요하다. 사람들이 그 자신의 의식주를 해결하기 위하여 직접 또는 간접적으로 하루에 소비하는 에너지의 양을 합치면 지구상의 모든 식물들이 하루 동안 광합성을 통하여 끌어들이

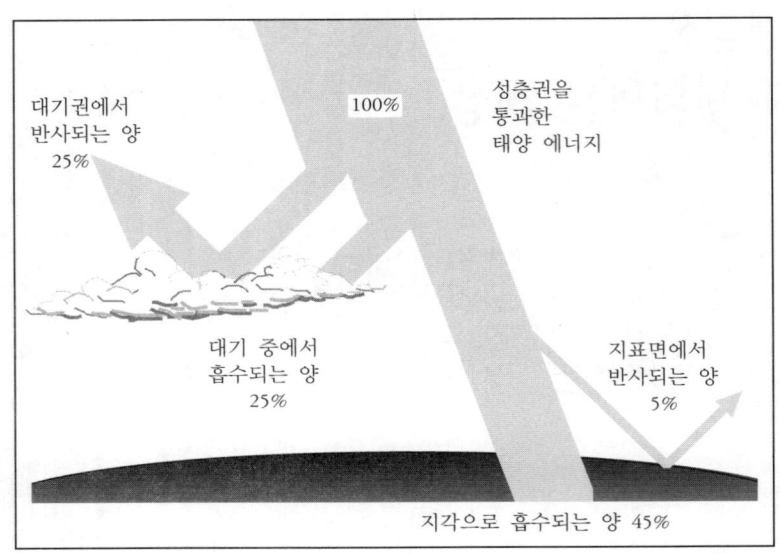

그림 2. 지구가 받는 태양 에너지

는 태양 에너지의 20~40%에 달한다고 한다(그림 2)[2]. 게다가 우리는 또 과거의 생명체들이 거두어 들여 지금은 지각 내부에 석탄, 석유, 또는 가스의 형태로 저장되어 있는 에너지도 사용한다. 지구상의 인류는 그 전체 무게를 합치면 약 3억 톤쯤 되는데, 유감스럽게도 이들의 무섭도록 왕성한 식욕을 충당하려면 지구 생태계의 다른 구성원들이 사용해야 할 몫의 에너지를 대량 빼앗아 오는 일이 불가피해진다[3]. 그러니까 인류의 생존은 다른 종의 생물들을 대량 학살하고 멸종시켜야만 가능해진다는 뜻이다.

이러한 문제점의 근본적인 원인은 인간이 그 삶을 통하여 다른 동물들보다 훨씬 많은 것을 얻기를 기대한다는 데 있다. 여기서 상황을 더욱 악화시키는 요인은 이처럼 상대적으로 높은 소비 성향을 인간들 스스로가 당연하고 심지어는 자랑스럽게 여기고 있다는 점이다. 그 결과 운이 좋아서 선진국의 중산층 가정에 태어난 사람의 아기는 그 크기에 비하여 상상하기 힘들만큼 비싼 '환경 소비 가격표'를 붙인 채 세상으로 나오게 되는 것이다. 물론 이러한 상황이 모든 사람에게 공통적으로 해당되는 것은 아니어서 국민 1인당 에너지 소비량에는 해당 국가의 인구수와 산업 발전 정도에 따라 많은 변수가 작용한다. 예들 들어 미국이나 호주, 또는 서유럽국가에서 국민 한 사람이 1년 동안 사용하는 에너지의 양은 방글라데시 같은 나라에서 120명이 사용하는 양과 맞먹는다[4]. 뿐만 아니라 이들 부유한 나라의 국민들을 위한 에너지원을 채취하는 장소는 더 이상 그 영토 내로 한정되지 않고 세계화된 기업과 무역을 통하여 지구 곳곳으로 퍼져 나가고 있다. 그러고 보면 호주에 살고 있는 내가 오늘 아침 마신 오렌지 주스가 담겨져 있던 종이 팩은 어쩌면 수입 펄프로 만들어진 것으로, 브라질의 열대 우림을 훼손시키는 데 한몫을 했는지도 모를 일이다. 이처럼 지난 1만여 년의 세월 동안 지구의 자연 생태계를 완전히 장악하는 과정에서 인류는 지구 표면의 모습은 물론 이를 둘러싸고 있는 대기권의 성질까지도 바꾸어 놓기에 이르렀다.

 과거 45억 년이라는 세월이 흐르는 동안 언제나 그랬던 것처럼, 올 한 해도 역시 이 지구가 차가운 우주의 먼지들을 헤치고 태양계의 궤도를 따라 하루하루 자전을 거듭하면서 지나갈 것이다. 사계절 또한 약 40억 년 전 이 지구상에 처음으로 생명체가 생겨난 이래 늘 그래왔듯이 정해진 순서를 따라 오고 갈 것이며, 그 과정에서 새로운 생명체들이 생겨나는가 하면 또 스러지고, 그래서 많은 사람이 이처럼 변함없는 질서가 생태계의 본질이라고 생각할지도 모른다. 그러나 슬프게도(적어도 인간의 입장에서 본다면) 현실은 전혀 낙관적이지 못하다. 화석을 통한 증거들은 과거 5천만 년 동안 이 지구상에서 주기적으로 대규모의 기상 이변이 일어나 그

붓꼬리 주머니쥐(*Trichosurus vulpecula*)
길을 잃고 눈부신 아침 햇살 아래서 어리둥절해 있는 이 주머니쥐야말로 전세계에서 날로 커져만 가는 도시에 밀려 갈 곳을 잃은 야생 동물들의 전형적인 모습이다.

생태계가 마치 누더기처럼 조각조각 찢겨져 나간 적이 다섯 번 정도 있었음을 말해 준다. 그리고 지금 이 오래된 주기가 다시 또 되풀이되려는 조짐을 보이고 있다. 현재 지구상에서는 약 6,500만 년 전경 폭발하는 혜성이 지구와 충돌하는 재난이 일어난 직후의 상황에 버금갈 만큼 빠른 속도로 여러 동식물이 멸종되어 가고 있다. 이 혜성과의 충돌은 당시 지구상에 남아 있던 공룡을 모두 멸종시켰을 뿐 아니라 그 밖의 다른 생물들 또한 60~70% 정도가

타즈마니아 스콧스데일 지역의 풍경
만일 이 숲의 파괴가 해충들에 의한 것이었다면 엄청난 비용이 들더라도 이들을 퇴치할 수 있었을 것이다. 그러나 이 처녀림의 나무들은 일본에 불쏘시개로 수출하기 위하여 합법적으로 베어내졌다.

사라져 버리는 결과를 가져왔다[5]. 오늘날 인류는 토양의 침식과 사라져 가는 숲들, 그리고 수자원과 공기의 오염, 오존층의 파괴 등등 수없이 많은 환경 문제로 둘러싸여 있으며, 지구상의 기후 또한 나날이 불안정해져 간다는 증거들이 속속 드러나고 있는 상황이다.

사태의 심각성이 어느 정도인가 하면, 전세계적으로 존경받는 생물학자이며 두 번에 걸쳐 퓰리쳐 상을 수상한 하버드 대학교의 에드워드 O. 윌슨(Edward O. Wilson) 교수는 말하기를, "21세기로 접어든 지금 현재 지구상에는 원시시대 때 보유하고 있던 생물들 중 10~20%가 이미 멸종되어 버렸고, 이 중 가장 성공한 종족에

해당하는 인류 또한 그 이름 위에 '멸종 위기'라는 글자가 희미하게 씌어져 있다."고 했을 정도이다.[6]

그런데 무엇보다도 큰 문제는 지구의 자연 자원이 그 근본부터 전반적으로 망가져 가고 있다는 점이다. 공기는 점점 탁해져 가고 물은 마시기에 부적당하며, 인구 한 사람당 식량 보유량도 해마다 점차 줄어들고 있다. 이와 동시에 우리의 생존을 지탱해 주는 생태계의 다른 동식물 또한 과거 어느 때보다도 심각한 위기에 처해 있으며 그 수가 날로 줄어드는 추세인 반면, 이들과 인류에게 해를 끼치는 병균들은 점차로 강해지면서 그 수 또한 증가하고 있다. 여기에 지구 곳곳의 생태계에서 종의 다양성이 파괴되고 있는 상황까지 감안한다면 이는 실로 심각한 자연 환경의 위기를 나타내는 징후들이며, 특히 인류와 같이 그 유지에 비용이 많이 드는 동물에게는 그야말로 종말의 전조(前趙)가 아닐 수 없다.

다양성의 파괴

한 생태계가 겪고 있는 스트레스의 정도를 알아보는 첫번째 방법은 그 생태계 내에서 생물 종들이 사라져 가는지 여부를 살펴보는 것이다. 생명체의 집단이 진화하고 또 번성하기 위해서는 오래된 종이 멸종하는 속도보다 새로운 종이 생겨나는 속도가 더 빨라야만 한다. 이 법칙은 지구상에 생명체가 생겨난 이래 지난 40억 년 동안 몇몇 예외적인 짧은 기간을 제외하고는 항상 지켜져 왔다고 볼 수 있다. 그 중에서도 특히 과거 6,500만 년에 해당되는 기간은 지구의 생물권에서 유전적 다양성이 가장 활발하게 늘어나던 시기였으나 이제는 그 흐름이 반대로 바뀌어져 가는 추세이다. 윌슨 교수는 문제의 원인을 다음과 같이 진단하고 있다.

"설사……가장 너그러운 판단 기준을 적용하고 가능하면 낙관적인 결론이 도출될 수 있는 모든 방편을 동원하여 계산해 보더라도, 열대 우림의 파괴로 사라져 가는 동식물은 매년 27,000종에 이르고, 이는 매일 74종, 그리고 매시간 3종류의 생물이 지구상에서 사라져 간다는 뜻이다.

화석상의 증거에 따르면 과거 인류라는 방해자가 없는 상황에서 지구상에 살고 있던 생물들의 멸종 속도는 평균 해마다 100만 종 중의 하나가 사라져 가는 꼴이었다. 그러나 인간의 개입이 시작된 이후 열대 우림의 생태계는 단지 그 면적이 줄어들었다는 원인 하나만으로 동식물의 멸종 속도가 1,000~10,000배 정도 빨라지게 되었다. 지금 우리가 지구의 전체 역사를 통하여 그 전례가 없는 '멸종의 폭풍' 한 가운데 서 있다는 것은 부인할 수 없는 현실이다[7]."

열대림은 생태계의 다양성이 보존되어 있는 마지막 보루로, 이 지구상의 육지 생물 중 반 이상이 서식하고 있는 장소이기도 하다. 그러나 원시 시대와 비교한다면 그 전체 넓이가 반으로 줄어든 지금, 지구 표면에서 열대림이 차지하고 있는 면적은 단지 6%에 불과하며 그마저도 과거 어느 때보다 빠른 속도로 줄어들고 있다. 국제연합 식량농업기구(FAO)와 워싱턴 시에 기점을 둔 국제자원연구소(World Resources Institute)가 1990년대 초 위성사진을 토대로 계상한 바에 따르면, 지구 표면에서 현재 숲이 차지하고 있는 면적은 해마다 270만 제곱킬로미터씩 줄어들고 있다고 한다. 이와 같은 감소율은 10년 전과 비교할 때 40~50%나 늘어난 것이며, 90년대 전반에 걸쳐 계속적인 증가세를 보였다. 이제 이 지구는 원래 가지고 있던 면적의 10분의 1에 불과한 숲에 의존하여 21세기를 살아나가야 하는데, 고고학자인 리처드 리키(Richard Leakey)와 로져 류윈(Roger Lewin)이 공저한 『여섯번째 종말 : 생태계의 다양성과 그 생존 *The Sixth Extinction : Biodiversity and its survival*』[8]에 따르면 그나마 지금 남아 있는 숲마저도 2050년 무렵에는 대부분 사라져 버릴 것이라고 한다.

　1997년 역사상 유례가 없이 극심했던 가뭄이 한몫을 하여 세계 곳곳의 열대림은 인간의 실수로 인한 산불들이 몇 달씩이나 계속되는 몸살을 겪었다. 원래 자연적으로 산불이 나는 일이 극히 드문 열대 우림은 화재의 손상을 스스로 복구하는 능력이 매우 약하고, 따라서 불이 날 경우 숲 그 자체는 물론 그 안에 살고 있던 수많은 생물군까지 영원히 사라져 버릴 수도 있다. 국제 자연 보호기구(WWF)가 제출한 한 보고서에 의하면 1997년 한 해 동안 세계의 열대림에서 발생한 산불로 인한 손상은 지금까지 역사에 기록된 피해들을 모두 합한 것보다도 크다고 한다. WWF의 의장인 클로드 마틴(Claude Martin) 장군의 말을 인용한다면 이는 "단순한 위험 상황이 아니라 지구 전체의 존폐 위기"인 것이다.[9] 그런데 1997년의 이 불길들은 토탄 웅덩이 속에 꺼지지 않고 불씨로 남아 있다가 그 다음해에도 가뭄철이 돌아오자 부주의한 벌목꾼과 농부들에 의하여 다시 수백여 건의 산불로 번져 나갔다.

　대부분의 경우 숲은 재목으로 쓸 나무를 베어내거나 농경지 또는 새로운 도시를 건설할 장소를 마련할 목적으로 불태워지는데, 그 과정에서 매년 수천만 종의 동식물이 희생되고 있다. 리키와 류윈 두 학자는 현재 해마다 3만 종 이상, 그러니까 시간마다 평균 3.4종의 생물들이 사라져 가고 있다고 추측한 바 있지만, 아마도 실제 수치는 매년 17,000에서 10만 종 사이일 것으로 보인다. 생물학자들이 지금까지 보고한 동식물의 종류는 175만여 종인데, 과연 이 '등록된' 생물들이 지구 생물권 전체의 몇 퍼센트에 해당하는지는 그들 아무도 정확하게 알지 못하고 있다. 대부분의 전문가들은 이 지구상에 1,000만에서 1억여 종에 이르는 생물이 살고 있을 것으로 짐작하는데, 이런 불확실성을 감안한다면 윌슨 교수가 2100년쯤에는 지구 생태계의 생물 종류가 반으로 줄어들 것이라고 한 예측을 다시 고려해 보아야 할지도 모른다. 그러나 우리 눈에 보이지 않는 멸종 사례들이란 결국 우리가 알지 못하는 종들에 관한 것이므로, 지구 생태계 내에 실제로 존재하는 생물 종의 수와 상관없이 현재 계상된 멸종 동식물의 비율은 그대로 유지된다고 볼 수 있겠다. 그렇다면 원래 매년 100만분의 1의 비율로 생물이 사라져 가던 멸종의 속도가 그 3만에서 10만 배로 뛰어올랐다는 것은 그야말로 생물계의 재앙이 임박했음을 나타내는 증거일 수밖에 없으며 또한 가까운 시일 내에 인류 자신도 이 위협에 직면하게 될 것이다.

멸종의 역사

지구 역사 전체를 통틀어서 보았을 때 현재 일어나고 있는 동식물의 대량 멸종 사건은 그다지 새로운 것이 아니다. 이와 비슷한 일들은 아주 오래 전 인류의 진화가 시작되기 이전에도 일어났었고, 과거 5천만 년 동안의 화석 기록만을 살펴보더라도 꽤 많은 사례들을 발견할 수 있다. 이 중 특히 우리의 눈길을 끄는 다섯 개의 기간들이 있는데(그림 3), 이들을 각각 그 대규모 멸종이 끝난 시기에 따라 연대별로 정리해 보면 고생대의 오르도비스기(4억 4천만 년 전), 데본기(3억 6천 5백만 년 전), 중생대의 페름기(2억 5천만 년 전), 삼첩기(2억 1천만 년 전), 그리고 신생대의 백악기(6천 5백만 년 전)에 한 번씩 발생했던 것을 알 수 있다.

이 대규모의 멸종들은 대부분 지구상의 커다란 기상 이변들과 때를 같이하여 일어났는데, 실제로 멸종의 주된 원인이었을 것으로 보이는 이 기후 변화들은 당시 지구 주변의 우주에서 벌어졌던 사건들로 인하여 발생하였다[10]. 이 중 특히 페름기와 백악기 때의 사건은 인류에게 특별한 의미가 있는데, 우선 백악기의 대규모 멸

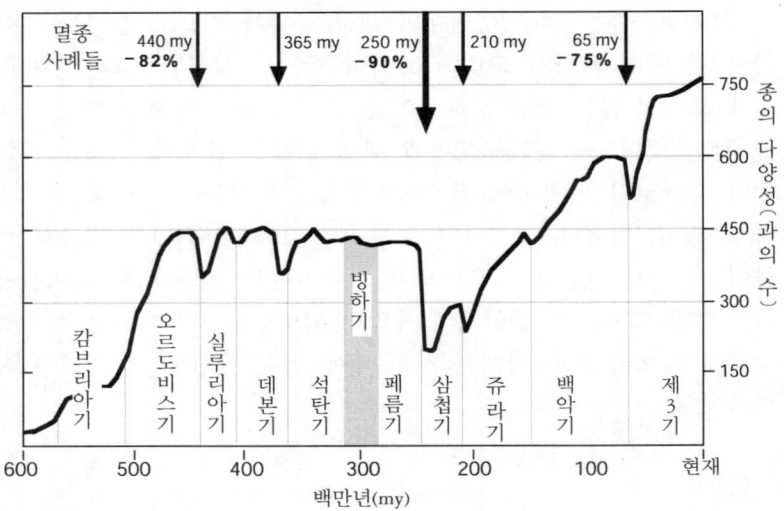

그림 3. 과거의 대량 멸종 사례들
화살표들은 지난 6억 년 동안 일어났던 주요 멸종 사건들을 나타낸다. 이 중 가장 규모가 컸던 세 멸종 사건에서 사라져 버린 생물종들의 수를 백분율로 표시하였다.

종은 진화의 과정에서 공룡이라는 동물을 없애 버림으로써 포유류, 그리고 궁극적으로는 인류가 주도권을 잡는 기회를 마련해 주었다. 페름기 때 일어났던 일에 대해서는 자세히 알려져 있지 않지만 그 엄청난 규모만으로도 주의를 끌기에 충분하다. 각기 시카고와 워싱턴에서 활동하고 있는 고생식물학자들인 데이빗 M. 롭(David M. Raup)과 더글라스 H. 어윈(Douglas H. Erwin)은 말하기를, 페름기의 화석 기록들을 자세히 살펴보면 이 때 지구는 그 위에 사는 모든 생물이 완전히 멸종해 버리기 일보 직전까지 갔다는 것을 발견할 수 있다고 한다. 가장 신빙성 있는 추론에 따른다면 이 시기에 지구상의 동식물 과(科)의 약 50%, 그리고 속(屬)으로 따진다면 약 70%가 사라진 것으로 보이며, 이는 전체 생물 개체 수의 대략 80~90%가 사라져 버렸음을 의미한다[11]. 이 엄청난 피

호주 중부에 있는 고세 절벽
전체적으로 둥그런 모양을 그리고 있는 이곳의 언덕들은 약 1억 3천만 년 전 지구와 충돌한 작은 혜성이 남긴 상처 자국이다. 이 충돌로 파인 구멍의 원래 크기는 지름이 22킬로미터에 달했을 것으로 추정된다. 하지만 이로부터 6천 5백만 년 후인 백악기 때 지구를 강타하여 대규모 멸종을 불러왔던 충돌이 남긴 자국에 비하면 이것은 바늘구멍에 불과하다고 볼 수 있다.

해와 그 지속 기간이 우리들에게 가르쳐 주는 것은, 이러한 대규모의 멸종 사태는 일단 발생하고 나면 그 파장이 당대의 생물계에만 미치는 것이 아니라 복잡하고 이해할 수 없는 연쇄반응을 통하여 끝없이 지속되고 또 반복되므로, 그 실제 범위는 가히 인간의 상상력을 초월하고도 남는다는 것이다.

이처럼 화석상의 증거들이 분명히 보여주듯이, 지구 생태계의 다양성이란 사실 종이로 만든 집과도 같이 허물어지기 쉬운 것이다. 이 점을 생각한다면 현재 인류가 초래하고 있는 환경 파괴들은 실로 자살 행위라고 밖에는 볼 수 없다. 이를 두고 윌슨 교수

제2장 변화하는 세상 53

는 "어느 생물을 막론하고 그 하나가 사라질 때마다 인류의 존엄성도 그만큼 줄어든다."고 하였다[12]. 이 말은 흰표범이나 고산 지대에 사는 고릴라, 그리고 희귀한 앵무새와 같은 조물주의 걸작품을 잃어버리는 애석함을 일컫는 것이 아니라, 오히려 박테리아나 딱정벌레처럼 우리가 그 존재를 잘 알지도 못하는 생태계의 작은 일꾼들이 멸종해 버리는 하찮은 사건들이 모이면 결국은 인류가 이 지구상의 지배권을 상실하게 될 것을 두고 하는 말이다.

지구의 온난화

만약 이 지구를 얇은 담요처럼 둘러싸고 있는 대기층, 그리고 이를 형성하고 있는 유기 가스들이 없다면 지구는 현재보다 온도가 섭씨 33도 가량이나 낮아서 생물체라고는 찾아 볼 수 없는 얼어붙은 바위덩어리에 불과할 것이다. 지구의 표면 온도가 약 15도 가량인데 비하여 대기층이 없는 달의 평균 온도는 영하 18도 정도밖에 되지 않는 것을 보면 잘 알 수 있다.

지구에 도달하는 태양 에너지 중 약 25%는 대기 중의 얼음 결정과 먼지, 수증기, 그 밖에 에어로졸의 형태로 존재하는 여러 가스에 의하여 다시 우주 공간으로 반사되어 나간다. 또 다른 25%는 대기권을 통과하는 동안 흡수되어 버려서, 결국 지표면까지 와 닿는 것은 50% 정도이다. 지표가 받아들인 태양 에너지의 일부는 다시 적외선의 형태로 반사되어 대기권을 덥히는데, 이 중 88% 정도가 대기층의 가스에 의하여 재흡수되고 나머지 12%는 대기권 바깥으로 빠져나가 소실된다. 이 과정이 바로 사람들이 말하는 '온실 효과'(그림 4)라는 것으로(사실 엄밀히 따지면 이 명칭은 옳다고 볼 수 없지만), 지구에 생물이 살 수 있는 것은 바로

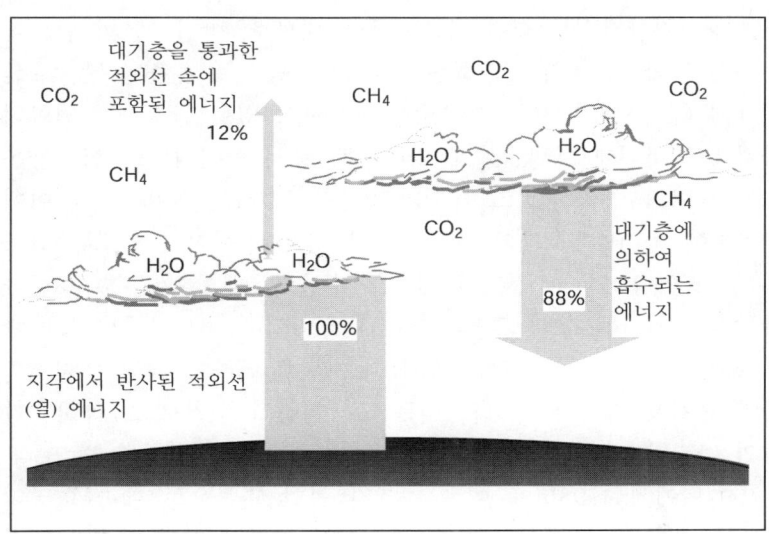

그림 4. 온실 효과

이렇게 열을 흡수하는 기체들—그 중에서도 특히 수증기와 이산화탄소, 그리고 메탄가스 등이 대기 중에 대량 포함되어 있기 때문이다.

그 분자 구조상 열을 빨아들이는 능력이 가장 우수한 물질은 산소와 탄소인데, 이들이 바로 온실 효과의 주범인 이산화탄소의 구성 원소이다. 그래서 이들은 지구라는 행성의 표면 온도를 조절하는 스위치의 역할을 하며, 또한 인류가 지구 위에서 살 수 있는 여건을 조성해 주었다고 할 수 있다.

과거 200여 년의 기간 동안 이루어진 급격한 산업화 과정에서 인류는 난방과 동력을 얻기 위하여 엄청난 양의 석탄과 석유, 그리고 천연가스 등의 화석 연료를 태워야 했다. 탄소가 주성분인 이 화석 연료들은 연소 과정에서 한 개의 탄소 원자에 산소 원자

두 개가 결합된 이산화탄소를 만들어 내므로, 만일 1톤의 탄소를 태운다면 약 3.7톤의 이산화탄소가 대기 중으로 유출된다는 계산이 나온다. 이처럼 지구 생태계가 보유하고 있던 탄소가 산업화의 과정에서 무더기로 방출됨에 따라 대기층의 이산화탄소 함유량은 30% 정도나 증가하였고, 대기가 열을 흡수하는 능력 또한 이에 비례하여 늘어났다. 과거 1850년에서 1950년 사이에 연소된 탄소의 양이 약 60억 톤 정도인 것으로 추산되는데, 현재는 7~8년마다 이에 상당하는 양의 탄소 연료가 소비되고 있으며 그 결과 매년 6억 톤 정도의 이산화탄소가 대기층에 더하여 지고 있다. 또 이와 동시에 해마다 삼림의 벌목으로 인하여 추가로 2.5억 톤 가량의 탄소가 대기권으로 유출되고 있다는 사실도 간과할 수 없다.

1997년에서 1998년에 이르는 기간 동안 가뭄으로 메마른 남미와 동남아의 숲을 휩쓸었던 산불들 역시 상당한 양의 탄소가 대기층 속으로 뿜어져 들어가는 데 큰 몫을 하였다. 수마트라와 보루네오 등지에 있는 토탄 웅덩이들은 단위 면적당 탄소 함유량이 주변의 숲보다 백 배 가까이 높아서, 이곳으로 옮겨 붙은 산불은 온갖 방법을 동원해도 불길을 잡을 수 없어 사람들은 몬순 철이 이르러 홍수가 나기만을 기다리는 수밖에 없었다. 하지만 설상가상으로 엘 니뇨 현상이 몰고 온 여러 가지 기상 이변 중의 하나로 1997년과 1998년에는 우기(雨期)에도 예년처럼 비가 내리지를 않았던 것이다.

엘 니뇨와 남방진동

엘 니뇨(아기 예수)는 원래 스페인어를 사용하는 남미 어부들이 동태평양 바다에서 성탄절 무렵에 동쪽을 향하여 흐르는 표면 난류에 붙인 이름이었다. 그런데 해수와 공기의 온도 차이로 인하여 발생하는 이 역류는 기온이 유난히 높아지는 해에는 그 세기가 아

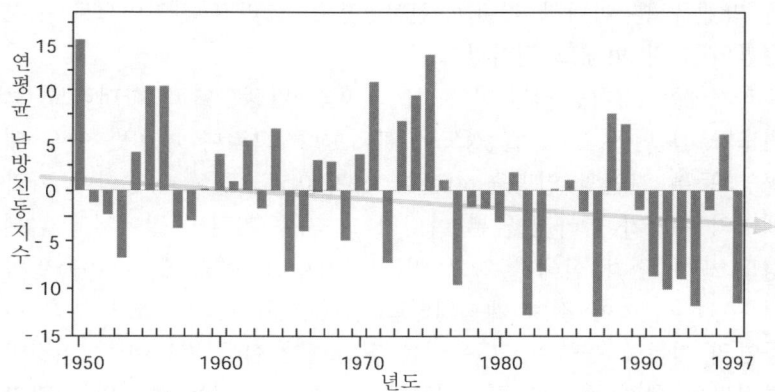

그림 5. 남방진동 지수(SOI)
남방진동 지수는 동부 아시아와 동태평양 기단 사이의 기압 차이를 나타낸다. 태평양 남동쪽에 고온 저압인 기단이 오래 머무르는 경우 남방진동 지수는 마이너스 수치를 나타내는데, 이 현상이 특히 심한 경우(-5 이하)에 바로 엘 니뇨 현상을 일으키는 해류 변동이 일어나게 된다. (자료 제공: 호주 국립 기상청)

주 강해져서 전세계의 해류와 기후에 영향을 미치고 적도 부근의 무역풍을 완전히 멈추어 버리다시피 하기 때문에 열대 지방의 대부분을 적셔 주어야 할 몬순 우기가 찾아오지 않게 되는 것이다. 태평양 연안 지역에서는 때로 인명을 앗아가는 사태까지 야기하는 이 주기적인 기후 상승을 남방진동이라고 하는데, 엘 니뇨(El Niño)와 남방진동(Southern Oscilation)이 동시에 발생하는 현상은 이 두 단어를 합쳐서 줄인 말로 엔소(ENSO)라고 부른다(그림 5).

엔소의 대표적 징후들은 미국의 태평양 쪽 연안을 강타하는 폭풍과 아프리카 및 호주의 살인적인 가뭄, 그리고 아시아 지역에 몬순이 오지 않는 현상 등이다. 또 엔소의 매주기가 끝나고 나면 곧이어 이에 대한 반동 현상으로 한발이 훑고 지나간 지역을 유난히 심한 폭풍과 대규모의 홍수가 강타하게 마련이다. 최근 발생한 일련의 엔소 주기들로 인하여 전세계의 곡물 생산은 막대한 손실을 당했을 뿐 아니라 기아와 산불, 홍수, 그리고 전염병으로 수천 수만의 인명 피해도 뒤따랐다.

과거에는 이처럼 심각한 이상 기후가 발생한다고 하더라도 그 빈도가 십 년에 두세 번 정도에 불과했다. 그러나 1970년 이후 태평양 동부 연안의 연평균 기온이 섭씨 0.5도 정도 상승함에 따라 엔소의 주기가 빨라졌을 뿐 아니라 그 지속 기간이 길어지고 피해 정도 또한 점차 심해져 가고 있는 추세이다. 예를 들어 1995년까지 무려 4년여에 걸쳐 계속되었던 남방진동 현상은 과거 수백 년 동안의 기록을 통틀어 그 유례를 찾아보기 힘든 것인데[13], 이것만 보더라도 현재 점차로 길어지고 또 심해지고 있는 엔소의 주기가 지구 온난화의 한 징후임은 의심할 여지가 없다. 실제로 이 현상들을 분자생물학적으로 분석할 때 얻어지는 증거들은 너무나도 명료하다.

얼음 속의 공기 방울

남극의 보스톡 연구기지에서는 땅 속으로 약 3킬로미터의 깊이까지 파들어 가서 굴착해 낸 얼음 기둥(ice core)들을 조사하여 극지방 만년설 층의 단면과 과거 30만여 년 동안 이 지역에 내린 강수량을 분석한다. 이 때 특히 주목을 끄는 것은 이 얼음 기둥이 처음 형성될 당시 그 속에 갇혀 버린 공기방울들이다. 이 공기방울 속에는 각기 그 핵의 구조가 미세하게 다른 산소의 두 가지 동위원소들이 포함되어 있는데 이들은 그 분자량에 따라 18번과 19번으로 구분된다. 공기 중에서 이 두 산소의 상대적 비율은 온도에 따라 달라지는데, 극지방의 얼음은 계절에 따라 마치 나무의 나이테처럼 구분되는 층으로 쌓여지므로 이를 통하여 연대별로 당시의 기온을 추정하는 것이 가능해진다. 과학자들은 또 이 공기방울 속에 들어 있는 이산화탄소의 양을 산소 동위원소의 상대적 비

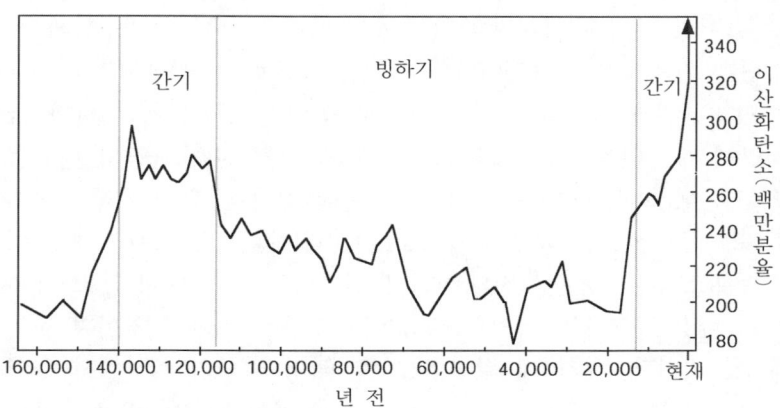

그림 6. 대기중의 이산화탄소량(보스톡에서 채굴한 얼음 기둥 분석에서 얻은 자료)

율 변화와 대조하는 과정을 통하여 극지방 얼음 기둥의 종단면에 포함된 지질시대의 온도 변화표를 만들어 낼 수 있었다. 이들을 살펴보면 과거 11만 3천 년 정도의 기간까지는 한 얼음구멍에서 얻어진 온도 변화표가 다른 얼음구멍의 그것과 아주 정확하게 일치하며, 약 25만 년 전까지 거슬러 올라가더라도 대략 일치하는 양상을 나타낸다. 그런데 이 과거의 온도 변화표들이 명확하게 보여주는 사실은 공기 중의 이산화탄소 함유량과 주변 지역의 기온 사이에 밀접한 상관관계가 존재한다는 사실이다(그림 6)[14].

예를 들면 지금으로부터 약 13만 4천 년 전 공기 중의 이산화탄소량이 산업혁명 직전의 그것과 비교될 수 있을 만큼 높아졌던 시기가 한 번 있었는데, 이와 때를 같이하여 지구 대기의 기온도 섭씨 5~7도 정도 상승했음을 알 수 있다. 상당수의 기후학자들은 과거 100만 년 동안 지구의 평균 기온이 10도 이상 급격한 변화를 보인 적이 종종 있었음을 나타내는 확실한 물적 증거들이 존재한다고 주장한다. 때로는 이처럼 큰 폭의 온도 변화가 일어나는 데 10년도 채 걸리지 않았던 것으로 보이는데, 이런 상황이 실제로 벌어졌을 경우 극지방의 얼음들이 급격히 녹아서 지구상의 해수면은 거의 6미터 가량이나 상승했을 것으로 추정된다[15].

1978년부터 시작된 위성 관측으로 얻어진 자료들에 의하면 극지방에서는 얼음으로 덮인 면적이 10년마다 1.4% 가량씩 줄어들고 있는데, 이는 아마도 과거 50여 년에 걸쳐 남극 대륙의 기온이 2.5도 가량 상승한 때문인 것으로 보인다. 만일 앞으로도 계속 이런 속도로 온도가 높아진다면(아마 십중팔구 그럴 테지만), 21세기가 끝나갈 무렵에는 극지방 얼음의 대부분은 녹아서 없어져 버리게 될 것이다. 엎친 데 덮친 격으로, 과거 지구의 역사에서 일어났던 전례들처럼 만일 이 온난화 과정에 양성 되먹임 작용(positive feedback—역주 : 어떤 현상의 결과가 그 현상을 초래하는 다른 요인들을 부추기거나 촉진시키는 것)까지 합세하여 북극과 남극의 빙산들을 모두 녹여 버린다면, 해수면은 거의 65미터 가량이나 상승할 것이며, 그 결과 인구가 밀집된 여러 도시들은 물론 세계 곳곳의 곡창지대도 모두 물에 잠겨 버릴지 모른다[16].

온난화의 가속화

이 비관적인 시나리오가 다소 비현실적으로 들릴지라도 우리는 가능성을 무시해서는 안 된다. 지금처럼 바닷물의 온도가 지속적으로 상승하고 극지방의 만년빙들이 계속 녹아나온다면 식물이 무성한 열대 저지대들은 결국 물 속에 잠겨 버리고 말 것이기 때문이다. 그렇게 되면 이들은 결국 늪지대로 변하고, 거기에서 생성되어 나오는 메탄가스가 엄청난 영향력으로 되먹임 작용을 행사하여 온난화를 더욱 가속화시킬 것이다.

그런데 메탄가스의 또 다른 위협은 열대 우림으로부터 아주 멀리 떨어진 툰드라 지역의 얼어붙은 황무지들 속에 도사리고 있다. 이곳의 영구 동토(凍土)층은 대개 그 속에 얼어붙은 토탄들을 포함하고 있기 때문에, 이들이 녹아서 부패하게 되면 1세제곱미터당 그 3배에 해당되는 부피의 메탄가스를 배출한다. 이보다 더 위험스러운 것은 툰드라 지역의 땅 속 400여 미터가 넘는 깊이까지 묻혀 있다고 알려진 여러 가지 유기 가스들의 혼합체(가스 하이드레이트 gas hydrate라고 한다)이다. 깊은 바다 밑의 퇴적층에서 처음 발견된 이 가스 하이드레이트들은 산소가 거의 없는 고압 저온의 환경에서 만들어진다. 극지방에서는 얼음 구멍들 속으로 50미터만 내려가도 가스 하이드레이트층을 만날 수 있는데, 이들이 녹으면 세제곱미터당 그 부피의 160배에 이르는 양의 메탄가스가 방출된다[17].

이렇게 가스 하이드레이트의 형태로 저장되어 있는 엄청난 양의 메탄가스는 고대 지구의 바닷속에 서식하던 박테리아의 일종인 시원 세균의 잔해로부터 만들어진 것이다. 메탄가스는 태양의 방사열로부터 다른 온실 가스들과는 구별되는 파장의 열을 흡수하며 이산화탄소보다 20배 가량 더 많은 열을 보유할 수 있다[18]. 따라서 현재 툰드라 지역에 매장되어 있는 메탄가스는 어쩌면 가장 위험한 형태의 온실가스 보유고인지도 모른다. 만일 툰드라의 영구 동토층이 녹기 시작해서 처음에는 지표 가까이에 묻힌 생물들의 사체로부터, 그리고 점차 아래로 내려가면서 가스 하이드레이트에서 메탄가스가 새어 나오면 이들의 작용으로 온난화의 가속화를 초래할 가능성이 높다. 실제로 캐나다 북부와 알래스카에서는 이런 현상들이 이미 일어나고 있다. 이들 지역의 연평균 기온이 과거 10년마다 1도 정도씩 상승을 계속하여 여러 곳의 영구 동토층이 녹기 시작했다. 이렇게 땅 밑의 얼음이 녹아서 생겨난 침식 구덩이들이 마치 천연두 자국처럼 지표면을 뒤덮고 있는데, 최근 일어난 산사태 중 적어도 2천여 건은 이 구덩이들이 그 원인인 것으로 추정된다.[19]

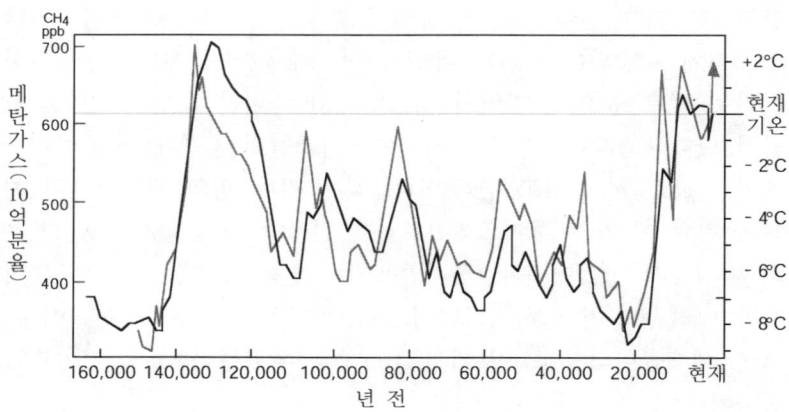

그림 7. 기온과 메탄가스의 연관관계
과거 15만 년 동안 얼음 기둥 속에 포함된 메탄가스의 양(가느다란 선)과 대기층의 온도(굵은선) 변화 사이에 밀접한 연관성이 존재한다는 사실은 대기중의 메탄가스가 온난화 현상의 가속화를 일으키는 주범이라는 가설을 입증해 주고 있다(지금으로부터 14만 년 전에 발생한 기온 상승 사례를 보면 알 수 있다). 도표에서 메탄가스의 양은 10억분율로, 그리고 기온은 현재의 기온과의 차이로 표시되어 있다.

　이 천연 메탄가스의 방출은 현재 이미 진행 중인 온실 효과와 더불어 우리 인류가 직면한 가장 큰 위협 중의 하나이다. 극지방의 얼음 기둥들이 말해 주는 과거의 기온 변화는 이산화탄소의 변화량에 근거하여 추정되는 값보다 언제나 5~14배 정도 더 큰 폭으로 증감(增減)했던 것으로 보아 그 어떤 되먹임 현상이 작용했을 것이 분명하고, 결국 이로 인하여 지구에 빙하기와 빙하기가 아닌 시기가 번갈아가며 찾아왔을 것으로 짐작된다. 남극의 보스톡 기지에서 파낸 2.5킬로미터짜리 얼음 기둥을 분석한 과학자들은 "메탄가스가 지구의 기후 변화와 연루되어 있음은 조금도 의심의 여지가 없다."고 말하면서, "메탄가스가 지구 온난화 현상의 모든 측면에 양성 되먹임 작용을 행사하였을 것"으로 추측하고 있다(그림 7)[20].

극지방의 얼음 기둥들을 조사해 보면 과거 1만여 년 동안은 지구의 기온과 대기 중의 메탄 농도가 비교적 균일하게 유지되어 왔던 것으로 보인다. 그러나 이 평형은 약 200년 전 메탄가스의 양이 갑자기 2배 이상 치솟으면서 끝나 버리고, 이후로는 계속 과거 30만 년 동안과 비교할 때 거의 50배나 빠른 속도로 증가하고 있다[21]. 그 주된 원인은 관개 농토의 확장과 늘어난 가축 떼들이 방출하는 방귀 때문인 것으로 보이는데, 이는 결국 인간 활동에 의하여 대기 중으로 방출되는 메탄가스는 인류의 식습관에서 나오는 필연적 산물임을 보여주는 것이다. 게다가 현재 우리가 직면하고 있는 식량난으로 미루어 볼 때 이러한 원인 제공 요소들은 앞으로도 줄어들 것 같지 않다.

지구 온난화의 열두 가지 징후들

1. 극지방의 얼음 기둥을 대상으로 한 연구에서 밝혀졌듯이, 과거 20여 만 년 동안 대기 중의 탄소 함량과 공기의 온도는 언제나 밀접한 상관관계를 유지해 왔다. 그런데 이 얼음 기둥들은 20세기에 들어오면서 공기 중의 메탄과 이산화탄소량이 또 다시 급격하게 증가한 것을 보여주고 있다.

2. 지난 100여 년 동안 지구의 연평균 기온은 약 0.6도 가량 상승했고, 그 이후 줄곧 과거 그 어느 때보다도 빠른 속도로 높아지고 있는 추세이다[22]. 특히 최근 30여 년의 기간은 지구의 기후가 유난히 불안정했던 것으로 나타나는데 그 중에서 1990년의 온도가 가장 높았다.

3. 적도 계절풍의 교란과 태평양 지역에 해류 변동 현상을 합쳐서 일컫는 엔소가 찾아오는 주기 또한 최근 30년 동안 점점 빨라지고 있으며, 이보다 다소 약한 강도이기는 하지만 비슷한 기상 이변들이 인도양과 대서양에서도 발생하기 시작했는데, 이 또한 지구의 기온 상승이 원인인 것으로 보여진다.

4. 과거 50년에 걸쳐 남극 지방의 연평균 기온은 2.5도 가량 높아

졌고, 대륙 남쪽 바다에 있는 맥커리 섬 연안의 해수 온도 역시 20세기가 시작된 이래로 1도 가량 상승했다[23].

5. 이처럼 극지방이 따뜻해진 결과 남극 대륙의 서해안 반도에 연결되어 있는 빙산의 일부인 제임스 로스 빙벽과 워디 빙벽은 현재 완전히 떨어져 나오기 일보 직전이다. 최근 들어서는 반도의 동쪽 해안에 1,000킬로미터에 걸쳐서 연접해 있던 거대한 라슨 빙산에도 거미줄처럼 얽힌 균열들이 생겨나서 이 얼음덩이가 녹고 있음을 시사해 주고 있다. 실제로 1998년 4월에는 이곳으로부터 길이 40킬로미터에 폭 5킬로미터인 거대한 빙벽이 떨어져 나오기도 했다.

6. 고래잡이 어선들이 제공하는 정보에 따르면 남극 대륙을 커다란 앞치마처럼 둘러싸고 있던 바다의 얼음장들이 20세기에 들어와서 25% 가량 줄어든 것으로 보인다. 1972년에서 1987년까지 15년 동안의 합법적인 고래사냥을 통하여 얻은 자료들을 분석해 본 결과 이 때 사라진 얼음의 면적은 500만 제곱킬로미터에 달하는 것으로 추정되었다. 위성 관측 데이터 역시 현재 10년마다 1.4%씩 극지방의 얼음들이 사라지고 있음을 나타내고 있다[24].

7. 북극지방의 얼음은 한층 더 빨리 녹고 있다. 위성 관측 자료들에 따르면 20세기 후반부터는 10년마다 얼음의 감소량이 2.5%에서 4.5%로 증가했고, 북극의 바닷물 온도는 지난 10년 동안에만도 1도 이상 상승한 것으로 보인다[25].

8. 1850년 이후 모든 대륙의 고산지대에 남아 있던 빙산이 반 이상 녹아 버렸고, 만년설의 최저 경계선도 200미터 가량 높아졌다. 마찬가지로 적도 지방에 남아 있는 몇 개 안 되는 빙산들이 현재 매년 45미터씩 낮아지고 있는 속도로 계속 줄어든다면[26] 이들 또한 앞으로 수십 년 이내에 완전히 사라져 버릴 것이다.

9. 지구의 해수면은 온도 상승에 따른 부피 팽창과 고산 지대의 만년설 및 극지방의 빙산이 녹아 나오면서 20세기 초와 비교해 볼 때 15센티미터 이상 높아졌다. 현재 매년 2밀리미터의 속도로 진행되고 있는 해수면의 상승은 점차 가속화되고 있는 것으로 보여진다[27].

10. 동태평양의 해수 온도가 높아짐에 따라 그 속에 살고 있는 동물성 플랑크톤의 숫자는 80%나 줄어들었는데, 그 결과 바닷속 생태

계의 활성이 저하되어 이산화탄소를 잡아 둘 수 있는 능력도 급격하게 감소했다. 원래 플랑크톤은 인간 활동의 결과 대기 중으로 방출되는 이산화탄소의 20~40%를 바닷물 속으로 끌어들이는 역할을 한다. 해수면의 온도가 높아지면 물 속에 분리된 층이 형성되어서 영양분이 풍부한 심해의 물이 표면으로 올라오지 못하게 되고 그 결과 먼저 광합성을 하는 식물성 플랑크톤이, 그리고 결국에는 이들을 먹고 사는 동물성 플랑크톤들도 차례대로 굶어죽게 된다[28].

11. 해수 온도의 상승은 또한 많은 지역의 얕은 바다에 사는 산호초의 빛깔이 바래어지면서 죽어가는 현상을 초래했는데, 이는 물의 온도가 어느 한계점 이상으로 올라가면 산호 속에 공생하고 있던 조류들이 빠져나가 버리기 때문이다. 현재 전세계적으로 열대 산호초들의 10%가 이런 피해를 겪고 있는 것으로 추산된다[29].

12. 역사상 유례를 찾아보기 힘든 심한 열대 가뭄이 열대지방을 휩쓰는 가운데 기록적인 더위로 바싹 마른 나뭇잎들이 숲마다 가득히 쌓인 상태에서 발생한 1997년의 대규모 산불들은 그 한 해 동안 과거의 역사 기록을 모두 합친 것보다 더 넓은 지역의 열대림들을 태워버렸고[30], 1998년에 건기가 다시 돌아 왔을 때는 더욱 거세게 타올랐다.

어쩌면 이러한 생태계의 위험 신호들은 오늘날 우리가 매일같이 접하는 국내 및 국외의 격동하는 정치 상황과 주식 시세의 변동이 가져다주는 직접적인 위협에 비교하면 상대적으로 덜 중요하고 의미 없게 느껴질지도 모른다. 그러나 다시 생각해 보면 정치나 경제를 둘러싼 상황은 인류가 '어떻게' 사는가에 영향을 미칠 뿐인데 반하여 환경 문제는 궁극적으로 우리의 '생존' 여부를 판가름한다는 사실을 잊어서는 안 된다. 지구가 인류를 부양(扶養)할 수 있는 능력은 그 기후 조건에 따라 결정되므로 기후의 안정성을 유지하는 것이야말로 현재의 인구가 지구상에서 살아 남기 위한 필수 조건이다. 과거 1만여 년 동안 지구의 기후가 비교적 일정하게 유지되는 동안 인류는 60억에 가까운 숫자로 늘어났는데, 만일 갑자기 기후의 평형이 깨져 버린다면 이들에게 필요한 식량을 조달하기란 도저히 불가능해질 것이다. 그런데도 지금 우리는 컬럼비아 대학교의 지질학자인 월레스 브뢰커(Wallace S. Broecker) 박사가 언젠가 말한 것처럼 "기후라는 이름의 사나운 짐승을 겁도 없이 막대기로 마구 찔러대고" 있는 것이다[31].

토지의 황폐화

인류가 소비하는 식량의 거의 대부분은 지구 표면적의 36%에 해당하는 육지에서 생산되고 있다. 이 중 11% 정도는 작물을 경작하는 데 사용되고 나머지는 영구 목초지의 형태로 존재한다[32]. 지구의 땅덩어리 중에서 툰드라와 사막은 제쳐 놓더라도, 그 남은 면적들 역시 대부분 숲이 차지하고 있지 않으면 양분이 적고 척박한 땅이거나, 또는 이전에 농경지로 사용되는 동안 형편없이 망가져 버린 상태이다. 따라서 많은 과학자들은 지구상에서 곡물을 생산해 낼 수 있는 토양의 면적이 이처럼 계속 줄어들고 있는 현상이야말로 증가 일로에 있는 세계 인구가 직면한 가장 큰 위협이라고 주장한다.

토지의 황폐화는 크게 네 가지 양상으로 분류되는데, 토양의 고갈(exhaustion), 침식(erosion), 염류화(salinization), 그리고 침수(waterlogging) 현상이 그것이다. 매년 수천 헥타르에 달하는 농경지들이 이와 같은 황폐화 현상으로 더 이상 농사를 지을 수 없는 땅으로 전락하고 있으며, 이들 중 대부분은 결국 영원히 황무지로 남게 된다. 앞서의 네 가지 황폐화 요소들 중 처음 셋은 정도의 차이는 있으나 궁극적으로 사막화 현상(한때 비옥했던 땅이 서서

아테시안 대수층
호주 중부의 아테시안 대수층이 물을 대어 주고 있는 대규모 가축 목장들은 주변의 식물군을 모조리 사라지게 하고 표토층을 먼지로 만들어 버리는 환경 파괴를 초래했다.

히 불모지로 변해 가는 과정)을 초래한다. 현재 아프리카 대륙의 여러 지역과 몽고, 중국, 러시아 남부 등지에서 대단히 심한 사막화 현상이 진행 중에 있으며, 심지어 미국 남부지방과 호주에서도 사막화의 징후들이 나타나고 있는 실정이다. 이처럼 땅이 영구적으로 황폐해지는 현상은 어느 지역에서 일어나든 심각한 문제가 아닐 수 없으나 특히 중국이나 아프리카처럼 인구밀도가 높은 곳에서 발생하는 경우는 그야말로 재앙 그 자체가 아닐 수 없다. 토양의 침식과 사막화에 의하여 현재 아프리카의 비사막지역 중 40%와 아시아 지역 내 농경지의 30%가 황폐화되어 가고 있으며, 전세계적으로는 매년 5~6백만 헥타르에 달하는 토지, 즉 다시 말해서 10년마다 전체 농경지의 4%에 해당되는 면적이 소실되고 있는 추세이다. 중국은 지금 지구 전체 경작지의 15분의 1에 해당되는 농토로부터 세계 인구의 5분의 1을 먹여 살려야 하는 실정에 처해 있는데, 이로 인한 과잉 경작 때문에 그 토양의 황폐화 속도는 세계 평균치의 두 배에 달한다. 러시아가 처한 상황도 이와 크게 다르지 않은데, 구 소련 정권의 집단 농장화 사업과 만성적인 정책 실패로 불과 20년 남짓한 기간 동안 이 나라의 경작 가능한 농토가 20%나 사라져 버렸다[33].

농경지뿐 아니라 세계 곳곳의 목장지대도 심각한 피해를 입었기는 마찬가지이다. 가축의 지나친 방목과 그 밖의 여러 가지 부적절한 농업 방식으로 인하여 지구상 전체 목초지의 70%에 달하는 면적이 이미 황폐화되었는데, 그 대표적인 사례는 호주의 경우이다. 호주는 그 거대한 땅덩어리를 가로지르는 지하수층을 발견한 덕택으로 원래는 사막이었던 지역의 70% 이상을 목초지로 개발할 수 있었는데, 만일 그렇지 않았더라면 셀 수 없이 많은 발굽 달린 가축들이 과거 150년 동안 땅 위를 마구 짓밟고 다니면서 주변의 생태계를 온통 망가뜨려 버리는 사태는 일어나지 않았을 것이다.

이와 같이 그 처음 의도와는 상관없이 인류가 저지른 과거의 실수들이 전해 주는 공통된 진실은, 지난 20여 년 동안 대부분의 산업화된 국가에서 토양의 고갈과 사막화, 염류화, 그리고 침수작용에 의하여 파괴된 땅의 면적이 새롭게 개척된 경작지보다 훨씬 넓다는 것이다. 그 결과, 그리고 여기에 지속적인 인구 증가까지 합세하여, 전세계적으로 1인당 식량 생산량은 계속 감소하는 추세이며 앞으로도 전혀 나아질 기미를 보이지 않고 있다[34].

호주 중부의 사막화 현상
아테시안 대수층에서 조달된 물을 마시고 자라는 발굽 달린 가축들이 주변의 풀을 모조리 먹어 버린 결과 이 지역의 사막화는 급속하게 진행되었다. 현재 호주 전역의 초목지 중 70%에 해당하는 면적에서 이와 비슷한 현상이 일어나고 있다.

고갈되어가는 토양

토지는 그 경작 정도에 비례해서 식물의 생장에 필수적인 양분들을 잃어버리게 마련이다. 이런 양분의 고갈현상이 나타나게 되면 초기에는 비료의 투입을 늘림으로써 어느 정도 문제를 해결할 수 있지만, 그 후에도 작물의 산출량은 계속 줄어들므로 결국은 한계점에 도달할 수밖에 없다. 1950년대에 전세계에서는 거두어들인 곡물 45톤당 약 1톤의 비료가 사용되었다. 그러나 1965년에 이르자 동일한 양의 비료를 사용하여 얻을 수 있는 곡식의 양은 반으로 줄어들었고, 1985년에는 여기에서 또 다시 반으로 감소하였다. 1960년대에서 70년대에 걸쳐 '기적의 작물'이라 불리며 활발하게 개발되었던 개량 품종들은 오히려 결과적으로 문제를 더욱 악화시켰을 뿐인데, 왜냐하면 빠르게 생장하고 많은 열매를 맺는 작물일수록 더 많은 양의 양분을 요구하게 마련이며 이 양분 또한 토양으로부터 조달될 수밖에 없기 때문이다. 이를 위하여 화학 비료를 사용한다고는 하지만 인공적으로 합성한 비료 속에는 작물에 필요한 필수 영양소들 중 일부만이 포함되어 있을 뿐이어서, 결국은 비료를 아무리 많이 주어도 생산량은 계속 줄어드는 상황이 벌어진다.

열대 우림을 개간하여 농사를 지어보려고 했던 사람들 역시 이와 비슷한 문제에 봉착했다. 열대림의 울창한 나무와 우거진 풀들은 이곳이 매우 비옥한 땅일 것이라는 착각을 불러일으키겠지만, 실제로 열대 지방의 토양은 상당히 척박한 편이다. 개간된 뒤 처음 2~3년 동안은 숲을 제거하기 위하여 나무들을 불태워 버리는 과정에서 생겨난 재 덕분에 제법 많은 소출을 얻을 수 있지만 그때뿐, 이후의 생산량은 급격히 떨어지게 마련이다. 그러면 농부들은 이를 벌충하기 위하여 또 다른 장소의 열대림을 불태워 농경지를 늘리려고 하고, 그 결과 똑같은 악순환이 되풀이되는 것이다. 바로 이 과정을 통하여, 그리고 여기에 무차별적인 상업적 벌목작업까지 가세하여 브라질과 보루네오, 그리고 타일랜드 등지에 남아 있던 지구의 마지막 열대림들은 속속 사라져 가고 있다. 게다가 다른 한편에서는 근대에 들어와 농업 생산성 증가와 가축들의 대량 사육을 위하여 개발되었던 여러 기술들, 즉 관개사업과 무분별한 농약 및 비료의 사용으로 인하여 생태계의 다양성이 파괴되고 양분의 고갈이 가속화되면서 생태계 전체가 언제 멸망할지 모르는 시한폭탄의 위협을 안고 살아가야 하는 상황을 초래하게 되었다.

토양의 침식

사막을 비롯한 건조한 지역의 토양이 그나마 지니고 있는 적은 양의 양분들은 그 대부분이 표토층 수 센티미터 이내에 포함되어 있다. 인간 활동의 영향으로 이 표토층이 바람이나 물에 씻겨나가는 속도가 빨라지게 된 것은 엄청난 재앙을 스스로 불러들인 것이나 마찬가지인데, 왜냐하면 일단 맨 위쪽 껍질이 벗겨지고 나면 토양은 걷잡을 수 없이 침식되어 들어가기 때문이다. 호주 내의 건조지역들을 대상으로 이루어진 연구 결과에 따르면 매우 세심한 보호 정책이 시행되고 있는 곳이라고 하더라도 토양의 침식이 재생보다 몇 배나 빠른 속도로 진행되고 있다고 한다. 토양 표면에 자라고 있는 식물 및 이끼와 같은 조류들이 가축의 지나친 방목이나 농기구들에 의하여 파괴되고 나면, 그것이 형성되기까지 수천 년이 걸렸을지도 모르는 표토층은 불과 십 수년 이내에 침식되어 없어져 버린다. 이로 인하여 주변의 자생 식물군집이 사라지고 나면 이는 결국 강우량의 감소를 불러오고, 그렇게 되면 토양의 침식은 더욱 가속화되는 등 전형적인 사막화 현상들이 나타나게 되는 것이다.

이상의 여러 요인들에 의하여 10년마다 전세계 농경지의 4%에 해당하는 600만 헥타르의 토지가 사라져 가고 있다. 이러한 소실이 초래하는 피해가 쌓여감에 따라 앞으로 인류의 식량 조달 능력은 형편없이 감소할 것으로 보인다. 1990년 유엔이 작성한 보고서에 따르면 매년 풍화와 침식에 의하여 전세계 표토층의 1%에 달하는 면적이 생산성을 잃어버린다고 한다. 이 수치를 무게로 따져보면 25억 톤의 흙이며, 호주 내의 모든 밀밭을 덮고도 남을 표토층을 만들 수 있는 양이다[35].

현재 토양 침식의 피해가 가장 두드러지게 나타나고 있는 지역은 아프리카와 중국, 인도, 미국, 그리고 호주이다. 여기서 중요한 것은 아프리카에만 약 7억의 인구가, 그리고 중국에 1억 2천만, 인도에 1억, 그리고 미국에 2억 5천만 명의 사람들이 살고 있다는 사실이 아니다. 이들에 비한다면 호주의 1,800만 인구는 너무나도 보잘것없게 보이는데, 왜 이를 토양 침식의 위험지역 명단에 포함시켰는지조차 의아해 하는 독자들이 있을지도 모른다. 여기에는 약간의 설명이 필요하다.

원래 호주 대륙은 그 대부분이 사막지대이고 토양 또한 척박하기 그지없었으나, 그럼에도 불구하고 호주의 농부들은 그들의 토지가 제공해 줄 수 있는 것으로부터 최선의 소출을 짜내고자 노력해 왔다. 또한 원래 이 대륙에 살지 않던 소, 양, 염소, 돼지, 들소, 낙타, 당나귀, 토끼, 고양이 그리고 여우 등을 들여옴으로써 생태계에 매우 나쁜 영향을 미치기도 하였다. 현재 전세계적으로 가장 극심한 토양의 침식이 호주에서 발생하게 된 원인은 농경정책 상의 많은 시행착오와 동식물의 유입이라는 두 공범이 함께 손을 잡고 만들어 낸 것이나 다름없다.

건조한 땅에 너무 많은 가축이 대량 사육되고 있는 호주의 뉴사우스 웨일즈 주의 서부 지역 이야기를 예로 들어 보자. 이곳에서 바람과 물에 의하여 매년 씻겨져 나가는 흙의 양은 연평균 헥타르당 200톤으로 기록되어 있다. 그러나 1995년 5월 호주 서부의 남서쪽을 일곱 시간에 걸쳐 강타한 모래폭풍은 단번에 이 지역의 표토층을 3밀리미터나 벗겨내어 버렸는데, 이는 과거 수천 년이라는 기간이 걸려서 형성되었던 수백만 톤의 토양이 삽시간에 사라져 버렸음을 의미한다. 또 1994년 심한 가뭄을 겪고 있던 호주 남동부에 폭풍이 불어 닥쳤을 때에는 길이 800킬로미터, 넓이 200킬로미터, 그리고 높이가 200미터에 이르는 거대한 먼지 구름이 일어났는데, 위성 관측을 통하여 추산한 바에 따르면 이 먼지구름은 2,000만 톤이 넘는 표토층으로 형성된 것이었다. 결국 이 소중한 토양의 대부분은 타즈마니아 바다의 물 속에 수장되어 버리고 말 았다[36].

아이러니컬하게도 호주 사람들이 이처럼 토양을 잘못 관리하게 된 원인은 그 땅위에 물이 없다는 사실이 아니라 반대로 땅 속에 풍부한 지하수가 흐르고 있었기 때문이다. 바짝 메마른 지표와는 정반대로 호주 대륙의 대부분 지역은 그 땅 밑에 막대한 양의 물을 보유한 거대한 대수층이 가로질러 놓여져 있다. 그 대표적인 예로 호주 전체 면적의 5분의 1에 해당하는 약 1,700만 제곱킬로미터의 면적을 자랑하는 아테시안 퇴적층(Great Artesian Basin)은 전세계에서 가장 큰 지하 대수층이다[37]. 그러나 20세기 전 기간에 걸쳐 이 지하 수로들은 그 길이를 따라 4,000개가 넘는 우물을 파서 마구잡이로 물을 퍼낸 결과 지금은 그 중 1,000개 이상이 물이 말라 버린 상태이다. 수십 년 동안 사막 위로 힘찬 물줄기를 뿜어내며 그 주변을 준사막지대로 변화시켰던 이들 지하 대수층의 물이 모이는 데에는 수백만 년이 넘는 시간이 걸렸다. 달리 말하자면 이들을 다시 만들어 낼 수는 없다는 뜻이다.

어찌되었든 그 동안 호주 전역에서 2만 5천 개가 넘는 지하수 우물들을 통하여 뽑아 올린 이 방대한 지하수원은 물을 많이 먹어대는 발굽 달린 가축들을 곳곳에서 대량으로 사육하는 일을 가능하도록 해주었다. 그러나 호주의 원래 자연 환경과 전혀 어울리지 않는 이 초식동물들은 결국 그 지표면을 덮은 풀과 조류를 몽땅 먹어 버리고, 또 그 단단한 발굽으로 이 식물들이 접착제의 역할을 하고 있던 토양의 껍데기 층을 부수어서 그 속에 들어 있던 얼마 안 되는 양분마저 바람에 날려가 버리게 만들었다.

이제는 많은 사람들이 이러한 문제점들을 알게 되었지만, 그럼에도 불구하고 매년 6,500제곱킬로미터에 달하는 처녀지가 새롭게 개간되는 작업은 지금도 계속 진행 중이다. 이는 브라질의 아마존

강 유역에서 열대 우림이 사라져 가는 속도의 반 정도가 된다고 한다. 설상가상으로 이렇게 숲을 없애고 새로운 경작지를 만드는 과정에서 나무와 풀을 뽑아내고 태울 때 나오는 쓰레기들은 호주가 유달리 심한 온실 효과로 몸살을 앓게 만드는 원인을 제공하고 있다. 1990년 한 해의 경우만 보더라도 토지 개간 사업을 통하여 형성된 이산화탄소의 양은 1억 5천 5백만 톤에 해당한다고 하며, 이는 호주 전체에서 생산되는 온실가스의 27.3%에 달하는 양이다. 바로 이것이 호주 사람들의 국민 한 사람당 온실가스 배출량이 전 세계 1위를 차지하고, 지구 전체에서 나오는 온실가스의 1~2%에 기여하게 된 직접적인 원인이다[38].

미국 및 서유럽 사람들과 마찬가지로 호주 국민 한 사람이 소비하는 에너지와 공산품의 양이 방글라데시 같은 나라에서 120명이 사용하는 양과 맞먹는다는 사실을 감안한다면 호주 대륙에 방글라데시의 2억 인구가 대신 옮겨와서 산다고 할지라도 상황이 더 나빠질 것은 없다고 본다. 호주의 인구밀도가 낮다고? …… 그건 생각하기 나름이다.

이처럼 인간 활동에 의한 파괴가 심화됨에 따라 지난 1,000여 년 동안 지구 곳곳의 자연 생태계는 점진적으로 붕괴되어 왔다. 옛날에는 한 지역이 더 이상 사람 살기에 적합하지 않게 되면 다른 곳으로 이주해 버리면 그만이었을 것이다. 그러나 지구 전체에서 토지의 황폐화가 일어나고 있는 지금의 시점에서 문제의 해결은 더 이상 그처럼 간단하지가 않다.

염류화라는 시한 폭탄

이 지구상 땅덩어리의 대부분은 지표 밑에 물에 녹는 염분들이 포함되어 있어, 대수층이 상승하면 이들도 함께 지표로 올라오게 된다. 땅 속 깊이 뻗어 들어가는 나무의 뿌리들은 일종의 물을 긷는 펌프와 같은 역할을 해서 지하의 대수층이 상승하는 것을 억제하고 따라서 염류가 지표로 스며 나오는 것도 막아준다. 그러나 이 천연의 펌프들이 작물을 심거나 가축을 사육할 공간을 늘린다는 명목으로 자꾸 베어져 나간다면, 결국 염류의 상승으로 인하여 모든 땅이 경작할 수 없는 상태로 전락해 버릴 것이다.

이것이 바로 우리가 '사막 지역의 염류화'라고 부르는 현상인데, 사실은 이미 과거 수천 년 동안 세계 곳곳, 그 중에서도 특히 중동 지역과 인도, 중국에서 이 현상이 진행되어 왔고 그 결과 방대한 면적의 농토가 더 이상 경작할 수 없는 땅으로 변해 버린 바 있다. 지구상에 사람이 사는 지역 중에서는 가장 건조한 땅이라고 볼 수 있는 호주 대륙은 이 염류화의 새로운 피해자인데 그 피해 정도 역시 다른 어느 곳보다 더 심각하다. 현재 염류화 현상에 의하여 이미 파괴된 농토는 약 200만 헥타르에 달하며 이 외에도 100만 헥타르 정도가 완전히 손상되기 일보 직전에 놓여 있다. 이로 인한 식량 생산의 감소는 현재 매년 3,000만 달러의 손해를 초래하고 있는 것으로 추산되며, 이 수치는 앞으로도 계속 증가할 추세이다[39].

염류화의 또 다른, 그리고 보다 직접적인 범인으로는 관개 사업을 들 수 있다. 지구와 접촉을 하고 있던 물이라면 정도의 차이는 있을지언정 모두 어느 정도의 염분을 그 속에 포함하고 있게 마련이다. 그런데 이 물을 인공적으로 작물에 대어 주는 작업은 그것이 분수처럼 뿜어대는 형태이든 방울방울 떨어뜨리는 것이든 아니면 아예 물 속에 잠기게 하는 방법이든 상관없이 모두 지표면에 무기화된 염분이 포함된 수분을 남기게 된다. 물이 증발함에 따라 염류가 토양에 첨착되고, 이 과정이 되풀이되면서 그 땅은 결국 더 이상 작물을 기를 수 없는 지경에 이르는 것이다. 문제를 더욱 악화시키는 요소는 지구상에서 적극적인 관개가 이루어지고 있는

사라진 강
호주 북서부에 있는 그레이트 샌디 사막. 전체적으로 평평한 모습을 하고 있는 오스트레일리아 대륙은 지구의 역사를 통해서 여러 번 바닷물 속에 잠겼었다. 지금은 드러난 바닥에 소금이 잔뜩 말라붙은 채 몇 개의 샘물로 전락해 버린 이 강은 그 아래쪽 땅 속에 대량의 염분이 들어 있음을 보여준다. 현재 호주 전역에 걸쳐 이와 같은 염류화 현상으로 농작물들이 심각한 피해를 입고 있다.

지역들이 대부분 사막처럼 원래 기후가 매우 건조한 곳들이어서, 공급된 물은 거의 그대로 증발되어 버리고 그 50%에도 못 미치는 양만이 작물에 흡수된다는 사실이다. 한마디로 현실은 염류화로 인한 시한폭탄이 전세계에서 재깍거리고 있는 것이나 다름이 없으며, 또한 지구상의 사막 지역에 위치한 얼마 안 되는 귀중한 농경지들이 대량으로 사라지고 있는 안타까운 상황이다. 여기서 알아두어야 할 것은 1977년에서 1997년에 이르는 기간 동안 지구상의 인구 증가와 관개 사업의 확장, 그리고 '녹색 혁명'을 일으킨 개량 작물의 출현으로 인하여 전세계적으로 담수의 소비량이 3배나 늘

뉴 사우스 웨일즈 지방의 관개 목화 농장
달링 강 상류에 밀집해 있는 목화 농장들이 엄청난 양의 물을 소비한 결과, 호주 내의 유일한 하천인 이 강의 하류에 있는 생태계들은 완전히 파괴되어 버리고 말았다. 목화농장에서 사용되고 난 관개수는 대개 농약과 비료, 제초제들이 다량 함유되어 있어 다시 강으로 돌려보내기에는 부적합하다.

어났다는 사실이다[40].

　세계 각 지역에서 한때 높은 생산성을 자랑하던 농토가 염류화의 피해로 인하여 더 이상 활발하게 경작되지 않거나 심지어는 아예 버려진 땅덩어리로 되어 버린 곳들은 현재 40만 제곱킬로미터에 달하며 그 면적은 지금도 계속 증가세를 보이고 있다. 그럼에도 불구하고 1950년 이래 인위적인 관개 시설로 물을 대는 경작지는 2배 이상 늘어나서 현재 전세계에서 생산되는 곡물 중 3분의 1 정도가 부분적일망정 관개에 의존하는 농경지로부터 산출되고 있는 상황이다[41].

　관개로 인한 토양의 염류화의 가장 처참한 사례를 찾아 볼 수 있는 곳은 아랄 해와 인접한 우즈베키스탄 공화국에서 찾아 볼 수 있다. 한때 육지에 있는 호수로는 전세계에서 네번째인 크기를 자랑하던 아랄해는 최근 40년 동안 그 면적이 반으로 줄어들고 물의 양 또한 원래의 3분의 1로 감소했는데, 곳에 따라서는 그 수면이 120킬로미터 이상 낮아진 곳도 있을 정도이다. 한때 이 거대한 호수에서는 연간 5만 톤에 이르는 고기가 잡혀서 주변 지역에 사는 사람들의 주된 단백질원이 되어 주었다. 그러나 1983년 이 호수에 마지막 남아 있던 어족마저 죽어 버린 이후, 예전에 그 해안선을 따라 늘어서 있던 항구들 또한 사라져 버린 지 오래이다. 러시아의 과학자들은 만일 지금 진행 중인 복구 사업이 실패한다면 (솔직히 성공할 확률보다는 실패할 가능성이 훨씬 높다고 한다) 현재 남아 있는 죽어 버린 물마저도 2010년이 되기 전에 완전히 사라져 버려 소금기로 가득한 쓸모없는 땅만이 그 자리에 남아 있게 될 것이다[42].

　구 소련 정권은 당시 목화 생산량의 68% 정도를 이 지방에서 조달했는데, 이는 물론 지역 전체에 걸친 집중적인 관개 사업이 있었기에 가능했던 것이다. 이곳의 목화 농장들이 얼마나 많은 양

호주 뉴 사우스 웨일즈 지방의 침수된 머레이 계곡
호주 동부지역 전체에 걸쳐 일어난 지나친 벌목 작업들은 지하의 대수층을 상승시키는 결과를 초래했다. 머레이 계곡의 일부 지역에서는 매년 대수층이 30센티미터 이상씩 상승하고 있으며, 이렇게 올라온 지하수는 곳곳에서 땅 표면에 염분을 침착시키고 있다.

의 물을 소비했던지 지난 20~30년 동안 아랄 해는 근처 산간 지역의 저수지에는 물을 전혀 대어 주지 못했을 지경이었다. 또 막대한 양의 살충제와 더불어 구 소련에서 1980년대까지도 무제한 사용되었던 고엽제인 부티포스까지 합세하여 주변 지역의 모든 수자원은 심하게 오염되었고, 그 결과 걷잡을 수 없는 질병의 악순환으로 사람과 가축들의 죽음이 줄을 이었다. 이후 부티포스의 사용은 금지되었지만, 지금도 이 지역에서는 갑상선과 신장 계통의 질환은 물론 식도암, 위암, 그리고 간암의 발병률이 놀라울 정도로 높으며 또 계속 증가하고 있다. 그런가 하면 1985년 이후 바이러스성 간염과 결핵에 걸리는 사람들의 숫자 또한 50% 이상 증가하였다. 카라칼파크스탄에 사는 70여만 명의 여자들 중 97%는 심한 빈혈 증세를 보이고 있어 이들이 낳은 다음 세대의 아이들 역시 빈혈을 겪고 있으며 이로 인해 다른 감염성 질환에 걸릴 확률이 높은 실정이다[43].

어떤 사람들은 이처럼 관개 사업과 토지 염류화 사이의 밀접한 관계는 인류의 최근 역사에서 생겨난 현상이라고 생각할지도 모른다. 그러나 알고 보면 이 염류화 현상은 번영하던 고대 문명의 쇠퇴를 가져오는 데 한몫을 한 적도 많았는데, 메소포타미아에서 발생한 수메르 문명이 그 대표적인 예이다. 문자와 수학의 창시자이며 가장 먼저 글로 씌어진 법률과 더불어 관개 기술을 개발해 내었던 이 문명은 그러나 지금으로부터 약 4400년 전 무렵 음험하게 그들의 목을 서서히 조여 오던 토지 염류화의 위협에 마침내 무릎을 꿇고 만 것으로 보인다. 이들은 농경 기술을 더욱 발전시키는 한편 보리와 같이 소금기에 강한 작물을 새로이 개발하는 방법으로 줄어드는 수확량에 맞서보려고 하였으나, 약 7백여 년의 기간에 걸쳐 매년 0.1% 정도씩 생산량이 감소하다가 마침내는 그들이 관개로 물을 대던 모든 농지가 쓸모없게 되어 버리자 국민들도 뿔뿔이 흩어지고 말았다[44].

침수작용

만일 지하의 대수층이 다른 곳에 비하여 유난히 높은 지역에서 마구잡이로 나무를 베어낸다면, 이는 매년 겨울철이 돌아올 때마다 만성적으로 지면에 습기가 차오르는 현상을 불러올 뿐 아니라 결국은 땅 전체가 영구적으로 침수되어 더 이상 작물을 생산할 수 없게 되어 버릴 것이다. 여러 대륙에서 무분별하게 행해진 벌목 작업으로 인하여 이 암울한 현상은 이미 곳곳에서 발생하고 있는

데, 심지어는 호주처럼 건조한 나라에서도 그 징후가 포착되고 있다. 일단 침수가 되고 나면 물을 빼고 나무들을 다시 심는 데 드는 비용이 너무 막대하므로 그 손상을 복구하기란 실질적으로 불가능하며, 설사 침수가 해결된다고 하더라도 염류화의 문제는 그대로 남는다.

침수는 배수가 잘 되지 않는 땅에 지나친 관개를 하거나 진흙이 주성분인 토양을 지나치게 경작하는 경우에도 발생한다. 이 두 경우의 공통점은 갈아놓은 땅 바로 아래쪽에 물이 통하지 않는 진흙층이 형성되는 것으로, 그 결과 작물의 소출이 현저하게 줄거나 심한 경우에는 영원히 쓸모없는 땅으로 전락하게 된다.

경작의 한계

동물의 사회에서 그 숫자를 조절하는 방법은 바로 먹이의 조달을 통제하는 것이다. 인간의 사회라고 해서 예외는 아니다. 국제연합 식량농업기구(FAO)에 따르면 지금 전세계에서 소출되고 있는 식량은 단백질 함량이 좀 부족하기는 하지만 그런대로 지구상의 60억 인구에게 하루 2500칼로리의 열량을 공급할 수 있는 양이라고 한다. 그런데 현재 지구상의 인구는 매년 8,000만 명씩 늘어나고 있는 반면 식량 증산은 1984년 이래 지지부진이어서 수요를 따라가기 위해 허덕이고 있는 실정이다. 게다가 지구상의 경작 가능한 땅은 이미 모두 사용되고 있는데다가 여러 가지 원인으로 황폐화되고 있어 식량 생산량은 매년 줄어들 수밖에 없는 상황이다[45].

이 중에서 가장 주목되는 것은 곡물의 생산량으로, 인구 1인당 곡물 생산량은 1980년대 중반 최고치를 기록한 이래 매년 1% 정도의 비율로 감소 일로를 걷고 있다(그림 8)[46]. 역사적으로는 1987년이 1인당 곡물 생산의 마이너스 성장을 기록한 첫 해이지

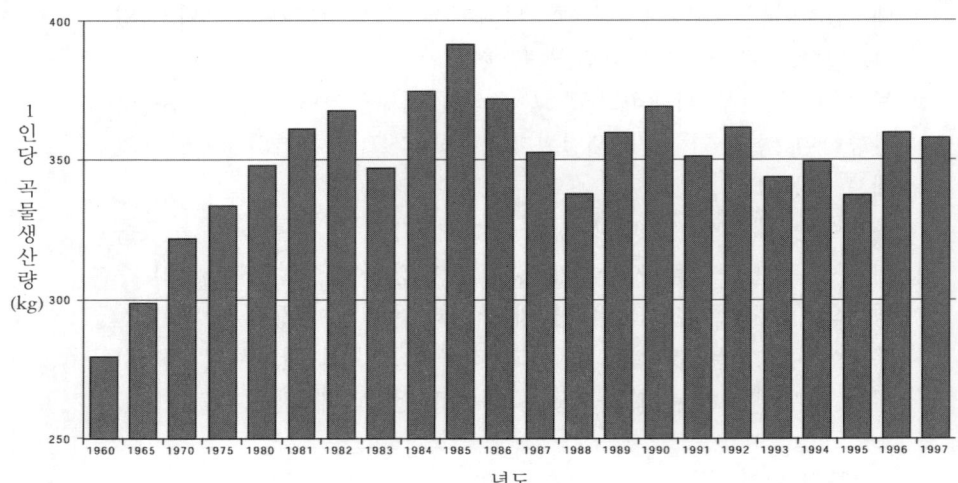

그림 8. 세계의 1인당 곡물 생산량 (자료 제공: 국제연합 식량농업기구)

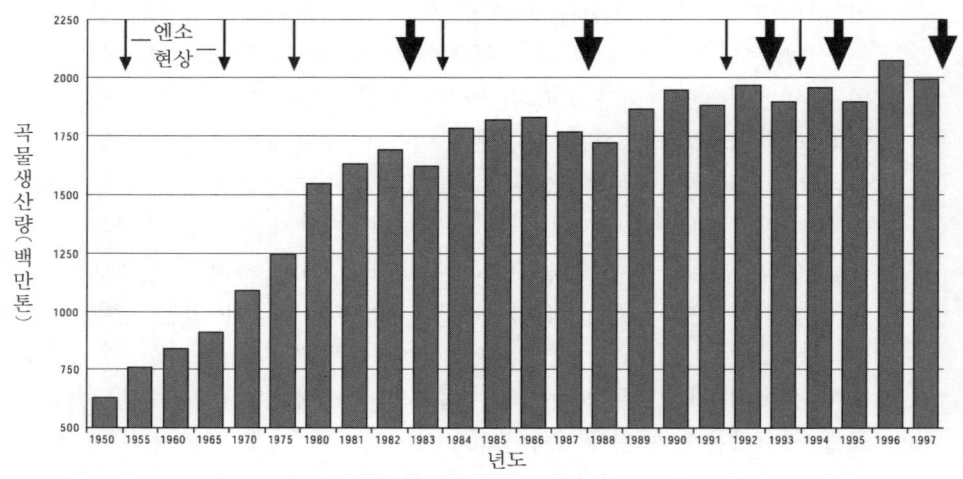

그림 9. 전세계 곡물 생산 총량 (자료 제공: 국제연합 식량농업기구)

만 이후 거듭되는 엔소의 이상 주기로 인하여 이 수치는 몇 배나 더 줄어들게 된다. 또 같은 시기 동안의 전체 곡물 생산량 변화를 살펴보더라도 눈에 띄는 감소를 보인 경우가 꽤 여러 번 있었음을 알 수 있다(그림 9).

현재 지구상의 주요 곡물 수출국을 꼽는다면 미국과 캐나다, 유럽 공동시장, 호주, 뉴질랜드, 그리고 아르헨티나와 타일랜드 등이다. 이 중에서도 가장 주된 생산지는 북미지역으로, 세계 전체의 곡물 소비량 중 4분의 3이 이곳으로부터 공급된다. 따라서 최근 여러 해에 걸쳐 이 지역을 휩쓸고 있는 가뭄은 전세계적으로 심각한 문제를 야기한다고 하겠다. 1988년 엔소가 불러온 가뭄으로 인해 미국에 극심한 가뭄이 시작되었을 당시 지구상의 곡물 보유량은 전세계 인구를 104일 동안 먹일 수 있는 정도였다고 한다. 이로부터 7년 후, 그러니까 지구 역사상 가장 오래 지속된 이상 기후를 기록했던 1991~1995년의 엔소 주기가 끝났을 무렵 전세계의 곡물 보유량은 2억 3천 백만 톤으로 떨어져 있었는데, 월드 워치 연구소(World Watch Institute)의 레스터 브라운(Lester Brown) 소장에 의하면 이는 단지 전 인류가 48일 동안 먹을 양에 불과하다[47]. 농산물의 증산은 거의 한계점에 다다라 있고 인구 1인당 곡물 생산량은 해마다 줄어들고 있는 현재 상황에서 인류는 세상 모든 질병으로부터의 위협을 동시에 가중시키는 요소—즉 기아와 직면하고 있다.

녹색 혁명

1960년에서 1970년에 걸쳐 일어났던, 그 이름도 자랑스러운 '녹색 혁명'이 우리를 구해주지 않았더라면 인류의 폭발적인 수적 증가는 약 30년쯤 전에 이미 중단되었을 것이다. 1950년에서 1984년 사이 세계의 연평균 곡물 추수량은 2.6배나 증가하여 당시 1.9

배이던 인구 증가율을 훨씬 웃돌고 있었다. 이 증산의 대부분은 경작지를 늘여서 얻어진 것이 아니라 관개 시설의 확장과 개량된 품종, 질소 비료, 그리고 화학농약의 개발에 힘입은 것이었다[48]. 다시 말하자면 폴 에를리히(Paul Ehrlich)와 쥴리앙 헉슬리(Julian Huxley) 등이 예언한 바 있는 식량난으로 인한 멸망이 찾아오기 일보 직전의 상태에서 과학의 승리가 인류를 구출해 낸 것이다.

유감스럽게도 이 성공은 첨단 기술과 아이디어가 손을 잡으면 인류가 당면한 그 어떤 문제도 해결하지 못할 것이 없다는 착각을 굳혀주는 역할을 하였다. 당시 사람들은 생산성이 높은 작물일수록 기르는 데 더 많은 비용이 들어간다는 사실을 깨닫지 못하고 있었던 것이다. 이런 작물들은 필연적으로 토양으로부터 더 많은 양분을 빼앗을 뿐 아니라 비료와 농약을 훨씬 더 많이 뿌려주어야 했고, 결과적으로 토질의 파괴와 침식, 경화, 산성화를 가중시킴과 동시에, 남아 있는 소량의 양분과 미량원소 사이에 심한 불균형을 초래하였다. 토양에 가해진 이와 같은 스트레스들이 생산량을 더욱 떨어뜨린 결과 같은 양의 작물을 길러내기 위하여 이전보다 훨씬 많은 비료를 투입해야 했고, 궁극적으로 더 많은 침식과 경화 등등의 문제점이 뒤따르게 되었다. 문제를 더욱 악화시킨 것은 생장 속도가 빠른 개량종들이 개발됨에 따라 한 해에 이모작, 심지어는 삼모작까지도 가능하게 된 일인데, 이는 결국 토양이 입는 피해를 2배, 3배로 늘렸을 뿐이다. 다시 말하자면 이렇게 인위적인 방법으로 추진된 곡물의 증산의 대가로 토양은 심각하게 손상되었으며, 추수량이 늘어난 만큼 환경의 파괴도 비례하여 늘어났던 것이다. 그리고 이 모든 문제들은 결국 다음 세대가 치러야 할 몫으로 남겨지게 된 것이다.

질소의 고정

'녹색 혁명'의 도약적인 생산 증가를 가능하게 만든 주요 요소들 중 하나는 바로 질소 비료의 개발이었다. 이 화학비료 산업의 기반을 마련해 준 암모니아의 인공적 합성은 20세기 초 두 명의 독일 과학자, 칼 보쉬(Carl Bosch)와 프릿츠 하버(Fritz Haber)에 의하여 이루어졌다. 이들의 업적을 가리켜서 캐나다 마니토바 대학교의 바클라프 스밀(Vaclav Smil) 교수는 이렇게 말한다. "······최소한도 20억의 인구가 그들의 몸을 구성하는 단백질이 (보쉬와 하버의) 공법을 사용하는 공장으로부터—식물성 또는 동물성 먹이의 형태로—만들어진 덕분에 생명을 유지할 수 있었다. ······실로 단 한 세대 동안에, 인류의 생존은 전적으로 화학 물질에 의존하게 되어 버린 것이다."[49]

그런데 여기에는 한 가지 문제가 있다. 질소 성분의 비료를 과다하게 사용하면 토양과 수자원을 산성화시킬 뿐만 아니라 질산 가스의 형태로 대기 중에 방출되는데, 그 결과 오존층의 파괴와 온실 효과가 뒤따라 일어난다. 또한 잔여 질소가 세계의 강과 호수, 그리고 바다로 흘러 들어가면 자연 상태에서는 극히 미량으로 존재하는 이 원소가 갑자기 늘어남에 따라 조류와 남조류가 걷잡을 수 없이 번식하게 되고, 따라서 물 속의 산소가 부족하게 되어 경우에 따라서는 지역 생태계 전체의 균형이 깨질 수도 있다. 이래도 과연 근대화가 음식물 가격을 저렴하게 낮추었다고 할 수 있는 것일까?

에너지의 부채

인간의 기술로 이룩한 농업 생산성의 증대는 결국 농부들을 쳇바퀴를 돌리는 다람쥐의 신세로 전락시켰다고 볼 수 있는데, 이제는 그들은 스스로 원하더라도 그 쳇바퀴에서 빠져 나오기가 쉽지 않게 되어 버렸다. 생산성이 높은 신품종 작물들, 비료, 제초제, 살충제, 살균제, 기타 갖가지 복잡한 농업 기술들 중 어느 것도 절대로 무(無)에서 유(有)를 창조해 내지는 못한다. 이들은 단지 지구가 보유한 에너지를 빌려 쓰고 있을 따름인데, 인류는 그 끊임없이 증가하는 수요를 충당하기 위하여 쓰든 달든 이 대출(貸出)을 받아들이는 것밖에 다른 도리가 없다. 그런데 이것은 매우 단기간의, 그리고 높은 이율의 대출금이므로 인류는 지금 그 이자를 갚아 나가기에도 벅차서 원금을 갚는다는 것은 생각조차도 하지 못하고 있다. 이것을 만일 집이나 땅을 저당잡힌 상태에 비유한다면, 아마도 우리들의 손자 대에 이르러서는 가족 소유의 농장을 송두리째 잃어버리는 상황이 될 것이다.

고생산성 신품종을 집중적으로 재배하면 할수록 더 많은 해충과 질병의 피해를 불러온다는 점을 감안할 때 이 에너지의 대출금은 복리(複利)의 이자가 붙는다고 보아야 한다. 전세계에서 매년 생산되는 식량의 25~40% 정도는 아예 소비자에게까지 전달되지도 못하고 폐기 처분되는데, 이 중 4분의 3 정도는 해충과 질병으로 인한 피해가 그 원인이다[50]. 궁지에 몰린 농부들은 더 많은 농약을 뿌리는 것으로 이에 맞서 왔지만, 문제는 이 농약이 원래 죽이고자 했던 해충뿐 아니라 그 천적들까지도 없애 버린다는 데 있다. 일반적으로 천적이 되는 동물들은 그들이 잡아먹는 해충에 비해 수명이 길고 따라서 번식력은 상대적으로 낮기 때문에 한철 동안 뿌려진 농약에 의해 더 심각한 피해를 입게 마련이다. 농부들이 농약을 잔뜩 뿌렸는데도 불구하고 그 다음해에는 더 극성스러운 해충의 피해를 만나게 되는 것은 바로 이 때문이며, 바로 이렇게 해서 악순환이 시작되는 것이다.

생명공학이라는 모험

이상과 같은 비료—살충제의 쳇바퀴를 벗어나는 방법은 단 두 가지가 있다고 본다. 그러나 이 두 해결책은 모두 고도의 생물공학 기술이 요구되는 방법으로 아직 개발단계에 머물러 있는 실정이다. 이는 한마디로 말해서 유전자를 조작하거나 호르몬을 분사해 줌으로써 해충에 대한 저항력을 고생산성 작물들의 씨나 조직 속에 직접 넣어주는 방법이다. 이 기술의 장단점은 좀더 두고 보아야 하겠지만 어쨌든 현재까지의 시험 결과로 보아서는 자연 천적에게 미치는 피해는 없는 것 같다. 화학적 살충제를 사용하게 되면 해가 거듭할수록 해충과 병균들이 이에 대한 내성을 얻게 되므로, 작물 자체가 저항성을 가질 수 있게 만들어 주는 방법이야 말로 나날이 그 수가 증가하는 인류를 먹여 살리는 데 있어 가장 실현성 높은 대안이 아닐까 한다.

만약 운이 좋아서 이 같은 첨단 기술이 실로 인류의 기대에 부응하는 효과를 낸다면, 아마도 다시 한 번 식량난으로 인한 위기를 적어도 수십 년 가량 뒤로 미룰 수 있을지 모른다. 그러나 생명체의 분자 구조를 임의로 조작한다는 것은 대단히 복잡할 뿐 아니라 미처 예측하지 못한 함정이 곳곳에 도사리고 있는 작업인 까닭에 그 궁극적인 결과를 예측하기란 한마디로 불가능하다. 생명공학이라는 도박에 걸어야 할 돈은 너무나도 비싼 반면 인간의 지혜는 지극히 한정되어 있는 현 상황에서 그 잠재적 위험성은 실로 엄청나다고 할 수 있다. 어쩌면 그 첫번째 위험 신호는 이미 포착되었는지도 모른다. 캐나다와 미국의 연구소들에서 최근 시행된 실험 결과는 작물에게 예방 주사를 놓는 데 사용하기 위하여 유전자 조작을 통해서 활성을 없애 버린 바이러스들이 간혹 숙주 식물로부터 자신이 빼앗긴 유전자를 다시 획득하는 경우가 있음을 보여주고 있다[51]. 이는 자연 상태에 존재하는 바이러스도 비슷한 경로를 통하여 유전적으로 조작된 작물이 가진 저항성 유전자를 획득함으로써 새로이 개발된 살충제까지도 견딜 수 있는 돌연변이종으로 변할 수 있음을 의미한다. 실제로 이런 식의 유전자 교환은 자연계의 바이러스들 사이에서 흔히 볼 수 있는 현상이다. 한 예로 최근 우간다에서는 사람들이 주식인 카사바(역주 : 타피오카를 만드는데 쓰이는 열대 식물)를 숙주로 하는 두 종류의 바이러스가 합쳐져서 한 해 농사를 온통 망쳐 버릴 만큼 강력한 신종 바이러스가 생겨난 사실이 DNA 분석을 통해서 밝혀지기도 했다[52]. 따라서 유전자 조작 과정에서 전달자로 사용된 죽은 바이러스를 그 속에 품고 있는 유전자 변형 작물들은 경우에 따라서 보다 강하고 저항력이 높은 신종 바이러스가 만들어질 수 있는 인큐베이터가 되어 버릴 수도 있다.

국제연합 식량농업기구의 1996년 보고서는 유럽 전역의 보리농사가 현재 단 하나의 살균제와 이에 대한 저항력을 발현하는 유전자에 의존하고 있다고 말한다. 그런가 하면 이 지역의 감자 농사의 경우는 감자 마름병을 유발시키는 신종의 진균이 생겨나 이전에 감자의 유전체 속에 주입해 놓은 저항 유전자를 쓸모없게 만들어 버리는 사태가 발생하였다. 더욱 우울한 사실은 이 새로운 균주가 현존하는 모든 살균제에 대한 내성을 가지고 있을 뿐 아니라 매우 빠르게 돌연변이를 일으키는 성질을 가지고 있어 앞으로 개발될 그 어떤 살균제 또는 저항성 유전자에도 능히 대적할 수 있을 것으로 보인다는 점이다[53].

이처럼 유전자 변형으로 인하여 강력한 신종 병균과 질병들이 발생하고 있다는 사실이 우리에게 주는 경고는 바로 '단일 재배(monoculture)'의 위험성이다. 과거 아일랜드에서는 1845, 1846, 그리고 1848년 세 차례에 걸쳐 감자마름병이 전국토를 휩쓴 결과 그 해의 감자 소출을 완전히 망쳐 버렸고, 100만 명이 넘는 사람들이 굶어 죽는 사태가 발생하였다. 이처럼 엄청난 인명 피해가 따를 수밖에 없었던 것은 당시 아일랜드 사람들이 그들의 주식이었던 감자만을 주로 재배하고 있었기 때문이다. 그러나 지금도 세계 여러 곳에서 단일 재배가 계속되고 있는 데에는 그럴 만한 이유가 있다. 1998년 3월 미국 농산부가 곡물의 종자에 대한 특허를 인준하고 미시시피 종자 회사가 설립된 이후, 미국 전역의 농부들은 그 영토 내에서 재배가 가능한 작물은 무엇이든 자유롭게 그 종자를 사서 기르고 또 팔 수 있으나, 대신 추수 때 이 작물들로부터 번식력이 있는 종자를 얻지는 못하게 되었다. 다시 말하면 이제 농부들은 매년 파종 때마다 새로 돈을 지불하고 유전적으로 거세된 상품종자를 사야 한다는 뜻이다[54]. 전세계 농민들의 절반 정도는 상품화된 종자를 살 돈이 없으므로 그들이 심은 작물에서 씨를 거두어 다음해 다시 뿌리는 방법에 의존하고 있다. 현재 세계의 식량 생산량 중 약 15~20%가 이와 같은 전통 농법으로 경작되고 있는데, 그나마 이를 통하여 지구상 곡물 종의 다양성이 유지되고 있는 셈이다. 반면 생식 기능이 거세된 상품 종자들은 각국의 종자 생산업자들로 하여금 떼돈을 벌게 해주었지만 대신 생태계의 유전적 다양성은 형편없이 감소시키는 결과를 가져왔다. 만일 정부 차원에서 이를 금지시키지 않는다면 그 영향은 아주 짧은 기간 내에 전세계로 퍼져 나갈 것이 틀림없다. 엔소의 이상 주기로 인한 가뭄까지 여기에 합세한다면 결국 인류 전체가 극도로 한정되고 위태로운 식량 보유고에 매이게 될 것이며, 수백만의 영세농들이 파산하거나 심지어는 굶어 죽는 사태가 올 수도 있다.

   이처럼 진퇴양난의 상황 속에서도 사람들은 과학 기술의 발전이 우리를 구해 줄 수 있으리라는 희망에 의존하고 있어, 최첨단의 생명 공학과 절묘한 유전자 조작법이 당장은 문제를 해결해 주는 것처럼 보일지라도 결국은 이로 인해 우리가 치러야 할 대가가 훨씬 크다는 사실을 깨닫지 못하고 있다. 다시 한 번 말하거니와 '높은 생산성'은 결국 '높은 생산비'를 뜻할 뿐이라는 사실은 진화의 전과정을 통하여 언제나 변함없는 진리였다. 뒤늦게나마 이를 인정한 때문인지 현재 각국의 정부는 농업기술 개발 분야의 연구에 대한 투자를 삭감하기 시작했다. 경제적으로 실리주의가 득세하고 각 종교의 보수 세력들이 힘을 얻고 있는 현 시점으로 보아 이러한 추세는 앞으로 한동안은 지속될 것으로 보인다.

수산업 생산의 감소

근래에 들어와서는 육지 작물뿐 아니라 바다에서의 수확 또한 그 양이 전혀 늘지 않는 불길한 조짐을 보여 준다(그림 10). 인구 1인당 어획고는 1970년에 최고치를 기록한 이후부터는 계속 제자리걸음을 면치 못하고 있다(그림 11). 많은 전문가들은 물고기의 남획과 연안 생태계의 파괴 및 수질 오염으로 어획량의 심각한 감소가 목전에 다가왔음을 경고한다. 식량농업기구는 1996년의 보고서에서 상업적으로 이용 가치가 있는 물고기의 25%가 지나치게 잡아들여졌거나 이미 멸종한 상태이고, 또 다른 44%도 위험한 상태임을 보여준 바 있다[55]. 현재 유일하게 어획량이 계속 증가하고 있는 지구상의 바다는 인도양뿐이다. 식량농업기구는 1995년에 이미 플랑크톤에서 거북이에 이르기까지 전세계의 모든 바다 생물의 생존이 심각한 위험에 처해 있다고 경고했다. 이 경우 위험의 정도는 먹이 피라미드의 위쪽에 자리잡은 어종으로 갈수록 더 가중되게 마련인데, 여기에는 우리의 중요한 식량원인 참치, 대구, 청어 등도 포함된다. 그러나 100만 척이 넘는 어선이 활동하고 있고 또 한편에서는 새로운 고깃배들이 만들어지고 있는 지금의 현실로

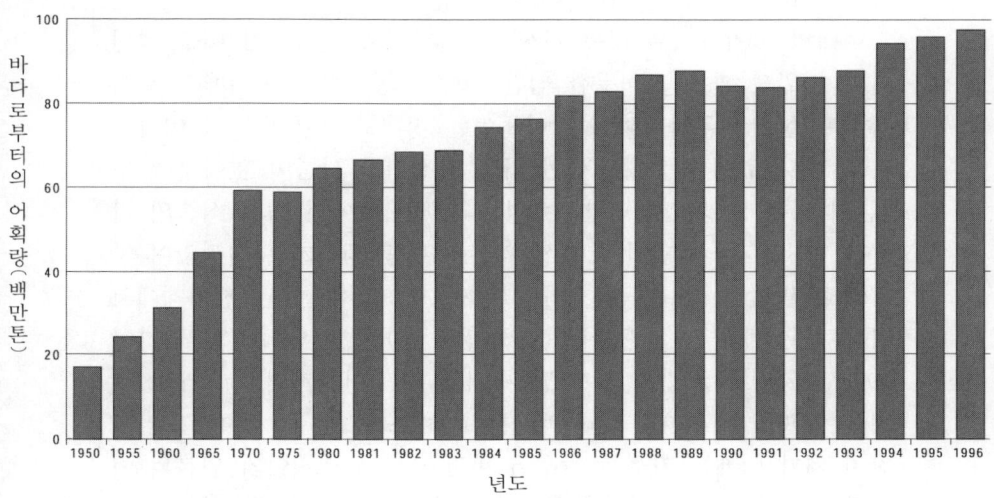

그림 10. 전세계 어획량 (자료 제공: 국제연합 식량농업기구)

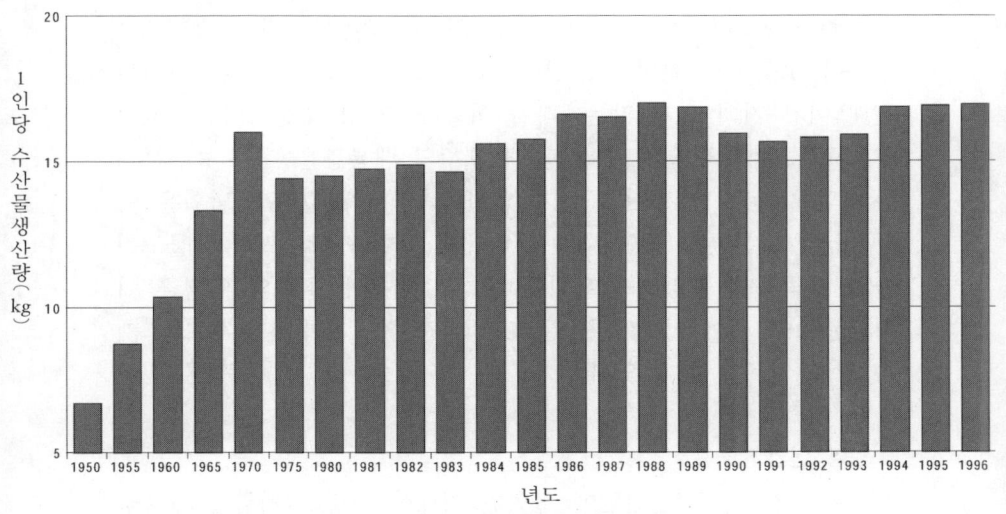

그림 11. 인구 1인당 어획량 (자료 제공: 국제연합 식량농업기구)

볼 때 상황이 호전될 기미는 보이지 않는다.

현대의 고기잡이는 냉동 시설을 갖춘 대형 선박들이 떼를 지어 다니며 위성 관측을 비롯한 첨단 기술을 동원하여 고기떼의 위치를 추적한 뒤 무자비하게 잡아들이는 형태로 이루어진다. 이들은 바로 바다 위에 떠 있는 생선 가공 공장이나 다름이 없어서 하루 1톤이 넘는 고기를 처리할 수 있는데, 생산지에서 직접 식품의 가공을 마치는 이 엄청난 효율성 덕분에 수중 생태계는 형편없이 망가지고 말았다. 뉴펀들랜드의 그랜드 뱅크스에 있는 전세계에서 가장 큰 대구 어장은 예인(曳引)망을 사용한 남획으로 인하여 1992년 완전히 고기의 씨가 말라 버렸다[56]. 마찬가지로 오래 전부터 북태평양과 북대서양의 바다를 누벼 오던 연어, 청어, 그리고 참치 떼가 이제는 자취를 감추어 버린 까닭에 러시아와 일본의 어선들은 이제 그들의 목표량을 채우려면 남반구까지 내려와야 하는 일이 허다하다.

호주 연안의 어장들 역시 생태계의 파괴와 무계획한 남획으로 인하여 곳곳에서 쇠퇴의 조짐이 나타나고 있다. 호주라는 나라는 원래 비가 거의 오지 않는데다가 이렇다 할 강 또한 흐르고 있지 않으므로, 바다의 입장에서 볼 때 호주의 대륙붕은 대륙 중심부의 준사막 지역과 별로 다를 바가 없다. 따라서 물고기의 남획은 즉각 이 별로 튼튼치 못한 수중 생태계의 균형을 망가뜨려서 물고기들의 떼죽음을 불러오게 된다. 바로 이 때문에 호주의 연평균 어획고는 1991년에 15만 7천 톤으로 최고치를 기록한 이후로는 계속 감소 일로를 걷고 있다[57].

양식 산업

인류가 어류 양식 산업에 걸었던 거대한 희망도 지금은 한풀꺾여진 상태이다. 호수나 저수지, 그리고 바다를 막고서 시장성이 좋은 물고기와 조개류를 대량으로 길러낸다는 양식업의 아이디어 자체는 멋진 것이지만, 이 또한 비싼 대가를 치러야 한다는 사실이 그 이면에 숨겨져 있었기 때문이다. 우선 엄청난 숫자의 고기를 기르고 관리하려면 비용이 많이 드는데다가 이렇게 생산된 물고기들은 자연산보다 품질이 좋으면서도 균일하기 때문에 주로 고급 소비자를 대상으로 팔리게 된다. 다시 말하자면 가난한 사람들은 이러한 대량 생산의 혜택을 전혀 받지 못한다는 뜻이다. 또 양식장에서 주로 기르는 물고기들은 연어, 참치, 숭어처럼 다른 물고기를 먹고 사는 육식성이거나, 심지어는 새우나 게와 같은 잡식성인 경우가 대부분이므로 양식업자들은 이들의 먹잇감을 조달하기 위하여 원양어업에서 잡아들인 멸치나 고등어 따위를 대량으로 사들여야만 한다. 이에 비하여 잡식성 양식동물들은 식성이 그다지 까다롭지 않지만, 그래도 약 1톤의 새우를 길러 내는 데에는 2톤 이상의 생선이 먹이로 소모된다[58]. 만일 이보다 훨씬 입맛이 까다로운 연어로 어종을 바꿀 경우 먹잇감을 조달하는 데 드는 비용은 3배 정도 늘어날 것이다. 결국 양식업이란 알고 보면 대량의 질 낮은 생선을 적은 양의 고급 생선으로 바꾸어 내는 과정일 뿐이다. 그도 그럴 것이, 이처럼 먹이 사슬의 중간에 원래 존재하지 않는 '생산 단계'를 끼워 넣을 경우 실제 궁극적으로 얻어지는 생산량은 줄어드는 것이 당연하다. 따라서 엄밀히 말하자면 양식업자들은 생산자가 아니라 소비자이며, 그것도 아주 엄청난 소비자인 것이다.

그러나 양식업의 폐해 중 가장 심각한 것은 고기들이 도망가지 못하도록 연안선을 따라 설치해 놓은 거대한 그물망이 망그로브(역주 : 해안에 뿌리를 내리고 사는 열대산 교목의 총칭)의 숲과 같이 야생 물고기들의 소중한 보금자리가 되는 생태계를 파괴한다는 데 있다. 이는 결국 양식업이 확대되면 될수록 자연산 물고기의 어획

제2장 변화하는 세상 93

량은 점점 줄어들 수밖에 없는 현실을 보여 준다. 그리고 또 하나, 관개 농지의 경우와 마찬가지로 양식장 역시 그 수명은 제한되어 있다. 하나의 양식장이 만들어진 지 5~10년만 지나면 가라앉은 먹이 찌꺼기들과 배설물, 그리고 고기의 사체들이 쌓여 물속 생태계는 완전히 망가져 버린다. 이를 가리켜서 '부영양화(富榮養化)' 또는 '영양 오염'이라고 하는데, 일단 이런 상황이 발생하면 그 양식장은 문을 닫고 다른 장소로 옮겨가는 수밖에 다른 도리가 없다. 바로 이것이 지금 지구상의 망그로브 숲이 절반 이상 파괴되어 버린 원인이다. 국제 식량농업기구가 1996년 밝힌 바로는 앞으로 6년쯤 후면 새우 양식장에게 먹혀 버릴 망그로브 숲의 면적이 타일랜드에서 17% 정도, 그리고 인도에서는 무려 40%에 육박할 것이라고 한다[59].

다시 한 번 강조하거니와 '환경 친화적'임을 강조하는 산업도 알고 보면 그 이로움보다는 마치 음험한 질병처럼 뒤편에 숨어 있는 폐해가 더 큰 경우가 대부분이다. 바다에서든 육지에서든 '공짜'란 존재하지 않음을 잊지 말자. 인류가 취하는 행동은 무엇을 막론하고 생태계가 그 대가를 대신 치르게 마련이다. 인간들이 초래한 갖가지 질병으로 지구의 환경이 신음하고 있는 지금, 인류에게 있어 자연의 풍요로움을 만끽할 수 있던 황금시대는 너무나도 먼 옛날 이야기가 되어 버린 지 오래이다.

양분

국제연합이 1993년 실시한 조사 결과에 따르면 지금 지구 전체의 식량 생산량은 전세계 모든 사람에게 하루 2,500칼로리의 적절한 열량을 보급해 주기에 충분한 양이다[60]. 이 수치는 사실 일인당 권장 칼로리의 최소치보다 200칼로리 정도가 더 높은 양이기는 하지만, 이것은 채식주의자의 식단에 기준하여 계산된 것임을 알아야만 한다. 만일 호주나 미국, 또는 서유럽 국가들의 고단백질형 식사(전체 열량의 4분의 1 이상이 동물성 식품으로부터 조달되는 경우를 말한다)를 기준으로 한다면 지구는 지금 그 인구의 절반밖에는 먹여 살릴 수가 없다[61]. 일반적인 호주 국민의 식사는 그 열량의 30% 정도가 동물성 식품으로부터 오는데, 이는 지구상의 식량이 대단히 불공평하게 배분되어야만 가능한 일이다―왜냐하면 다른 한편에서는 1억에 가까운 숫자의 사람들이 굶주리고 있기 때문이다. 녹색 혁명의 결과로 1960년에서 1980년에 걸친 기간 동안 인구 1인당 식량 생산량은 가히 폭발적인 증가를 보였지만 그 이후로는 계속 하향 일로를 걷고 있음은 이미 이야기한 바 있다. 그리고 현재 지구상의 기아와 영양실조 문제는 과거 그 어느 때보다도 심각하다.

고기와 생선, 달걀, 그리고 각종 유제품에 길들여진 현대인들의 입맛은 환경으로 하여금 대단히 비싼 대가를 치르게 만들고 있다. 태양 에너지를 먼저 먹을 수 있는 식물로 바꾸고 이를 다시 동물 단백질로 만드는 과정은 매우 느리고 또 엄청난 양의 에너지가 소요된다. 먹이 사슬의 각 단계마다 원래 있던 에너지의 90% 가량은 먹이로 사용되어 없어진다. 예를 들면 지구 표면에 도달한 태양 에너지 중 먹을 수 있는 생물체―말하자면 소가 먹을 꼴―의 형태로 전환되는 것은 불과 0.5% 정도이며, 또 이 중에서 다시 0.8%만이 궁극적으로 황소의 근육질 속에 저장된다[62]. 물론 이것은 어림잡은 계산이지만 어쨌든 그 기본 원리는 지구상의 모든 먹이 사슬에도 적용되는 것으로, 사슬의 각 단계마다 그 이전 단계의 에너지 중 단지 10% 정도만이 다음 단계로 옮겨간다고 보면 된다. 그런데 우리 인간은 지금 연간 거두어들이는 곡식의 4분의

3 정도를 가축의 사료에 쏟아 붓고 있다. 만일 이 곡식을 사람들이 직접 먹는다면 훨씬 효율적인 소비가 이루어질 터인데도 말이다. 게다가 사람들은 이처럼 비싼 값을 치르고 생산된 동물성 칼로리를 가공하고 포장하고 수송하고 또 상품 광고를 내는 데 엄청난 비용을 더하기까지 한다.

엑세터 대학교의 에너지 환경 연구소에서 2000명의 영국인을 대상으로 그들의 식생활에 대한 설문 조사를 실시한 결과를 살펴보면 이들 각자가 연간 소비하는 식품을 농장으로부터 식탁까지 옮겨오는 데 대략 1만 8천 메가줄의 에너지가 필요하다고 한다. 이는 실제로 식품 그 자체에 포함되어 있는 열량의 6배가 넘는 수치이다. 그뿐 아니라 이 식품들을 상품화하는 과정에서 1,500만 톤 가량의 이산화탄소가 대기 중으로 방출된다는 사실도 간과할 수 없다[63].

이처럼 엄청난 에너지의 낭비가 이루어질 수 있는 것은 지구 한편에서 1억이 넘는 사람들이 절대적인 빈곤 속에서 살고 있으며 이들 중 적어도 8,000만 명은 '식량 부족 현상'—이는 반쯤 굶어죽게 된 상태를 미화시켜서 표현한 경제 용어에 불과하지만—을 겪고 있기 때문이다[64]. 이 때 '절대 빈곤'의 정의는 세계은행의 로버트 맥나마라(Robert McNamara) 총재가 정의한 바 "극도의 영양실조와 문맹, 질병, 더러운 주거환경, 높은 영유아 사망률, 그리고 삶 그 자체에 대한 의욕 상실을 모두 포함한, 한마디로 인간의 존엄성이 모두 박탈된 상황"을 가리키는 것이다[65]. 현재 지구상의 빈민들 대부분은 개발도상국가에 살고 있는데, 앞으로 30년 동안 세계 인구 증가의 95%는 이 나라들로부터 생겨 날 것으로 추정된다. 필리핀에 있는 국제 벼농사 연구소는 만일 이 국가들의 인구 증가가 조절되지 않는다면, 단지 현재의 쌀 소비량을 유지하기만 하려 해도 전세계의 쌀 생산량을 70% 정도 증가시켜야만 한다고 보고한 바 있다[66]. 하지만 이미 높은 인구증가율과 도처에 만연한 영양실조 현상으로 신음하고 있는 이 국가들에게 농업 생산의 개선을 돌아볼 여유를 요구하기란 불가능해 보인다.

만에 하나 사회적인 요소들 또는 기아로 인한 사망과 질병, 인종간의 전쟁 등으로 인구 증가율이 감소 추세를 보이는 쪽으로 돌아선다 할지라도, 서기 2050년경까지 세계인구는 최소한 1억 2천 가량 더 늘어날 것으로 추산되고 있다[67]. 하지만 지구상의 식량 생산을 이에 맞추어 늘릴 수 있는 묘안은 지금으로서는 존재하지 않는다. 바다로부터의 수확량은 1970년 이래 제자리걸음을 되풀이한 끝에 현재는 전세계적으로 어획량이 감소하고 있는 추세이다. 육지 작물의 생산 역시 더 많은 비료를 퍼붓는 방법으로 해결될 단계는 이미 지났다. 새로운 경작지를 개간한다는 대안 또한 별로 도움이 되지 않을 것이, 쓸 만한 땅들은 이미 모두 사용되고 있을 뿐 아니라 설사 남아 있다 하더라도 이를 개간하는 과정에서 소중한 숲이 없어진다는 폐해가 따르기 때문이다. 게다가 현재 인류가 사용하고 있는 농경지들은 토양의 황폐화와 도시화에 의하여 새 농지가 만들어지는 속도보다 훨씬 빠르게 사라져 가고 있다.

이제 인류의 생존을 도모하기 위한 방도는 몇 개 남아 있지 않다. 우선 관개 농지를 늘이고 집중 농업을 추구하는 방법이 있겠지만 이는 앞서 이야기한 것처럼 단지 일시적인 해결책에 불과하여 결국은 우리가 환경에 진 빚을 더욱 늘어나게 만들 뿐이다. 또 다른 방법은 앞으로도 계속 유전자 조작을 통하여 병충해 및 농약에 대한 저항성을 가진 고생산성 품종을 개발해 냄으로써 다만 얼마간이라도 연간 추수량을 늘리는 한편 이로 인해 치러야 할 부채는 우리 자손들의 세대에게 떠넘기는 것이다. 아니면 우리는 엄청난 빈부의 격차를 줄이고 불공평한 식량 공급을 개선하는 과정을 통하여 현재 인류가 가지고 있는 것을 보다 평등하게 나누어 쓰는 방안을 모색해 볼 수 있겠다. 어쩌면 이 대안이야말로 현시점에서 인류가 행할 수 있는 유일한 기적인지도 모른다. 어떤 경우라도 지구의 식량 생산 능력은 지금 그 한계점에 도달해 있는 반면, 인구 증가의 수레바퀴는 거침없는 속도로 굴러가고 있음을 잊지는 말아야 한다.

맑은 물

지구가 그 생태계를 지탱할 수 있는 능력의 한계를 결정하는 마지막 요소는 바로 수자원이다. 현재 인류는 지구가 보유하고 있는 담수 중 54%를 독점하여 이 중 3분의 2 이상을 농업용수로 사용하고 있다. 우리가 먹은 음식의 3분의 1 정도가 농경지로부터 길러져 나온다는 사실을 감안할 때—물론 이들은 모두 관개 농지이다—물의 부족은 지구가 당면한 문제들 중 가장 절박한 사안이 아닐 수 없다. 1996년 작성된 세계 수자원 이용에 관한 보고서는 앞으로 인구 증가율이 적정선을 유지한다고 가정하더라도 인류가 소비하는 물의 양은 2025년까지 약 70%가 증가할 것임을 나타내고 있다[68].

이같이 심각한 물의 부족이 발생한 주된 원인 중의 하나는 바로 인류의 까다로운 입맛이다. 사람들이 좋아하는 음식물의 대부분은 알고 보면 물이 대단히 많이 드는 종류들이다. 최근 미국과 호주에서 수행된 연구들에 따르면 단 1킬로그램의 쇠고기를 생산하는 데 소요되는 물의 양은 50~150톤 사이라고 한다. 다시 말해서 수퍼 사이즈 햄버거 하나를 만드는 데 11세제곱미터의 물이 소비된다는 뜻이다. 물론 가축들이 이 물을 모두 마셔대는 것은 아니며, 그 대부분은 사료 작물을 기르는 데 사용된다. 인간이 사

호주 뉴 사우스 웨일즈에 있는 달링 강
1990년대에 들어와 무려 4년여에 걸쳐 발생한 가뭄은 그 이전에 이미 과도한 관개 사업과 물을 많이 먹는 가축들의 사육, 그리고 도시의 생활용수 공급을 위하여 마구잡이로 퍼내어진 강물을 더욱 줄어들게 만들었고, 그 결과 강의 하류는 수천 킬로미터에 걸쳐 독성 오염물질들로 가득 찬 웅덩이들이 여기저기에 남아 있는 형태로 전락했다.

육하는 가축들은 현재 지구상에 살고 있는 포유류 중 가장 숫자가 큰 생물집단인 동시에 그 수자원의 첫째 가는 소비자이기도 하다[69].

　호주의 연방 과학 산업기구(Commonwealth Scientific Industrial Research Organization, CSIRO) 회장으로 있는 찰스 스튜어트 대학교의 웨인 마이어(Wayne Meyer) 교수는 지구상에서 재배되는 주요 곡물들의 물 소비량을 조사하는 연구를 수행하였는데, 그 결과 벼와 대두가 가장 물을 많이 먹는 작물인 것으로 나타났다. 1킬로그램의 쌀이나 콩을 생산하는 데 사용되는 물의 양은 1,900~2,000리터에 달한다. 이를 열량으로 환산해 보면 흰 쌀 1킬로그램을 소비자에게 공급하는 데 약 10메가줄의 에너지가 필요하다는 뜻이 되는데, 이는 웬만한 성인 남자가 하루 동안 정상적인 생활을 하는데 소요되는 열량과 맞먹는 양이다. 따라서 사람이 그저 목숨을 유지할 만큼의 흰 쌀만 먹고 산다고 치더라도 성인 한 사람당 하루에 2톤의 물을 소비한다는 결론이 나온다.

오염

지구의 입장에서 볼 때 현대인은 그 가는 곳마다 실로 엄청난 양의 쓰레기를 남긴다. 이 중에는 생태계 또는 그 속의 생물들에게 별다른 해를 끼치지 않는 쓰레기도 있겠지만 일부는 인간을 포함한 동식물의 목숨을 위협하는 것들도 포함되어 있다. 어쩌면 인간이 영위하는 사치스러운 삶의 필연적 결과라고도 볼 수 있는 이 쓰레기들은 그것들이 만들어진다는 사실 자체가 그렇게 놀라운 것은 아니다. 단지 문제는 그 엄청나게 다양한 종류와 이들이 생태계 구석구석으로 퍼져 나가는 속도이다. 예를 들면 인간이 사용한 농약 또는 공장에서 나오는 매연 속에 포함된 산업오염물질들은 기류라는 고속 열차를 타고 열대 지방에서 추운 지방까지 쉬지 않고 돌아다니다가 풍경이 아름다운 청정지역에 내려 쌓이는 것이다. 대부분 독성이 매우 강한 화학물질이 주성분인 이 오염물질들은 때때로 열대의 뜨거운 공기를 타고 토양으로부터 직접 증발하기도 하는데, 이 경우는 지구 자체가 매우 효율적인 증류기로 작용해서 이들을 대기 중으로 발산시키는 셈이다. 인류가 개발한 살충제들 중 그 독성이 특히 강한 종류를 들자면 DDT, 클로라데인, 톡사펜 등이 있다. 컴퓨터 시뮬레이션으로 조사해 본 바에 의하면 이들 중 가장 활성이 높은 종류는 열대 지방에서 북극까지 퍼져 나가는 데 단 5일도 걸리지 않는다고 한다[70]. 이들은 일단 찬 공기를 만나면 응결되어 강으로 흘러 들어가고 결국 주변 생태계 속으로 흡수되었다가 궁극적으로는 사람처럼 먹이 피라미드의 맨 꼭대기에 있는 포식자의 체지방 속에 축적된다.

극지방에서 가장 많이 발견되는 살충제의 성분은 톡사펜으로, 복잡한 구조의 유기 염소가 주성분인 이 화합물은 그 사용이 주로 아열대와 남미에 한정되어 있는 농약이다. 이 물질이 어떻게 하여 극지방에서 발견되는가라는 수수께끼는 원래 캐나다에서 과거 수십 년 동안 이 농약의 사용이 금지되어 있었음에도 불구하고 그 북부 지역에 사는 이누이트족 여인들의 모유 속에 톡사펜이 매우 높은 농도로 축적되어 있는 이유를 밝혀 보고자 한 연구를 통하여 풀리게 되었다[71].

오존층의 파괴

톡사펜의 경우와 비슷한 형태로 극지방을 향하여 모여드는 다른 몇몇 유해가스들은 대기층 높은 곳에 얇지만 매우 중요한 가스층을 형성하고 있는 오존을 파괴하는 주범들로 알려져 있다. 오존은 산소 원자가 2개 모여서 이루어진 일반 산소 가스와는 달리 원소 3개가 합쳐진(O_3) 그 독특한 구조로 매우 불안정한 물질이다. 오존은 직접 접촉할 경우에는 많은 생물에게 치사작용을 일으킬 수도 있지만, 과거 2억 년이 넘는 기간 동안 지구의 대기층 속에서 생물체의 유전물질과 그 단백질 산물들이 태양의 강력한 자외선에 의하여 파괴되는 것을 막아주는 역할을 해왔다. 어쩌면 지금으로부터 약 60억 년 전 대기 중에 얇은 오존층이 형성되기 시작함으로 인하여 비로소 이 지구상의 바닷물 속에서 생명체가 생겨나고 그들이 육지로 올라와 자리잡는 일이 가능했을 수도 있다. 물론 성층권 내에는 보통의 산소 분자들도 존재하고 있지만 이들은 상대적으로 안정된 가스여서 자외선을 차단해 주는 효과는 훨씬 떨어진다.

오존층이 위험에 처해 있다는 사실은 1980년대 초 인류가 배출하는 오염 가스들, 그 중에서도 특히 클로로플루오르카본(CFC)이 성층권 내의 오존을 파괴시킨다는 것이 발견되면서 알려졌다. 이 CFC 분자들이 대기 중 50킬로미터 이상의 높이까지 올라가게 되면 자외선(주로 UV-B와 UV-C)의 높은 에너지로 인하여 염소가 분해되어 나온다. 과학자들은 이 때 만들어지는 일산화염소 분자 하나하나가 자기 자신의 합성을 돕는 촉매의 작용을 하여 순식간에 수천 분자의 오존으로부터 산소를 빼앗고 파괴시켜 버린다는 사실을 발견하고 실로 놀라움을 금치 못했다[72].

최근의 연구 결과들은 이 외에도 여러 살충제 또는 살균제의 구성 성분인 메틸브로마이드와 제트 여객기의 연료가 연소될 때 배출되는 산화질소가 오존층을 심각하게 파괴해서 대기를 뚫고 침투하는 UV-B의 양을 증가시키고 있음을 보여 준다. 그나마 한 가지 다행스러운 것은 가장 강력한 에너지를 가진 UV-C가 아직은 지구 표면까지 도달하지 못하고 있다는 사실이라고 하겠다. UV-C는 단백질은 물론 지구상 모든 생물체의 유전물질인 DNA와 RNA를 마구 파괴하는 것으로 알려져 있으므로 만일 이것이 성층권을 통과한다면 그야말로 끔찍한 결과를 초래하게 될 것이다.

오존층의 파괴에 관한 연구의 시발점이 된 것은 1982년 봄 남극 위의 오존층에 생긴 작은 구멍이 발견된 사건이다. 1996년에 이르러서는 그 크기가 20~24제곱킬로미터, 즉 다시 말해서 남극 대륙이 차지하는 면적과 맞먹는 이 구멍이 일정한 기간을 두고 해마다 반복적으로 다시 나타난다는 사실이 알려졌다[73]. 급속한 속도로 그 크기가 증가하고 있는 이 구멍은 매년 봄 나타난 뒤 수개월 동안 그 자리에 머물러 있곤 하는데, 이와 동시에 호주와 뉴질랜드 지역에서는 피부암, 그리고 백내장과 같은 안과 질환이 급증하는 추세가 나타난다. 또한 UV-B는 사람의 면역성을 저하시키는 작용을 하기 때문에 여러 가지 전염병이 발생하기 쉬운 상황을 조장해 준다. 많은 연구 결과들은 자외선의 양이 증가하면 바다 속의 플랑크톤이 죽게 되고 그 결과 이들을 먹고 사는 수많은 해양 생물들은 물론 지구상의 모든 생명체들이 궁극적으로 의존하고 있는 탄소의 순환 고리를 파괴하는 결과를 가져 올 수 있다는 것을 시사하고 있다.

만일 지금과 같은 추세로 자외선의 투과가 계속 증가한다면 세계의 주요 곡창지대에서 생산되는 쌀, 귀리, 콩의 양이 현저하게 감소하기 시작할 것이다. 실험을 통하여 얻어진 결과들에 의하면 UV-B의 조사량이 25% 증가할 때마다 이와 동일한 비율로 곡물의 소출이 줄어든다고 한다. 더욱 나쁜 소식은 이러한 자외선의 피해가 처음 생각했던 것처럼 극지방에 한정되어 있는 것이 아니라 1979년 이후로는 북위와 남위 각각 40도에서 60도 사이에 있는 중간 위도 지역들에서도 매년 4~5%의 비율로 오존층의 파괴가 늘어나고 있으며, 이러한 추세는 최근 대부분의 서구 국가들에서 CFC의 사용을 강력하게 금지하고 있음에도 불구하고 별로 나아지는 조짐이 보이지 않는다는 사실이다. 심지어는 저위도 지방에서도 계속적으로 피해가 늘어나고 있어서, 1994~1995년의 측량 데이터는 북위 21도에 위치한 하와이 열도 위의 오존층이 13%나 감소했다는 섬뜩한 결과를 나타내고 있다[74]. 이는 전세계적으로 평균 잡아 10년마다 약 3%의 감소세를 보이며 오존층의 파괴가 진행되고 있음을 말해 준다.

산성비

산성비의 성분 중 가장 해로운 이산화황은 자연계에 존재하는

호주 시드니 시의 스모그 현상
태양광선과 반응하는 화합물질들로 이루어진 두꺼운 스모그 층 아래에서 신음하고 있는 대도시들은 그 자신이 대기 중에 이산화탄소와 산성비의 원인이 되는 기체들을 발생시키는 주범인 동시에, 날로 증가하는 각종 호흡기질환의 온상 역할을 하고 있다.

물질과 인간이 만들어 낸 산물 모두로부터 생성될 수 있다. 대기 중에 존재하는 황의 절반 정도는 화석 연료를 태우는 과정에서 만들어지지만 나머지는 바다의 안개, 플랑크톤, 썩어가는 식물, 또는 화산 폭발과 같은 자연현상들로부터 온다. 그 근원이 무엇이든 황은 일단 만들어지고 나면 대기 중의 수산화기와 결합하여 삼산화황 가스를 형성하려는 성질을 가지고 있다. 이 기체는 물에 잘 녹기 때문에 수증기를 만나면 아황산으로 변하고 결국 산성비의 형태로 땅위에 내리게 된다.

자연 상태에 존재하는 황과 인위적으로 생산된 황의 비율은 곳에 따라 다르지만, 유럽 지역에서는 비 속에 포함된 황의 약 85%

가 인간 활동의 산물이라고 볼 수 있다. 황산 이외에도 화석 연료가 타는 과정에서 형성되는 산화질소로부터 만들어진 질산도 포함하고 있는 산성비가 내리면 토양이 산화되기 때문에 그 속의 마그네슘이 녹아서 유실되게 마련이고, 그 결과 식물의 광합성 작용이 저하된다. 1997년 국제연합이 지구의 자원에 관하여 작성한 보고서를 보면, 정도의 차이는 있지만 유럽 전역에 산업적으로 조성된 숲의 60% 정도가 산성비의 피해를 입었으며 폴란드의 경우는 사태가 특히 심각해서 국토 전체의 산림이 산성비로 인해 죽어 버린 상태라고 한다. 그러나 피해는 여기에서 그치는 것이 아니라 땅위에서 흘러나온 빗물이 물고기를 비롯한 수중 생태계의 동물에게까지 영향을 미치면서 미국과 유럽 지역 수질 오염의 주된 원인이 되고 있다. 유럽의 일부 하천은 그 물 속에 누적된 산성 물질들로 인하여 이미 죽은 생태계와 다름이 없는 상태이다.

그러나 유럽의 산성비가 전부 이 지역의 자동차 배기가스나 이 지역에서 생산되는 황을 많이 포함한 석탄 때문에 생긴 것은 아니다. 우주 왕복선 '디스커버리'호가 1994년 레이저빔을 반사시켜 얻어낸 디지털 영상은 미국 동부 해안의 공장 밀집 지역으로부터 거대한 황의 분무가 뭉게뭉게 퍼져 나오고 있는 그림을 보여 주었는데, 이 황으로 가득 찬 안개는 대서양을 건너 유럽으로 간 뒤 그곳에서 배출되는 공기 오염 물질과 합쳐진다. 심지어 유럽 일부 지역에서는 그곳의 공기 중 허용치를 넘어선 황이 전부 다른 지역으로부터 날아온 경우도 있다[75].

그런데 이제까지 전세계에서 오염 물질을 가장 많이 배출하는 국가로 군림하던 미국에 새로운 강적이 생겼으니 이는 바로 태평양을 사이에 두고 미국과 마주보고 있는 중국이다. 산업화를 위한 중국 정부의 달음질은 석탄 연료로 가동되는 수많은 화력발전소들과 제련소의 건설을 가져왔으며 앞으로도 더 많은 시설을 짓기 위한 청사진이 대기 중이다. 한 예로 선양 지방에서만도 연간 20만 톤에 이르는 이산화황 가스가 쏟아져 나오고 있는데, 이는 같은 기간 동안 일본 전체에서 배출되는 양의 4분의 1에 해당된다. 또 이와 같은 전력 수요의 급증은 중국에만 국한된 것이 아니어서, '동남아 호랑이 경제'의 주역을 담당하고 있는 국가들이 지난 10년 동안 연간 소비한 석탄의 양은 5.5%나 증가했다. 현재 이 지역에서 나오는 이산화황 가스는 지구 전체 배출량의 3분의 1에 달할 정도이며, 이로 인한 오염의 결과들이 이미 중국과 일본을 심각하게 압박하고 있다[76].

대부분의 선진국에서는 이미 시행하고 있는 산업 가스 배출 제한에 관한 법령 덕분에 최근 들어 오염의 정도가 완화되기는 했지만, 화석 연료가 산업의 주된 에너지원으로 남아 있는 한 앞으로도 계속 현재 지구 곳곳에서 산성비에 의한 환경오염은 계속될 것으로 보인다.

최후의 방정식

이제까지 인류가 1차 산물의 생산을 극대화시키기 위하여 도모해 본 모든 시도는 오히려 우리가 소유한 진정한 자산—즉 맑은 공기와 물, 비옥한 땅, 그리고 다양한 동식물로 가득 찬 생태계를 망가뜨림으로써 더 큰 손해를 가져오는 결과를 낳았다. 우리가 토양과 바다로부터 더 많은 산물을 얻어 내고자 갖은 방법으로 애를 쓰면 쓸수록 인류가 환경에 대하여 지는 빚은 더욱 커질 뿐이다. 어느 한 지역에 국한된 환경의 파괴는 일시적으로 볼 때 이를 최소화시키고 심지어는 회복시키는 것도 가능하게 보일지 모르지만, 결국은 이 과정 또한 환경에 대한 부채를 보다 넓은 지역으로, 그리고 보다 긴 기간 동안 퍼뜨리는 대가를 치르고서만이 얻어질 수 있는 것이다. 예를 들어 누군가가 손상된 토질을 회복시키려는 목적으로 한 지역에서 그 해 농작을 쉬기로 하였다고 치더라도 이로 인한 작물 생산의 감소는 결국 다른 지역으로부터 충당되어야만 한다는 뜻이다. '녹색 혁명'이 1960년대 당시 인류가 직면하고 있던 식량 위기를 늦추어 주었는지는 모르지만 그 대가로 지구의 환경은 급속히 파괴되어 결국 인류의 미래에 더 큰 위협이 도사리고 있는 상황이 초래된 것을 보면 알 수 있다.

우리가 지구 또는 태양 에너지로부터 무엇을 얻어 내든지 간에 결국은 그 값을 언젠가는 치르게 마련이다. 현재 우리를 압박하고 있는 에너지 위기를 극복하기 위하여 인류가 고안해 내는 모든 산업 기법들 역시 우리 당대가 아니라면 그 다음 세대에서라도 그 값을 지불하지 않을 방도는 없다. 이는 궁극적으로 '산업 기술'을 통한 해법이 결국 환경에 갚아야 할 빚만 눈 덩어리처럼 불어나게 할 뿐임을 의미한다. 인류가 그 주위 환경에 미치는 영향은 단 세 가지 요소, 즉 인구의 숫자와 한 사람당 활동하는 범위, 그리고 그 과정에서 사용되는 산업 기술의 정도로 요약될 수 있다. 이 고정된 연관성을 스탠퍼드 대학교에 적을 둔 생물학자 폴 에를리히와 물리학자 존 홀드렌(John Holdren)은 아래와 같은 공식으로 정리하였다 :

환경에 미치는 영향(I) = 인구(P) × 활동(A) × 기술(T),
즉 I=PAT[77]이다.

현재 인류가 보유하고 있는 모든 과학 지식을 근거로 하여 살펴보더라도 지구 생태계의 생물학적 건강 상태가 인간 활동으로 인하여 피폐할 대로 피폐해져 있음을 부인할 길은 없다. 이와 같은 파괴 행위를 줄일 수 있는 유일한 방법은 위의 방정식에 나오는 요소들을 조절하는 것인데, 바로 여기에 인류 자신의 딜레마가 놓여 있다. 인류가 자발적으로 그 숫자를 줄이거나 활동 범위를 제한하거나 산업 기술의 발전을 중단시키는 일은 아마도 영원히 일어나지 않을 것이므로, 이런 관점에서 볼 때 현재의 PAT 수치는 그 최소값이라고(즉 앞으로 계속 증가할 것이라고) 볼 수 있다. 현재 60억을 육박하고 있는 지구상의 전체 인구는 2050년경까지 최소 75억으로 늘어날 것으로 추정된다[78]. 이런 상황에서 PAT 값을 현재의 수준으로 유지하려면 인류의 활동과 기술의 발전을 20% 정도 줄여야만 한다는 계산이 나온다. 그러나 이제까지의 인간 역사가 자명하게 보여 주듯이 이는 실제로 불가능한 일이다. 인류의 에너지 소비량은 과거 40년 동안 4배로 늘어났으며 산업의 발전과 소비성 또한 폭발적으로 증가하였고 가까운 미래에도 전혀 줄어 들 기미를 보이지 않고 있다. 따라서 T 요소 역시 향후 50년 동안 적어도 2.5배는 늘어날 것이 확실하다[79]. 설사 A 요소가 현재 수준으로 유지된다고 가정하더라도 2050년 우리가 직면할 상황은

$$1.2P \times A \times 2.5T = 3 \times I$$

가 된다.

현재 인류의 존재가 지구 환경의 파괴에 미치는 영향의 정도가 얼마나 심각한지를 생각해 본다면 이보다 3배나 더 큰 영향은 곧바로 지구의 멸망과 직결될 것이 분명하다. 바야흐로 생명의 물결은 인류를 저버리는 방향으로 돌아서 버린 것이다.

지금 인류에게는 그 답을 찾아야 할 세 가지, 어쩌면 너무나도 자명한 질문이 있다. 첫째, 어쩌다가 우리는 이처럼 고리타분한

'인구 폭발'의 덫에 다시 걸려 버린 것일까? 둘째, 상황이 이 지경에 이르도록 환경을 파괴한 책임은 과연 누구에게 물어야 하나? 그리고 마지막으로, 우리는 이제 무엇을 해야만 할까?

이 책의 나머지 장들에서 나는 우선 인류가 멈출 수 없는 욕심과 무지, 그리고 악의로 가득 찬 파괴행위를 일삼는 존재라는 주장이 오류로 가득 차 있다는 사실을 드러내 보이고자 한다. 왜 그런가 하면 이 증거들은 근본적으로 인류가 이성적인 존재로서, 자신의 행동을 임의로 조절할 수 있을 뿐 아니라 그에 대한 책임도 져야 한다는 그릇된 가정을 토대로 하고 있기 때문이다.

대부분의 사람들이 이와 같은 관점에서 인간을 바라보는 일에 매우 익숙해져 있는 까닭에 이 편견으로부터 우리들 자신을 놓아 주기란 실로 쉽지 않은 일이다. 그러나 또 다시 인간중심적 사고의 덫에 빠지거나 우리가 태어난 이후 줄곧—아니 어쩌면 태어나기 이전부터 우리들의 두뇌 회로에 장치되어 있던 편안하고 오래된 고정 관념 속으로 빨려 들어가지 않기 위해서 우리는 매우 새롭고도 낯선 관점으로부터 출발해야만 한다. 물론 가장 좋은 출발점은 처음으로 돌아가는 것이고, 처음이라 함은 인간의 경우 아주 여러 해 전 우리들 자신이 하나의 수정란으로 엄마의 자궁 내벽에 달라붙어 있던 상태라고 볼 수 있다. 자, 그러니 모두들 자신의 과거 속으로 뛰어들어 상상의 현미경을 통해서 내려다보이는 이제 갓 수정이 된 하나의 세포, 즉 나중에 우리들 자신이라는 생물체가 될 바로 그 세포에 우리들의 사념을 모아 보기로 하자. 그리고 모두들 천천히, 우리가 그 세포의 질긴 바깥쪽 보호막을 뚫고 들어 갈 수 있을 때까지 현미경의 조절 나사를 돌려보는 것이다. 일단 세포막을 통과하고 나면 세포질 속으로 들어가 그 속을 헤엄치고 다니는 박테리아처럼 생긴 구조들을 지나서 마침내 핵을 둘러싸고 있는 얇은 막과 마주치게 될 것이다. 바로 이 핵 속에 우리의 존재가 시작된 그 출발점이, 인간을 포함한 지구상 모든 생명체의 본질들을 결정하는 유전 정보를 담은 채 구불구불 꼬여져 있는 모습으로 놓여져 있는 것을 만날 수 있다.

제 2 부

근원

제 3 장
인류의 유전적 근원

생명의 구성단위

우리가 만일 나중에 자라서 우리 자신이 될 수정란 속의 핵을 직접 들여다 볼 수 있다면 유전 물질들이 단단하게 꼬여져서 만들어진 46개의 작은 막대기들이 각각 두 개씩 짝을 이루고 있는 모양을 발견하게 될 것이다. 바로 이 23쌍의 막대기들 속에 지금의 우리와 같은 모습을 갖추도록 지시한 정보들이 암호화되어 들어 있다. 그런데 이 방대한 양의 암호 정보는 우리 각자로 하여금 이 세상 다른 어느 누구와도 다른 독특한 존재가 될 수 있도록 디자인해 주는 청사진임에도 불구하고, 실제로 유전 물질의 가닥을 들여다보는 것만으로는 그것이 동물에 속한 것인지 식물에 속한 것인지조차 구분할 수가 없다. 사실 이 유전 물질이 꼬아지는 과정에서 나타나는 제한된 특징이 없었더라면 인간들은 얼마든지 자신의 유전 물질을 참나무, 버섯, 아니면 작은 미생물의 것으로 오해할 수도 있다. 이처럼 구분이 어려운 이유는 바로 지구상의 모든 생물체들이 보유하고 있는 유전 물질의 기본적 구조가 동일하기 때문이다. 다시 말하자면 현재 지구라는 행성 위에 살고 있는 생물군들 사이에는 이들이 공통의 조상으로부터 왔다거

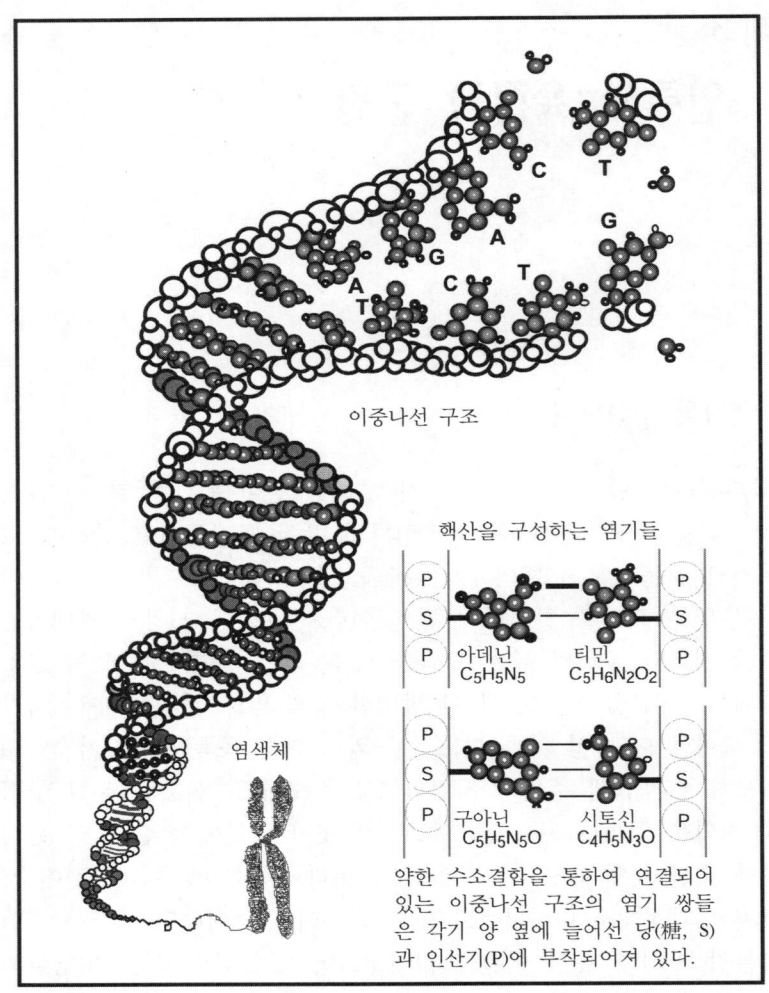

그림 12. DNA-생명의 암호

나 하는 가설은 상상하기조차 힘들 만큼 엄청난 다양성이 존재함에도 불구하고, 이들을 구성하고 있는 물질을 분자수준에서 분석해 보았을 때는 부인할 수 없이 명백한 증거가 있다는 것이다.

이 중 가장 근본적인 증거는 단지 네 개의 알파벳 글자, 즉 A, C, G, T를 가지고 나타낼 수 있다. 이 네 글자는 모든 동식물의 생명을 조절하는 화학 물질의 네 가지 구성 성분을 나타내는 것으로, 바로 핵산 염기인 아데닌(adenine), 시토신(cytocine), 구아닌(guanine), 그리고 티민(thymine)의 머리글자 들이다. 이 염기들은 A와 T, 또는 G와 C끼리만 결합을 만들 수 있는데, 바로 이 결합을 통하여 세포 내 생명 현상을 관장하는 유전 물질의 두 가닥이 지퍼처럼 열고 닫히는 구조를 갖추게 된다. DNA, 즉 데옥시리보핵산(deoxyribonucleic acid)으로 알려져 있는 이 화학물질로 이루어진 지퍼야말로 모든 살아 있는 생물들로 하여금 언제 얼마만큼 성장할 것이며 어떤 방법으로 번식을 하고 또 어떻게 죽을 것인가에 이르기까지, 그야말로 그들의 모든 생명 현상을 관장하고 지시하는 독재자와도 같은 존재이다.

나선형으로 꼬인 두 개의 가닥이 다시 단단히 코일처럼 말린 형태를 이루고 있는 이 DNA의 지퍼는 사실 맨눈으로는 볼 수 없을 만큼 미세한 구조이다. 그러나 생물에 따라서는 그 DNA의 길이가 1미터를 넘는 경우도 있는데, 사람의 DNA도 그 중 하나로 앞서 말한 염기 구조가 3억 개 이상 모인 크기를 가지고 있다. 이 DNA 중의 97% 정도는 영원히 단백질 산물을 만드는 일에 사용되지 않는데, 이를 가리켜서 '발현이 되지 않는다'라고 표현한다. 그렇다면 나머지 3%의 DNA, 즉 길이로 따지면 대략 3센티미터에 이르는 부분에 포함되어 있는 9,000만 개 정도의 염기들이 작성해 내는 '글자' 속에 바로 인간의 성장과 생식, 그리고 사멸을 관장하는 전체 프로그램이 서술되어져 있다는 이야기가 된다. 이처럼 하나의 생물체―그리고 생각하기에 따라서는 그 생물체의 구성단위인 세포 하나―가 보유하고 있는 유전 물질 전체를 가리켜서 게놈(genome), 즉 '유전체'라고 한다.

유전체 속에는 그 생물의 구조적 특징들을 결정짓는 정보 이외에도 이들이 각자 처한 환경에서 생존의 기회를 최대화시킬 수 있는 방향으로 그 행동이나 습관을 조절시키는 지시사항들이 포함되어 있다. 그도 그럴 것이, 올바른 행동강령이 뒷받침되지 않는다면 제아무리 최고의 형태 또는 구조적 특징들을 갖추었다 해도 아무 쓸모가 없을 것이기 때문이다.

유전자의 복제

이 행동 강령 중 아마도 가장 중요한 것은 각 생물들이 진화의 오랜 기간을 통하여 과연 어떻게 자기 자신의 유전 물질을 정확하게 베껴 내어서 다음 세대에게 전달해 주는가 하는 문제일 것이다. DNA가 그 연속성을 유지할 수 있는 비결은 바로 자신의 지퍼 구조를 잡아당겨 연 뒤 각각의 가닥 맞은편에 새로운 염기 조각들을 끼워 넣을 수 있기 때문이다. 이 때 A의 새로운 짝으로는 T가, 그리고 G의 경우에는 C가 들어 올 수 있을 뿐 다른 조합은 허용되지 않으므로 새로 생겨나는 지퍼의 반 쪽 가닥은 기존에 있던 가닥에 대하여 '상보적(complementary)'인 염기 구조로 만들어지게 된다. 이처럼 DNA 지퍼의 원래 가닥을 '주형(template)'으로 하여 새로운 가닥을 만들어 내는 과정 속에 지구상 모든 생물들의 존속을 가능하게 해주는 열쇠가 들어 있다.

DNA의 지퍼를 이루고 있는 유전 물질은 또 때때로 적절한 시기가 되면 그 염기 서열 속에 암호화된 정보를 포함하고 있는 특정 부위, 즉 '프로모터(promoter)'가 이를 알아차리고 인접한 부분에서 지퍼 구조를 두 가닥으로 열리도록 만든다. 이렇게 열린 부분의 DNA 가닥은 여러 개의 짧은 RNA 가닥으로 복사되어져서 핵 바깥으로 운반되어져 나오는데 이를 가리켜서 '전사(transcription)'라고 부른다. 전사된 RNA 조각들은 세포질 내 여기저기에 흩어져 있는 제조 공장으로 보내어진 뒤 그곳에서 염기 서열을 한 번에 세 개씩 읽을 때 나오는 지시문에 따라 단백질의 구성 성분인 아미노산을 차례대로 조합하기 위한 청사진으로 사용된다. 이 세 개의 염기가 형성하는 단어들을 '코돈(codon)'이라고 하는데, 이들이 지시하는 내용은 두 가지로 구분된다 : 즉 어떤 특정 아미노산을 순서대로 붙이라는 지시와 더 이상 새로운 아미노산을 붙이지 말고 단백질의 합성을 중지하라는 명령이 그것이다[1]. 이 과정을 통하여 아미노산들이 고리처럼 연결된 형태로 만들어진 단백질 산물들이 결국은 생물체의 성장과 생존, 그리고 행동을 관장하는 지휘자의 역할을 담당하게 되는 것이다. 다시 말해서 여러 개의 코돈을 연결하여 읽을 때 나타나는 유전 정보의 지시에 따라 각각의 생물이 그 생애를 통하여 어떤 모양을 갖추고 어떤 행동을 취할 것인지가 결정된다는 뜻이다. 따라서 이 연결된 코돈의 집합이 바로 유전의 기본 단위가 된다는 것을 알 수 있다. 이 기본 단위를 우리는 '유전자(gene)'라고 부른다. 정자와 난자를 제외하면 생물체를 구성하고 있는 모든 세포들은 그 속에 두 개의 완벽한 세트를 이루고 있는 동일한 유전자의 집합, 즉 유전체를 보유하고 있다(생식 세포인 정자와 난자에는 일반 세포가 가지고 있는 유전자 집합의 절반, 그러니까 한 세트의 유전체가 들어 있다).

유전자를 구성하는 염기 서열이 만들어 내는 화학적 어휘들은 근본적으로 20가지의 아미노산 중 한 종류로 번역되므로, 진화의 전 과정을 통하여 나타난 엄청난 종의 다양성은 결국 그 생물종의 생명력에 영향을 미치지 않는 범위 내에서 이 제한된 숫자의 아미노산들을 배열하는 순서를 변화시킴으로써 얻어진 것이다. 과거

40억 년 동안 지구상에서 진행된 진화의 과정에서는 바로 이 방법을 통하여 5~50억여 종의 생물을 성공적으로 창출해 낼 수 있었다—물론 그 중의 99.9%는 현재 멸종해 버리고 없기는 하지만 말이다. 이 엄청난 숫자만 놓고 본다면 마치 진화 그 자체의 근본 목적이 단순히 유전적 다양성을 극대화시키고자 하는 것으로 오해할 수 있겠으나 사실은 절대로 그렇지 않다. 이 점에서 우리는 인간의 짧은 수명을 한탄하지 않을 수 없는데, 왜냐하면 진화의 전 과정을 어처구니없이 짧은 시간적 공간에 억지로 구겨 넣어진 상태로 관찰하면서 올바른 그림이 보여지기를 기대할 수는 없기 때문이다. 실질적으로 진화가 유전자 상에 일으키는 변화들은 비유하자면 달팽이가 기어가는 속도로 일어나고 있으며, 따라서 궁극적으로 DNA 그 자체는 변화보다는 안정을 대변하는 존재라고 보는 것이 옳다.

유전의 정확성

인간 사회의 기준으로 볼 때 DNA에 담긴 유전 정보가 그 복제 또는 전사 과정에서 잘못 전달될 가능성은 거의 제로에 가깝다고 할 수 있는데, 이는 유전의 기전 그 자체가 어떤 굉장한 안전장치를 가지고 있어서라기보다는 본질적으로 DNA의 화학적 구조가 어느 정도의 오류가 생기더라도 이로 인해 큰 영향을 받지 않도록 만들어져 있기 때문이다. 따라서 설사 몇 개의 염기들이 틀린 자리에 끼어들어갔다 하더라도 대부분의 경우 세포의 기능에는 별다른 지장을 주지 않지만, 간혹 드물게 치명적인 피해를 초래할 수 있는 오류가 발생한다 하더라도 크게 걱정할 필요가 없는 것이, 이러한 오류들을 스스로 수정할 수 있는 방안 또한 마련되어 있기 때문이다. 따라서 유전 정보가 전달되는 과정에서 '예상치 못한' 오류가 발생하는 경우는 극히 드물다고 하겠다. 인간 유전체의 크기를 감안할 때 이처럼 높은 정확도는 그야말로 경이로울 따름이다. 특히 인간의 몸을 구성하고 있는 개개의 세포는 일생을 통하여 수없이 많은 분열을 거쳐야 하고, 따라서 매순간 우리 몸 구석구석에서 셀 수 없는 숫자의 세포들이 그 유전 정보를 복제하고 있다는 사실을 생각하면 더욱 놀라움을 금할 수 없다.

실제로 인체를 구성하고 있는 세포들 속의 유전체에는 매일 5천 건 정도의 오류가 발생하지만 이 중 거의 모두는 세포가 자체적으로 보유하고 있는 수정기능을 통하여 즉각 고쳐진다. 바로 이 때문에 어느 특정한 유전자 속에 새겨진 정보가 수백만 년, 그리고 경우에 따라서는 수천 수억 년 동안이나 변하지 않고 전해져 내려올 수 있었던 것이다[2]. 영국의 진화학자인 리처드 도킨스는 말하기를 지구상 생물체들에 관한 가장 중요한 진실은 동식물의 핵 속에 DNA가 존재하는 것이 아니라 거꾸로 DNA가 있음으로 해서 생물들이 존재할 수 있는 것이라고 한다. 달리 표현하자면 개개의 생물체들은 단지 진화의 기나긴 시간표 상에서 한 작디작은 부분에 속하는 시간 동안 그 속에 DNA를 일시적으로 보관하기 위한 운반체에 불과하다는 것이다.

개개의 생물들은 영원히 머무는 것이 아니라 덧없이 흘러가는 존재이다. 염색체 또한 카드놀이에 사용되는 한 벌의 카드 다발처럼 끊임없이 섞여지면서 망각 속으로 사라져 갈 뿐이다. 그러나 이 때 낱장의 카드들은 유전자에 해당되며, 한 벌의 카드를 꼼꼼히 뒤섞어도 카드 한 장 한 장은 그대로 남아 있는 것과 마찬가지로 유전자 또한 염색체의 교차가 일어난 뒤에도 온전히 남아 있다. 대신 이들은 매번 자신이 짝짓는 파트너를 바꾸는 일을 꾸준히 계속하며, 또한 이것이 바로 그들이 담당해야 할 역할이기도 하다. 이 염색체들이 바로 유전 물질을 복제하는 과정의 주역들이며 우리 인간은 이들이 존속되기 위한 기구에 불과하다. 따라서 그 수명이 다했을 때 인간은 그저 단순히 한쪽 옆으로 치워져 버릴 뿐이지만 유전자는 유구한 지질학 상의 세월 동안 영원히 사라지지 않는 주인으로 남는다[3].

그렇다면 결국 우리가 인간이든 박테리아든 전나무든 크게 달라지는 것은 없을지도 모른다. 유전자를 중심으로 본다면 모든 생물체들은 그저 단지 그들의 소중한 유전자들 속에 새겨진 정보를 잘 보관했다가 보다 건강하고 새로운—그리고 만일 운이 좋다면 보다 우수한—다음 세대에게 넘겨주는 역할을 효과적으로 수행할 수 있도록 디자인된 운반체에 불과하기 때문이다. 유전자의 영원한 생명에 비교할 때 인간의 수명이란 하루살이의 그것과 별반 다를 바가 없다. 다시 리처드 도킨스의 글을 인용해 보자.

> 이제 그들(=유전자들)은 거대한 군집을 이룬 상태로, 덩치 큰 나무꾼 로봇 안에 안전하게 둥지를 틀었다. 이들은 바깥 세상으로부터 안전하게 격리되어져 있으며, 외부와 의사소통을 해야 할 필요를 느끼는 경우에는 까다롭고 복잡한 경로들을 간접적으로 원격 조정하는 방법을 사용한다. 이들은 당신과 나 자신의 몸 안에 들어 있다. 바로 이들이 우리의 몸과 마음을 만들어 내었으며 이들을 보존하는 임무가 바로 우리의 궁극적인 존재 이유이다. ……우리는 그들의 생존을 위한 기구에 불과할 뿐이다[4].

자연계에서 열등한 능력을 가진 생존 기구를 만들어 내거나 이들로 하여금 별로 이득될 것이 없는 행동을 하게 만드는 유전자들은 냉혹한 환경의 시험을 통하여 빠른 속도로 도태되어 사라져 버린다. 반대로 어떤 특정 유전 형질이 생존 기구의 생명력을 증강시키는 쪽으로 작용하는 경우 이를 관장하는 유전자를 가진 개체는 그렇지 못한 개체보다 훨씬 많은 숫자의 자손을 생산하게 된다. 이처럼 힘겨운 노력을 경주하면서 개개의 유전자들은 서로 끊임없는 힘겨루기를 계속하고 있다. 여기서 한번 더 리처드 도킨스의 이야기에 귀를 기울여 보기로 한다.

하나의 유전자가 자연도태의 과정에서 선택되어 살아남기 위한 조건은 그것이 잠정적으로 영원한 생명을 얻는 데 보탬이 되는 형질을 나타내는 것이다. 이러한 조건을 갖춘 유전자들은 유전체의 집합 안에서 자신의 대립 형질을 누르고 다음 세대로 전달될 확률이 높아진다. 따라서 유전자란 이기심의 기본 단위이기도 하다[5].

여기에서 설명하고 넘어가야 할 것은 '대립 형질(allele)'의 개념이다. 대립 형질이란 하나의 유전자가 취할 수 있는 형질의 두 가지 '경우의 수'를 가리킨다. 사람의 염색체는 한 종류가 각기 한 쌍씩 짝을 이루어 존재하므로, 한 사람이 이 두 대립 형질을 각각의 염색체 쌍 위에 하나씩 가지고 있을 수도 있다. 또 여러 명의 인구 집단을 대상으로 살펴본다면 둘 이상의 대립 형질이 그 속에 흩어져 분포하는 경우도 발견된다. 어느 경우이든 한 개체가 자신이 소유한 대립 형질과 동일한 유전자를 다른 개체에게서 발견할 경우, 유전적 명령 체계는 그 대상에게 무조건적인 이타적 사랑을 베풀 것을 지시하도록 프로그램되어져 있다.

부모의 희생

현재 지구상에 존재하고 있는 생물들이 가진 유전자 집합은 수억 년이라는 세월 동안 생활 현장에서의 시험과 다윈의 적자생존 테스트를 거치고 살아남은 것들이다. 즉 생태계의 모든 구성원은 진화의 과정을 통하여 변덕스러운 주위 환경으로부터 그들이 보유한 유전자를 보호하기 위해서라면 수단과 방법을 가리지 않도록 철저한 교육을 받은 셈이다. 대부분의 동물은 자신이 낳은 새끼들에게 지극히 이타적인 사랑을 실천하도록 세뇌되어져 있는데, 그 이유는 바로 그들의 유전자가 자신으로부터 복제되어 나온 대립 형질들을 다음 세대로 전파시키기 위한 목적으로 이러한 행동을 지시하기 때문이다. 예를 들어 인간은 자녀들을 먹이고 교육시키고 그들이 십대 청소년이 된 이후까지도 보호하고자 하며 때로는 이를 실천하기 위하여 엄청난 자기희생을 감수하는 경우도 적지 않다. 또 많은 사람들이 이와 같은 양육의 의무감을 그 자녀들이 자라서 다시 자신의 아이를 낳은 뒤까지도 쉽게 떨쳐 버리지 못한다.

그러나 다른 동물과 마찬가지로 인간 역시 자신들이 왜 이런 행동을 하는지를 정확하게 이해하지 못하고 있다. 다시 말하자면 인류는 그들의 이성을 통해서 이해할 수 있는 것보다 훨씬 높은 차원의 힘, 즉 그들로 하여금 자식을 향한 엄청난 사랑과 양육에 대한 거역할 수 없는 의무감을 느끼게 함으로써 보다 근본적인 목적을 달성하려고 하는 유전자가 행사하는 '감언이설'에 완전히 정복당해 있는 셈이다. 이 힘의 강도가 너무나도 큰 나머지 대부분의 사람들은 자신이 낳은 자손뿐 아니라 일반적으로 인간의 아기 또는 어린이에게까지 넘쳐나는 사랑을 느끼게 된다. 따지고 보면 충분히 그럴 수 있는 것이, 어차피 인류의 구성원은 많은 대립 형질을 공유하고 있게 마련이고, 또 경쟁 대상으로 경계하지 않아도 좋을 연약한 어린 아이들에서 이러한 공통점을 발견할 경우 더욱 큰 애정이 솟아 나올 것은 당연하기 때문이다.

어미 고릴라의 모성

이처럼 확대된 의미로서의 부모 사랑을 증명해 주는 예화 중 특히 흥미로운 것은 1996년 8월 시카고의 브룩필드 동물원에서 한 어린 소년이 울타리와 난간을 넘어가 고릴라 우리 바로 앞 쪽에 파 놓은 6미터가 넘는 깊이의 도랑으로 떨어져 버린 사건이다. 모여든 구경꾼과 동물원 직원들은 6~7마리의 평원 고릴라들이

하던 일을 멈추고 떨어진 소년 쪽을 바라다보며, 그 중 17개월 된 새끼를 등에 업은 8살 난 암컷 고릴라가 의식을 잃고 쓰러져 있는 소년에게 접근해 가는 것을 속수무책으로 지켜볼 수밖에 없었다. 그런데 이 어미 고릴라는 놀랍게도 쓰러진 아이를 들어 올려 품에 안더니 우리 안을 가로질러 사육사가 드나드는 문 앞까지 가서는 사람이 와서 문을 열 때까지 그대로 조용히 기다리고 있다가 그녀가 잠시 동안이나마 기꺼이 담당했던 대리 부모의 역할을 소년과 함께 넘겨주는 것이었다[6]. 빈티 주아라는 이름을 가진 이 암고릴라가 태어나서부터 사람의 손에 사육되었다는 사실은 여기에서 별로 중요하지 않다. 왜냐하면 이와 비슷한 행동을 보인 고릴라들의 사례가 둘이나 더 있기 때문이다. 이 중 한 에피소드는 채널 섬에 있는 저지 동물원에서, 그리고 또 다른 하나는 도쿄 교외에 위치한 타마 동물원에서 발생했다. 종(種)을 초월한 이 같은 사랑의 표현은 어쩌면 고릴라가 인간에게서 자신의 유전자를 발견하기 때문인지도 모른다―물론 인간들 쪽에서는 이 사실을 별로 인정하고 싶어하지 않겠지만 말이다.

어떤 사람들은 고릴라 빈티 주아가 보여준 행동이 인간의 어린아이 사랑과 본질적으로 동일한 것임을 인정은 하면서도, 인간의 행동 중 많은 부분이 유전자의 지시 사항으로만 결정된다고 보기에는 너무나도 복잡하고 오묘하다고 이야기한다. 그러나 사람의 DNA 속에는 대략 10만 개의 유전자가 들어 있음을 잊어서는 안 된다. 또한 이 유전자들 중 일부는 그 길이가 대단히 길어서 약 250만 개의 염기 알파벳, 그러니까 이들이 세 개씩 모여서 만들어지는 코돈의 단어들이 80만 개나 모여서 된 것들도 있다. 이는 글로 씌어진 문장으로 환산한다면 지금 독자들이 읽고 있는 책으로 여덟 권이 넘는 분량이다. 게다가 오늘날 우리는 한때 잘못 알려졌던 것처럼 하나의 유전자가 하나의 형질을 결정하는 경우는 실제로 거의 없고, 대신 여러 개의 유전자들이 그때 그때 상황과 필요에 따라 연합 전선을 형성하면서, 또 집단 속의 다른 유전자들과 때로는 공조를 이루고 때로는 서로 견제하면서 우리의 생명현상을 조절한다는 사실을 잘 알고 있다[7]. 이를 인류 형태학적 측면에서 다시 풀어 설명한다면 우리의 삶은 몇몇 독재적인 유전자들의 횡포에 따라 결정되는 것이 아니라, 수백만 년의 수련을 거친 경험과 융통성이 풍부한 원로들로 구성된 '운영위원회'가 우리들의 유전체 속에 자리잡은 견고한 의사당에서 통과시킨 법령들에 의하여 조절된다는 뜻이다.

그런데 유전자들에게는 피할 수 없는 적이 하나 있으니, 그것은 바로 '환경'이다. 환경은 그 속에서 벌어지는 서바이벌 게임의 규칙을 끊임없이 변화시키므로 이를 따라잡기 위해서는 『이상한 나라의 앨리스』에 나오는 여왕처럼 쉬지 않고 변덕을 부려야만 한다. 따라서 한 종의 생물이 변화하는 환경 요소들에 대응하여 펼쳐 보일 수 있는 형질들의 레퍼터리가 다양하면 할수록 새롭게 등장한 어느 특정 환경에 적응할 수 있는 능력도 비례하여 증가하는 것이다. 그러나 모름지기 '좋은' 유전자가 되기 위해서는 진화의 과정에서 너무 빨리 변화하지도 말아야 한다. 따라서 유전자의 변이에만 의존하여 새로운 종의 생물이 나타나기를 기다린다면 시간이 너무 많이 걸리는, 말하자면 '유전학적으로 비용이 너무 많이 드는' 상황이 되어 버릴 것이다. 그래서 진화는 보다 신속하게 새로운 종(種)들을 창출해 내기 위한 대안을 만들어 내었다.

DNA라는 이름의 유랑 서커스단

그런데 하나의 유전자가 자신을 완성시키기까지는 이처럼 수백만 년의 세월이 걸리는 데 반하여 그 유전 정보에 의하여 설계되어지는 단백질 산물은 상대적으로 손쉽게 만들어지고 또 버려질 수 있으며, 작은 조작으로도 그 형태나 기능을 완전히 탈바꿈시킬 수도 있다. 진화는 바로 이 원리를 이용하여 한 생물의 소중한 유전체는 전체적으로 그대로 유지하면서 그 외형적인 모습이나 행동을 극적으로 변화시키는 재주를 부려 왔다. 즉 유전자와 그 단백질 산물이 가진 이러한 특성들 덕분에 진화의 과정은 마치 유랑 서커스단처럼 제한된 단원(즉 유전자)들이 계속 의상과 분장을 바꾸어 가면서 다른 역할을 연기할 수 있었다는 것이다. 예를 들자면 동물의 털이나 새의 깃털, 그리고 나무의 이파리들은 동물이면 동물, 나무면 나무들 사이에서조차도 매우 다른 형태로 존재하는 것처럼 보이지만 그 근본을 따져 보면 동일한 유전자들이 그때 그때 역할을 바꾸어 가면서 다양한 묘기를 보여 주는 것에 지나지 않는다.

만일 어떤 생물의 신체 특정 부위의 상대적인 크기를 조절하는 유전자의 섬세한 조절 스위치가 조금만 다르게 작동해도 그 자손 대에서 부모와 전혀 다른 모양을 가진 자식이 태어나는 것이 가능하다. 말의 경우가 아주 좋은 예인데, 말의 배아가 태중에서 그 발생을 시작할 때는 사람과 마찬가지로 다섯 개의 발가락을 가지고 있다. 그러나 갓 태어난 망아지는 단 하나의 발가락만이 달린 상태로 태어나며, 이 발가락에 붙어 있는 발톱이 곧 우리가 말발굽이라고 부르는 부분이 된다. 네 발 모두 합쳐 20개의 발가락을 가지고 있던 말의 조상으로부터 오늘날과 같은 말들로 바뀌어지는 과정은 그러나 유전자 상에 일어난 단 몇 가지의 미세한 변화를 통하여 이루어진 것이다[8]. 이 동물의 유전체를 하나의 커다란 나무에 비유한다면 이를 구성하고 있는 DNA 가지마다 부착된 작은 스위치들은 각 세포 내에서 특정한 단백질 산물들이 각기 적절한 시기와 장소에서 만들어져 이들 세포가 생물체 안에서 정상적인 기능을 발휘할 수 있도록 조절하는 역할을 담당하고 있다. 오늘날

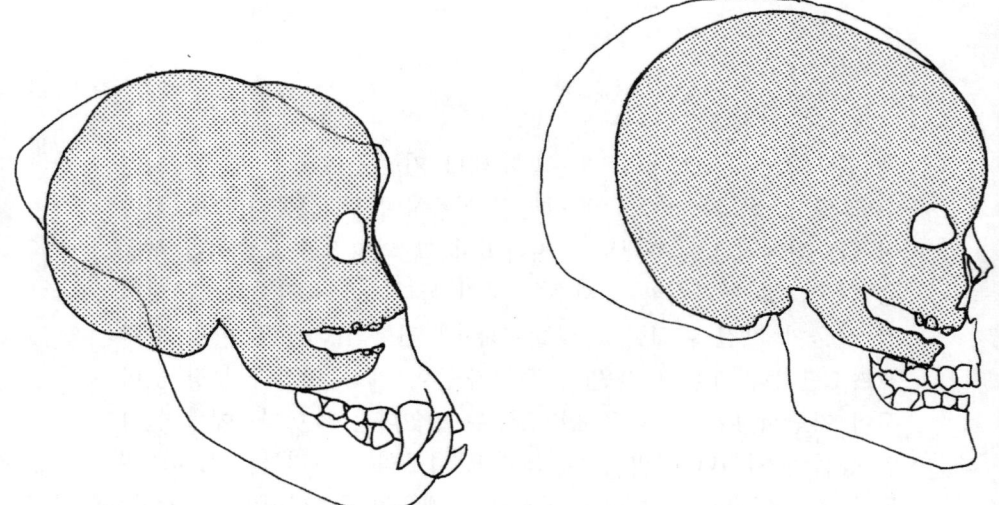

그림 13. 침팬지(왼쪽)와 사람(오른쪽)에서 각기 성인과 어린아이의 두개골을 비교 해 본 모습

의 말은 그 다섯 발가락 중 네 개의 성장을 결정하는 유전자들이 발생 초기 때 활동을 멈추고 단지 세번째 발가락만 계속 자라도록 프로그램이 되어 있어 결국 발가락이 하나만 달린 발의 모습을 가지게 되는 것이다. 우리가 이 사실을 짐작할 수 있는 것은 말들의 비교적 최근 조상으로 보이는 동물의 화석이 앞발에는 네 개씩의 발가락이 있는 반면 뒷발에는 세 개의 발가락이 달려 있는 중간 형태를 보여주고 있기 때문이다. 또 오늘날에도 간혹 발가락이 한 개 이상인 망아지가 태어나기도 한다. 실제로 현재의 말들은 발굽 위쪽, 그 종아리뼈가 끝나는 부분에 두번째와 네번째의 발가락에 해당하는 작은 뼈 조각들을 흔적기관으로 가지고 있다. 그러나 첫번째와 다섯번째 발가락은 아마도 처음부터 형성되지 않았던 것으로 보인다.

이와 비슷한 예로, 인간 아기의 두개골을 측면에서 바라다 본 모습은 새끼 침팬지의 그것과 너무나도 흡사한 모양을 하고 있다 (그림 13). 그러나 몇 년만 지나면 이 닮은 모습은 자취도 없이 사라져 버리고 만다. 침팬지의 아래 턱 뼈는 나이가 들어감에 따라 모양이 크게 변하는 반면 사람의 경우는 아기 때와 별로 다르지 않은 형태를 유지하기 때문이다.

이처럼 나이가 들어도 청소년기 때의 외형적 특징들을 그대로 유지하는 현상을 가리켜서 유형(幼形) 진화(paedomorphosis)라고 하는데, 상당한 종류의 조상 동물들이 이를 통하여 진화 과정에서 신체의 특정 기관이 지나치게 전문화됨에 따라 부닥치는 예기치 않은 곤경들을 피할 수 있었던 것으로 추정된다. 특히 인류의 두개골이 다른 유인원들과는 달리 어릴 때의 모습을 자란 뒤에도 그대로 유지하는 방향으로 진화한 현상을 가리켜서 전문적 용어로는 태아화(胎兒化), 또는 유형 성숙(neoteny)이라고 부른다.

인류의 기원

이상에서 예로 든 유전적인 변화들은 말하자면 톱니바퀴가 차례대로 맞물려가는 것과 같은, 또는 자동차의 주행거리 측정계가 작동하는 것과 같은 원리로 누적되어 왔다고 볼 수 있다. 대부분의 경우 유전자 상에 변화가 생겨도 해당 생물의 모습은 그다지 크게 변화하지 않는다. 그러나 어느 한 순간, 마치 마지막 한 방울의 물이 잔을 넘치게 만드는 것과 같은 원리로, 하나의 작은 똑딱임이 커다란 변화를 가져오는 순간이 발생한다. 말하자면 자동차의 주행거리 측정 장치가 단지 한 바퀴 더 돌아감으로써 계기판에 나타나는 숫자가 99,999에서 100,000으로 바뀌는 것과 같은 원리이다. 그리고 자동차의 경우와 마찬가지로 유전자의 주행 측정 장치도 일단 한 번 똑딱이고 나면 다시 이전으로 되돌릴 수 있는 방법은 없다. 우리 몸 속의 유전적 주행 측정계는 바로 이런 식으로 지난 4백여 만 년에 걸친 영장류의 진화 과정을 통하여 어느 한 순간 이전과는 전혀 새로운 차원으로 돌입하는 변화를 거듭해 왔다. 물론 그 결과로 일어난 변화들은 얼굴 모습에 국한되지 않고 신체 모든 부위에 영향을 미쳤고 그 때마다 다윈이 주장한 자연 도태의 시험 대상이 되었으리라. 예를 들어 유인원들이 살던 지역에 발생한 환경 변화로 인하여 기후가 크게 변하는 상황이 발생하면, 이에 보다 잘 대응할 수 있는 특징을 가진 종이 다른 종들을 누르고 번성하게 되어 각 지역마다 특이적인 아종(亞種)이 생겨났을 것으로 추정된다. 빙하기의 도래와 함께 환경 요인들의 압박이 더욱 심해지면서 이와 같은 종간의 변이 또한 뚜렷해지고 가속화되어, 마침내 지금으로부터 약 2억 5천만 년 전 무렵에는 유인원이 최소한 세 종류, 그리고 어쩌면 다섯 또는 그 이상의 종들로 구분되는 현상이 일어났을 것으로 보인다[9].

이 새롭게 갈라져 나온 종들 중에서 한 부류는 남들보다 조금 큰 체구와 상대적으로 아주 커다란 두뇌, 그리고 당시에 살고 있던 다른 유인원들과 뚜렷하게 구분되는 '인간적인' 특징들을 보여주는 두개골을 가진 모습을 갖추고 있었다. 바로 이들의 것으로 보이는, 약 2억 년 가량 전의 두개골이 1972년 케냐의 투르카나 호수 기슭에 위치한 쿠비 포라에서 발견되었다. 케냐 국립 박물관에 KNM-ER 1470이라는 소장 번호로 등록된 이 두개골 화석은 또한 이제까지 발견된 것 중 가장 오래된 석기와 함께 발견되었다고 하여 *Homo habilis*, 즉 연장을 사용하는 인류를 의미하는 학명이 붙여졌다. 그러나 이로부터 10년이 넘는 세월이 흐른 뒤 컬럼비아 대학교의 랄프 할러웨이(Ralph Holloway) 박사가 이 화석의 두개강(頭蓋腔)을 본 떠 내기 전까지는 아무도 그 왼쪽 앞이마에 희미하게 남아 있는 주름잡힌 흔적, 즉 브로카의 언어중추를 발견한 사람이 없었다[10]. 이 흔적은 언어 능력을 관장하는 신경 구조가 이

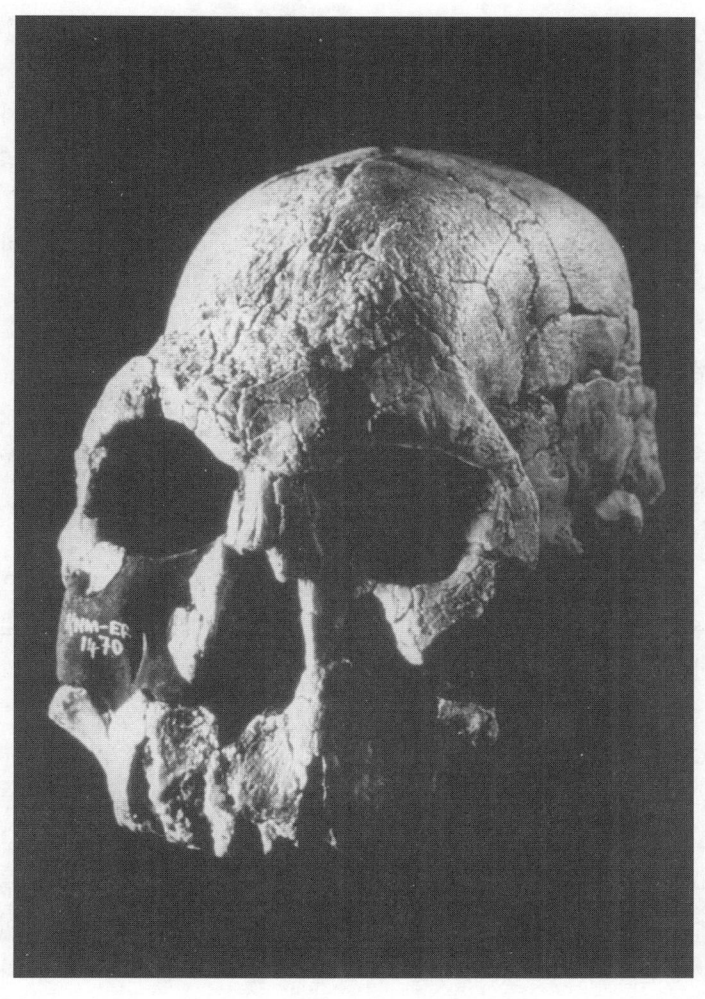

이제까지 발견된 화석들 중 가장 오래된 인류의 두개골로 추정되고 있는 KNM-ER 1470 화석 이 두개골이 인류의 조상에 속한 것임을 나타내 주는 증거는 그 두개강에 존재하는 브로카 중추의 희미한 흔적이다. 이 화석은 1972년 고고학자인 리처드 리키 박사와 그가 이끄는 연구팀이 케냐의 쿠비 포라에서 발굴해 낸 것이다. (클리블랜드 자연사 박물관 소장)

미 이 시기에 인류의 조상들 머릿속에 자리를 잡았다는 증거이다. 다시 말해서 바야흐로 '인류의 진화'가 시작되었던 것이다.

솔직히 말하자면 나는 전형적인 인류학의 분류 체계에 따라 Homo habilis니, Homo erectus니, 또는 Homo sapiens니 하는 식의 명칭을 사용함으로써 현생 인류가 Pan paniscus 또는 Pan troglodytes로 불리는 침팬지의 조상들과 그 기원조차 판이한 종족임을 강조하는 것을 그다지 좋아하지 않는다. 분자생물학적 관점에서 본다면 인류를 이처럼 구분된 속명으로 부르는 논리적 근거가 확실하지 않을 뿐더러 인간 고유의 것으로 여겨져 온 특징들도 그 기준이 모호하거나 또는 오류를 포함하는 경우가 많기 때문이다. 만일 분자 분류학자들이 일반적으로 다른 동물의 종과 속을 나눌 때 사용하는 척도를 인류에게도 똑같이 적용시킨다면 우리는 Pan sapiens, 즉 침팬지속의 세번째 종으로 등록되어야 마땅하다. 그러나 이런 식으로 인류의 지위를 격하시키기란 언제나 쉽지 않은 일이었으므로, 혼란을 피하기 위하여 나 역시 이 경우에만은 전통을 따르려고 한다.

Homo habilis

두 가지 다른 방법으로 시행된 연대 측정의 결과 ER 1470 두개골의 임자는 지금으로부터 약 200만 년 전에 사망한 것으로 보인다. 비록 인류과(科)의 원인(原人)으로 분류되기는 했지만 이 두개골이 속해 있던 동물은 최근 들어 여러 곳에서 인류 진화의 '잃어버린 연결고리(missing link)'로 제시된 다른 유인원들과 크게 다를 것이 없다. 무엇보다도 이 유인원은 원숭이와 비슷한 모습을 하고 신장 100~130센티미터에 불과한 작은 체구에, 두 발로 서서 생활하고 걷기는 하지만 짧은 다리에 팔은 상대적으로 길다. 그러나 그 두개골만큼은 그 이전의 유인원들과 현저하게 다른 특징들을

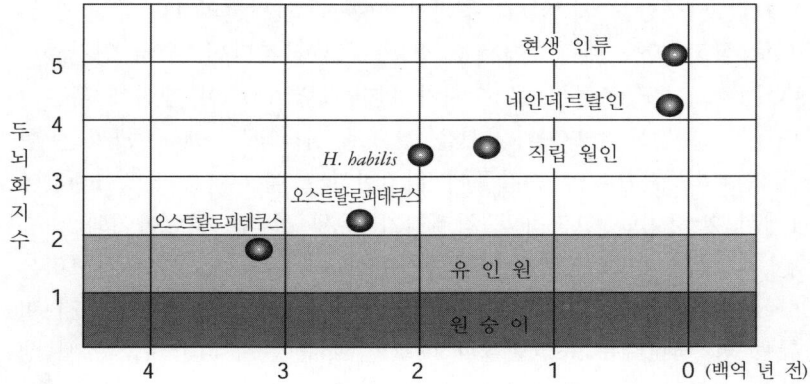

그림 14. 영장류의 두뇌화 지수
이 도표는 과거 3만여 년의 기간에 걸쳐 일어난 인류과 영장류들의 두뇌화 지수 변화 양상을 나타낸 것이다. 오스트랄로피테쿠스 원인들(*A. afarensis*와 *A. africanus*)의 두뇌화 지수는 유인원의 그것과 별반 다르지 않다. 이 수치는 *H. habilis*에서 상당히 증가해 있기는 하지만 진정한 변화는 결국 근대 인류, 즉 *H. sapiens*에 이르러서야 발견된다고 볼 수 있다. 네안데르탈인들(*H. neanderthalis*)은 현대인보다 훨씬 큰 머리를 가졌지만 이는 그들의 덩치가 워낙 컸기 때문으로 두뇌화 지수는 오히려 낮다.
(1989년 10월 14일판 『*New Scientist*』에서 발췌한 내용)

갖추고 있는데, 우선 그 용적이 동일한 시기에 동부 아프리카를 누비고 다니던 다른 유인원들보다 훨씬 큰 것으로 미루어 짐작할 때 아마도 그 뇌의 무게는 750그램 정도였을 것으로 추정된다. 반면 *Homo habilis*의 직계 조상으로 믿어지는 오스트랄로피테쿠스(역주 : 아프리카 남부에서 발견된 두 발로 보행하는 원인)를 비롯한 다른 유인원들의 뇌 무게는 평균 잡아 450그램에 불과하다[11].

 그러나 모름지기 머리의 크기는 전체 몸집 크기에 비례하게 마련이므로, 단지 어떤 동물의 두뇌가 큰지 작은지 만을 가지고 그 지능을 짐작하는 것은 자칫 오류를 범할 가능성이 높다. 이보다 더 좋은 방법은 머리와 몸집의 상대적인 크기 비율을 살펴보는 것인데, 이 비교를 통하여 두뇌화 지수(encephalization quotient), 즉

EQ 값을 구할 수가 있다. 우리가 다른 유인원들의 EQ 값을 기본으로 삼고 이를 대략 1에서 2 정도로 잡아 본다면, 우리 인간들의 EQ는 5보다도 조금 높은 수치가 된다(그림 14). 이 계산에 따른다면 약 3.3 정도의 EQ를 가졌을 것으로 짐작되는 *Homo habilis*는 현생 인류와 원숭이의 중간쯤에 위치한다고 볼 수 있다.[12] EQ값이 1에서 2 사이인 고릴라와 침팬지가 두세 살 난 어린아이와 비슷한 지능을 가지고 있다는 점을 감안할 때 *Homo habilis*의 사고력은 6~8세 된 어린이의 수준이라고 할 수 있겠다. 어쨌든 이 원시 인류는 당시의 다른 유인원들과 비교할 때 훨씬 유리한 위치에서 생존의 경주를 시작한 것만은 틀림없다.

 *H. habilis*의 두개골에서 원시적인 브로카 중추의 흔적이 발견되었다고 해서 이들이 현재 우리가 생각하는 것과 같은 형태의 언어를 사용했다고 추정하기는 어려우리라는 것이 일반적인 견해이다. 하지만 이러한 신경 구조를 갖추게 됨으로써 그들의 논리적 사고력과 기술, 그리고 다른 개체와 의사를 소통하는 능력에 그야말로 획기적인 도약이 일어났을 것은 분명하다. 이를 증명할 수 있는 근거들은 100% 확실하다고는 말하기 어렵지만, 나름대로 부인할 수 없는 설득력을 가지고 있다. ER 1470의 화석에서 떠낸 두개강 본을 잘 살펴보면 그 대뇌의 왼쪽과 오른쪽 반구가 정확하게 대칭을 이루고 있지 않음을 발견할 수 있는데, 이는 바로 '왼쪽 후두엽과 오른쪽 전두엽의 꽃잎 구조'를 나타내는 것이다. 이러한 비대칭성은 *H. habilis*가 오늘날의 인류와 마찬가지로 대부분 오른손잡이였을 가능성을 시사해 준다. 또한 이들이 어느 정도의 제한된 언어 능력을 구사했을 가능성도 추측해 봄직한데, 왜냐하면 언어 조절 중추는 오른손의 움직임을 관장하는 영역과 마찬가지로 대뇌의 왼쪽 전두엽에 위치하고 있기 때문이다. 이들이 주로 오른손을 사용했다는 사실은 그들이 만든 돌연장에서 날이 깎여진 방향을

보아도 알 수 있다. 마찬가지로, 빙하기 때 살았던 원시인들이 유럽 곳곳의 동굴 벽에 황토로 그려 놓은 벽화들 중 자신의 손을 대고 그 외형을 본 떠 그린 그림의 80%가 왼손이라는 것도 이를 증명해 준다. 이와 반대로 대뇌의 왼쪽 전두엽과 오른쪽 후두엽이 발달한 구조는 왼손잡이들의 특징이며 남성보다는 여성에게서 더 많이 나타난다[13].

다른 유인원들은 아마도 오랑우탄의 경우를 제외한다면 이처럼 비대칭적인 뇌의 구조를 가진 예가 없으며 따라서 왼손과 오른손을 거의 구별 없이 사용한다. 그러나 인류 이외의 동물 중 고래, 박쥐 그리고 새들의 행동에서도 어느 정도의 비대칭성을 관찰할 수는 있다. 이러한 현상은 비교적 복잡한 가락의 노래를 부를 수 있는 새들에게서 특히 두드러지는데, 카나리아의 수컷이 자신의 노래 솜씨를 빌어 그 유전자의 우수성을 자랑할 때 주로 사용되는 영역은 뇌의 왼쪽 반구라고 한다. 해마다 짝짓기 철이 되면 이 부분에 해당되는 카나리아의 뇌에는 많은 뉴런, 즉 신경세포들이 여러 개의 새로운 연결망을 형성하면서 부풀어 오르지만, 짝짓기 기간이 끝나고 나면 다시 원래 크기로 돌아오는 것을 볼 수 있다. 이처럼 필요에 따라 일시적으로 뇌의 일부 영역에서 새로운 네트워크를 형성하는 능력을 가리켜서 '두뇌 유연성(brain plasticity)'이라고 한다[14].

유연한 두뇌

인간이 일생을 살아가는 데 필요한 신경 세포들의 연결망을 만드는 데 필요한 설명서는 그 DNA 속에 이미 새겨져 있어, 아홉 달에 걸친 임신의 대부분 기간 동안 태아의 두뇌에서는 매분 25만 개의 새로운 뉴런이 만들어지는 엄청난 속도로 회로들이 구축되고 있다[15]. 그러나 아기가 태어난 후 주변의 자극들을 인지하기 시작하면 이 기본적인 연결 회로들 중 실제로 사용되어지는 일부만이 선택적으로 보강되면서 영역을 확장해 나가게 된다. 미국 남가주 대학교의 신경생리학자인 칼라 샤츠(Carla J. Shatz) 교수의 말을 빌리자면 "서로 부딪쳐 불꽃을 튀기는 신경세포들은 같은 회로로 묶인다."는 식이다[16]. 이 원리를 통하여 자주 사용되는 신경 회로들은 계속적으로 확장되면서 수백 개의 새로운 가지를 뻗어서 우리가 시냅스라고 부르는 연결점들을 만들어 낸다. 그 결과 일반적인 성인의 두뇌 속에는 약 1,000억 개에 이르는 뉴런들이 무려 100조가 넘는 시냅스들로 서로 연결되어 있는 회로가 만들어진다. 또 이 회로들이 때때로 다른 방식으로 새로운 연결 경로를 창출해 내는 경우의 수를 고려한다면 그 숫자는 전 우주의 모든 원자를 합친 것보다도 크다고 말 할 수 있다[17]. 실로 엄청나게 복잡한 회로가 아닐 수 없다.

그런데 인간의 두뇌 회로가 형성되는 과정은 사실 상당 부분이 유년기를 통하여 각 개인이 겪는 경험이 대뇌 피질의 신경 조직들을 섬세하게 조절함으로써 결정되는 것으로, 나이가 듦에 따라 그 유연성은 현저하게 감소한다. 예를 들어 출생 후 10년쯤 후가 되면 더 이상 새로운 뉴런이 만들어지지 않으며 이미 생겨난 시냅스들 중 거의 사용되지 않는 회로에 속하는 것은 대량으로 소실되어 없어지거나 변형된다. 인간이 여러 가지 기술을 유년기에 배우면 훨씬 쉽게 습득할 수 있는 것은 바로 이 때문이며 언어가 가장 좋은 예이다. 무슨 이유로든 유년기에 말을 배울 기회를 갖지 못한 청소년들은 그 지능이 아무리 높더라도 사춘기에 이르면 언어를 습득하는 것이 매우 어렵게 된다. 열세 살 무렵이면 언어 학습의 창이 닫힌다고 보아야 하는데, 이 이후에는 복잡한 언어 능력을 습득하는 것이 실제적으로 불가능해진다[18].

빅터와 지니

 이와 같은 현상을 실제로 증명해 주는 사례에 대한 기록이 두 가지 남아 있는데, 그 첫번째는 프랑스의 아베이론에서 발견된 야생 소년 빅터에 관한 것이다. 빅터는 열두 살이 될 때까지 다른 인간과 접촉할 기회를 전혀 갖지 못하면서 아베이론 근처의 숲에서 자라났다. 그가 18세기 후반에 발견 된 뒤 한 동정심 많은 대학교수가 5년이라는 기간 동안 그에게 말을 가르쳐 보려고 무진 애를 썼으나 빅터가 배운 말은 고작 '오 이런!'과 '우유'뿐이었다. 또 다른 사례인 캘리포니아 소녀 지니의 경우는 정신 이상인 아버지에 의하여 태어난 직후부터 거의 12년 동안 어두운 방 안에만 갇혀져 있었던 끔찍한 아동 학대의 대상으로, 바깥 세상 또는 언어를 전혀 경험해 보지 못하고 자란 경우이다. 지니의 아버지는 그 아이를 마치 개처럼 취급하여 인간의 말을 전혀 사용하지 않았으며 자신의 기분을 거슬렀을 때는 매를 때리고 개 짖는 소리를 내는 것으로 야단을 쳤다고 한다. 아이의 어머니가 증언한 바에 따르면 지니가 아버지에 의하여 방 속에 갇히게 된 때는 생후 12개월쯤이었다고 한다. 그 일이 일어나기 전까지 지니는 정상적인 발달을 보였으며 몇 마디의 말도 할 줄 아는 상태였다. 그러나 이 제한된 기간 동안 말을 배웠던 경험이 지니의 두뇌 속에 기본적인 언어 능력을 위한 회로들을 새겨 넣는 데 결정적인 역할을 하였던 모양으로, 지니는 감금에서 풀려 난 이후 곧바로 한정된 어휘로나마 말을 할 수 있었다. 그런데 중요한 것은 지니가 끝내 아주 간단한 문법조차도 습득할 수 없었다는 사실이다. 보통 어린 아이가 두 단어 이상으로 된 문장을 말하는 능력은 2~4세 무렵에 완성이 된다. 이 기간 동안 다른 인간과 접촉을 가지지 못했던 지니의 경우 매일 받던 언어 훈련이 일시적으로 멈추기만 하면 금세 이제까지 배웠던 몇 개 안 되는 어휘들마저도 잊어버리고 다시 원래 상태로 돌아가는 현상을 보였다. 신경생물학자 쟝 피엘 샹규(Jean-Pierre Changeux)는 "학습이란 이미 만들어진 뉴런의 시냅스들 중 필요한 부분을 뿌리 내리게 함과 동시에 필요 없는 부분을 제거해 버리는 작업이다.[19]"라고 말한다.

갓 태어난 아기의 뇌에서는 브로카의 언어중추가 거의 두드러져 보이지 않는 것으로 볼 때 이 부위가 성인의 두뇌에서처럼 부풀어 있는 형태를 갖추게 되려면 이후의 언어 습득과정에서 생겨나는 신경 자극의 전달과 수초들의 확장이 반드시 필요하다는 것을 알 수 있다. 마찬가지로 ER 1470의 두개강에서 발견되는 브로카 중추의 흔적 또한 이 화석이 속해 있던 개체가 그 두뇌의 유연성이 아직 유지되어졌던 기간 내에 언어와 관련된 기능을 사용했음을 증명해 준다고 보겠다.

공통의 언어

그런데 사람의 뇌에서 브로카의 언어 중추와 운동신경의 중추가 매우 밀착해 있다는 사실은 이 두 영역이 공통적으로 이전에 저장되었던 정보들을 새로 분류하고 정리하여 적절한 어휘 또는 손놀림을 사용하도록 조절하는 기능을 주로 담당하고 있으리라는 것을 시사해 준다. 아마도 이 때문에 말을 할 때면 거의 언제나 몸을 사용하는 제스처가 동반되는지도 모른다(그림 15). 또 청각 장애자들에게 수화를 가르치는 과정에서도 역시 일반적인 언어 학습의 경우와 마찬가지로 나이에 따른 제한과 습득력의 차이를 볼 수 있다고 한다. 청각 장애아와 정상적인 아동들이 서로 매우 비슷한 속도와 능력을 가지고 각기 자신들의 언어를 배우는 것은 물론이거니와, 간혹 브로카 중추가 손상된 청각 장애아의 경우에는 동일한 현상이 일반 아동에게 일어났을 때 보이는 언어 장애와 아주 흡사한 형태의 수화 기능 장애를 나타낸다[20].

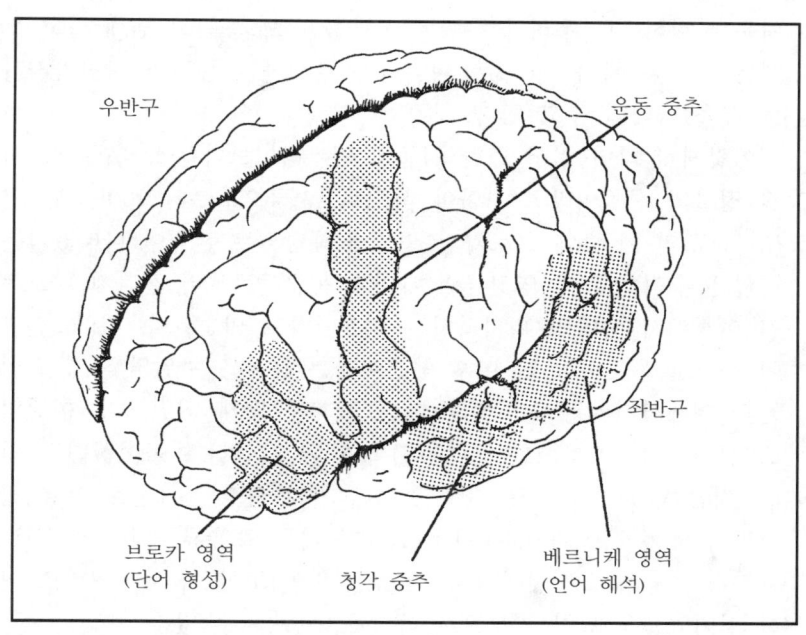

그림 15. 언어 사용에 관여하는 두뇌 영역들

　이렇게 브로카의 중추가 운동중추와 인접해 있음으로 해서 인류가 오늘날과 같은 발전을 이룰 수 있었다고 추측할 수 있기도 하지만, 또 한편 이것은 그저 단순히 지금으로부터 수백만 년 전에 우연히 발생한 두 신경세포 그룹의 만남으로부터 비롯된 산물인지도 모른다. 대부분의 유인원들이 수화 또는 컴퓨터나 단어 카드와 같은 기구를 사용해서 인간과 간단한 대화를 나눌 수 있다는 사실은 브로카 중추와 운동 중추의 연접이 이 동물들이 처음 나타난 시기인 약 1,500만 년 전에 이미 일어나 있었음을 말해 준다. 이는 또한 인간의 언어 능력과 원숭이들의 의사소통 방식은 동일한 기능이 각기 다른 수준의 완성을 이룬 것이며, 인간의 언어 능력은 본질적으로 우리가 주변의 사물들을 보고 듣고 냄새 맡고 느끼는 감각 속에 들어 있는 데이터를 분석하는 능력과 마찬가지라는 것을 나타내 주고 있다.

이렇게 본다면 언어 또한 지능의 일부라기보다는 DNA 속에 담긴 정보의 산물이라고 보아야 하므로, 지금으로부터 200만 년 전 H. babilis의 뇌 속에 브로카의 중추에 해당되는 흔적이 나타났다는 사실은 우리 인류가 영장류의 나머지 동물들로부터 갈라져 나오는 긴 여정에서 하나의 획기적인 이정표였다고 말 할 수 있다. 일단 이 구조가 생겨나고 난 이후 인간이라는 동물은 주위의 환경 요인들과 이제까지와는 판이하게 다른 관계를 맺게 되었으며, 이전의 그 어느 생물도 가 보지 못한 진화의 한 갈림길로 들어섰던 것이다. 지금 인류가 스스로 자초한 여러 가지 환경 문제들로 온통 둘러싸여 있는 시점에서, 우리는 인류가 다른 포유류들의 진화 경로로부터 성공적으로 벗어날 수 있었던 원인 또한 기후의 변화로 인한 것이었음을 묘한 기분으로 돌아보지 않을 수 없다.

지금 지구상에서 산소의 18번 동위원소가 남극과 태평양의 바다 속 퇴적층에, 그리고 탄산염들이 준(準)극지방의 해저에 축적되고 있다는 사실은 에디오피아의 오모 강에서 발견되는 약 240~330만 년 전의 지질학적 증거를 상기시켜준다[21]. 이 무렵 지구 전체는 상당히 갑작스런 기온의 강하를 겪었을 것으로 추정되는데, 이 때 이미 해수면까지 내려와 있던 남극의 만년빙은 대륙 남쪽 바다쪽으로 확장되어 나갔고 대륙 북쪽에도 만년빙이 형성되었던 것으로 보인다. 한편 다른 대륙에서도 그 땅 전체를 뒤덮는 거대한 얼음장이 해변을 따라 생겨나기 시작해서, 이 무렵 북미 대륙의 5대호 부근은 수 마일에 걸친 얼음장 아래로 사라져 가고 있었다. 이는 한마디로 말해서 이미 그 이전 3,500만 년이라는 기간 동안 서서히 지구를 옥죄어 오던 빙하기의 조짐들이 바야흐로 그 생태계 전체를 하나의 거대한 빙산 덩어리로 만들어 버리면서, 이제까지 동식물들의 삶의 터전이 되어 주던 환경을 옛 모습을 찾아 볼 수 없는 형태로 바꾸어 놓은 일이 일어났음을 의미한다. 그러나 바로 이 과정을 통하여 생물의 진화와 그 기능의 전문화에 한층 박차가 가해지는 결과를 가져 온 것도 사실이다.

직립 원인

이렇게 지구의 기온이 낮아지고 계절의 변화가 점점 예측할 수 없게 변덕스러워 지면서 아프리카 대륙 동부의 울창한 숲들은 대부분 드문드문 나무가 있는 평원 또는 초원지대로 변하게 되었다. 이처럼 주변의 갖가지 위험에 그대로 노출된 환경에서 생활하게 되면서 자신들의 생활을 보다 현명하게 계획할 수 있고 다른 개체와 언어를 사용한 의사소통이 가능하며 또 자기 방어와 사냥에 쓰이기 위한 도구를 제작할 수 있었던 유인원들이 그 생존 경쟁의 과정에서 그렇지 못한 다른 종에 비하여 엄청나게 우세한 고지를 차지할 수 있었음은 물론이다. 그런데 지금으로부터 약 200만 년 전 무렵, 자연 도태를 통한 진화의 선별 과정은 *H. habilis*의 한 변종 집단에서 생존에 훨씬 더 유리한 특징들을 발견하기에 이른다. 이후 *Homo erectus*라는 이름으로 불리우게 된 이 *H. habilis*의 후손은 여러 가지 면에서 그들의 유인원 조상에게서 발견되는 특징들을 공유하고 있기는 하였지만 더 넓어지고 평평해진 골반과 부드러운 얼굴 윤곽, 커다랗고 좌우 비대칭적인 구조를 보이는 뇌, 그리고 특히 분명하게 구분되는 브로카 중추를 가지고 있어 유인원으로부터 한 발짝 더 멀리 떨어져 나왔음을 분명하게 보여준다. 이들의 치아가 마모된 형태로 미루어 짐작하건대 *H. erectus*들은 정기적으로 고기를 먹었던 것으로 보이는데, 이는 그들의 직계 조상인 *H. habilis*의 식단이 80% 이상 식물성 음식물들로 채워져 있었고 그 나머지는 다른 육식동물들이 먹다가 버린 찌꺼기나 죽은 동물로부터 충당되었던 것에 비하면 획기적인 변화이다. 즉 H. erectus들은 명실상부한 사냥꾼이었던 것이다[22].

영장류의 경우 그 식생활 패턴이 지능과 밀접한 연관관계가 있다는 사실을 감안할 때, 급격한 기후 변동의 과정에서 인류의 조상들이 경험한 이와 같은 섭생의 변화야말로 인류의 진화 과정에서 가장 큰 이점으로 작용한 특징, 즉 이들의 두뇌가 신체의 다른 부분에 비교하여 그처럼 상대적으로 커지게 된 직접적인 원인이었을 것으로 짐작된다. 미국 남가주 버클리 주립대학교의 캐트린 밀턴(Katharine Milton) 교수에 의하면, 동일한 지역에 사는 비슷한 종류의 원숭이들 사이에도 매우 현저한 두뇌화 지수(EQ)의 차이가 존재하는데, 흥미롭게도 이 차이는 원숭이들이 무엇을 주식으로 하는가에 따라 결정된다고 한다. 예를 들면 나무의 과실을 따 먹는 검은손 거미원숭이(*Ateles geoffroyi*)는 파나마 공화국의 바로 콜로라도 섬 숲 속에서 그들과 함께 살고 있으며 비슷한 체격과 하나의 주머니로 된 위(胃)를 공통적으로 가지고 있지만 주로 나뭇잎을 따 먹는 사촌격인 *Alouatta palliata*보다 두 배나 더 큰 두뇌를 가지고 있다[23].

이처럼 식생활의 패턴에 따라 EQ 값이 차이 나는 현상은 동물 세계 전반에서 찾아 볼 수 있지만 유독 영장류에서 두드러지게 나타난다. 추측하건데 나뭇잎을 주로 먹고 사는 원숭이는 먹이를 찾아 먼 곳까지 헤매고 다닐 필요가 없으며 따라서 잘 발달된 두뇌가 없더라도 생존에 별 지장이 없는 모양이다. 반면에 과일 또는 열매를 먹는 원숭이는 그 머릿속에 자신이 사는 지역의 정확한 지도가 그려져 있어 각 계절별로 열매를 맺는 나무들이 있는 위치를 기억하고 있어야만 이 제한된 양의 먹이를 효과적으로 거두어들일 수 있을 것이다. 따라서 이렇게 까다로운 입맛을 가진 동물들은 어떻게 하면 그들이 좋아하는 열매가 열리는 나무들 사이를 가장 짧은 동선을 통해서 섭렵할 수 있는지를 터득하게 되고, 또 이제까지 가 보지 않은 먼 거리에 있는 나무에 새로운 열매가 달리는 경우, 이 먹이가 그곳까지 가는 데 소요되는 에너지를 보상하고도 남음이 있는지를 저울질하는 능력도 갖추게 된다. 다시 말하자면 이들은 행동하기에 앞서 계획을 세우고, 또 때로 그만한 가치가 있다고 생각되면 위험을 감수해 가면서 새로운 모험을 감행하기도 한다는 뜻이다. 침팬지와 오랑우탄은 둘 다 열매를 먹는 원숭이에 속하며, 아마 인류의 먼 조상들도 마찬가지였을 것으로 추측된다. 그래서 이들은 나뭇잎을 따 먹고 사는 그들의 덩치 큰 사촌, 즉 고릴라에 비하여 훨씬 큰 두뇌를 가지게 되었을 것이다.

똑똑한 두뇌 만들기

우리의 선조들이 그들의 주식을 식물에서 그 열매로, 그리고 나아가 견과류와 뿌리 등을 거쳐 마침내 육식으로 바꾸어야만 하도록 환경의 압력을 받는 과정에서 새로운 먹이를 찾기 위하여 머리를 쓰지 않으면 안 되었던 경험은 이들로 하여금 한층 더 발달된 지능을 갖추게 하여 결국 열매를 먹는 거미 원숭이와 나뭇잎을 먹는 이들의 사촌에서 볼 수 있는 사례와 같이 상대적으로 큰 두뇌를 발달시키도록 만들었다. 즉 과거 200만 년이라는 기간 동안 급격한 식생활의 변화로 인해 인류의 두뇌는 거의 2배 가량 커졌던 것이다. 이보다 더 의미심장한 것은 지난 300만 년의 기간 동안 인간의 대뇌 피질 표면적 또한 4배로 늘어나 그 면적이 2,000제곱센티미터를 육박하는 구조로 변화했는데, 이는 다른 어느 동물의 진화 과정에서도 유례를 찾아 볼 수 없는 획기적인 현상이다(침팬지의 대뇌 피질 표면적은 500제곱센티미터에 불과하다)[24].

이 밖에도 인류가 그처럼 자신만의 독특한 진화의 경로로 들어서는 데 도움을 주었던 요인들은 더 있다. 열매를 먹는 원숭이와 나뭇잎을 먹는 원숭이들이 각자의 먹이를 선택하게 된 동기는 그들의 내장 구조에서 나타나는 미세한 차이로 인하여 그 소화 능력이 다르기 때문이다. 거미 원숭이는 열매를 주식으로 하는 다른 원숭이들과 마찬가지로 먹이를 비교적 빨리 소화시켜 배설하는 반면 그 속에 포함된 에너지원을 흡수하는 효율은 섬유질이 많은 먹이를 오래 오래 소화시키는 동물들에 비해 상대적으로 낮아서, 양분이 풍부한 먹이를 자주 먹어주어야만 한다[25].

빙하기의 도래와 함께 인류과(科)의 유인원들이 즐겨 먹었던 영양가 높은 나무 열매들이 사라져 버리게 되자 인류의 조상은 숲의 나무들로부터 이파리를 따서 먹어보려 했지만 그들의 소화기관은 이 거친 섬유성의 먹이를 도저히 감당할 수가 없었다. 그런데 진화의 관점에서 본다면 위의 구조를 바꾸는 것보다는 두뇌를 바꾸는 것이 훨씬 쉬웠던 것이 분명하다. 궁지에 몰린 인류의 조상은 대신 다른 동물을 사냥하여 단백질 섭취량을 늘려 보려고 했는데, 이는 보다 크고 효율적인 두뇌를 사용하여 그들이 새로 선택한 생활 패턴에 수반되는 위험과 문제점들을 해결할 수 있었기 때문에 가능했던 일이다[26].

그러나 커다란 두뇌라는 장신구를 갖추는 것은 여러 모로 비용이 많이 드는 일이다. 커다란 머리는 첫째 임신과 출산 과정에서 모체에 많은 부담을 주고, 태어난 뒤에도 그 기능을 유지하는 데 많은 에너지가 소요된다. 더구나 똑바로 일어서서 걷게 되면서 그 척추가 감당해야 했던 부담이 이미 만만치 않았던 유인원들의 경우 여기에 커다란 두뇌의 무게까지 얹어야 한다는 것은 실로 또 하나의 위험요인을 더해 주는 모험이었다. 현재 인간의 두뇌가 무게로 차지하는 비율은 몸 전체의 2%에 불과하지만 이를 작동하고 유지시키는 데 소요되는 피의 양은 전체 순환 혈액의 16%에 달한다. 즉 두뇌는 같은 무게의 근육보다 10배가 넘는 에너지를 사용한다는 뜻이다[27]. 그러나 인류가 진화의 과정을 통하여 이처럼 성공적으로 살아남았다는 사실은 이 모든 희생을 감수하고도 그들의 커다란 두뇌가 H. habilis의 한계를 뛰어 넘는 과정에서 값으로 따질 수 없는 도움을 주었음을 명백하게 증명해 준다.

H. erectus가 처음 출현했을 때 이들은 최소한 다른 한 종류—아니 어쩌면 세 종류의 초식성 유인원들과 동일한 진화의 단계에 속해 있었다. 그러나 지금으로부터 약 100만 년 전 무렵에는 이 잡식성 유인원이 당시 지구상에 생존해 남아 있던 유일한 인류과(科)의 원인(猿人)이었는데, 이들은 이후 놀라운 속도로 지구의 반대편까지 그 영역을 확장해 나가게 된다. 따라서 인류의 조상들이 그 진화 과정에서 겪은 성공과 실패를 포함하여 오늘날 인류가 보유하고 있는 좋고 나쁜 특징들을 살펴보려면 이 H. erectus에게 먼저 눈을 돌리지 않을 수 없다. 그들의 후손인 우리가 부인할 수 없는 사실은 오늘날 현생 인류의 유전자를 구성하고 있는 DNA가 이들로부터 유래되었으며, 이들의 유전적인 성향에 의하여 인류의 과거 역사가 형성된 것은 물론 앞으로도 또한 그러할 것이라는 점이다.

늦되는 아이

이 H. erectus라는 수렵 채집인에 대해서 우리가 알고 있는 사실은 그리 많지 않지만, 그들이 남긴 뼈 화석들을 주의 깊게 살펴보면 이들이 오스트랄로피테쿠스들과 적어도 세 가지 관점에서 크게 다른 특징을 가졌음을 알 수 있다. 이 중 가장 주목 할 것은 그들의 성장 속도인데, H. erectus들은 그 이전의 원인들보다 상당히 느리게 발달한 것으로 보인다. 즉 이들은 상대적으로 매우 미숙한 상태로 출생했고 성인의 체격과 생식 능력을 갖추는 데도 보다 오랜 시간이 걸렸으리라는 것이다. 그러나 언뜻 생각하면 핸디캡으로 보이는 이 특성의 뒤편에는 그로 인한 손실을 보상하고도 남는 유익함이 있었으니, 그것은 바로 인류가 성인의 24%에 불과한 무게를 가진 미완성의 두뇌를 가지고 모태에서 나온다는 사실이다. 이 두뇌는 이후 10년여의 기간에 걸쳐 그야말로 폭발적인 발달과 부피의 증가를 경험하게 되는데, 이에 비하면 갓 태어난 침팬지의 두뇌는 그 무게가 성체의 60%에 달하고 생후 1년이면 발달이 멈춘다[28]. 이처럼 200만 년 전 H. erectus의 두뇌에 다른 유인원들보다 좀더 높은 유연성이 부여됨으로써 인류는 무한한 배움의 가능성과 한발 앞선 출발의 기회를 얻을 수 있었던 것이다. 즉 그들의 느린 성장은 결국 확장된 배움의 기회와 이로 인한 수명 연장을 통해 충분히 보상되고도 남았다고 보아야 한다.

　이 가설을 증명해 주는 근거는 인류의 치아 화석에서 찾아 볼 수 있다. 치아는 포유류의 신체 부위 중에서 가장 내구성이 높은 조직으로, 따라서 보존 상태가 좋은 화석으로 남게 된다. 또한 그 모양과 턱 뼈의 상대적 위치, 화학적 조성, 그리고 그 표면에 생긴 마모의 흔적을 보고 이들을 소유했던 생물의 생활 습관에 관하여 많은 것을 이야기해 줄 수 있다. 게다가 치아에는 에나멜의 주기적인 분비로 인하여 7~8일마다 생겨나는 레치우스의 띠(striae of Retzius)라고 불리는 나이테가 있다. 단지 나무의 나이테와 다른 점은 이 레치우스의 띠가 일종의 성장 상수(常數)와 같은 의미를 가지고 있어, 개체의 크기와 상관없이 그 동물이 죽었을 당시의 상대적인 나이를 정확히 짐작할 수 있다는 것이다. 이 사실에 근거하면 H. erectus의 아기들은 침팬지를 비롯한 다른 영장류의 새끼들보다 훨씬 미숙한 상태로 태어나고, 또한 그 신체와 생식 능력이 발달하는 데도 훨씬 오랜 기간이 걸렸음을 알 수 있다[29]. 이러한 차이점들의 복합적인 결과로 H. erectus는 성인이 된 후에도 날씬한 몸과 어린아이 같은 얼굴을 유지하며 몸에 털이 거의 없고 날카로운 이빨도 없는 독특한 특징들을 갖추게 되었던 것이다. 실제로 H. erectus는 원숭이로 치면 유아 또는 사춘기에 해당하는 시기의 신체적 특징들이 그대로 남아 있어서 머리가 몸의 다른 부분에 비하여 상대적으로 크고 또 그 중에서도 두뇌가 더욱 두드러지게 커다란, 즉 오늘날의 인류에 한 걸음 더 가까운 모습을 하고 있었다[30].

H. erectus의 또 다른 특징은 그 입천장과 후두의 구조가 다른 유인원과 달라서 음성을 훨씬 자유롭게 조절할 수 있었다는 점이다. 갓 태어난 사람의 아기는 유인원과 같은 형태의 식도와 후두를 가지고 있어 젖을 삼키면서 동시에 숨을 쉴 수 있다. 두 살 무렵 후두의 열린 부분이 보다 아래쪽으로 내려앉고 나면 이 동시작업은 더 이상 불가능해지지만, 그 대신 인후가 차지하는 공간이 넓어지면서 성대 위쪽까지 확장됨에 따라 후두에서 나오는 소리를 훨씬 자유자재로 조절할 수 있게 된다. 이는 인간의 어린아이나 침팬지에서는 볼 수 없는, 아니 포유류 전체를 통틀어서 유일하게 인간의 성인에게서만 발견되는 특징으로, 바로 여기에 인류가 음성 언어를 획득할 수 있었던 열쇠가 놓여 있는 것이다[31].

H. erectus의 낮게 위치한 후두개는 인류의 조상들이 이 때 이미 언어의 사용에 필요한 특징들을 갖추기 시작했으며, 또한 비록 그 자체로는 미미한 변화일는지 모르지만 나름대로 당시의 다른 유인원 또는 오스트랄로피테쿠스와는 비교할 수 없는 복잡한 의사소통 시스템을 가지고 있었을 것을 짐작하게 해준다[32]. 여기에 손을 사용한 몸짓 언어를 병행함으로써 H. erectus는 다른 종류의 원인(猿

人)들이 감히 따라올 수 없는 진화의 유리한 고지를 점령할 수 있었을 것이다.

태생화의 대가

그러나 모든 전문화 과정에는 치러야 할 대가가 따르게 마련으로, H. erectus에게 일어난 진화상의 변화 중 일부는 이들에게 심각한 문제를 가져왔다. 우선 이들의 아기가 보다 미숙한 상태로 태어나고 성숙하는 데도 오랜 기간이 걸리게 되자 이는 다른 동물의 공격이나 환경으로부터의 위협에 더욱 심각하게 노출되는 결과를 가져 왔으며, 또한 부모들에게는 보다 오랜 기간 이들을 보호하고 먹이를 조달해 주어야 한다는 부담이 주어지게 되었다. 신체 구조상 일어난 부작용들도 간과할 수 없는데, 인류가 태생화를 통하여 보다 크고 유연한 두뇌를 가지게 된 것은 사실이지만 그 대가로 사라진 것은 단지 거친 털만은 아니어서, 인류는 다른 유인원들의 생존에 결정적으로 필요한 힘과 스피드, 그리고 민첩성도 잃게 되었다. 예를 들어 오랑우탄의 수컷은 스모 선수와 비슷한 체구를 가졌지만 그보다 일곱 배쯤 더 힘이 세고 또한 훨씬 민첩하다(그런데도 불구하고 이들은 정말 불가피한 경우가 아니면 도무지 움직이는 법이 없다). 결국 진화 과정에서 일어난 유전 형질들의 물물교환에서 인류의 조상들이 얻어 낸 신체 구조 상의 실질적인 소득이라고 한다면 자유롭게 돌릴 수 있는 어깨뼈와 유연한 손놀림, 그리고 멀리 볼 수 있는 시력과 넓은 시야 정도가 전부이다.

어떤 면에서는 인류가 진화의 과정에서 그토록 많은 신체 기능상의 장점들을 상실하고도 변화무쌍하고 척박한 환경 요인에 맞서 멸망하지 않고 살아남았다는 것이 신기하기만 하다. 이는 단순히 잃어버린 것들에 대한 대가로 얻은 신체 구조상의 변화가 그만큼 이들에게 이로운 방면으로 작용했기 때문만은 아니다. 오히려 인류가 얻은 무기는 그 '행동' 상의 변화, 즉 엄청나게 커진 대뇌 전두엽이 소화해 내는 데이터 처리 능력으로부터 말미암은 것이었다. 물론 이 새로운 기능이 이제까지 없었던 감각기관이 새로 생겨 난 것과 같은 효과를 가져다 준 것은 아니지만, 그러고 보니 인간의 두뇌가 그 속에 입력된 정보들을 처리하는 방식은 감각 신경이 작업하는 방식과 놀랄 만큼 닮아 있다. 인류를 포함한 포유류들은 '냄새'라고 하는 막연하고 추상적인 데이터를 이들과 관련된 자료를 통해서 그들의 기억 속에 분류되어 있는 구체적인 정보와 연결시키는 능력을 가지고 있다. 즉 H. erectus는 일종의 '정보에 대한 감각'을 두뇌에 첨가시킴으로써 나무 위에서 살던 그들의 원숭이 조상이 그 큰 코와 예민한 후각을 평평한 얼굴, 그리고 앞쪽을 똑바로 바라다볼 수 있는 눈과 바꾸는 과정에서 잃어버린 생존의 무기를 보완할 수 있었던 것이다. 달리 말하자면 인류는 원숭이의 코와 후각이 없이도 그들만큼 예민하게 후각을 통한 데이터를 처리할 수 있는 두뇌 기능을 발전시킴으로써 결과적으로 원숭이의 길다란 코가 방해하지 않는 넓은 시야까지 획득한 것이다. 이 '정보를 감지하는 후각'은 이후 200만 년 동안 H. erectus로 하여금 그들이 직면하는 모든 기술적 또는 기능적 문제들을 효과적으로 해결해 주게 된다. 이처럼 스마트한 신경 기능이 그처럼 일찍 인류의 조상에게 생겨나고 또 그토록 신속하게 발달했다는 사실이 일부 독자들에게는 참으로 경이롭게 느껴질지도 모른다. 적어도 이를 가능하게 만든 대뇌 구조의 기원을 진화의 과정을 통해서 살펴보지 않는다면 말이다.

코는 알고 있다

지구상의 모든 포유류는 약 6,500만 년 전 무렵 공룡이 멸종한 것을 계기로 그 숫자가 폭발적으로 늘어난 것으로 보이는, 설치류와 비슷한 야행성 동물로부터 유래되었다. 이들은 현재 살고 있는 설치류들과 마찬가지로 주로 밤에 활동했기 때문에 고도로 발달된 후각에 의존하여 살아갔던 것으로 보인다. 그 결과 이 동물들의 대뇌 전두엽은 그 대부분이 후각을 감지하는 기능을 담당하게 되었고, 이 현상은 이후 1억 년이 지난 지금도 별로 변한 것이 없다. 그런데 영장류의 전두엽에도 설치류의 후각 중추 못지 않게 유달리 발달한 부분이 있는데, 단지 그 기능이 전혀 다른 목적을 수행하기 위하여 변형되었다는 점이 다를 뿐이다[33]. 지금의 인류를 설치류에 속하는 포유류의 조상들과 연결지어 주는 진화의 경로를 살펴본다면 과연 언제, 그리고 어떻게 이와 같은 전환이 일어났는지를 짐작해 볼 수가 있다. 현재 지구상에 살고 있는 포유류 중 벌레를 잡아먹고 사는 작은 동물들은 아직도 그 뇌의 9%에 해당하는 부위를 후각과 관련된 기능에 투자하고 있는 반면 원숭이의 조상 격이 되는 동물에서는 이 비율이 1.8%, 원숭이에서는 0.15%, 그리고 유인원의 경우는 0.07%로 줄어들어 있다. 사람의 전두엽은 다른 동물에 비하여 엄청나게 크기가 커져 있지만, 이 중 냄새를 맡는 일을 담당하는 부위는 0.01%에 불과하다[34].

인간 두뇌의 전두엽 중앙에는 전(前)전두엽 피질(prefrontal cortex)이라고 불리는 부위가 있다. 이제까지의 연구 결과들에 따르면 이 부분은 전적으로 어떤 작전을 구상한다거나 인지활동을 통하여 얻은 정보들을 제자리에 정리해 두는 역할을 담당하는 것으로 보인다[35]. 이 부위 덕택으로 인간은 동시에 두 가지 이상의 아이디어를 놓고 저울질하면서 이 중 어느 것을 선택할 것인지를 결정하는 것은 물론 이들을 종합하고 분석하여 이성적인 사고 판단을 할 수 있다. 실제로 오늘날 인류의 삶에서는 설치류의 조상들이 수많은 종류의 냄새들을 분석하고 종합하던 것과 마찬가지로 눈에 보이지 않는 추상적이고 관념적인 개념들을 인지하고 분석하고 정리하는 작업이 요구된다. 바로 이 신경 회로의 재배선(再配線)이 H. erectus로 하여금 마치 혜성처럼 지구의 먹이 피라미드에서 가장 높은 자리를 차지하고 심지어는 우주 밖으로까지 진출할 수 있게 해주었던 것이다. 이 놀라운 사건을 진화론적으로 이해하기 위하여 단지 '뾰족한 주둥이'와 '뛰어난 후각'만을 설명하면 된다는 것은 실로 멋진 일이 아닐 수 없는데, 이 후각기관은 자신의 기능을 증명이라도 하려는듯이 매일밤 내 정원에 긴주둥이 주머니쥐(Perameles nasuta)의 모습을 빌려서 나타나곤 한다.

밤마다 이 주머니쥐 친구들이 나의 어수선한 정원을 쿵쿵대며 뒤지고 다니면서 땅속에 사는 먹음직스러운 벌레들을 찾거나 여러 가지 섞인 냄새들 속에서 낮 동안 이곳을 지나갔던 동물의 페로몬을 가려내고 있을 때면, 나의 대뇌 전두엽 역시 복잡하게 얽힌 여러 가지 추상적 지식들을 정리하느라 부심하면서 '먹음직스러운' 대상들을 골라내고 이들을 '맛보며' 그에 대한 '반응'을 나타내느라 바쁘게 움직이고 있다. 아마도 6,500만 년 전 느닷없이 혜성이 지구를 강타하던 바로 그 순간에도 포유류의 설치류 조상들은 공룡의 배설물 사이를 뒤지고 다니며 비슷한 작업을 하느라 여념이 없었을 것이다. 이들이 빠른 두뇌 회전과 뛰어난 후각 덕택으로 당시 지구 전체를 뒤흔든 재앙으로부터 살아남았기에 오늘날 수많은 종류의 포유류 후손들이 이들로부터 생겨 나올 수 있었다. 이 설치류의 전두엽은 오랜 세월이 흐른 뒤 그 크기가 늘어나고 또한 새로운 구조로 재정비되면서 오늘날 인류가 소유한 신경계의 '팔방미인', 즉 모든 정신 작용을 주관하는 동시에 근대 인간 사회의 두 가지 기둥이라고 할 수 있는 기술의 발전과 사회 구조의 확립의 주춧돌이 되는 중추로 거듭났던 것이다.

아마도 현대인들이 그 언어 습관에서 심심치 않게 후각과 관련된 은유를 사용할 때마다 우리들은 의식하지 못하는 사이에 후각

긴 주둥이 주머니쥐(*Perameles nasuta*)
이 쥐들은 그 길다란 코끝과 예민한 후각을 사용하여 땅 속에 숨어 있는 무척추동물들을 잡아 먹고 산다.

과 지능 사이의 저 오래된 연결고리를 다시 한 번 확인하고 있는지도 모른다. 예를 들면 어떤 아이디어가 '고리타분하다'든가, 수사관이 범죄의 '냄새를 맡았다' 등등, 그 예를 들자면 끝이 없을 것 같다. 만일 오랜 옛날 포유류의 설치류 조상들의 두뇌가 후각기관을 통하여 맡은 냄새들을 분류하던 작업과 추상적인 데이터를 처리하는 인간 전두엽의 역할 사이에 존재하는 이 진화상의 연결고리가 아니면, 현재 인류의 생활에서 그다지 큰 역할을 하고 있지도 않은 후각과 관련된 표현들이 이처럼 강조되고 있을 리 만무하다.

인류의 이중생활

어떤 면에서 볼 때 모든 포유류는 두 개의 서로 다른 세상에 동시에 살고 있다고 할 수 있다. 그 하나는 그들 주변의 물리적 환경을 조성하고 있는 물과 공기, 땅, 그리고 그 위의 다른 동식물을 비롯하여 인간이 보고 만지고 맛볼 수 있는 대상으로 이루어져 있다고 한다면, 다른 하나는 냄새, 소리, 온기, 그리고 복잡하게 얽힌 과거의 기억들, 공포, 그리고 희망 등으로 만들어져 있다. 그런데 실제로 동물이 살아가면서 내려야 하는 중대한 결정들— 예를 들어 언제 어느 곳에서 어떻게 먹이를 구할 것인가라든지 언제 짝짓기를 할 것인가, 자신의 영역이 침범당했을 때 맞서서 싸울 것인가 아니면 도망칠 것인가를 결정하는 일들은 주로 손으로 만질 수 없는 두번째 세상에 속한 요소들에 근거하여 판단을 내리게 된다. 인간인 우리들 역시 이 두 가지 다른 세상에 동시에 거하고 있으며 다른 포유류의 경우와 마찬가지로 보이지 않는 세상의 요소들에 의하여 그 행위를 결정한다. 인간은 잡초로 가득한 내 정원에 사는 주머니쥐의 두뇌가 그곳에 남아 있는 냄새의 흔적들을 재빠르게 분석하는 것처럼 직접적이고 신속한 방식으로 자신의 '본능(instinct)'과 의사를 주고받는다. 나 또한 내 '정보를 냄새 맡는 코'가 나의 두뇌 속에 펼쳐진 지도에 따라 내리는 지시를 무조건적으로 따를 수밖에 없다. 따라서 내가 스스로 내린 결정을 합리화하기 위하여 갖가지 이성적인 이유들을 제시한다 할지라도 결국 그것은 '동물적 본능' 그 이상도 이하도 아닌 것이다. 사실 따지고 보면 인간의 행동이 다른 동물들의 그것과 다른 점은 오직 하나, 즉 스스로 자신의 행위가 무척 이성적이고 논리적인 근거에 의하여 도출되었으며 따라서 다른 동물의 행위보다 우월하다고 믿는다는 사실 뿐이다(이 착각에 대해서는 나중에 제8장에서 좀더 자세히 설명하기로 한다).

아마도 인류의 *H. erectus* 조상들은 이처럼 스스로의 우월성을 주장하는 가설 때문에 그 머리가 혼란스러워지는 일은 거의 없었을 것이다. 복잡한 의사소통을 위한 언어능력도 없고 자신이 양단간 결정한 일이 궁극적으로 초래할 결과에 대하여 미리 심사숙고해 볼 지능도 가지지 못했던 이들은 아마도 그저 순순히 자신의 유전적 본능이 지시하는 바를 주저 없이 따랐을 것이기 때문이다. 어찌되었든 이들이 점차 과거의 기억 속에 저장된 다양한 데이터를 비교 분석해서 앞으로 다가올 일을 예측하고, 그 과정에서 생존경쟁에서 보다 유리한 위치를 확보하거나 또는 최악의 경우를 예상하고 대비책을 세울 수 있었던 능력은 진화의 저울을 전적으로 그들에게 유리한 쪽으로 돌려놓기에 충분하였다. 그 결과 마침내 이 지구 상에는 이제까지보다 훨씬 머리가 좋은 수렵 채집인의 집단, 즉 적어도 맹목적으로 표범과 대결한다거나 가뭄이 들었을 때 속수무책으로 굶어 죽기만을 기다리는 일 따위는 절대로 하지 않을 부류들이 생겨나게 되었던 것이다. 게다가 이들은 한 수 더 떠서 풍부한 상상력과 재능까지 갖춘 모험가였다.

세계로 퍼져나간 인류

지금으로부터 약 200만 년 전 *H. erectus*는 아프리카 대륙의 경계 너머로 발을 내디딘 첫번째 원인(遠人)이 되었는데, 이들은 먼저 중동지방을 거쳐서 아시아 남부로 순조롭게 뻗어 나가서 마침내는 태평양 연안에 다다른 것으로 보인다. 이처럼 긴 여정을 떠나도록 부추긴 요인은 아마도 그들이 점차 더 능력 있는 사냥꾼으로 탈바꿈한 때문이었을 것이다. 덩치 큰 짐승을 잡아먹고 사는 사냥꾼에게는 그만큼 넓은 사냥터가 필요하게 마련이고, 이 사냥꾼들은 자신들의 터전 내에 더 이상 사냥할 대상이 없어지면 그 때마다 새로운 지평으로 옮겨 가서 영토를 확장하게 된다. 이 때 일반적으로 한 세대라는 기간 동안 확장되는 영토의 크기를 대략 10킬로미터 정도로 추정한다면 H. erectus들이 동부 아프리카를 떠나서 자바에 이르는 데는 불과 2만 5천 년 정도밖에 걸리지 않았을 것이다. 진화의 시계를 통해서 볼 때 이는 그야말로 눈 깜박할 시간에 지나지 않는다. 자바에서 발견된 인류의 두개골 화석들을 최근의 고고학적 분석 방법으로 새롭게 연대 측정해 본 결과 인류의 조상들이 이 곳에 도달한 시기는 아마도 지금으로부터 160만 년 또는 180만 년 전 무렵이었을 것으로 짐작된다[36]. 만일 이렇게 측정된 연대가 이후의 분석 과정에서도 거듭 확인된다면 이 인류의 대장정은 다음 순서로 당시 언어가 사용되었는지 여부에 관련된 날카로운 질문 공세를 받게 될 것이 분명하다.

    H. erectus에 관한 일반적인 상식은 이들이 바다를 항해할 수 있는 뗏목을 만들 정도의 기술과 언어 능력을 갖추지는 못했던 것으로 믿어지고 있으므로, 따라서 이들은 아마도 자바까지 육로로 걸어서 이주해 갔을 것으로 추측된다. 일부에서는 빙하의 작용으로 해수면이 일시적으로 낮아진 틈을 타서 이들이 옮겨 갔다고 짐작하기도 하지만 실제로 빙하기의 초기에 해당되는 이 시기에 해수면을 변화시킬 만큼 대규모의 빙하 작용이 있었다는 기록은 없다. 선사 시대의 사람들이 언어를 사용했다는 증거는 주로 그들이 제작한 예술 작품이나 기호 문자 등에서 찾는 것이 보통인데, 1970년대 이전까지 발견된 선사 예술작품 중 가장 오래된 동굴 벽화와 유물들은 대부분 유럽 지역에 한정되어 발견되지만 이 중 어느 것도 4만 년 이전까지 거슬러 올라가는 것은 없고 주로 근대 인류가 살았던 유적지에 남아 있을 뿐이다. 따라서 대부분의 전문가들은 복잡한 구조를 갖춘 언어 능력이 근대 인류의 시대에 들어와서야 갖추어졌을 것으로 추정하여 그 시기와 장소를 약 4~6만 년 전 유럽으로 보고 있다.

슬픔의 언어

 그러나 언어의 탄생을 둘러싼 논란은 1960년대에 들어와 전혀 새로운 국면을 맞게 되는데, 그 계기는 이라크 북부 자그로스 산맥에서 나지막한 깊이의 무덤이 발견된 사건이었다. 건장한 네안데르탈인의 남자를 장사 지낸 이 무덤에서 발견되는 꽃가루의 흔적들은 죽은 사람을 꽃으로 가득 채워진 무덤 속에 조심스럽게 눕힌 뒤 다시 그 위에 더 많은 꽃들을 뿌려준 것을 나타내고 있다. 분석 결과 이 꽃가루들은 일곱 가지 다른 종류의 식물에서 온 것으로 나타났는데[37], 이처럼 정성을 들여서, 그리고 꽃이 가지는 상징성을 더하여 치러낸 장례 의식은 곧 죽은 자를 떠나보내는 사람들의 슬픔의 정도를 나타내는 것이다. 또한 장사를 지낸 사람들이 그 문화 속에 영적인 것을 추구하는 영역과 함께 어쩌면 사후 세계가 존재한다는 믿음까지도 가지고 있었음을 시사해 주는 증거이기도 하다. 두 가지 다른 연대 측정법으로 조사해 본 결과 이 꽃의 장례식은 아마도 지금으로부터 약 6만 년쯤 전에 치러졌을 것으로 짐작된다.

 1970년대에 들어와서는 이보다도 더 오래된 인류의 유적에서 신비주의적인 흔적이 발견된 적도 있는데, 바로 이스라엘 북부 나자렛에서 발굴된 무덤들이 그것이다. 이 유적의 나지막한 두 무덤에서는 우아한 근대 인류의 외형적 형태를 갖춘 세 구의 뼈들이 나왔는데, 한 무덤에는 젊은 여인과 어린아이의 유해가, 그리고 다른 무덤에는 십대 소년의 것으로 보이는 뼈가 묻혀져 있었다. 특히 죽었을 당시 여섯 살 가량이었던 것으로 보이는 어린아이의 뼈를 여인과 함께 묻어 준 것은 충분히 의도적인 행위로, 아마도 사후의 세계에서도 모자간의 인연을 유지할 수 있기를 바라는 마음을 나타낸 것으로 짐작된다. 다른 쪽 무덤에 있는 소년의 경우는 반듯한 자세로 눕힌 후 그 가슴을 가로질러서 사슴의 뿔을 한 개 놓아두었는데, 이 사슴의 뿔에 이빨 자국이나 다른 상처가 없는 것으로 보아 소년이 묻힌 뒤 하이에나와 같은 짐승들이 사냥한 먹이를 우연히 같은 장소에 숨긴 것은 아니라고 보인다. 또 비슷한 깊이의 땅 속에서 손으로 빚은 황토 조각도 하나 발견되었는데 그 한쪽 면에 여러 개의 평행으로 그어진 선들이 있는 것으로 미루어 보아 아마도 벽화를 그리거나 보디 페인팅에 사용되었던 염료였을 가능성이 높다. 이 장소에서 함께 발굴된 여러 개의 구멍이 뚫린 조개껍질들은 무덤이 있는 장소로부터 40킬로미터 이상 떨어진 지중해의 해변에서 가져 온 것으로 보이며 이들을 한 줄에 꿰어서 목걸이 또는 이와 비슷한 장신구를 만드는 데 쓰였던 것 같다. 이상의 유물들 속에 공통적으로 담겨진 너무나도 분명한 메시지는 이 무덤을 만든 사람들이 죽은 자를 묻는 작업을 그 어떤 정중한 의식(儀式)으로 치르고자 사체와 무덤을 정성들여 장식함으로써 삶과 죽음에 신비주의적인 의미를 부여하려고 시도했다는 점이다. 그런데 연대 측정 결과 이 무덤이 약 8~10만 년 전에 만들어진 것으로 추정됨에 따라[38] 언어의 발생시기에 대한 기존의 학설은 큰 딜레마에 빠지게 되었다.

첫번째 호주인

선사시대를 둘러싼 수수께끼 중의 하나는 호주 전 지역에서 자바 원인의 후손들 것으로 보여지는 여러 개의 두개골 화석들이 발견된다는 것이다[39]. 이 두개골들은 당시 인류의 조상들이 놀라울 만큼 먼 거리까지 퍼져 나갔을 뿐 아니라 '바다를 건너서' 이주할 능력을 갖추고 있었음을 증명해 주며, 또 동시에 이 인류의 조상들이야말로 오스트레일리아 대륙에 첫번째로 정착한 이주민이었음을 보여준다. 만일 근대 인류가 먼저 오스트레일리아 섬으로 건너가 있었다면, 앞서 이야기한 원인들이 이처럼 호주 전역으로 퍼져나갈 만큼 번성하기란 도저히 불가능했을 것이기 때문이다. 혹시라도 근대 인류가 먼저 이 대륙에 살고 있었을 경우 그들은 뒤늦게 바다를 건너온 이 원시적인 종족을 그들의 안전을 위협하는 외계인들로 취급하여, 인류 특유의 효과적이고도 인정 사정 없는 공격으로 모조리 몰살시켜 버렸을 것이 틀림없다. 자신의 영역을 지키고자 하는 맹렬한 본능은 모든 육식성 포유류에게는 필연적인 특징이며, 특히 공격하는 쪽이 피공격자보다 지능 면에서 유리한 위치에 있을 때는 그 양상이 한층 더 잔인해지게 마련이다. 만일 반대로 고인류가 먼저 대륙에 들어와 자리잡고 살고 있었다고 하더라도, 이들은 결국 나중에 건너 온 *Homo sapiens*들에 의하여 살육당하거나 살 수 없는 척박한 땅으로 밀려났을 것이다. 이는 바로 오랜 세월이 흐른 후 인류의 근대 역사에서 무장한 영국 군대와 맞닥뜨린 마오리 족 원주민들이 겪은 것과 동일한 운명이었다.

어찌되었든 오스트레일리아 대륙에 처음 살았던 것으로 보이는 고인류와 나중에 들어온 근대 인류는 신체 구조상 실로 엄청나게 다른 종족이었다. 고인류는 그 투박한 두개골의 구조로 볼 때 근대 인류의 분류학적 잣대가 미치지 않는 오래된 원인(猿人)인 것이 분명한데, 호주 국립대학교의 고고학자 앨런 쏘온 박사에 의하면 이들과 현재 호주에 사는 원주민 사이의 진화상 거리는 빙하시대의 네안데르탈인과 현대 유럽인 사이에 존재하는 거리보다도 훨씬 멀다고 한다[40]. 만일 이 두 인류 사이에 성(性)적 교류가 있었다면—인류의 특성으로 미루어 볼 때 충분히 그랬을 가능성이 있다—이는 주로 두 종족이 서로의 부락을 공격했을 때 집단적인 강간 행위의 형태로 일어났을 것이다. 이와 같은 형태의 교합(交合)이 각 집단의 외형적 특징 또는 생활 풍습을 변화시키거나 통

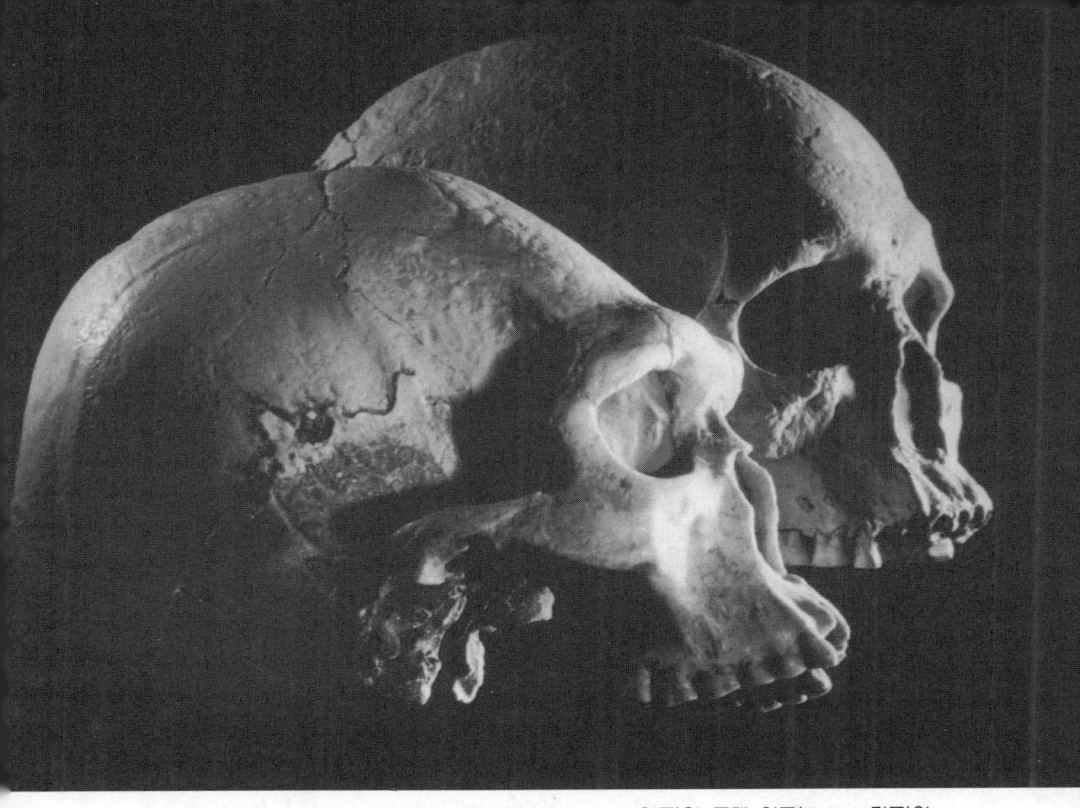

오스트레일리아 대륙에 살았던 고생 인류(Kow Swamp, 앞쪽)와 근대 인류(Kielor, 뒤쪽)의 두개골 화석들
앞쪽 두개골은 골격이 두껍고 원시적인 반면 뒤쪽 두개골은 선이 부드러운 근대 인류의 특징을 보여주고 있다. 이 두 화석은 호주 남동부에 위치한, 서로 200여 킬로미터 떨어진 두 지점에서 각각 발굴되었다. 이 두개골들은 모두 13,000년 전의 것으로 추정되며, 따라서 이 두 종류의 인류가 적어도 4~5만 년에 걸친 기간 동안 오스트레일리아 대륙에 공존하고 있었던 것으로 보인다. (캔버라에 있는 호주 국립 대학교 앨런 쏘온 박사 소장)

계적으로 의미를 부여할 정도의 유전 형질 변화를 일으키지는 않았을 것이며 단지 이들의 DNA 조성 속에 외부에서 유입된 유전자의 흔적이 남겨지는 데 그쳤으리라 추측된다. 이 고생 인류의 자취를 더듬어 볼 때 발견되는 사실들 중 가장 놀라운 것은 그들이 상당히 오랜 기간에 걸쳐 오스트레일리아 대륙에서 살았다는 점이다. 이 자바 원인 계열의 고생 인류가 마침내 대륙 동남부에서 자취를 감춘 시기는 지금으로부터 9,000년 전쯤으로 추정되는

데$^{(41)}$, 그렇다면 이들은 아마도 당시 지구상에 남아 있었던 마지막 원인이었을 것이다. 인도네시아의 자바 땅에 비교하면 형편없이 척박하고 황량한 이 대륙에서 이 *H. erectus*의 후손들이 이렇게 오랫동안 버틸 수 있었다는 사실은 그들의 놀라운 환경 적응력을 보여주는 증거이다. 더구나 이들이 근대 인류가 침입한 후에도 상당 기간 대륙에 머물러 살았던 것과 또한 처음 오스트레일리아 대륙으로 이주할 때 바다를 건너갔던 일까지 감안한다면, 이 고생 인류가 이미 상당히 높은 지능을 소유하고 있었고 또 그 구성원들 간에 효율적인 의사소통이 가능했음을 알 수 있다.

바다의 장벽

빙하기 동안 해수면이 최대로 낮아졌을 때조차도 아시아 대륙과 호주를 이어 주는 바닷속의 땅이 드러난 적은 없었다. 빙하기 때 아시아 동남부의 끝 쪽에 위치한 자바로부터 뉴기니 또는 호주 북서부로 넘어가기 위하여 이 선사시대의 모험가들은 여러 번에 걸쳐 바다를 건너야만 했을 것이다$^{(42)}$. 일단 이 지역의 해수면이 가장 낮아졌을 때인 약 14만 년 전경에 이 대장정이 시작되었다고 가정해 보자. 이 원인들이 술라웨시, 부루, 그리고 세람과 같은 섬들을 거쳐 뉴기니에 도달했거나 아니면 왈라시안 군도와 티모르 섬을 징검다리로 하여 호주로 건너간 경우 모두 그들은 수차례에 걸쳐 최소한 65킬로미터가 넘는 바다가 앞을 가로막는 상황에 부닥쳤을 것이 분명하다(그림 16). 만일 고생 인류가 사용한 것과 같은 조악한 대나무 뗏목을 타고 거친 해류로 이름난 이 지역을 항해하라고 한다면 지도와 나침반을 갖춘 현대의 보트피플들조차도 잔뜩 겁을 먹을 것이다. 바다를 건너는 뗏목을 만들 수 있었던 기술과 항해술을 차치하고라도, 직립원인과 언어라는 도구를 통하여 구성원들 사이에 긴밀한 협동 체계가 성립되어 있지 않았다면 이

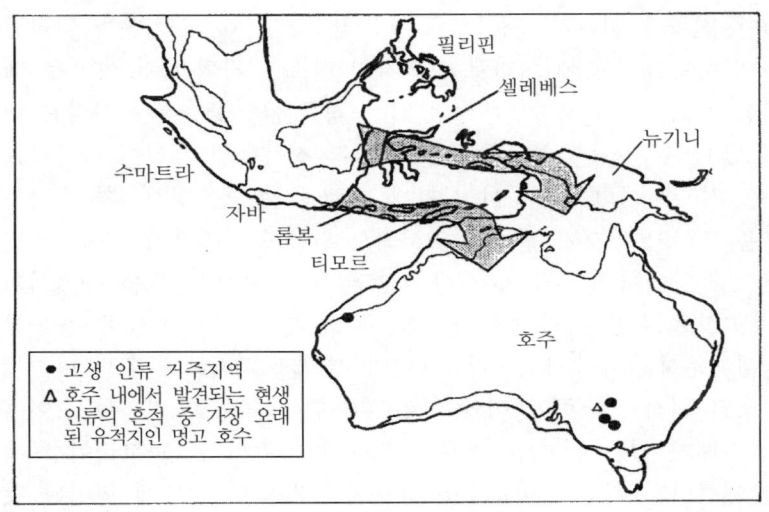

그림 16. 호주로 건너간 선사시대의 이주 경로 추정도

와 같은 모험은 절대로 성공할 수 없었을 것이다. 이 모든 정황으로 미루어 볼 때 처음으로 본격적인 언어를 사용한 공적은 이후의 H. sapiens가 아니라 H. erectus에게 돌리는 것이 마땅하다고 본다.

탄소-꽃가루층의 비밀

고생 인류가 호주 대륙에 상륙한 시기는 정확하게 알 수 없지만 아무튼 상당히 오래 전일 것으로 추정되는데, 이를 뒷받침해 주는 증거는 지금은 흔적만 남아 있는 호수인 호주 남동쪽의 레이크 죠지 퇴적층에서 발견된다. 이 퇴적층 속에 포함되어 있는 탄소 입자(주로 주변 지역에 산불이 일어났을 때 생겨난 재에서 나온다)와 꽃가루의 비율을 분석해 보면, 그 맨 위층은 유칼립투스와 같이 산불에 잘 견디는 식물들이 대부분인 현재 호주 생태계의 특징을 그대로 나타내고 있다. 이 양상은 더 아래쪽으로 내려가도 별반 변화가 없다가, 지금으로부터 약 12만 5천 년 전에 퇴적된 것으로 보이는 층에 다다르면 갑자기 탄소 입자의 함유율이 두 배 이상 감소하면서 유칼립투스와 같은 식물들의 꽃가루는 사라져 버리고, 대신 서늘한 습지에서 잘 자라는 식물들의 흔적이 나타나는 것을 볼 수 있다. 바로 이 시기에 호주에서는 한 빙하기가 끝나고 다음 빙하기가 오기 전까지 일시적으로 온화한 기후가 지속되었던 것으로 알려져 있는데, 온화한 기후는 그 지역의 습도를 증가시키는 역할을 한다는 사실을 생각할 때 왜 당시 그처럼 많은 들불이 발생했는지는 수수께끼이다. 그런데 레이크 죠지보다 훨씬 나중에 형성된 퇴적층들 중에 이와 아주 흡사한 식물상의 변화를 보여주는 사례가 있는데, 이는 바로 유럽에서 이주해 온 농부들이 토지를 개간하기 위하여 마구잡이로 들불을 놓았던 시기에 형성된 것이다[43].

전문 용어로는 이를 가리켜서 '탄소 – 꽃가루층(carbon-pollen horizen)'이라고 하는데, 이 현상은 케인즈와 타운즈빌 동쪽의 대륙붕 두 곳에서 파낸 흙기둥 속에도 분명하게 나타나 있다. 이 중 북쪽에서 채취한 흙기둥의 탄소층은 약 13만 년 전경에 형성된 것으로 레이크 죠지의 탄소층보다 더 오래 되었으며, 이보다도 더 이전으로 거슬러 올라가는 탄소층이 최근 인도네시아 롬복 섬 근해의 바다 밑에서 채취한 흙기둥 속에서도 발견되었다. 이를 근거로 호주 대륙에서 이 탄소층들이 본격적으로 형성되던 시기를 대략 20만 년 전쯤으로 잡는데, 이는 공교롭게도 퇴적층 속 꽃가루의 종류가 숲에서 자라는 식물에서 초원 식물로 바뀌는 시기와 일치한다[44].

이처럼 단순히 우연이라고 보기에는 어려운 탄소층과 꽃가루층의 중복된 변화, 그리고 이러한 현상이 시간이 지남에 따라 점차 대륙의 남쪽으로 확산되어 갔다는 사실을 종합해 볼 때 떠오르는 가장 간단한—아니 가능성이 있는 오직 한 가지 가설은, 이 시기에 선사시대의 수렵 채집인들이 그들의 화전(火田)농법을 확장시켜 나가고 있었다는 것이다. 이로부터 수천 수만 년이 지난 뒤 호주 땅에 들어온 근대 인류 또한 이 원시적인 농법을 그대로 답습한 것을 우리는 잘 알고 있다. 고생 인류들이 농경지를 개간하기 위해 불을 사용할 만큼 발달된 지능을 가지고 있었다는 사실을 믿기 어려워하는 사람들이 있다면 이는 그들의 능력을 절대적으로 과소평가한 것이다. 불화덕을 만드는 데 사용된 돌과 불에 그슬린 동물 뼈와 같은 유적들이 이미 40만 년 전부터 아프리카와 아시아, 그리고 유럽의 각 지역에서 불이 일상 생활에 사용되고 있었음을 증명해 주기 때문이다. 심지어 프랑스의 한 동굴 유적에서는 이보다 두 배나 더 오래된 것으로 보이는 화덕이 발견된 적도 있으며, 아주 확실한 증거는 아니지만 이보다 200만 년 전에 이미 인류가 불을 사용한 흔적을 동아프리카 투르카나 호수 근처의 유적에서 찾아 볼 수 있다. 무엇보다도 선사시대 때 호주로 건너간 이 고생 인류들이 그 이주 과정에서 보여준 능력을 생각한다면 이들이 불을 자유자재로 사용했다고 해서 그다지 놀라울 것은 없다[45].

호주에 살았던 인류의 조상들이 자바로부터 발원해 왔음을 증명해 주는 징검다리가 최근 자바에서 동쪽으로 700여 킬로미터 떨어진 플로레스 섬에서 발굴되었다[46]. 고고인류학자 마이크 모어우드(Mike Morewood)를 비롯한 호주와 인도네시아의 합동 연구팀은 이 섬의 오래 된 호수 근처 사암층으로부터 십여 개가 넘는 석기 유물들을 찾아냈다. 그런데 이 석기 유물이 발견된 층은 두 개의 화산재 층 사이에 끼어 있었기 때문에 그 시기를 아주 쉽게 알아 낼 수 있었다. 이 화산재 층들은 각기 80만 년 전과 88만 년 전에 형성된 것으로, 그러니까 인류는 이 두 차례에 걸친 화산 폭발 사이의 휴지기 동안 이 지역에 살았던 것으로 보인다. 왈레시안 군도 화산대의 일부인 플로레스 섬은 지구 역사상 단 한 번도 자바와 직접 연결되었던 적이 없으므로, 자바에서 이곳으로 오려면 적어도 세 개의 바다를 건너야 하는데, 이 중 가장 넓은 바다는 해수면이 최저치를 기록했을 때라도 그 폭이 20킬로미터가 넘었을 것이다.

이제까지 이야기한 모든 데이터를 종합해 보면 네 개의 서로 맞물리는 결론이 만들어진다 : 첫째, 이 연장들은 H. erectus의 부류에 속하는 고생 인류에 의하여 만들어졌다. 둘째, 이들은 또한 제법 근사한 배를 만들 수 있는 능력과 바다를 헤쳐 나가기에 충분한 항해술을 가지고 있었다. 셋째, 그러니까 이들은 복잡한 언어를 구사하는 능력이 있었을 것이다. 넷째, 이들은 지금으로부터 80만 년도 더 전에 이미 인도네시아 군도의 동쪽을 향하여 적극적으로 모험여행을 시도하기 시작하였다.

이들이 이후 70만 년 이내에 마침내 호주에 도달할 수 있었던 것은 조금도 놀라울 것이 없다. 아니 오히려 그들이 성공하지 못했다면 이상한 일일 것이다.

도마뱀들

호주는 화석을 연구하는 사람들에게는 그다지 반가운 땅이 못된다. 이 대륙의 오래 되고 바짝 마른 평원은 이렇다할 지형지물이 별로 없으며, 그 속에 묻혀 있는 몇 개 안 되는 뼈들 또한 보존이 잘 되었다고 보기는 어렵기 때문이다. 그런데 호주에 남아 있는 화석이 적은 또 하나의 이유는 대륙 전체에 걸쳐 죽은 짐승을 먹고 사는 동물이 유난히도 많기 때문이다. 고생대부터 이 땅에 거주해 온 것으로 보이는 이 쓰레기 처리자들 중 대표적인 예는 타즈마니아의 악마(*Sarcophilus harrisii*)와 메갈라니아(*Megalania prisca*)

같은 거대한 도마뱀들이다. 아마 이 두 종류만으로도 호주의 모든 동물 시체들을 땅에 묻혀 화석화될 틈이 없이 먹어 버리기에 충분했을 것이다. 이 고생대의 도마뱀 중에는 그 크기가 7미터에 이르고 무게가 600킬로그램에 달했던 종류들도 허다하다[47]. 현재 코모도 섬과 롬복 섬에 자생하고 있으며 사람을 잡아먹는다고 하여 공포의 대상인 코모도 도마뱀(*Varanus komodoensis*)의 조상들은 지금보다 열 배나 더 큰 덩치를 가지고 있었을 것으로 추정된다.

타즈마니아의 악마는 이보다는 훨씬 크기가 작아서 사람이 겁을 낼 정도는 아니지만, 이들이야말로 투철한 직업의식에 불타는 사체 사냥꾼들이어서 죽은 동물 전체―그러니까 그 살은 물론 털과 껍데기, 뼈까지 모두 먹어치우는 습성을 가지고 있다. 선사시대 때 대륙 전체를 누비던 이 도마뱀들은 지금으로부터 약 4,000년 전 무렵 들개들이 섬으로 들어 온 후에 그 수가 줄어들기 시작했다. 이들이 지금도 살고 있는 타즈마니아 지역에서는 그야말로 모든 동물의 사체들이 땅 속에 묻혀 화석화될 기회란 전혀 없었다. 따라서 호주 대륙에서 인류의 조상 화석이 거의 발견되지 않는다고 하여 현재의 원주민들 이전에 이 땅에 본격적으로 사람이 산 적이 없다고 단정지어서는 안 된다.

물론 호주에도 원시 인류의 자취일 가능성이 있는 다른 흔적들―예를 들어 바위에 새겨진 문양이라든지 석기 연장 등은 많이 있지만, 그러나 돌로 만들어진 유물들은 그 정확한 연대를 측정하기가 어려운 것으로 유명하다. 따라서 호주 대륙 곳곳에서 정교한 암석 조각이 발견되고 발에 채일 만큼 흔하게 타제(打製) 석기들이 돌아다닌다 해도, 사람들은 이를 현재 살고 있는 마오리 족 원주민의 작품으로 치부해 버리고 만다. 이 중에 분명히 고생 인류의 손으로 만들어진 유물들이 포함되어 있으련만, 이를 과학적으로 증명할 수 있는 방법이 고안되기 전까지는 수수께끼를 풀 방도

코모도 도마뱀(*Varanus komodoensis*)
이 종류의 도마뱀들은 원래 죽은 동물을 주로 먹지만 가까이 다가오는 생물을 무엇이든지 공격한다. 지금은 멸종한 이들의 친척뻘인 메갈라니아 도마뱀(*Megalanis prisca*)은 코모도 도마뱀보다 열 배나 더 커다란 몸집을 가졌던 것으로 추정된다.

가 없는 것이 유감스러울 뿐이다.

호주에 남아 있는 인류의 화석으로 그 연대가 비교적 정확하게 측정된 것 중에서 가장 오래된 뼈는 호주 남동부의 멍고 호수에서 발견된 *Homo sapiens*의 두개골인데, 이는 현생 인류가 약 3만 2천 년 전쯤에 이 대륙으로 들어왔음을 말해 준다. 그러나 앞서 말했듯이 이들은 말하자면 침략자이지 개척자는 아니다. 레이크 죠지의 탄소층은 고생 인류가 *Homo sapiens*보다 9만 3천 년 전 이미 이곳에 살고 있었음을 말해 주고 있으며, 또한 우리는 빅토리아 근처에서 발견된 유적을 통해서 이들이 지구상 어느 고생 인류들보다도 더 나중까지—구체적으로는 지금으로부터 약 9만 년 전경까

호주 중부지역에서 발견된 석기 유물들
호주 전역에서는 이와 같은 석기들과 돌조각이 수없이 발견되지만 불행하게도 이들이 현재 살고 있는 원주민들, 또는 그들의 직계 조상의 작품인지, 아니면 그보다 더 오래 전에 살았던 인류의 것인지를 구별할 수 있는 방법은 없다.

멍고 호수의 조개 무덤
지금으로부터 약 3만 2천 년 전의 것으로 보이는 이 유적에서는 모닥불을 피운 흔적과 조개껍질, 그리고 약간의 석기들이 발견되어 동남아에서 가장 오래된 석기시대의 유적지로 꼽힌다. 이 호수는 지금은 말라서 흔적만 남아 있지만 이곳이 석기시대 인류들의 거주지였던 시절에는 풍부한 어족과 물새들이 살고 있었을 것으로 짐작된다.

지 이곳에 남아 있었다는 것을 알고 있다[48]. 다만 무엇이 이 고생인류들을 사라지게 했는지는 미지수이다. 어쩌면 이들은 빙하기 이후의 극심한 기후 변동과 사막화에 적응하지 못했거나, 혹은 멍고 호수에 살았던 다른 인류—즉 현재 호주 원주민들의 직계 조상으로 추정되는 머리가 크고 지능이 발달한 현생 인류에게 밀려났을 수도 있다. 그러나 확실한 것 몇 가지는 첫째, 호주 대륙의 첫번째 주인들은 매우 모험심이 강했던 종족으로 불을 포함한 도구와 기술을 사용할 줄 알았으며, 둘째, 비록 그들이 현생 인류의 조상은 아니었고 그들의 지적 수준을 짐작하게 해줄 만한 아무런 유적도 남기지 않았지만, 바다를 건너는 험난한 여정을 이겨낸 사실만으로도 그들이 언어를 사용했을 것은 의심의 여지가 없다는 점이다.

X 인자

도대체 무엇이 200만 년 전 *Homo erectus*들로 하여금 아프리카에 있는 그들의 보금자리를 떠나도록 만들었는지, 또 무엇이 이후 그들의 후예로 하여금 오스트레일리아 해(海)를 건너가게 했는지를 정확하게 밝혀 낼 길은 없다. 그러나 그들의 유전자는 오늘날 우리들 속에도 존재하고 있으므로, 이 인류의 조상들을 부추긴 유전자의 명령이 지금도 인류를 자극하고 있다고 보아도 큰 무리는 없을 것이다. *H. erectus*들이 거친 바다를 건너 간 것에 버금가는 모험들은 지금도 꾸준히 실천되고 있어서, 사람들은 높은 산을 오르고 깊은 바닷속을 탐험하며 미세한 분자의 세계와 미생물, 그리고 나노테크놀러지 속으로 파고드는가 하면 한편으로는 그 눈을 지구 밖으로 돌려 우주 공간에서 우리의 발생 근원을 찾느라 여념이 없다. 이 모두는 인류가 언어로 의사소통을 할 수 있고 도구를 만들 줄 알며, 현재 일어나고 있지 않은 일들과 상황까지도 상상하고 판단할 수 있기 때문에 가능한 것이다. 그러나 여기에 또 하나의, 그리고 우리가 그 존재를 잘 알아차리지 못하는 요소가 존재하고 있어 인류가 가진 재능들을 더욱 활성화시키는 한편 이들이 서로 조화롭게 협력하여 놀라운 일들을 이룰 수 있도록 도와주고 있는데, 이는 바로 우리가 감지하는 모든 대상에게 상상을 통한 '특별함'을 부여하는 능력이다. 이러한 관점에서 볼 때 인류는 구제 불능의 신비주의자들이라고 할 수 있다. 이와 비슷한 경향은 유인원에게서도 어느 정도 발견되지만, 인간의 경우는 이 신비주의적 성향이 언어의 사용을 통하여 더욱 명확해지고 확대되어진 나머지 결국 인간이 추구하는 모든 행위의 원동력이 되고 인간관계를 규정지어 주며, 종교와 신앙, 그리고 심지어는 한 나라를 세우거나 또는 분열시키는 힘으로 작용하게 되었다. 또 바로 이 신비주의적 성향 덕분에 사람들은 때때로 냉철한 두뇌로부터 자신을 분리시킬 수 있는데, 그 결과 사랑에 빠지거나 스스로를 희생하기도 하지만 또 한편 '인종 청소' 같은 끔찍한 일을 저지르고 유령, 점성술, 외계인 등의 존재를 맹목적으로 믿게 되는 수도 있다. 결국 인류의 유전적 본질의 일부로 내재되어 있는 이 알 수 없는 'X 인자'로 인하여 인류는 지구상에서 가장 강한 생물인 동시에 또한 가장 속아 넘어가기 쉬운 존재이기도 한 것이다. 그러면 이 책의 나머지 부분들을 통하여 이 신기한 'X 인자'에 대해서 좀더 알아보기로 하자.

제 4 장
농경 사회로의 전환

문명의 흐름이 바뀌다

처음에는 보잘것없는 존재로 진화의 경주를 시작한 인류가 결국 지구 생태계라는 무대에 진출한 그 어느 생물보다도 두려운 존재로 성장한 것은 많은 사람들이 생각하는 것처럼 필연적이었는지는 모르지만 결코 쉬운 여정이었다고는 할 수 없다. 이들이 생존 투쟁을 벌여 온 과거 200만 년이라는 세월 동안, 그 삶은 언제나 고난으로 가득 찬 것이었고 수명 또한 매우 짧았다. 지금으로부터 1만여 년 전 인류가 농사짓는 법을 터득하게 된 기념비적인 사건도 결국은 이들에게 또 다른 역경과 새로운 질병들을 가져다 주었을 뿐이다. 그러나 인류의 문화가 농경 사회로 전환하고 뒤이어 산업과 무역이 번성하는 과정에서 이들에게 강요된 행동상의 변화들은 인류의 진화 과정에서 주목할 만한 분수령을 이룬 것은 물론이고 궁극적으로는 지구상의 다른 모든 생물체들에게도 획기적인 이정표를 제공하게 되었다. 그런데 이 모든 사건들은 진화의 전 과정을 하루 24시간으로 환산한다면 지금으로부터 겨우 일 분쯤 전에 일어난 것이다.

지금으로부터 약 1만 2천 년 전 인류가 먹이를 구하던 방식은

호주 서부 킴벌리 산 정상에 있는 사냥꾼의 동굴
이 동굴의 안쪽 벽들은 석기시대 사냥꾼들이 다가올 사냥에 대비하여 그들의 도끼 날을 대고 갈아서 만들어진 홈들로 빈틈없이 뒤덮여 있다.

좋게 표현해서 '의도적인 기회주의자', 또는 수렵 채집인으로서의 '성공적인 전략'이라고 할 수 있다. 이 수렵 채집인들은 까마득히 오랜 옛날부터 전해져 내려온 사냥의 기술과 몇 개 안 되는 원시적인 도구들, 그리고 주변 환경에 대한 풍부한 지식으로 무장하고 경우에 따라서는 20세기까지도 훌륭하게 버티어 왔다. 그러나 사슴으로 하여금 새끼를 더 많이 낳게 하거나 무화과나무가 더 많은 열매를 맺도록 만들고, 혹은 초원에 풀이 더욱 무성하게 자라도록 하는 것은 이 수렵 채집인들의 능력 밖에 있는 일들이었다.

이 문제들을 해결하기 위한 방안으로 인류는 곡식을 비롯한 먹을 수 있는 식물의 씨를 뿌려 기르고, 먹이감이 될 만한 동물들을 잡아다가 우리에 가두어 사육하며, 마르지 않는 물 근처에 삶의 터전을 마련하기 시작했다. 그 결과 얻어진 이득은 그야말로 획기적인 것이어서, 이후 이들은 더 이상 위험한 맹수나 사나운 이웃 부족으로부터의 위협에 신경을 쓸 필요가 없었고 식량의 생산량을 조절할 수 있게 되었으며 또 남은 식량을 비축해 두는 법도 터득하게 되었다. 그러나 이 새로운 생활 방식이 가져 온 부작용은 좀 더 미묘하여 그 영향은 오랜 세월이 흐른 뒤에야 포착되었다. 즉 인류가 먹는 음식물은 이제 더 이상 예전처럼 다양한 식단을 형성하지 못하고 그들이 재배하거나 기르는 몇 가지 대상에 한정되었으며, 또 수렵 채집인 시절 반유목민의 생활을 하던 때보다 현저하게 활동량이 줄어들었다. 실제로 그리스나 터키 지역에서 발견되는, 인류가 농경 사회의 생활방식에 막 젖어들기 시작하던 6,000년~1만 년 전 무렵의 뼈 화석들은, 이 무렵 사람들의 신장이 급격하게 감소한 것은 물론이고 힘과 스태미너도 줄어 든 것을 보여준다. 또 뼈의 구성 성분을 조사해 보면 이때부터 여러 가지 퇴행성 질환들이 만연하기 시작한 것을 알 수 있다.

경제적 안정과 건강

지금으로부터 1만 4천 년 전 무렵 지구에 마지막 빙하기가 도래했을 당시 인류의 평균 신장은 성인 남자의 경우 178센티미터, 그리고 여자의 경우는 168센티미터였을 것으로 추정된다. 그러나 6,000년 전경에는 이것이 각각 160센티미터와 153센티미터로 줄어들었다[1]. 이렇게 급격히 인류의 체격이 작아진 것은 농경의 시작과 때를 같이 하고 있으며, 이 때 줄어든 신장은 최근 200여 년 동안에야 비로소 회복되는 경향을 보였다. 그러나 어찌되었든 농경의 시작이 인류, 특히 힘없는 어린아이들에게 보다 확실한 식량의 공급과 사나운 맹수들로부터의 보호를 보장해 주었던 것만은 부인할 수 없다.

인류 최초의 농경 사회는 지중해 동쪽 연안에서 처음 시작되어 이후 서서히 유럽과 아시아로 퍼져 나간 것으로 짐작된다. 지역에 따라 문화와 기후의 차이에 힘입어 독특한 산물과 기술이 생산된 곳에서는 이를 서로 교역하기도 했는데, 이런 물물교환은 당시의 인류 사회에서 상당히 보편적으로 일어났던 것 같다. 호주 원주민 부족 사이에 서로의 특산물과 기술을 교환하는 관습이 있는 것을 보아도 알 수 있듯이, 물물교환은 아마 인류의 초창기부터 그 삶의 일부였을 것으로 추측된다. 실제로 선사시대의 부족들이 각종 도구와 장신구, 그리고 토탄 등을 활발하게 교류한 흔적들은 호주 전 지역에 걸쳐서 흔하게 발견된다. 인류가 한곳에 정착하여 살기 시작하면서 무역의 중요성은 더욱 강조되었는데, 이 무렵부터 이들은 필요한 물건과 맞바꾸기 위하여 자신들에게 남아도는 생산물을 일부러 더 많이 만들어 내기도 했을 것으로 짐작된다.

그런데 어쩌면 별로 중요하지 않게 보일 수 있는 이 생활 패턴상의 차이가 동물 행동학적인 측면에서 볼 때는 실로 기념비적인 문화의 변혁을 가져왔다. 농경 사회가 자리를 잡고 나자 *Homo sapiens*들은 기회가 있을 때마다 손에 닿는 먹이는 무엇이든 가리지 않고 먹어대던 잡식성 동물에서 자신들이 직접 기르고 재배한 고기와 곡식, 나뭇잎 등을 원할 때만 섭취하는 존재로 변했고, 또한 생존을 위하여 쉬지 않고 떠돌아 다녀야 했던 유목 생활을 벗어나 한곳에 정착하여 살면서 재산을 모을 수 있게 되었던 것이다.

진화의 역사에서 별다른 신체 외형상의 변화가 없이 이처럼 혁신적인 행동상의 변이가 일어난 사례는 다른 생물의 경우에서는 전혀 찾아 볼 수 없다. 인류는 환경 요인의 압력과 이에 대응하기 위한 유전자 조성의 변화를 통하여 긴 세월에 걸쳐서 아주 천천히 진화하는 대신에, 오로지 그 행동 양식을 변화시키는 것만으로 이처럼 신속한 변혁을 이룰 수 있었던 것이다[이 과정을 일컫는 학술 용어는 '문화 혁명(cultural revolution)'이다]. 즉 다시 말해서 인류는 불과 수천 년이라는 짧은 기간 동안, 전혀 새로운 종의 동물로 다시 태어난 것이나 다름이 없다.

지식의 전달

최근까지도 새로운 행동 패턴을 학습하는 능력은 커다란 두뇌를 가졌고 또 이 두뇌의 기능이 사춘기 이전까지는 유연하게 남아있는 인류에게 한정된 것으로 믿어져 왔다. 그러나 인간이 독점하고 있는 것처럼 보이는 다른 형질들이 대부분 그러하듯이, 새로운 것을 학습하고 이 지식을 다른 개체에게 전달하는 능력 또한 동물세계의 다른 구성원들에게서도 흔히 발견된다. 영장류는 물론 몇몇 바다에 사는 포유동물, 그리고 심지어는 새들조차도 자신이 배운 것을 유전물질을 통하지 않고 직접 다음 세대에게 가르쳐 줄 수가 있다. 그 좋은 예는 일본의 한 작은 섬에 살았던 '이모'라는 이름의 짧은 꼬리 원숭이다. 1953년 이모는 관광객들이 바닷가에 놓아주는 감자나 과일에 묻은 모래를 물로 씻어서 없애는 방법을 터득했는데, 다음해인 1954년에는 한 줌의 쌀을 물 속에 넣고 흔들어서 모래를 가라앉게 한 뒤 떠오르는 낱알을 건져내는 재주도 터득했다. 다른 원숭이들 역시 이모의 행동을 보고 따라 하다가 이 방법을 배우게 되었고, 이후 10년도 채 안되는 기간 동안 이 새로운 행동은 주변의 섬에 사는 다른 원숭이 부족에게까지도 퍼져 나갔다[2]. 만일 언어라는 도구가 이 짧은 꼬리 원숭이들의 세심한 관찰력에 더해질 수 있었다면 그 확산 속도는 훨씬 더 빨랐을 것이다. 언어를 구사하는 인류의 경우는 이러한 세대간의 지식 전달이 너무도 신속하게 일어나기 때문에, 지금은 바로 이 '전달 과정' 그 자체를 인류가 소유한 재능 중에서 가장 소중한 자산으로 꼽고 있다.

맬서스의 법칙

그런데 인류의 조상들은 이 '언어를 통한 지식 전달'이라는 멋진 기술을 받아들일 때, 불행하게도 이 신상품에 따라온 설명서에 적혀 있던 깨알같이 작은 글씨를 꼼꼼하게 살펴보지 않았던 모양이다. 그러나 이 과실이 초래한 결과는 이후 1만여 년이 지날 때까지도 드러나지 않고 잘 숨겨져 있었다. 영국의 경제학자이자 목회자였던 토머스 로버트 맬서스(Thomas Robert Malthus)는 1798년 이런 말을 남겼다 :

……그래서 아마도 다음 두 가지 가정이 성립된다고 본다. 그 첫째는 식량이 인류의 생존에 필요하다는 것이다. 둘째는 이성 간에 생겨나는 성적 욕망 또한 인류의 생존에 필요한데, 이 두번째 요소는 앞으로도 언제까지나 지금의 수준에서 달라지지 않으리라는 점이다.

따라서 이 두 가정이 모두 참이라고 한다면, 인구의 증가는 결국 지구가 인류를 부양할 수 있는 능력을 훨씬 넘을 때까지 계속 될 것이다.

만일 아무런 제약이 없이 방치될 경우 인구는 기하급수적으로 늘어나지만 이들을 먹여 살릴 식량은 오직 산술적으로 증가할 뿐이다. 수학에 대하여 조금이라도 아는 사람이면 이 두 형태의 증가 사이에 얼마나 큰 격차가 벌어질 수 있는지를 쉽게 파악할 것이다…….

생태계에서 자연은 후한 인심과 방임하는 손으로 온갖 동식물의 종자를 뿌려 두었지만, 이들의 생존을 지탱해 줄 먹이나 양분에 관해서는 매우 인색한 편이다. 만일 지금 이 자리에 하나의 세균이 떨어져서 양분과 공간을 무제한 제공받으며 번식한다면, 불과 수천 년 안에 이것은 수백만 개의 지구를 채우고도 남을 양으로 자라날 것이다. 그러나 자연의 냉혹한 법칙에 따라 이들에게 허락되는 자원은 지구가 보유한 한정된 양뿐이다. 결국 이 상위에 있는 제한 요소에 의하여 동물과 식물의 모든 군집들은 일정한 수준을 넘으면 그 수적 증가가 수그러들 수밖에 없다. 인간 또한 제아무리 이성적인 존재라고 하더라도 이 법칙에서 예외는 아니다[3].

이 글에는 인류가 직면한 위험이 더 이상 명료하기를 바랄 수 없게 서술되어 있다. 맬서스의 주장은 영국 성공회와 가톨릭교회, 찰스 다윈, 그리고 심지어는 카를 마르크스(Karl Marx)를 포함하는 다양한 집단으로부터 찬성 또는 반대를 표명하는 지대한 관심을 불러일으켰으며, 영국은 물론 유럽 전역의 학계와 사회 전반에서 열띤 토론의 대상이 되었다[4].

그러나 맬서스 이전에도 이와 비슷한 경고를 한 사람이 있었는데 그 역시 성직자로 덴마크의 핀 섬에 살았던 오토 디트리히 뤼트켄(Otto Diederich Lütken)이다. 뤼트켄의 주장은 그가 맬서스보다 정확히 40년 앞서 발표한 논문에 잘 나타나 있다 :

> 모름지기 지구의 표면적은 한정된 것으로 그 위에서 생활하는 동식물들의 숫자에 비례해서 늘어나 주지 않으며, 그렇다고 해서 지구 대신 옮겨 가 살 만한 다른 행성도 아직은 발견되지 않았다. 지구의 생산력에는 분명히 한계가 있는 반면 앞으로 인간의 욕망이 지금보다 줄어들 기미는 보이지 않으며 모두들 지금 배당받는 양의 '과일'을 계속 얻겠다고 주장할 것이다. 따라서 "지구상의 생물체들은 그 숫자가 늘어날수록 더 행복하다"라는 명제는 일단 그들의 숫자가 지구의 땅과 물과 풍요한 산물들이 지원할 수 있는 한계를 넘어서고 난 뒤에는 더 이상 참(眞)일 수 없게 된다. 이러한 상황에서 한 개체는 다른 개체를 굶어죽게 만들어야만 살아남을 수 있다[5].

이 두 선각자들의 주장이 처음 발표되었을 당시 일어난 반응은 요란한 논란에도 불구하고 많은 사람들이 이 가상적인 위험을 요원하게 먼 미래의 일로만 생각했기 때문에 결국 탁상공론의 수준을 벗어나지 못했다. 따라서 이후 속출하는 정치적 사건들에 밀려서 인구의 폭발이라는 위협은 점차 사람들의 관심 밖으로 밀려 나갔다가, 1960년대에 이르러서야 폴 에를리히와 쥴리앙 헉슬리 같은 직설적이면서도 설득력이 강한 목소리를 지닌 작가들에 의하여 다시 주장되기 시작하였다. 물론 지금도 인구 폭발이 실제로 가까운 미래에 일어날 수 있다는 것을 믿지 않는 사람들이 있기는 하지만, 어쨌든 찬반 여부를 떠나서 최소한 누구나 그 위협에 대하여 알고는 있다고 보아도 좋을 것 같다.

그런데 도대체 어떻게 해서 인류와 같이 고도의 지능을 가진 존재들이 이처럼 오래 전부터 경고되었던 함정 속으로 앞을 못 보는 장님처럼 빠져들게 된 것일까?

포유류라는 이름의 재앙

많은 사람들이 인구 증가에 따른 문제들은 비교적 근세에 들어와 생겨난 것으로 알고 있다. 지금으로부터 1만여 년 전, 인류가 처음으로 농사를 짓기 시작했을 당시 지구 위에 흩어져 살고 있던 사람들의 수는 아마도 400~500만 명 정도였을 것이다(전문가들의 견해는 200만에서 2,000만까지 다양하다). 맬서스가 인구에 관한 그의 첫 논문을 집필하고 있던 1798년만 하더라도 지구상의 인구는 1억이 채 못 되는 숫자였으며, 이것이 두 배로 늘어나는 데는 이후 300년에 가까운 세월이 소요되었다[6]. 이와는 대조적으로 현재의 60억 인구는 매해 8,000만 명씩 증가하는 추세이다[7]. 지난 1만 년 동안의 인구 증가 곡선—아니 단지 최근 500년 동안의 증가 패턴만을 살펴보더라도 첫번째로 떠오르는 단어는 '재앙(plague)'이다.

지구상에는 이런 재앙의 원인이 될 수 있는 '병균'들이 여러 종류 있는데. 이 중 포유류로는 레밍, 토끼, 쥐, 또는 생쥐처럼 그 숫자가 기하급수적으로 증가하는 성향을 가진 동물들을 들 수 있다. 이런 '병균적 증가' 능력이 있는 포유류들은 다음 네 가지 공통적인 특징들을 가진다 :

1. 대부분이 초식성이며 다른 동물을 먹이로 삼지는 않으나 경우에 따라서는 잡식성의 행태를 보이기도 한다.
2. 사회성이 높은 동물들로 영토에 대한 주장이 그리 강하지 않다.
3. 환경 요인이 불안정해져서 이들의 먹이 또는 포식자의 숫자에 변화가 생기는 조짐이 있으면 그야말로 전염병균처럼 번식하는 습성을 가지고 있다.
4. 작고 **빠르며** 같은 종이기만 하면 아무하고나 교미를 하고 임신 기간도 비교적 짧다.

심지어는 호주처럼 척박한 땅에도 토박이 '병균' 포유류들이 살고 있는데, 그 대표적인 예는 사막지역의 움푹 파인 땅 속에 사는 긴털쥐(*Rattus villossimus*)이다. 긴털쥐들의 폭발적인 번식은 호주 중부에 심한 가뭄이 들 때마다 반복된다. 호주는 가뭄과 홍수가 번갈아 찾아오는 것으로 유명한데, 가뭄이 심한 해에는 그 지역의 모든 동물이 물이 남아 있는 곳으로 모두 몰려든다. 그러다가 우기가 돌아오면 초목이 한꺼번에 싹을 틔우면서 무성하게 자라나는데, 긴털쥐들은 바로 이 넘쳐나는 먹이를 이용하여 갑작스럽게 엄청난 숫자의 새끼를 낳아대기 시작하는 것이다. 그들의 주된 포식자인 파충류나 맹금류들은 그 생식 주기가 길어 수적으로 이들을 따라잡을 수 없으므로, 먹이의 부족과 포식자의 위협이라는 두 가지 제약으로부터 동시에 해방된 쥐들은 그야말로 전염병균처럼 마음껏 번식하게 된다.

인류로 말할 것 같으면 앞서 이야기한 네 가지 특징들을 하나도 가지고 있지 않다―적어도 옛날에는 그랬다.

1. 인간은 잡식성이거나 때에 따라서 육식성 스케빈저(역주 : 죽은 짐승을 먹는 동물)의 양상을 보인다.
2. 인간은 부족 집단을 이루어 살고 영토의 침범에 대하여 매우 민감하게 반응한다.
3. 인간들의 먹이는 비교적 그 공급이 안정되어 있고, 또 인간을 주식으로 하는 포식자도 지구상에는 없다.
4. 인간은 비교적 덩치가 크고 일부일처제를 지키는 편이며 그 생식 주기는 느리다.

그러나 약 1만여 년 전부터 인류는 그들이 속한 생태계를 획기적으로 바꾸기 시작했는데, 그 결과 현재는 위의 네 가지 항목을 모두 다음과 같이 고쳐서 서술해야만 한다 :

1. 인류는 식물계와 동물계를 모두 지배하는 동시에 잉여분의 먹이를 저장하는 방법을 터득함으로써 아주 독특한 형태의 초식동물―즉 식물성 먹이가 주식이지만 필요에 따라서는 기르는 가축들 중에서 칼로리가 풍부한 동물 단백질을 임의로 선택하여 먹기도 하는 존재―가 되었다. 결과적으로 이 독특한 잡식 동물은 지구 전체의 모든 먹이 사슬을 장악하게 되었으며 다른 맹수들의 공격도 자유자재로 물리칠 수 있는 힘을 얻었다. 말하자면 한때 영장류에 속한 작고 힘없는 포유류에 불과하던 인류가 지구 곳간의 열쇠를 손에 쥔 주인이 되었다는 뜻이다. 오로지 그들이 아직 얻지 못한 것은 이 먹이들을 공평하게 분배하는 기술인데, 그러나 이 또한 언젠가는 획득할 수 있을 것이다.
2. 인류의 조상이 혈연관계로 맺어진 부족사회라는 융통성 없는 조직의 한계를 벗어나 보다 큰 농경 사회 집단을 형성한 과정은 말하자면 이들이 원숭이 사회의 경직된 계급체계로부터 자유방임적인 생쥐들의 사회로 전환한 것을 나타낸다.

3. 도시와 마을에 집단을 이루어 살기 시작하고 석기 시대의 도구들을 철기로 교체하면서 인류는 마침내 포식자의 위협으로부터 완전히 놓여나게 되었다. 또 관개시설과 비료, 농기구, 그리고 가축 사육법의 발달을 통해 인류는 비가 충분히 내린 해의 수확량을 그렇지 못한 해에도 유지하는 방법을 터득하였다. 그런데 이 모든 발전은 궁극적으로 인류의 생식력에 내재되어 있던 안전장치가 빠져나가는 결과를 초래하고 말았다. 바야흐로 인구 폭발의 시한폭탄이 그 바늘을 재깍거리기 시작한 것이다.
4. 비록 그 원래 의도는 인류의 복지를 위한 것이었지만 근대 의학의 발달 또한 이 시한폭탄을 활성화시키는 데 한몫을 하였다. 에드워드 제너(Edward Jenner, 1749~1823)가 최초의 백신을 개발한 데 이어 루이스 파스퇴르(Louis Pasteur, 1822~95)가 멸균법을, 그리고 20세기에 들어와서는 알렉산더 플레밍(Alexander Fleming), 하워드 플로리(Howard Florey), 에른스트 체인(Ernst Chain)으로 구성된 연구팀이 페니실린을 발견하기에 이르렀다. 이 백신들과 항생제, 그리고 위생학 덕분으로 인류의 영유아 사망률은 급속히 감소한 반면 수명은 현저하게 연장되어, 결과적으로 출생률과 사망률 사이의 균형이 깨어져 버렸다.

번식력의 함정

인류는 설치류와는 달리 짧은 생식 주기의 도움이 없이도 병균적 증식을 할 수 있다. 사실 인류의 강한 번식력은 약 200~300만 년 전 그 유인원 조상들의 태생화(胎生化) 현상이 시작되었을 때 이미 그 기본 틀이 형성되었다고 보아야 한다. 태생화의 결과로 성장 속도가 느려지고 수명이 연장된 반면 여성의 배란이 겉으로 드러나지 않게 되면서 이들은 더 이상 포유류의 특징 중의 하나인 '교미 기간'에 구애받지 않게 되었다. 또한 이 무렵 여성의 가임 기간도 30년 정도로 늘어났는데, 이는 인류와 비슷한 크기의 동물로서는 놀라울 만큼 긴 기간이다. 생활 습관의 변화가 끼친 영향

또한 만만치 않은데, 예를 들자면 300만 년 전 암컷 유인원이 그 30년 가량의 가임 기간 동안 많아야 열 번 정도의 월경 주기를 경험한 것에 비하여(침팬지의 경우는 지금도 마찬가지이다), 현생 인류는 같은 기간 동안 최대 400번의 배란 주기를 가질 수 있다. 또 인간의 여성은 동물의 암컷들처럼 특정 행동이나 체취, 또는 피부색의 변화로 자신이 지금 교미를 할 수 있는 기간임을 만방에 고해야 할 필요가 없기 때문에 기본적으로 사춘기 때부터 폐경기에 이르는 기간 동안 언제라도 생식 활동이 가능하다. 이처럼 어찌 보면 별것 아닌 생리적 변화가 인류의 진화 경로에 미친 영향은 말할 수 없이 큰 것이었으며, 또한 인간의 번식력을 침팬지의 수준(암컷 한 마리당 평균 3~5마리)으로부터 쥐들에 버금가는 숫자(암컷 한 마리당 30마리 이상)로 바꾸어 놓았던 것이다. 그런데 이 모든 변화에 더하여 남자들의 성욕(性慾)은 다른 영장류의 수컷과 같은 수준으로 유지되고 있으며 게다가 근대 의학의 도움으로 사망률까지 급격히 떨어졌으니 인류는 그야말로 '전염병균'처럼 전 지구를 뒤덮기 위한 조건들을 모두 갖춘 셈이다.

고대의 목격자

인류가 지구상에 존재해 온 200만 년이라는 세월의 대부분 기간 동안 그 출생률과 사망률 사이에는 항상 균형이 유지되었으며 인구증가는 느린 속도로 진행되어 왔다. 지금으로부터 약 1만 2,000년 전의 인구는 500만 이하였을 것으로 추정되는데, 7,000년 전 무렵이 되면서부터는 이미 과잉 증가의 조짐들이 보이기 시작하여 그 숫자가 꾸준히 상승세를 유지했을 것으로 짐작된다. 적어도 두 그룹의 전문가 집단이 지금으로부터 5,000년경의 인구수가 1,400만 명에 달했으리라는 가설에 동의하고 있다. 이때 당시 이미 지역에 따라 인구 밀집으로 인한 문제들이 발생했음을 제시해 주는 명백한 증거를 현재 이란 땅에 속하는 곳에서 출토된 3,600만 년경의 것으로 보이는 세 개의 점토판에 새겨진 시구들 속에서 발견할 수 있다. 시인은 노래하기를 이 무렵 인구수가 급증한 나머지 사방으로 포위된 그의 나라가 "황소처럼 울부짖었으며" 이 소란으로 노한 신들이 사람들의 수를 줄이고자 질병을 내려 보내고 땅 위에 홍수가 일어나게 하여[아마도 제림(制林) 작업의 결과가 아니었는지?], 오로지 이 시의 주인공으로 등장하는 영웅을 제외하고는 모두 쓸려 내려가 버렸다고 적고 있다[8].

이 1,000여 행에 이르는 고대의 장시(長詩)에서 노래하고 있는 사건들이 실제로 일어났을 가능성을 시사해 주는 증거들이 수메르 문명의 발상지인 티그리스와 유프라테스 강 유역의 발굴 작업에서 발견되었다. 고고학자들은 이곳에서 농업기술의 과도한 발전으로 인하여 많은 문화가 생겨났다가 사라지는 일이 반복되었다고 주장한다. 즉 초기의 정착 단계와 그 후 일어난 벌목작업, 농토의 개간, 관개시설의 건축은 결국 염류화로 인한 수확량의 감소를 초래하고 마침내는 그 문명 자체가 멸망하여 주민들이 뿔뿔이 흩어진다는 시나리오이다. 철학자 플라톤과 아리스토텔레스 역시 지금으로부터 2300년 전 무렵 농업이 매우 발달했던 그리스의 계곡에서 발생한 재난을 언급한 바 있는데, 이 또한 과도한 벌목과 토양 침식의 결과로 인한 것이었음이 최근의 조사에서 드러났다[9].

흑사병

인류가 마치 병균이 퍼져 나가는 것과 같은 기세로 전 지구를 장악할 가능성을 보여 준 첫번째 조짐은 공교롭게도 14세기 중엽 유럽 전역을 휩쓸었던 한 '병균'으로 인한 전염병 창궐에 바로 뒤이어 나타났다. 흑사병이라는 이름으로 알려진 이 세균성 질환은 원래 몽고와 만주 지역의 시궁쥐에 기생하는 벼룩이 당시 새로 개척된 대상(隊商)들의 행로를 따라 병균을 유럽으로 들여오면서 시작되었다. 이 무렵 유럽의 인구는 그 동안 수백 년에 걸쳐 꾸준히 증가한 결과 1340년경에는 8,500만에 이르렀던 것으로 보인다. 그러나 1346년에서 1350년까지 흑사병이 유럽 전역을 휩쓸고 나자 불과 4년 만에 인구수는 6,000만으로 급속히 떨어졌다. 하지만 이후 250년에 걸쳐 인구는 1억으로 다시 늘어났는데, 이는 흑사병의 피해가 없었을 경우 예상되는 자연 증가와 맞먹는 숫자이다[10]. 그림 17은 이처럼 일시적인 인구 감소에는 언제나 이를 벌충하고도 남을 만큼 급격한 증가가 뒤따른다는 것을 잘 보여주고 있다. 그러니까 이 현상들은 인구 증가의 이면에 막을 수 없는 그 어떤 원초적인 유전자의 부추김—즉 '번식하고자 하는 욕망'이 도사리고 있음을 드러내 주는 셈이다.

개체 수의 일시적 감소에 뒤따르는 **빠른 회복** 현상은 실험실에서 기르는 쥐나 생쥐 집단에서도 흔히 발견되며, 이들이 자연환경에서 서식하는 경우 또한 마찬가지이다. 일단 개체 성장 곡선이 기하급수적 증가 양상을 보이기 시작한 뒤에는 때때로 일시적인 감소 현상이 일어나더라도 전반적으로는 '병균적 증식'의 패턴이 그대로 유지된다. 인류의 경우 근대 의학이 인간의 번식력이라는 괴물을 묶어두었던 사슬을 풀어 버린 이후로는 그 어떤 문화적인 제제나 환경 요인도 이를 멈출 수 없었다. 때로는 정부 차원에서 인구 증가에 재갈을 물리기 위하여 각종 정책과 규제를 발동시키기도 해 보았지만 그 때뿐, 이러한 제약들이 사라지고 나면 인구수는 이전보다도 더욱 빨리 치솟아 결국은 그 손실분을 충당하고야 마는 것이다. 이 '리바운드' 현상이 전세계적으로 발생한 첫번째 사례는 제2차 세계대전 이후 1940년대에서 1950년대에 걸쳐 일어났던 베이비붐 현상이다. 결론적으로 이 모든 현상들은 일단 인구가 병균적 증가의 국면으로 접어들고 나면 그 어떤 외부의 압

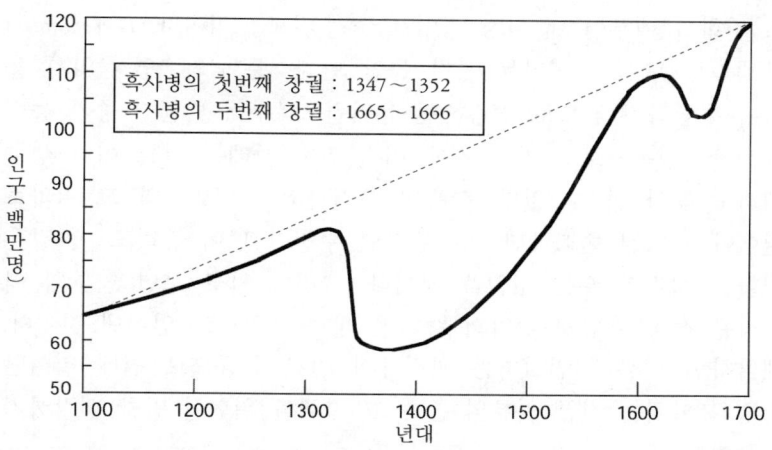

그림 17. 서기 1100년에서 1700년 사이의 유럽 인구 증가 곡선 [『Scientific American』 1964. 토마스 프렌티스(Thomas Prentiss)의 기고문에서 발췌한 내용]

력—심지어는 자원의 고갈조차도—이를 저지할 수 없음을 잘 보여주고 있다.

많은 연구 증거들이 제시하는 바에 따르면 포유류에서 폭발적인 개체수의 증가가 일어날 경우, 이들은 맬서스가 주장하는 종말이 오기 전에 스스로 자신들의 군집이 쇠퇴하도록 조절하는 능력을 가졌다고 한다. 그렇다면 최근 15년 동안 인류의 출산율이 이렇다 할 이유 없이 계속 감소하고 있는 현상 또한 포유류 특유의 자체 조절 능력을 나타내는 것인지도 모른다. 사실 이제까지의 진행 양상을 놓고 볼 때 인류의 수적 증가는 포유류 스타일의 '병균적 증식'에서 나타나는 여러 특징들을 한치의 어긋남도 없이 충실하게 따라 온 셈이다. 또한 앞으로도 그 어떤 문화나 기술의 변화로 그 경로가 바뀔 것으로 보이지 않는다.

인류의 조상들이 궁지에 몰린 원숭이와 다를 것이 없었던 처지에서 지구의 역사상 가장 두려운 존재로 탈바꿈한 과정은 그야말로 진화가 이루어 낸 가장 경이로운 성공 스토리이다. *Homo sapiens* 가 불과 1만여 년이라는 기간 동안 단지 '문화'와 '연장'의 힘을 빌어 수렵과 채집으로 연명하던 유인원으로부터 병균적 증가 능력을 가진 정복자로 도약한 것에 비길 만한 사례는 다른 어떤 생물에서도 찾아 볼 수 없다. 단순히 유전자의 돌연변이와 그 결과로 일어나는 형질 변화에만 의존했다면 수천만 년이 걸려도 이 같은 변화를 성취할 수는 없었을 것이다. 그러나 알고 보면 인류의 이 놀라운 성공은 엄청난 양의 숨겨진 대가를 치르고 얻어낸 것이다. 왜냐하면 인류가 번영하는 과정에서 인간 활동으로 인해 일어난 환경의 파괴는 지금 인류의 존속 그 자체를 위협할 만큼 심각하기 때문이다.

제 5 장
생태계의 오염과 진화

문명과 진화

인류가 언어를 사용하게 된 것은 그저 단순히 사람들 사이의 의사소통이 가능해졌다는 것보다 훨씬 더 큰 의미가 있다. 언어의 탄생은 지구상의 생명 현상들이 조절되는 과정에 새로운 결정 요인을 더해 준 셈인데, 이 요인의 영향이 너무도 강력한 나머지 결국 진화의 전 과정이 지금까지 지구 생태계에서 이루어 놓은 일들과 버금갈 만한 힘을 행사하기에 이르렀다. 예를 들자면 바로 오늘 어떤 사람들이 점심식사를 함께 하면서 의논한 사안에 따라 당장 수백 가지 종의 동식물들의 운명이 결정지어질 수도 있다. 또 다른 곳에서 누군가가 간단히 몇 마디 주고받은 말에 의하여 하나의 열대 우림이 잿더미로 변해 버리는 일도 생겨난다. 실로 간단하기 이를 데 없다.

인류가 최근에 이룩한 생명공학의 성공 사례인 유전자 조작 식물이 보기 좋게 단일재배되고 형질전환 가축이 깨끗하게 사육되어지고 있는 농촌의 풍경을 멀리서 바라다본다면 '진화'와 '문명'은 아주 잘 어울리는 한 쌍처럼 보인다. 그런데 진화학자인 스티븐 제이 굴드(Stephen Jay Gould)는 문명과 진화의 가장 분명한 차이가 이들이 진행되는 속도에 있다고 말했다. 즉 문명은 직접적이면서 비교적 신속한 변화를 일으키는 데 반하여 진화는 그 반대라는 것이다. 또 문명은 이제까지보다 나은 시스템을 구축하고자 노력하지만 진화의 주된 목표는 생태계 내에서 종의 다양성을 유지하는 한편 환경에 잘 적응하지 못하는 종류들을 솎아내는 것이다. 즉 굴드의 말을 빌리자면 진화가 다윈의 법칙을 따르는 데 비해 문명은 라마르크의 신봉자라고 할 수 있다[1].

프랑스의 박물학자였던 장 밥티스테 라마르크(Jean Baptiste Lamarck)는 개체들이 그 살아 있는 동안 새로운 신체 구조와 행동상의 특징을 획득할 수 있으며, 이 획득 형질이 유전 정보로 변하여 다음 세대로 전달된다고 믿었다. 바로 여기에서 라마르크의 진화론이 큰 오류를 범했다는 사실은 누구나 잘 알고 있는 바이다. 그러나 인류 사회의 문명만큼은 라마르크가 주장한 변화의 경로를 그대로 따른다고 할 수 있다. 왜냐하면 사회는 그 당대에 일어나는 사건들에 의하여 끊임없이 변화되고 재조정되며, 이 모든 자극에 대하여 놀라울 만큼 신속한 반응을 보이기 때문이다. 이처럼 숨 가쁜 변화의 물결은 지금 바야흐로 유럽과 아시아의 국가들을 휩쓸고 있다. 러시아의 경우가 그 대표적인 예라고 하겠는데, 이곳에서는 무신론에 기반을 두었던 획일적인 공산주의가 무너진 뒤 불과 10년도 채 안 되는 사이에 정치 사회적으로 혼란이 만연하고 실업률은 급증하였으며 빈곤, 범죄, 서로 먹고 먹히는 자본주의가 팽배한 속에서 한편으로는 종교의 부흥과 더불어 각종 미신과 신비주의까지 판을 치는 사회로 변모하였다.

그러나 생물의 진화는 이와는 매우 다른 리듬으로 진행된다. 유전 정보인 DNA가 복제되는 복잡한 과정은 외부 환경의 변화에 적응하는 일보다는 안정성의 추구, 즉 어떻게 하면 주형이 되는 DNA를 작은 오류도 없이 그대로 베껴 낼 수 있을까에 주력하기 때문이다. 게다가 세포 속에는 복제의 과정에서 어쩌다 실수가 생긴다 하더라도 이를 즉각 고칠 수 있는 교정 장치까지 마련되어 있다. 따라서 이 유전 형질들이 다음 세대로 전달되는 과정은 대부분 멘델의 법칙을 따를 뿐, 유전자의 복제와 발현 과정에서 발생하는 오류, 즉 돌연변이가 영향을 미칠 가능성은 매우 희박하다. 또한 이처럼 좁은 바늘구멍을 통과한 돌연변이가 있다 하여도 이들이 유발시키는 형질 변화는 우선 환경요인에 의한 심사를 거쳐야만 하므로, 이 중 실제로 진화의 본선 무대에 진출하게 되는 것은 극히 소수에 불과하다. 진화는 이처럼 오랜 시간에 걸쳐 유전자 상의 변화들을 신중하게 검토하고 여러 시험 과정을 거쳐 선택함으로써, 궁극적으로 주어진 환경 요인에 보다 잘 적응할 수 있는 형질에 다음 세대로 더 많이 전달될 수 있는 기회를 부여해 주는 것이다.

이처럼 문명의 발전과는 달리 진화의 과정은 엄청나게 긴 시간이 요구될 뿐 아니라 이를 조절하고 감찰하는 기구들 또한 훨씬 복잡하고 예민하게 작동한다. 이 감찰 기구 중에서 특히 중요한 것이 다른 종(種)들과의 연관 관계인데, 이는 결국 생태계의 구성원들 사이에 형성되는 복잡한 상호 연결망으로, 모든 개체는 이를 통해서 매우 섬세하고 다양한 조절을 받게 된다. 따라서 아무리 보잘것없게 보이는 작은 생물의 멸종도 같은 생태계에 속한 다른 구성원들에게 음으로 양으로 영향을 미치고 그 중 일부를 덩달아 멸종시킬 수 있는 것은 바로 이 상호 연결망 때문이다. 그러니까 만일 어떤 생태계를 지지하고 있는 작은 주춧돌 중 한두 개만이라도 빠져나가 버린다면 결국 이는 전체 생태계의 붕괴로 이어지게 되는 것이다.

병균적 증가의 확산

인류가 자신이 원하는 대로 그 주변 환경을 바꾸기 시작했던 초기에는 아무도 이러한 행동이 궁극적으로 가져올 결과에 대하여 알지 못했다. 즉 얼마간의 숲을 불태워 농지를 개간하고 집터를 마련하는 것은 인간을 이롭게 할 뿐, 아무런 문제도 불러일으키지 않으리라고 생각했던 것이다. 그러나 인류의 부족 사회는 점차로 토지의 소유권 및 그 이양을 체계화시키고 가축을 비롯한 자산(資産)의 소유와 상거래를 통제할 필요성을 절감하게 되었다. 이 요구를 충족시키기 위하여 생겨난 사회 조직들은 일단은 안정된 삶과 생산성의 증가, 그리고 구성원들의 복지 향상을 가져왔으며 또한 인간의 본성인 영토 개념과 소유욕을 재정비함으로써 인류 사회를 이제까지와는 전혀 다른 모습으로 변화시키는 결과를 가져왔다. 그 결과 대부분의 인류 집단에서는 이제까지 중요하게 여겨지던 사냥 및 채집의 기술과 부족 장로들의 지혜 대신에, '물질적인 부요'가 개인의 사회적 지위는 물론 그 부족의 위상을 결정하는 요인으로 새롭게 등장하게 되었다.

이처럼 새로운 형태의 지위와 권력을 추구하는 과정에서 사람들은 너나할것없이 자신들에게 진짜로 중요한 자산—즉 비옥한 토양과 맑은 공기, 그리고 건강한 생태계를 포기하기를 조금도 주저하지 않았다. 이 소중한 자연의 유산들을 일시적인 문명의 소득과 맞바꾼 대가로 인류 사회는 과거 그 어느 때보다도 번성할 수 있었으며, 이와 비례하여 인구도 급격하게 증가하였다. 지금으로부터 1만 2천 년 전경에는 500만도 채 되지 않던 인구는 그야말로 꾸준히 증가하여 1600년대에는 5,000만을 넘어섰고, 1834년 맬서스가 숨을 거둘 무렵에는 드디어 10억에 도달했던 것이다. 이후 100년 동안 이 숫자는 다시 두 배로 늘어났는데, 이는 그 이전에 인구가 배로 증가하는 데 걸린 기간의 절반도 되지 않는다. 따라서 이 때 이미 인류는 병균적 증가를 향하여 확실하게 발을 내디딘 셈이다.

맬서스가 주장했던 인구 폭발의 위험성은 계속되는 전쟁과 경제적 공황, 그리고 산업의 발전에 가려져서 한동안 인류의 관심사 바깥에 머무를 수밖에 없었다. 그러나 1930년과 1960년 사이에 인구는 30억을 넘어섰고 1970년대 중반에 이르러서는 40억이 되었다. 이제 *Homo sapiens*가 문자 그대로 병균적인 증가 국면에 돌입했다는 것은 의심의 여지가 없으며 지금도 매년 2% 증가라는 기하급수적 상승을 보이고 있다. 처음으로 인류의 숫자가 10억을 돌파하는 데는 200만 년이 걸렸으나, 지금은 단지 한 세대가 지날 때마다 그만큼의 숫자가 보태어지고 있는 실정이다.

1960년대에 들어와 인구의 증가가 가속화되는 반면 1인당 식량 생산량은 심각하게 줄어들기 시작하면서, 맬서스의 경고는 보다 열정적인 목소리를 가진 두 사람의 예언자, 즉 인구학자인 폴 에를리히와 줄리앙 헉슬리 경(卿)에 의하여 다시 외쳐지기 시작하였다. 그러나 이 두 사람이 예측했던 종말은 1960년에서 1970년에 이르는 기간 동안 고생산성 작물이 개발되고 집중 재배의 기술이 도입되면서 일시적으로 사라져 버리는 것처럼 보였다. 이후 '녹색 혁명'이라는 이름으로 불리게 된 이 두 해결사 덕분에 식량 생산의 증가는 인구 증가를 앞지르게 되었고 서구사회에는 커다란 번영의 시기가 도래했다. 따라서 사람들은 맬서스와 그의 동조자들이 인류의 재능과 기술을 과소평가했다고 믿었고, 이후 인류를 다른 동물과 비교하는 것이 얼마나 큰 오류인지를 증명하는 사례로 맬서스주의자들의 오판(誤判)이 심심치 않게 거론되곤 했다.

이 '맬서스적 염세주의자'들의 우울한 예언을 비웃는 분위기는 1970년대 후반에 이르러 생태계 내에서 종(種)의 다양성이 현저하게 감소하고 있다는 사실과 이로 인한 폐해의 심각성이 처음으로 부각되기 시작하고 지구 온난화, 산성비, 토양의 유실, 그리고 비료와 살충제 및 기타 해로운 오염물질의 위협이 이슈로 등장한 후에도 한동안 지속되었다. 공교롭게도 당시의 냉전 체제에서 국가의 발전과 안보가 다른 무엇보다도 중요하다는 주장이 사회의 모든 측면을 압도하고 있지 않았다면 이와 같은 환경 파괴의 위험성이 보다 많은 사람들에게 알려질 수 있었을지도 모른다. 그러나 이 때의 분위기는 인간이 우주로 진출하고 DNA 속에 숨겨진 유전정보의 비밀이 밝혀지는 문명의 개가들이 속출함에 따라 그 어느 때보다도 낙관적이었다.

문명의 눈가리개

인류는 자신의 앞날을 예언하기에 매우 불리한 세 가지 핸디캡을 가지고 있다. 하나는 인간의 수명이 짧다는 것이고, 둘째는 이제까지의 인류 역사가 인간 중심적 사상의 편견에 물들어 있다는 사실이며, 셋째는 문명의 발전이 생태계에 미치는 생화학적 영향들은 대부분 그 결과가 드러나기까지 사람의 한평생보다 훨씬 오랜 기간이 소요된다는 것이다. 한 예로 지구 온난화를 살펴보면 이 세 가지 핸디캡이 모두 적용된다는 것을 알 수 있다. 공기 중에 온실효과를 일으킬 만한 양의 이산화탄소가 축적되는 데는 인류가 이를 감지하기 훨씬 이전부터 대기 속으로 방출된 탄소 분자들이 한몫을 하고 있으며, 따라서 최근의 지구 온난화에 관한 책임을 단지 과거 수백 년 동안에 집중된 농업 및 산업화에게 전부 떠넘기는 것은 옳지 않다. 이들은 단지 인류의 역사가 시작된 이래 끊임없이 불태워진 모든 산림과 인류가 사용한 모든 탄소 연료들이 누적시킨 보유고에 양을 보태어주었을 뿐이다. 마찬가지로 인류의 조상이 화전 농법을 시작했을 당시 소실된 모든 표토층은 계속 그 아래쪽 토양의 유실로 연결되어졌으며, 이렇게 토양이 척박해진 결과로 식물들은 기후의 작은 변화에도 더욱 민감한 반응을 보이게 되었던 것이다. 이는 또한 현재 인류가 이 지구상에 살면서 생태계에 미친 영향들은 앞으로 수세기가 지난 뒤에야 그 정확한 결과가 나타날 것이라는 뜻이 된다.

만일 어떤 특정한 환경 요인의 위협이 그 모습을 완전히 드러내는 데 인간의 수명보다도 긴 기간이 소요된다면, 인류 사회는 그러한 위협이 존재한다는 것조차 제대로 알아차리지 못한 채 위험을 가중시키는 행위를 반복하다가 결국은 피할 수 없는 덫에 걸리고 말 것이다. 인류의 역사를 통하여 발생하고 또 사라졌던 모든 문명 역시 이런 식의 오류를 반복하다가 끝내 가차없는 환경의 심판을 받게 되는 운명을 되풀이했다. 한 예로, 중동지방이 처음부터 지금과 같은 사막이 아니었다는 사실을 독자들은 알고 있는지? 그러니까 현재 그곳에 살고 있는 사람들은 결국 과거 6,000여 년 동안 그들의 조상에 의하여 행해진 벌목과 과도한 가축 사육의 결과에 대한 값을 치르고 있는 셈이다. 그러나 그 조상들 중에 자신들이 환경을 변화시킨 결과가 서서히 축적되고 있다는 사실을 깨달은 사람은 거의 없었을 것이며, 설령 알았다고 하더라도 그 궁극적 결과가 어떤 모양일지는 전혀 짐작하지 못했을 것이다.

개구리 죽이기

들리는 얘기로는 만일 개구리를 잡아다가 물을 채운 냄비 속에 산 채로 넣은 뒤 서서히 그 물을 가열하면 개구리는 가만히 그대로 앉은 채 미동도 하지 않고 그대로 삶아져 버린다고 한다. 즉 물의 온도가 올라감에 따라 변온 동물인 개구리의 체온도 따라서 올라가기 때문에 결국은 앉은 채로 죽어 버린다는 것이다. 실제로 이런 상황에서 정말 개구리가 조금도 움직이지 않고 그대로 앉아 있을지는 시험해 보지 않아서 모르겠지만, 이 비유는 어느 정도 인류에게도 적용이 가능하다[2]. 우리 인간들이 들어앉아 있는 냄비는 1만여 년 전 인류가 숲을 베어내고 그 자리에 곡물의 씨를 파종하거나 부락을 건설하고 살기 시작했을 때부터 그 속에 담긴 물이 서서히 데워져 가고 있었다고 볼 수 있다. 만일 이런 파괴가 계속된다면 그 결과는 불을 보듯이 뻔하지만 그렇다고 해서 이제 인류가 과거의 생활방식으로 돌아가는 것 또한 불가능해 보인다. 바로 그 때문에 우리는 지금 냄비 속의 개구리처럼 꼼짝 않고 앉아서, 자신들의 행동이 초래한 결과가 옥죄어 오는 것—즉 물의 온도가 서서히 올라가는 것을 그대로 보고 있을 수밖에 없는 것이다. 지금 인류는 어떻게 하든 현재의 고도로 발달한 산업기술이 그 어떤 획기적인 해결 방법을 개발해 내어서 파괴된 환경으로부터의 반작용을 막아 주기를 바라고 있다. 우리들 중 일부는 자원의 낭비와 공산품의 소비를 줄이는 운동을 통하여 인류가 만들어 내는 쓰레기의 양을 줄임으로써 뜨거워지는 물의 온도를 낮추려고 노력해 보지만, 불행하게도 '검약'은 인류의 보편적인 특징이 아닌 것 같다.

　인간의 낭비벽은 우리 자신에게 또 다른 골칫거리를 안겨다 준다. 엄밀히 말하자면 '낭비'란 인류가 만들어 낸 개념으로, 어떤 구체적인 대상을 가리킨다기보다는 사물을 바라다보는 상대적인 관점을 표현하고 있을 뿐이다. 생태계와 진화의 세계에서 낭비란 존재하지 않는다. 예를 들어 강물이 멈추지 않고 흘러 그대로 바다로 가 버릴 경우 관개 시설이나 수력 발전소를 관리하는 사람의 입장에서 볼 때는 이 물이 낭비된 셈이지만, 이렇게 흘러가 버린 강물 방울 하나하나는 하천의 수위(水位)를 유지한 것만으로도 자신의 소임을 충실히 이행한 셈이며, 또 바다로 흘러나가거나 대기 중으로 증발되어 올라간 후에도 생태계의 구성원으로서 여러 역할

을 수행한다. 이 원리는 에너지를 비롯한 여러 가지 자연 자원에
도 마찬가지로 적용된다. 사람들은 곧잘 엄청난 양의 에너지가 낭
비되고 있다고 걱정을 하는데, 에너지의 소실은 산업에 전적으로
의존하고 있는 인류 문명에 필연적으로 따르는 부산물이다. 그러
나 조금 더 생각해 보면 보다 효율적인 에너지 생산은 결국 더 많
은 인간 활동을 요구하며 그 결과 더 많은 에너지의 소비를 부추
길 뿐으로, 결국 자원의 낭비를 더욱 늘리는 효과를 가져 올 뿐이
다. 그러니까 '낭비'란 어쩌면 생명체가 살아가는 과정에서 발생하
는 필연적인 결과이며 때에 따라서는 진화의 과정을 촉진시키는
활성 요인으로 작용할 수도 있다.

거짓 약속들

현대인에게 PC, 즉 개인용 컴퓨터는 어린 소년들의 놀이 구슬
처럼 누구나 거의 한 대씩 소유하고 있는 기계이다. PC는 보다 빠
르고 효율적인 작업 처리를 약속하며 심지어는 '종이가 필요 없는
일터'를 만들어 줄 수 있다고 유혹한다. 그러나 결과적으로 PC의
상용화는 환경적 측면에서 많은 운영비가 드는 공장의 설립과 전
력 소모의 증가, 그리고 전세계의 커뮤니케이션 시스템이 하나로
연결되는 과정에서 경제와 관련된 요인들을 더욱 복잡하게 얽히도
록 만드는 결과를 가져왔다. 무엇보다도 이들이 프린터를 통해서
쏟아내는 인쇄물의 양은 정말 큰 골칫거리이다. 호주 내의 회사에
서 사용하는 종이의 양을 조사해 본 결과 지난 10년 동안 사무기
기들이 첨단화되면서 폐지(廢紙)의 양은 오히려 4배나 증가했다고
한다[3]. 이 현상은 지구상의 다른 국가에서도 마찬가지이다.

비슷한 사례로, 에너지 효율과 연비가 보다 높은 자동차를 개발
하고자 하는 업계의 노력은 결과적으로 더 많은 차의 생산과 더
많은 생산 공장의 설립, 더 많은 고속도로, 가중된 인구 이동, 그

리고 이 차들을 가동시키는 데 필요한 미네랄 자원과 탄소연료의 사용량을 증가시켰을 뿐이다. 물론 부분적으로 실제 에너지 절약에 도움을 줄 수 있는 작은 기술적 승리들이 아주 없었던 것은 아니지만 이들 역시 전체적으로 볼 때 환경 보호에 의미 있는 보탬이 되지는 못했다. 모든 산업의 발전은 소비 활동을 증가시키거나 쉽게 알아차릴 수 없는 숨은 벌금을 물게 함으로써 결국은 그로 인해 얻은 이득보다 손실이 더 크게 되는 상황을 낳게 마련이다. 예를 들어 자동차에 장착하면 배기가스로부터 90% 이상의 이산화탄소와 탄화수소를 비롯한 오염 물질들을 제거해 준다고 하는 '컨버터(converter)'의 경우를 생각해 보자. 이 컨버터 장치를 만들려면 차 한 대당 적어도 2~3그램 정도의 희귀 광물들, 즉 백금과 팔라듐, 그리고 로듐이 필요하다. 이 원소들은 러시아와 남아프리카공화국, 그리고 캐나다 등지의 광산에 제한된 양이 매장되어 있을 뿐이며, 이를 정제하는 과정에서 그램당 약 10.9킬로그램에 달하는 이산화황이 배출된다. 남아공과 캐나다에 있는 공장들은 그 굴뚝에 '스크러버(scrubber)'라는 장치를 만들어서 이산화황의 방출을 막고 있지만, 러시아의 공장에는 이 값비싼 장치가 설치되어 있지 않기 때문에 시베리아에 있는 한 대규모 공장의 경우 미국 전역의 공장들에서 나오는 이산화황을 모두 합친 것보다도 더 많은 양을 그대로 대기 중으로 뿜어내고 있다. 따라서 러시아에서 생산된 광물을 사용한 컨버터가 그 광물 정련과정에서 배출된 대기 오염을 상쇄시킬 만큼 배기가스 중의 이산화황을 걸러내는 작업을 완수하려면 이를 장착한 자동차가 적어도 2만 5천 킬로미터를 주행해야 한다는 계산이 나온다. 또 이보다 환경 피해가 적은 정제과정을 거친 캐나다산 광물로 만든 컨버터의 경우라면 스크러버 장치를 생산하는 과정에서 사용된 연료와 그로 인한 온실 효과를 감안하지 않을 수 없다[4]. 그뿐 아니라 이 컨버터들이 이산화황과 이산화탄소를 제거하는 과정에서 상당량의 이산화질소가 만들어지는데, 이는 온실효과를 일으키는 가스들 중 열 함유율이 가장 높아서 이산화탄소보다 300배나 강력한 작용을 하는 물질이다. 1990년대에서 1996년 사이 미국 전 지역에서 너나할것없이 자동차에 컨버터를 장착하는 열풍이 일었던 덕분에 질산가스 배출량이 32%나 증가했는데, 이는 해당 기간 동안 전국에서 발생한 질산가스의 절반을 넘는 양이다. 그리고 이 모든 법석에도 불구하고 이 기간 동안 미국 전역으로부터의 이산화탄소 배출량은 여전히 9% 정도 증가했다[5].

녹슨 바다

자연 자원의 소실과 쓰레기의 생산은 생명체가 존재하는 곳이면 어디든지 따라다니는 필연적인 부산물인 동시에 때로는 진화를 촉진시키는 인자로 작용하기도 한다. 이를 가장 적나라하게 보여주는 사례가 호주 서부의 해머슬리 산맥이다. 아마도 지구의 역사를 통하여 가장 대규모였을 '오염 유출 사건(?)'의 부산물로 형성된 이 거대한 철광석 산맥은 지구의 생물권으로 하여금 자신들이 제한된 자원을 가진 작은 행성에 살고 있다는 현실을 깨닫게 만든 사건을 기념하는 상징이라고 할 수 있다. 공중에서 내려다보면 위쪽이 평평한 해머슬리 산맥은 마치 붉게 부풀어 오른 흉터 자국처럼 오래된 필바라 평원을 가로질러 누워 있다. 여기저기 침식에 의해 산맥의 옆구리가 찢겨진 곳에는 철분이 많이 들어 있어 붉은색을 띤 자갈들이 마치 엉겨붙은 피처럼 달라붙어 있다. 그 위로 녹황색의 풀들과 줄기가 흰 유령 고무나무(ghost gum)가 점점이 흩뿌려져 자라고 있는 해머슬리 산맥은 그 기막힌 원색의 대비가 너무나도 강렬해서 초현실적인 느낌마저 들게 한다.

이곳에 있는 골짜기 중의 하나로 걸어 들어가 보아도 마치 이

호주 서부 필바라에 있는 해머슬리 산맥
25억 년 전 바다 밑바닥이었던 이 지역은 박테리아에 의하여 산화된 철분이 침전되어 만들어진 것이다. 이 점에서 해머슬리 산맥은 지구 역사 전체를 통해서 가장 큰 규모로 발생한 오염 사건의 증거물이라고 할 수 있다.

세상에 속하지 않은 풍경을 보고 있는 듯한 느낌은 여전하다. 지구 상에서 가장 큰 규모의 철 매장지 중의 하나인 이곳은 잘 닦인 도로와도 같이 매끄러운 골짜기 밑바닥과 그 옆에 둘러선 절벽들의 선명한 붉은 색으로 인하여, 마치 통째로 녹슬어가고 있는 거대한 무쇠 도시의 버림받은 뒷골목을 걷고 있는 것 같은 착각을 불러일으킨다. 발 밑에는 작은 시내들이 물살로 마모된 길을 따라 계단처럼 층을 이룬 바위들 위로 떨어져 내리고, 곳곳에 초록색 고사리과 식물들이 레이스처럼 자라고 있다. 관절염에 걸린 노인의 손가락처럼 흉하게 구부러진 뿌리로 철광석 바위에 달라붙어 있는 오래된 무화과나무들 위로는 새들의 노래 소리가 메아리친

호주 서부의 노스폴 화석
박테리아가 남긴 찌꺼기들이 층층이 쌓여서 만들어진 이 작은 기둥들은 무려 35억 년 전에 만들어진 것으로, 지구상에 살았던 생명체들이 남긴 흔적 중 가장 오래 된 것이다. 당시 바다 밑바닥에 형성되었던 이 기둥들은 지금은 노스폴(=북극)이라는 흥미로운 이름이 붙은 장소의 바위벽을 형성하고 있다.

다. 자석으로 이곳의 바위를 건드리면 그대로 철꺼덕 달라붙어 버리고, 만일 주머니 속에 나침반을 넣고 이 골짜기에 들어섰다면 그 바늘은 미친 듯이 사방으로 움직일 것이다. 우리는 지금 시간의 만화경 속으로 걸어 들어와, 지금으로부터 약 5,000만 년 전 지구를 강타하고 그 생물권의 진화 경로를 송두리째 바꾸어 버렸던 재난의 현장 한가운데에 서 있는 것이다. 이 철광석의 바위벽들은 원래 그 두께가 2.5킬로미터에 이르는 바닷속 해저면이었는데, 주로 박테리아의 배설물이 모여서 형성된 것이다.

해머슬리에 남아 있는 지질시대의 흔적들로부터 이와 관련된 진화 현상의 범위와 그 결과 생태계에 일어난 변화들을 제대로 파악하려면 과거의 지질시대 속으로 좀더 깊이 탐험해 들어가서 이 지구상에 생명체가 처음으로 생겨나던 때까지 거슬러 올라가야 한다. 그러나 이 탐험 여행을 위하여 해머슬리로부터 그리 멀리 갈 필요는 없는데, 왜냐하면 이곳으로부터 북동쪽으로 160킬로미터 정도 더 올라가서 노스폴(North Pole)이라는 묘한 이름이 붙은 지역에 도달하면 바로 지구상에서 가장 오래된 화석—즉 지금으로부터 약 35억 년 전 개펄의 진흙 땅 위에 남겨졌던 광합성 박테리아의 군집을 볼 수 있기 때문이다.

생명의 새로운 가지

이 박테리아 군집의 흔적이 해변가를 따라 처음 나타나기 시작했을 무렵, 지구상에서는 이미 그 이전 5억여 년에 걸쳐 생물의 진화가 진행되어 오고 있었다. 그 당시에 살고 있던 생명체들에 대하여 우리가 알고 있는 정보는 극히 제한되어 있지만 한 가지 확실한 것은 이 무렵 원래 한 종류이던 박테리아가 시원세균(archaebacteria)과 진정세균(eubacteria)의 두 종류로 갈라지게 되었다는 사실이다.

진정세균은 물이 있는 곳이라면 어디든지 서식하며 주변으로부터 화학 에너지를 흡수하는 능력이 있어서 때로는 태양 에너지를 자신들의 성장과 번식을 위해 이용하기도 한다. 이러한 기능을 수행하려면 매우 반응성이 높은 연료가 필요한 데, 물 속에서는 산소의 공급이 여의치 않으므로 수소가 대신 사용된다. 대부분의 초기 광합성 박테리아들은 태양광선을 이용하여 주변의 황화수소 분자를 분해할 때 나오는 수소 원자를 에너지원으로 사용했던 것 같다. 그런데 지금으로부터 약 30억 년 전쯤 광합성 박테리아의 일부는 황화수소 대신 그들의 주변에 훨씬 더 풍부하게 존재하는 물질—즉 '물(H_2O)'로부터 직접 수소를 분해해 낼 수 있게 되었다. 그 결과 이전보다 훨씬 효율적으로 자신들의 생명 활동에 필요한 연료를 생산하게 되었지만, 앞서 여러 차례 반복한 것처럼 보다 높은 효율성을 지향하는 모든 개선책은 나름대로 대가를 치러야 한다.

박테리아의 경우 이 부가가치세는 그 값 자체가 그렇게 비싼 편은 아니었으나 왠지 무언가 불길한 징조를 그 안에 내포하고 있는 듯한 조짐이 보였다. 그것은 다름 아니라 하나의 물 분자가 분해될 때마다 소중한 수소 원자를 두 개씩 얻을 수 있는 대신, 그와 동시에 매우 불안정한 산소 이온이 생겨난다는 사실이었다. 처음에 박테리아의 숫자가 그렇게 많지 않을 때에는 이 원치 않는 부산물의 축적이 별로 문제가 되지 않았지만, 약 28억 년 전 지구상에는 산소를 방출하는 박테리아들이 갑작스럽게 늘어나면서 이 변화는 누구나 쉽게 짐작할 수 있는 결과를 초래하였다.

이후 5억 년에 걸쳐 진정세균이 만들어 낸 산소는 지구의 바다들을 오염시켰을 뿐 아니라 대기 중으로도 새어 나가기 시작하였다. 이와 동시에 그 속에 높은 농도의 철분을 포함하고 있던 지구의 원시 바다는 물에 녹지 않는 산화철이 생성됨에 따라 혼탁해지고 붉은색을 띠게 되었다—다시 말해서 녹이 슬어 버린 것이다. 본질적으로 이 현상은 고삐가 풀린 진화의 일방적인 진행은 그 과정에서 생겨나는 부산물, 즉 '쓰레기'들이 생태계를 대량으로 오염시키는 결과를 가져온다는 틀에 박힌 사례 중의 하나일 뿐이다. 그러나 이후 지구의 생물권은 더 이상 예전의 상태로 돌아갈 수 없게 되었다.

이 산화철의 부유물들이 마침내 대부분 바닷속으로 가라앉고

물이 다시 맑아졌을 무렵에는 이미 여러 가지 새로운 생물들이 생겨나 있었다. 이들 중에는 산화 작용에 의한 피해를 피해 가거나 아니면 이로부터 자신들을 보호할 수 있는 방법을 터득한 종류도 있었지만 나아가서 아예 이 산소를 이용하는 보다 적극적인 해결 방식을 채택한 것들도 있다. 시원세균과 진정세균이 서로 합체를 만들어서 보다 효율적으로 양분의 고갈과 높아지는 산소 농도에 대응하고자 시도한 경우는 후자에 속한다. 이 합체의 결과로 생겨난 것이 오늘날 우리가 진핵생물(eukaryotes)이라고 부르는 새로운 생명체인데, 이들을 그 이전의 생물과 구분짓는 가장 큰 특징은 그 세포의 내부 구조에서 찾아 볼 수 있다. 진핵생물의 세포 안에는 미세한 구멍들이 나 있는 두 겹의 막으로 둘러싸인 주머니, 즉 핵(核)이 있어 그 속에 유전물질, 즉 DNA가 보관되어져 있으며, 또 이들과 일종의 공생관계에 있는 셋방살이 박테리아들이 세포질 내를 떠다니고 있다. 이 세포질 속의 박테리아들은 어쩌면 주인 세포를 공격하려던 세균이 잡아먹힌 것일 수도 있고 또는 기생(寄生)을 목적으로 침투해 들어 왔을 가능성도 있는데, 그 계기가 무엇이든 원래의 적대적 관계를 청산하고 외부의 척박한 생활환경으로부터 자신들을 보호해 주는 대가로 주인 세포에게 나름대로 도움을 주면서 조화로운 협력관계를 이루게 되었다[6].

산소 잡는 경찰관

이로부터 20억 년이 지난 지금에도 진핵세포 속의 공생 박테리아들은 아직도 그 자리를 지키고 있으며, 따라서 인간의 신체를 구성하고 있는 세포 하나하나 속에도 이들이 들어 있어 자신이 맡은 바 임무를 성실히 수행 중이다. 이들 중 일부는 미토콘드리아라는 이름으로 불리며 세포 내에 돌아다니는 산소의 양을 조절하고 이로부터 에너지를 생산해 내어 우리들이 숨쉬고 움직이는 일들이 가능하도록 해준다. 이들은 세포막을 통해 들어오는 산소를 모조리 잡아들여 자신들이 만들어 낸 아데노신 삼인산(adenosine triphosphate, ATP)을 붙여서 말하자면 옥탄가(賈)를 한층 더 높인 연료로 변화시킨다.

 이러한 관점에서 볼 때, 산소 연료로 가동되는 미토콘드리아라는 발전소에서 만들어지는 에너지로 살아가는 우리들은 까마득히 오랜 옛날 일어났던 저 산소 오염사건의 살아 있는 기념비라고 할 수 있겠다. 그러니까 분류학의 계통수 맨 아래쪽에 '진핵생물'이라는 새로운 가지가 생겨난 것과, 이들을 현미경으로 들여다 볼 때 관찰되는 핵 또는 미토콘드리아 같은 복잡한 내부 구조들은 이 오염사건이 지구 생태계에 남긴 흔적을 각기 다른 차원에서 보여주고 있는 셈이다. 결국 이 진핵생물은 다시 두 개의 생물계(生物界, kingdom)로 나뉘어 지구 표면적의 대부분을 차지했고, 고도로 분업화된 협동 군락을 형성하는 그 특성에 힘입어 강력한 지배 계층으로 군림하게 된다. 이 두 생물계는 다름 아니라 동물계(animal kingdom)와 식물계(plant kingdom)를 일컫는다. 좀 역설 같지만 인간의 신체를 구성하는 기본 단위인 세포들이 이처럼 아득한 옛날 진정세균과 고세균의 융합으로부터 유래되었다는 사실 자체가 인류의 '병균적 증가' 능력을 보여주는 또 다른 증거라고 볼 수도 있겠다.

 그러나 여기서 강조하지 않으면 안 될 사실은 겉으로 보기에는 동물과 식물이 이 지구의 지배자들인 것 같지만 실제 상황은 이와는 다르다는 것이다. 첫째, 이들은 지구 생태계를 구성하고 있는 분류학상의 가지들 중 두 개에 지나지 않으며, 둘째, 그 전체의 숫자나 무게로 따져본다 해도 제 1인자는 아니기 때문이다. 반면 박테리아를 비롯한 미생물들은 비록 그 각각의 개체 크기는 작을지 모르지만 이들을 모두 합친 무게로 보나 또 지구 생태계의 화학적 순환 과정에 미치는 영향으로 보나 동식물을 월등히 능가한다[7].

전환점

지구의 역사상 그 생태계에 산소가 등장한 것만큼 중대한 오염 사건은 또다시 없었다. 원래 태초의 대기 중에는 산소가 없었으나 지금은 공기 중의 5분의 1 이상이 산소이다. 이처럼 급격히 늘어난 산소는 당시 지구상에 살고 있던 생물들에게는 커다란 위협으로 작용했지만, 만일 이 산소가 아니었다면 인류는 생겨날 수 없었을 것이다. 또한 바닷물 속의 산소가 증발하여 대기 중으로 들어간 덕분에 하늘은 지금과 같이 푸른빛을 띠게 되었으며, 또한 자외선을 차단해 주는 오존층이 만들어짐에 따라 그 때까지는 물 속에만 존재하던 생명체들이 뭍으로 올라와 번성할 수 있었다. 그리고 지금도 모든 동물의 몸 속에서 근육을 움직이는 데 필요한 에너지 역시 산소로부터 나온다.

생태계 내에서는 이런 식으로 어느 특정 생물에게는 치명적인 위협이 되는 오염물질이 새로운 생물의 도래에 필요 불가결한 디딤돌의 역할을 하는 경우가 많이 있다. 따라서 인류가 지구상에 남긴 오염 또한 궁극적으로는 이제까지 생태계가 유지되어 오던 방식을 종식시키는 동시에 진화의 경로를 여러 가지 새로운 방향으로 전환시키는 결과를 가져 올 것이다.

28억여 년 전 일어났던 박테리아의 폭발적 증가와 인류의 최근 역사에서 일어난 인구 폭발을 연결지어 주는 또 다른 공통점은 이 두 가지 진화가 모두 그 이전부터 있어 왔던 환경 요인에 작지만 새로운 변화가 더해지면서 발생했다는 사실이다. 이 변화란 이제까지 운동성이 없던 박테리아에 어느 날 갑자기 편모(鞭毛)가 생겨났다거나 인류의 유인원 조상에게 날카로운 공격용 이빨이 새로 생겨났다는 식의 형태적인 개선을 의미하는 것은 아니다. 그보다는 이 두 경우 모두 진화의 과정에서 기존의 시스템이 가지고 있던 기능이나 특징이 강화된 것이 계기가 되어 일어났다고 보는 편이 옳다. 박테리아의 경우 이는 광합성을 위한 화학반응의 효율성이었고, 인류에게 있어서는 두뇌의 언어중추에 해당되는 부위가 발달한 것이었다.

성공의 대가

우선 박테리아의 경우에 해당되는 시나리오를 먼저 살펴보자. 이후 엄청난 수적 증가를 이루게 되는 이들의 첫 시작은 약 35억 년 전 태초의 바다와 호수 속 따뜻한 진흙바닥 한 편에서 황을 먹고 살던 박테리아 중의 일부가 햇볕을 이용하여 그들이 살고 있는 물 속의 수소 분자를 분리해 내기 시작한 데서 비롯되었다. 비록 결과적으로 산소라는 오염 물질을 조금 남기기는 했지만 이 방법은 이전보다 매우 효율적이고 경제적인 개선책이었다. 부산물로 생긴 산소가스를 제거하는 일 또한 그다지 어렵지 않았으나, 단지 특별히 많은 수의 박테리아가 모여서 살고 있던 곳에서는 녹조류(綠藻類, stromatolites)층이 생겨났다.

바로 이 녹조류층들이 나중에 노스폴 지역에서 발견되는 지질시대의 화석을 형성하는 화학적 구성성분의 기원이다. 여러모로 보아서 이 녹조류층은 엽록체의 전구체에 해당되는 생물들이 만들어 낸 산물로 추정된다. 그 증거는 노스폴로부터 남서쪽으로 800킬로미터쯤 떨어진 지역에 위치한, 샤크 베이(Shark Bay)라는 이름의 따뜻하고 염분이 많은 골짜기에 가면 알 수 있다. 바로 이 곳에 오늘날의 광합성 박테리아들이 노스폴의 화석과 똑같은 형태의 구조물을 만들어 놓았기 때문이다. 샤크 베이의 녹조류 기둥은 그 두께가 1미터, 혹은 그보다 더 크게 자란 것들도 있다.

샤크 베이 바닷속의 남조류 기둥
노스폴에 있는 바위 기둥들이 어떻게 만들어졌는지를 생생하게 재현해 보여주는 이 구조물은 지금도 그 속에 살고 있는 녹조류들이 만들어 내는 배설물이 더해지면서 꾸준히 커지고 있다.

    그 정교한 모양을 보아서는 믿기 어렵지만, 녹조류의 기둥은 결국 박테리아들이 분비한 노폐물이 쌓여서 이루어진 고층건물에 지나지 않는다. 날이면 날마다 이 고층건물의 위층에 살고 있는 살아 있는 박테리아는 햇빛의 도움으로 물 속에 들어 있는 염분을 분해하여 양분을 얻고 이 과정에서 만들어지는 탄산칼슘을 배설한 뒤, 이 물질들이 쌓여서 만들어진 끈끈하고 진흙 같은 쓰레기 층으로부터 빠져 나와 더 높은 곳으로 이주해 간다. 이런 일들이 반복되면서 녹조류의 아파트는 해마다 몇 밀리미터씩 그 높이가 자라는데, 샤크 베이에 있는 녹조류 기둥들은 현재 지구상에 존재하는 '살아 있는' 녹조류 군집으로는 가장 크고 오래된 것이다[8].

호주 서부 필바라의 눌러가인 화석
물 속에 서식하던 광합성 박테리아들이 주변의 물 분자를 원료로 사용하는 법을 배우면서 폭발적으로 증식한 결과로 만들어진 이 거대한 녹조류 기둥들은 그 나이가 2,800만 년이나 된다. 이 거대한 화석 기둥을 만들어 낼 정도로 활발했던 박테리아의 활동이 결국은 지구의 바다 전체를 녹슬게 만들고 그 하늘을 푸른 색으로 변화시킬 만큼의 산소를 만들어 내어, 인류를 비롯한 산소 호흡을 하는 생물들이 지구상에 생겨 날 수 있는 기반을 마련해 준 것이다.

 이처럼 한때 전 지구가 산소로 '오염'되는 결과를 초래했고 또 현재도 샤크 베이의 녹조류 기둥들이 자라는 데에 도움을 주고 있는 세포 대사 작용의 변화가 처음 일어난 현장을 노스폴 화석이 있는 곳으로부터 100킬로미터쯤 더 가면 발견할 수 있다. 눌러가인 강 북쪽 시골 지방의 작은 구릉과 관목 숲 사이로 구불구불 나 있는 협곡을 따라가노라면 왼편으로 나타나는 거무칙칙한 절벽들이 바로 그것이다. 만일 이곳의 풍경이 왠지 좀 기괴한 느낌을 준다면, 그것은 아마도 절벽들이 여러 개의 수많은 돔 구조를 빽빽

제5장 생태계의 오염과 진화 205

하게 겹쳐 놓은 종단면을 보여주고 있어, 마치 거대한 검은 양파의 속과 같은 모양을 하고 있기 때문일 것이다. 이 절벽 역시 녹조류가 모여서 이루어진 구조 중의 하나로, 그 나이는 28억 년쯤 된다.

    이보다 오래 된 지질층에서는 녹조류가 거의 발견되지 않고, 있다 하더라도 군집의 크기가 아주 작은 반면, 28억 년 전 무렵부터 갑자기 이들의 존재가 여러 화석에서 나타나기 시작함과 동시에 그 크기도 엄청나게 커지는 현상이 나타났다. 여러 고생물학자들은, 바로 이 때를 전후하여 박테리아들이 그 광합성 기능을 완성시키면서 그 대가로 상상도 할 수 없는 이득을 챙기게 되었다고 입을 모은다. 그 화학 대사 과정의 작은 부분을 개선함으로써 이 광합성 박테리아들은 에너지 효율을 무려 18배나 증가시킬 수 있었던 것이다. 그러나 이 사건은 궁극적으로 박테리아 자신의 파멸도 불러왔음을 말하지 않을 수 없다. 이후 박테리아들은 거의 5억 년에 이르는 기간 동안 지구 생태계를 지배하게 되지만 결국 이로 인하여 지구 역사상 가장 규모가 큰 재앙이 찾아오게 되었기 때문이다.

인류에의 적용

    그런데 지난 1만여 년 동안 인류의 숫자가 그야말로 폭발적으로 증가한 현상에서 우리는 앞서 박테리아의 경우와 매우 유사한 점을 발견할 수 있다. 인류의 조상은 그들이 생겨난 이후 첫 50만 년 정도의 기간을 매우 힘겹게 살아 남았던 것으로 보인다. 그러나 이후 200만 년 동안 이들의 진화 경로는 꾸준히 조금씩 바뀌어져서, 160만 년 전 무렵에 이르자 인류는 지구의 반대편까지 퍼져 나갔다. 지금으로부터 대략 11,000년 전 이들이 아메리카 대륙에 이르렀을 무렵에는 그야말로 전 지구가 인류에 의하여 장악된

호주 시드니의 달링 항(港)
인류가 그 생명 활동의 부산물로 만들어 내는 모든 것들도 결국 본질적으로는 광합성 박테리아들이 녹조류 기둥이나 산화철의 침전물, 그리고 푸른 하늘을 만들어 낸 것과 마찬가지로 자연스러운 노폐물일 뿐이다.

뉴욕 시가
허드슨 강변을 따라 늘어선 이 거대한 생명 활동의 '산물'들은 그 모양 면에서는 샤크 베이의 녹조류 기둥을 연상시키지만, 내용면에서는 그보다 훨씬 복잡하고 다양한 '노폐물'을 포함하고 있다.

상황이었다. 또한 이 시기를 전후하여 이제까지 수렵 채집인의 생활을 하던 인류는 농사를 짓기 시작하면서 한곳에 정착하여 살게 되었다. 그 후 다시 몇 천 년이 흐르는 동안 지구상의 모든 대륙은 인간이 건설한 마을과 도시들로 가득 차게 되었고, 문화, 상업, 그리고 기술이 인류의 최대 관심사로 등장하면서 이들은 바야흐로 '병균적 증가' 모드에 돌입하기 시작한다.

하지만 이처럼 현저한 생활 방식의 변화를 겪으면서도 인류 조상들의 외형적 모습은 10만 년이 넘는 세월 동안 신기하리만큼 그대로 유지되어 왔고, 단지 과거 200여 년에 걸쳐 몇 가지 세부적인 특징이 달라졌을 뿐이다. 진화상에서 인류의 가장 가까운 친척이라고 할 수 있는 침팬지와 우리를 구분 짓는 가장 두드러진 특징은 바로 인간의 풍부한 언어능력이므로, 바로 이 능력이 인류로 하여금 이처럼 눈부신 성공을 이루게 한 원동력이라는 점에는 의심의 여지가 없다. 그러나 진핵생물이 산소를 이용하기 시작한 것이 불러왔던 결과와 마찬가지로, 언어의 사용 역시 궁극적으로 인류에 의한 자원의 소비를 엄청나게 증가시켰고, 그 소비 규모가 너무나도 엄청난 나머지 이들이 만들어 내는 그야말로 다양한 쓰레기와 오염물질의 양이 바로 인류의 '병균적 증가'를 다른 생물들의 그것과 구별짓는 특징이 되어 버렸다. 즉 광합성 박테리아가 그 폭발적 증가의 흔적으로 몇 개의 석회석 기둥과 거대한 철광석 퇴적물, 그리고 푸른 하늘을 남긴 반면, 인류는 마천루 빌딩과 쇼핑몰, 자동차, 고속도로, 엄청난 양의 온실효과 가스들, 질소와 황의 산화물, 독성이 강한 금속 화합물, 방사성 폐기물, DDT, 유기염소, 그 외에도 이루 다 열거할 수 없는 부산물을 만들어 내었다. 그러나 인간 활동의 결과로 생겨난 이 부산물들이 지구 생태계의 다른 생물에게 해로운 독성 물질로 작용한다는 사실은 어찌 보면 당연하다. 왜냐하면 25억 년 전 박테리아들이 배출한 산소의 경우도 사정이 크게 다르지 않았던 것이다. 진화학자인 린 마길리스와 도리안 세이건(Dorion Sagan)의 말을 빌리자면 "쓰레기, 노폐물, 오염물질을 만들어내지 않는 생명체란 있을 수 없다. 어떤 오염 현상이 만연하게 되면 자연은 이를 특정 생물에 대한 강력한 유해물질로 작용시켜 진화의 새로운 경로를 찾게끔 부추기는 역할을 한다[9]."는 것이다.

세상을 인간중심 철학의 색안경을 통해서 바라다보고 또 인류의 독점물인 첨단 기술을 통해서 생태계에 가공할 폐해를 미치는 일을 지금처럼 계속한다면 우리는 과거에 병균적 증가를 보였던 다른 생물들이 걸어간 길을 그야말로 충실하게 답습하고 있는 셈

폐차장에 쌓여진 자동차들의 고층 건물
모든 생물의 노폐물들은 여러 가지 다양한 형태와 정도를 가진 쓰레기들을 생태계에 남기게 마련이지만, 모든 생물의 쓰레기가 인류의 그것처럼 해로운 것은 아니다.

이며, 따라서 자연이 이에 어떤 방식으로 대응할 것인지도 자명하다―문제는 이 대응이 항상 오염의 주체인 생물에게 별로 반갑지 않은 방향으로 작용해 왔다는 점이다.

　오래 전 지구의 바닷속에 광합성 박테리아들이 그리 많지 않았을 때는 이들이 만들어 내는 오염물질이 그다지 문제가 되지 않았다. 그러나 약 25억 년 전 그들의 수적 증가가 최고점에 달했을 때 자연은 언제나 그랬듯이 '환경요인을 통한 징벌'을 감행하여 진화의 무대를 다시 평정했다. 환경의 파괴가 계속 심화되고 생태계의 다양성은 아래를 향하여 곤두박질을 치고 있는 오늘날의 상황은 자연이 또다시 그 심판을 시작하려고 준비하고 있음을 알려준다.

제 6 장
불균형 바로잡기

인생은 골치 아픈 것이다.
–니코스 카잔차키스(Nikos Kazantzakis),
『희랍인 조르바 Zorba the Greek』

지구의 생물학적 표피

기상 화학을 연구하는 영국의 제임스 러브락(James Lovelock) 박사는 그 생물상과 생태계가 조화롭게 살아나가고 있다는 점에서 지구를 하나의 우주적 생물로 보는 관점을 가지고 있다. 그는 지구 생태계가 그 속에 포함된 생명 현상들을 유지하기 위하여 행성 그 자체 내에서 뿐만 아니라 나아가 우주 전체와도 다양한 상호작용을 주고받는다고 말한다. 바로 이것이 러브락이 주장하는 '가이아 학설(Gaia Hypothesis)'의 골자로, 그 근본 아이디어는 "다른 개체보다 환경에 더 잘 적응할 수 있는 특징을 가진 개체가 더 많은 자손을 남긴다."라고 하는 다윈의 자연도태설과 맥이 통하는 것이다. 단지 가이아 학설에서는 각 개체 또한 그들 나름대로의 특성과 행동, 그리고 상호작용을 통하여 환경이 자신에게 유리한 방향으로 작용하도록 적극적으로 개입함으로써 그 생존 확률을 높이고자 한다는 사실을 추가로 강조하고 있다는 점이 주목된다. 그러니까 생태계 전체의 진화 역시 그 구성원인 개체들의 진화 과정이 서로 빈틈없이 연결되어져 마치 한 생물의 그것처럼 진행된다고 볼 수 있다.[1]

러브락의 주장은 여러 가지 면에서 20세기 초반에 러시아의 지질화학자인 블라디미르 베르나드스키(Vladimir Vernadsky)가 이미 제창했던 아이디어, 즉 생물권 내의 모든 구성 요소들은 생물, 무생물을 막론하고 모두 나름대로 생명을 가지고 있어 서로 끊임없이 영향을 주고받으며 하나의 거대한 생태계를 이루고 있다는 관점과 많이 닮아 있다. 학자들 중에는 지구 생물권과 그 물리적으로 구성 성분 사이의 긴밀한 상호 관계까지 염두에 두고서, 진정한 지구의 표면은 지각(地殼) 그 자체뿐 아니라 그 위에 깃들어 살고 있는 생물체들까지 포함한 것이라고 주장하는 사람들도 있다. 생물학자 린 마길리스와 도리안 세이건은 그들이 공저한 책에서 "지구 생태계가 행성 자체에 미치는 생리적 영향의 막중함을 생각한다면, 지구를 단지 그 위에 약간의 생명체들이 깃들어 살고 있는 거대한 바위덩어리라고 보는 관점은 마치 사람의 몸을 가리켜서 세포들이 덕지덕지 붙어 있는 뼈 조각들이라고 말하는 것과 마찬가지로 주객(主客)이 전도된 개념이다."라고 말하고 있다.[2]

이론적으로 현재 지구상에 온실 효과를 일으키고 있는 두 주범, 즉 이산화탄소와 메탄가스가 없다면 지구 해수면의 평균 온도는 지금보다 33도 가량이나 낮을 것이라는 계산이 나온다. 다시 말해서 어느 날 갑자기 지구를 감싸고 있는 대기층으로부터 탄소가 모두 사라져 버린다면 모든 생물체는 사라지고 지구는 결국 이들이 생겨나기 이전의 원래 상태—즉 살아 있는 것이라고는 찾아 볼 수 없는 얼음덩어리로 돌아 갈 것이라는 뜻이다. 그러나 러브락 박사가 지적한 것처럼 지구라는 행성과 그 위의 생물권 사이에는 겉으로 나타나는 것보다 훨씬 긴밀한 상호 연관 관계가 형성되어 있으므로 위와 같은 가설이 실제로 일어나는 일은 아마도 없을 것이다.

물론 탄소가 지구 온도의 가장 중요한 조절자라는 것은 엄연한 사실이며, 또한 이 탄소가 모든 생명 현상에서 빼놓을 수 없는 요소로 끊임없이 생태계 내에서 순환되고 있다는 점도 부인할 수 없다. 대기 중에 존재하는 탄소는 세 가지 형태를 취하는데 이산화탄소와 메탄, 그리고 최근 들어 합세한 **CFC**가 그것들이다. 이들이 수증기와 결합하게 되면 대기 중으로 들어오는 태양광선 내의 적외선을 88% 이상 흡수하여 그 두께가 얼마 되지 않는 대기층의 온도를 현저하게 올려서 온실 효과가 나타나게 된다. 그런데 러브락 박사는 지구상에 생명체가 처음 나타나기 전에는 대기 중의 탄소량이 현재의 0.035%보다 훨씬 많았고, 따라서 그 표면 온도도 지금보다 훨씬 높았다는 사실을 지적한다. 생명체가 살지 않는 지구의 두 이웃 행성들, 즉 금성과 화성의 대기는 산소가 거의 없고 90% 이상이 이산화탄소로 이루어져 있다. 이에 반해서 지구의 대기는 20.9% 정도의 산소를 포함하고 있으며 이산화탄소의 양은 0.03%에 불과하다[3]. 이처럼 커다란 차이가 생겨나게 만든 원인은 바로 박테리아들이다. 즉 지구의 시원 생태계에 존재하던 박테리아들이 대기 중의 탄소를 동화시키는 과정에서 산소가 만들어졌으며, 그 결과 지구의 온도가 서서히 식어서 다른 생명체들이 생겨날 수 있는 환경이 조성된 것이다. 이 바람직한 현상은 오늘날도 여전히 지구상의 박테리아에 의하여 유지되고 있다. 또 진핵생물의 세포 안으로 들어간 박테리아 역시 마찬가지 역할을 수행하고 있는데, 녹색식물의 엽록체와 인간을 포함한 생물들의 미토콘드리아가 여기에 해당된다.

호주 남서부의 나피에르 방목지
화석화된 산호초들이 모여서 형성되어진 이곳의 구릉들은 아마도 지구상에서 가장 웅장한 모습을 한 탄소 저장고일 것이다. 수십억 톤에 달하는 탄소 이외에도 다량의 칼슘과 산소가 이 화석 산호초들 속에 과거 3억 6천만 년 동안 묻혀 있었다. 이 산호초의 화석은 한때 킴벌리 지역 전반을 병풍처럼 둘러싸고 있었던 것으로, 그 규모가 호주 북동부 해안에 위치한 그레이트 배리어 산호초와 맞먹는다.

우주 속의 카멜롯 궁전

결국 지구상의 광합성 생물들은 난방기구라기보다는 하나의 거대한 에어컨과도 같은 역할을 한 셈으로, 이들은 대기 중의 이산화탄소를 빨아들여 지구의 온도를 식혔고, 이 열량을 몸 속에 지닌 채 흙과 바위, 그리고 바닷속에 묻혀서 기나긴 지질 시대를 통하여 반복되는 탄소 주기의 한 단계를 형성했다. 그러니까 먹이사슬에서 생산자에 해당하는 이 광합성 생물이 지구 대기 중의 이산화탄소 함유율을 낮추어 지표면의 복사열 중 12% 정도가 대기를 빠져 나가도록 만들어 준 덕분에, 지구는 여러 가지 다양한 생

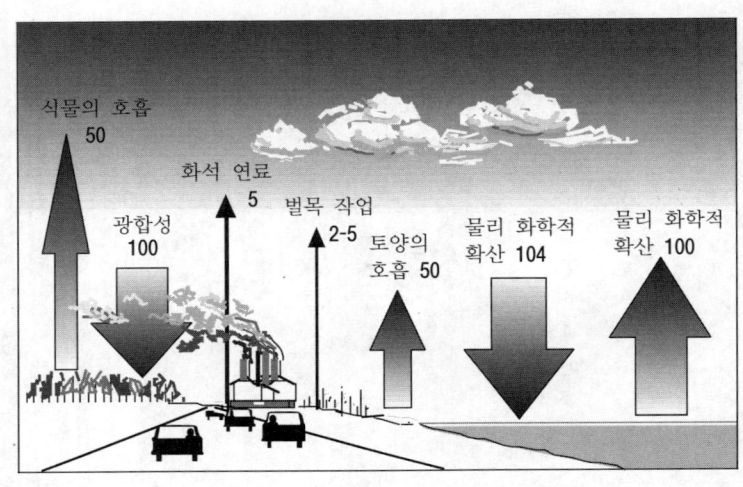

그림 18. 탄소의 순환
도표의 숫자들은 각 종목별 연간 탄소의 이동량을 10억 톤의 단위로 나타낸 것이다. 이 자료에 따르면 해마다 대기 중의 탄소량은 약 30~60억 톤씩 증가하고 있다는 계산이 나온다.

물군이 살기에 적합한 환경으로 바뀌어 우주 속의 카멜롯 성(城) (역주: 전설 속의 아더 왕이 살았다는, 시대의 혼돈으로부터의 피난처 역할을 했던 장소)으로 남게 되었던 셈이다. 그런데 이 탄소 펌프는 주변의 환경 요인과 생물체들로부터 오는 영향에 매우 민감하게 반응하는 특성을 가지고 있어 생태계 내에서 아주 성능이 좋은 자동 온도조절장치와 같은 작용을 한다(그림 18). 예를 들어 대기 중의 이산화탄소 양이 증가하고 그 결과로 온실 효과에 의한 온도 및 습도 상승이 일어났다고 치자. 이런 상황에서는 탄소를 흡수하는 광합성 생물, 즉 말하자면 청록 세균과 세포 안에 이들로부터 유래된 엽록체를 가진 녹색 식물의 번식이 늘어나는 것은 물론 이들을 먹고 사는 소비자의 숫자도 증가한다. 이처럼 생태계 내에서 생명 활동이 활발해지면 질수록 더 많은 양의 이산화탄소가 대기 중으로부터 생태계로 옮겨지거나 지구 표면의 흙 속에 화석 연료의 형태로 저장되는 한편 지구의 온도는 다시 내려가게 된다. 이와 반대되는 상황은 바로 빙하기 때의 지구인데, 빙하기의 지구 대기는 매우 건조하고 그 속에 포함된 이산화탄소나 수증기의 양도 매우 적었다. 당연한 결과로 광합성 세균들의 활동이 저하되자 탄소 흡수 또한 따라서 감소하였고, 그 결과 대기 중의 이산화탄소 양은 다시 증가하기 시작하며, 이로 인한 온도의 상승으로 전체 생태계가 다시 균형을 되찾을 수 있었던 것이다.

한 생물체가 광합성 과정에서 대기 중으로부터 빨아들이는 이산화탄소의 양은 이 생물이 호흡을 통해서, 그리고 나중에 자신이 썩는 과정을 통하여 방출하는 이산화탄소의 양과 대충 맞먹는다고 볼 수 있다. 그러나 연간 지구상의 생태계 전체에서 순환되는 탄소의 양이 워낙 엄청나게 크므로 이 흡수와 배출의 상대적 밸런스가 조금만 깨어져도 그 결과로 심각한 상황들이 발생하는 것이다. 예를 들어 지구상의 토양에서 자라는 식물들이 연간 흡수하는 대기 중의 이산화탄소 양은 100억 톤 정도인데, 이는 전체 대기 중 이산화탄소 양의 14%에 해당된다. 이렇게 말하면 그다지 대단한 양이 아닌 것처럼 느껴질지 모르지만, 식물은 환경의 변화에 대응하여 매우 민감하게 반응하는 성질을 가지고 있으므로, 경우에 따라서는 이 14%의 차이가 지구 생태계의 강력한 조절 인자로 작용할 수 있다. 예를 들어 기온이 1도만 변해도 식물의 호흡량은 30%까지 증가하는데[4], 바로 이와 같은 민감성 때문에 식물은 인류를 비롯한 모든 생물의 진화 과정에서 거대한 조절 레버의 역할을 담당해 왔다.

메탄이라는 조절 레버

메탄가스는 박테리아가 탄소 주기에 기여하는 산물들 중 인위적으로 그 양을 조절할 수 없는 기체이다. 지구 생물권의 여러 장소에서 채취한 메탄을 방사성 동위 원소법으로 분석해 보면 이들의 대부분은 자연계의 산물로부터, 그리고 주로 시원세균들로부터 온 것임을 알 수 있다. 지구상 생물체의 계통수에서 처음으로 갈라져 나온 두 가지 중 하나에 해당하는 이 미생물은 지금도 생태계 곳곳에 존재하고 있지만, 이들보다 나중에 생겨난 진정세균에 가려져서 잘 보이지 않고 있다. 이들이 이처럼 숨어 버리게 만든 주범은 바로 산소인데, 지구에 산소라는 것이 아직 존재하지 않던 시기에 생겨난 이 시원세균, 그 중에서도 특히 수소를 주 에너지원으로 사용하며 노폐물로는 메탄가스를 만들어 내는 종류들은 강력한 반응성을 가진 산소 원자에 대처할 그 어떤 화학적 방책도 세포 내에 가지고 있지 않았기 때문이다. 그러나 그 물질 대사의 산물로 산소를 만들어 내는 진정세균들은 이와 더불어 살아가는 방법을 터득했을 뿐 아니라 나아가서 산소를 자신들의 대사 작용에 이용하기 시작하였다. 진정세균이 번성하면서 지구의 바다를 활성 산소로 가득 채우기 시작하자, 시원세균들은 죽느냐 아니면 숨어 버리느냐의 두 가지 운명 중 하나를 선택하는 수밖에 없었다.

그런데 시원세균처럼 메탄가스를 배출하는 생물들은 대개 해저의 화산이 폭발했을 때나 화산의 분출로 데워진 호수 등에서 처음 생겨났을 것으로 추측되기 때문에, 어떤 면에서는 이미 극한 상황적인 환경을 이미 경험해 보았다고 할 수 있다. 한 예로 이들 중에는 웬만한 다른 생물은 배겨날 수 없는 고온에서 오히려 제 세상을 만난 듯이 번식하는 종류들도 있다. 실제로, 현존하는 생물 중 가장 높은 온도를 견딜 수 있는 기록의 보유자인 *Phyrolobus fumaris*는 바로 이 시원세균에 속하는 미생물로, 물이 끓는 온도보다도 훨씬 높은 무려 섭씨 113도에서도 잘 살 수 있다고 한다. 이런 신기한 특성이야말로 지금으로부터 20억 년 전 이들이 산소를 피하여 숨을 장소를 찾을 때 큰 도움이 되었을 것이 틀림없다. 그들이 선택한 피난처 중에는 온천이나 바닷속의 분화구도 있었지만 많은 메탄 생산자들은 지하로 '잠수하는' 방편을 취했다. 과학자들이 최근에 들어와서야 이들의 존재를 발견할 수 있었던 것은 바로 이 때문인데, 그러나 일단 한 번 발견되기 시작하자 이들의 자취는 상식적으로는 상상하기 힘든 장소들—예를 들어 가축이나 진딧물의 창자 속을 포함하여 도처에서 나타나고 있다. 이 중 특히 놀라운 장소는 지질 연구를 위하여 채취한 흙기둥들로, 상상할 수 없으리만큼 깊은 땅 속의 퇴적층이나 바위 틈새에도 메탄을 생성하는 시원세균들이 엄청난 숫자로 숨어 있음을 알려 준다. 이는 캘리포니아 주립대학교의 노먼 페이스(Norman Pace) 박사가 "그 물리적 환경 조건이 맞기만 하면 지각(地殼) 그 어디를 막론하고 박테리아들이 파고들어 가지 않은 곳은 없다."고 한 말을 그대로 증명하는 것이다[5].

박테리아는 그 깊이가 무려 3.3킬로미터에 달하는 남아프리카 공화국의 금광 속에도 있으며, 미국 남동부 지역 땅 속 깊은 곳을 채취한 흙기둥 속에서도 1만 여 종이 넘게 발견된 바 있다. 이처럼 산소가 희박한 장소에서 생활하는 생물의 물질대사는 거의 대부분 수소를 중심으로 일어나기 때문에 그 산물로 메탄이 생성되는 결과를 낳는다. 그런데 이러한 혐기성(嫌氣性) 미생물의 물질대사는 그 속도가 엄청나게 느린 것이 특징이어서 심지어는 한 번 번식하는 데 수백 년의 세월이 소요되는 경우도 있다. 그럼에도 불구하고 그 전체 숫자가 워낙 크기 때문에 이들로부터 발생하는 메탄가스의 양은 실로 상상을 초월한다. 과학자 중에는 지구가 보유하고 있는 천연 가스나 석유가 거의 모두 이 메탄 박테리아에 의하여 만들어졌다고 주장하는 사람들도 있다. 실제로 방사성 동위원소를 이용한 분석을 해보면 지각과 지표에 존재하는 모든 메탄가스가 박테리아의 생성물임을 알 수 있다. 그래서 일부 학자들은 이 땅 속 세균의 생체량을 모두 합한다면 이들을 제외한 다른 모든 세균은 물론 심지어 지구상 모든 생명체들의 양을 합한 총량보다도 더 많을 것으로 추정한다[6].

서리 녹이기

이들 메탄생성 박테리아 중 특히 인류에게 중요한 영향을 미치는 것은 극지방 또는 준 극지방과 같이 추운 지역에 사는 종류이다. 이들이 만들어 내는 메탄가스는 툰드라의 식물들이 썩을 때 나오는 메탄과 더불어 만년빙이나 바다의 얼음 속에 갇혀져 있는데, 지구의 온난화 현상으로 극지방 얼음덩이의 해빙 현상이 가속화되고 있는 현재의 시점에서 이들의 존재는 그야말로 탄소의 시한폭탄이라고 할 수 있다. 만일 이런 말이 일종의 과대망상이라고 생각하는 사람들이 있다면 지금으로부터 불과 몇 천 년 전—이는 지질학적인 개념으로는 그야말로 눈 한 번 깜박일 시간에 불과하다—빙하기 동안에 일어났던 사건을 상기해 볼 필요가 있다. 호주의 사막지대 중심부 곳곳에 흩어져 있는 빙하 조각들은 지구의 온도가 때때로 얼마나 극심한 변동을 겪었는지를 생생하게 증명해 주고 있으며, 호주 대륙의 기후가 지질시대를 통하여 비교적 일정하게 유지되어 왔으리라는 학설(호주는 지구가 두 번의 빙하기를 겪는 동안 모두 열대 지방에 해당되는 위도 상에 위치하고 있었다)을 전면 부인하고 있다[7].

과거 지구상에서 빙하기에 버금갈 만한 극심한 기후 변화가 마치 전기 스위치를 켰다 껐다 하는 것처럼 급격하게 일어난 경우가 빈번했다는 주장에 이론을 제기하는 사람은 거의 없다. 최근의 연구 결과들에 따르면 한 빙하기에서 간기로 넘어가는 전환 과정이

빙하 작용으로 생겨난 낙석
호주의 사막 지역 한가운데 곳곳에서 발견되는 이러한 빙하의 흔적들은 지구의 기후가 얼마나 변화무쌍한 것인지를 잘 보여주고 있다. 얼음으로 둥글게 마모된 이 바윗돌은 지금으로부터 약 7억 5천만 년 전쯤 오스트레일리아 대륙 전체가 지금 현재 남극 대륙을 뒤덮고 있는 것만큼 두꺼운 얼음장 밑에 놓여 있었을 당시 그 아래쪽에 묻혀 있다가 얼음이 녹으면서 떨어져 내린 것이다.

단지 수백 년, 그리고 심지어는 수십 년밖에 걸리지 않은 적도 많았다고 한다. 지질학적으로 볼 때 이는 전에 어떤 기상학자가 우스갯소리로 말했던 것처럼 "정치인들조차도 집중력을 유지할 수 있을 만큼 짧은 기간"이다. 그런데 매사추세츠 주의 우즈홀 연구소에서 일하는 리처드 휴우턴(Richard Houghton)과 조지 우드웰(George Woodwell)에 의하면 빙하기의 기록에서 그 기후 변화가 언제나 대기 중의 탄소량과 시기적으로 발을 맞추어 일어났던 것은 사실이지만, 실제 지구의 기온이 변화한 폭은 오로지 탄소량의 변화로 인한 것보다 5~14배 가량 증폭되어 나타났다고 한다[8].

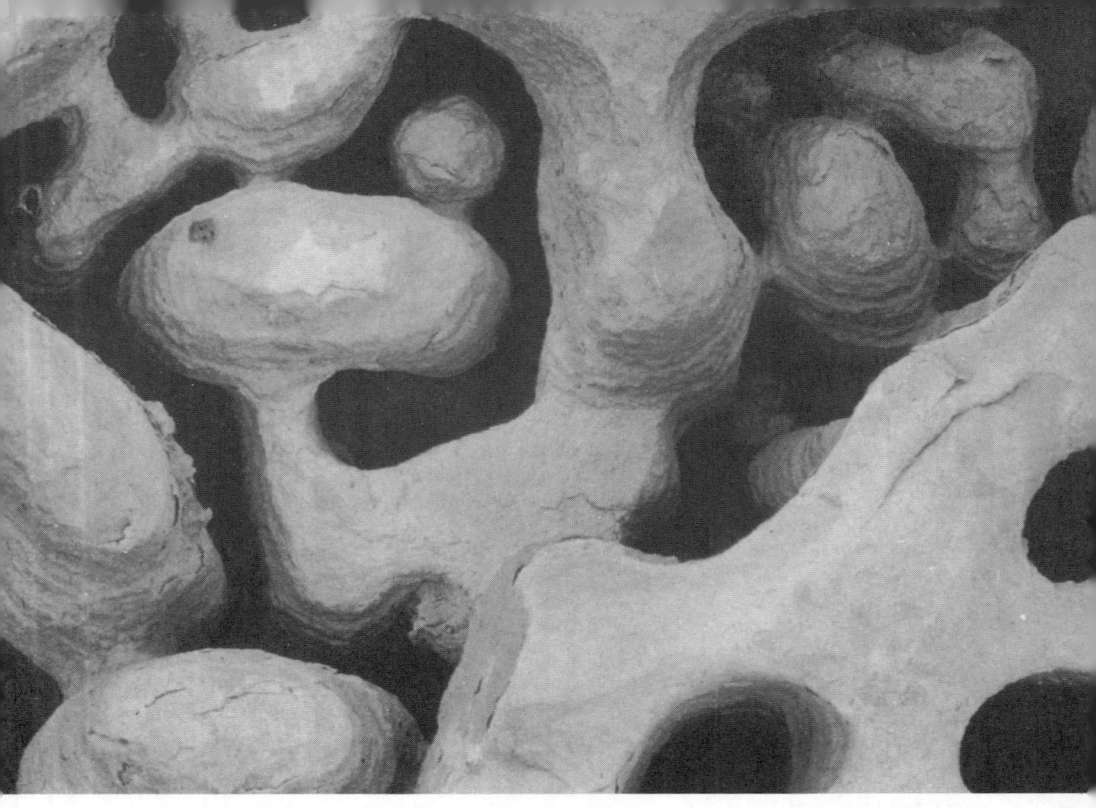

호주 북서부 지역의 사암층
동굴 속으로 회오리바람이 몰아쳐 불면서 바위의 부드러운 부분을 선택적으로 마모시킨 결과 약 2억 8천만 년 전 빙하가 녹으면서 생겨난 물 속의 모래흙들이 퇴적될 때 그 혼탁도에 따라 형성되었던 층 구조가 드러나 보이게 되었다.

여기에서 메탄 한 분자가 낼 수 있는 온실 효과가 이산화탄소의 그것보다 몇 배나 더 강력하다는 사실을 기억한다면 이 오차에 대한 해답은 자명해진다. 즉 메탄이 소량만 대기 중에 방출되었더라도 이처럼 급격한 기온 변화를 초래하기에 충분했으리라는 것이다. 이런 관점에서 볼 때 만일 지금 극지방의 툰드라 속에서 잠자고 있는 메탄이라는 괴물이 깨어난다면 이는 실로 인류로서는 상상하고 싶지 않은 악몽이 될 것이 분명하다.

　탄소는 앞서 언급한 것처럼 모든 생명체의 물질 대사 속도를 조절하는 주축 레버로 작용하는 것 이외에도 두 가지 다른 기능을 가지고 있다. 그 하나는 산소와 결합하여 이산화탄소를 형성해서 광합성 생물들이 만들어 내는 영양분의 구성 성분으로 지구상 모든 생명체의 99.9%를 먹여 살리는 것이고, 다른 하나는 지구상의 생물체들이 자신의 생존을 돕는 방향으로 주변 환경을 조절하는 레버의 역할을 담당하는 것이다.

자율적인 행성

그런데 러브락 교수는 이 탄소의 순환이 보여주는 것과 같은 자율적인 조절이 사실은 각각의 생명체들이 지구 생태계와 맺고 있는 모든 상호관계에서 찾아 볼 수 있는 극히 보편적인 현상이라고 말한다. 바로 이 때문에 그는 우주적인 차원에서 볼 때 지구가 마치 하나의 생명체처럼 행동하여, 그 생물권과 생태계가 자신의 생존을 위해 가장 적절한 방식으로 운영되도록 조절하고 있다고 믿는다. 또한 이와 같은 자율 조절 체계가 실제로 존재한다는 것을 보여주기 위하여 러브락 교수가 제시하는 사례들은 현재 지구촌 곳곳에서 두드러지고 있는 여러 가지 자연 현상을 훌륭하게 설명해 준다.

그의 가설을 증명하기 위해서 러브락 교수는 우선 꽃 색깔이 짙고 옅은 두 종류의 데이지만이 살고 있는 지구를 나타내는 컴퓨터 시뮬레이션 모델을 만들었는데, 여기서 이 두 가지의 데이지는 그 반사율의 차이 때문에 각기 주변 환경에 약간씩 다른 영향을 미치는 것으로 되어 있다. 이 모델은 비록 실제의 지구 생태계처럼 다양한 생물 종을 갖추지는 못했지만, 두 종류의 데이지가 각자 주변의 환경 요인을 자신의 생존에 가장 적합하도록 변화시키는 동시에 사이 좋은 공존 관계를 유지하면서 그야말로 근사한 '데이지 왕국'을 이루며 번성하는 모습을 잘 보여 준다.

이 가상적인 모델 시스템을 통하여 명백하게 나타나는 지구 생태계의 특징은 바로 그 안정성, 즉 '현재의 상태를 유지하고자 하는 성질'이다. 러브락의 컴퓨터 모델에서 두 종류의 데이지 중 어느 것도 상대방을 완전히 짓누르고 전체 생태계를 차지할 수는 없었는데, 그 이유는 만일 한 종류의 데이지가 다른 종류보다 눈에 뜨이게 빠른 속도로 번식하기 시작한다 싶으면 환경은 즉각 그 식물에 불리한 쪽으로 변화하여 이들이 퍼져 나가는 속도를 누그러뜨리곤 하였기 때문이다. 러브락 교수가 이 간단한 지구의 모델에 차츰 다른 생물종들—예를 들어 데이지를 뜯어 먹는 초식 동물, 또는 이들을 잡아먹는 육식 동물들—을 더하고, 또 때때로 전염병이나 빙하기의 도래, 혹은 혜성과의 충돌과 같은 예기치 못한 재앙이 일어나도록 만들자 경우에 따라서는 이 데이지 군락의 30% 정도까지 파괴되는 현상이 일어났다. 그러나 이러한 피해들은 항상 신속하게 복구되었고 지구의 온도는 언제나 다시 정상을 되찾는 모습을 보여 주었는데, 이는 심지어 러브락 교수가 일부러 태양의 온도를 조금씩 올려 보았을 때에도 마찬가지였다[9].

이 모델이 지구와 똑같은 크기의 생태계는 아니라는 점을 감안하더라도, 이를 통하여 관찰할 수 있는 현상들이 실제로 지구의 생물권에서 일어나고 있다는 증거는 충분하다. 지구는 그 온도와 생태계의 다양성을 유지하기 위한 방편 중의 하나로, 주변 환경의 안정성을 깨뜨리거나 지구의 생물권과 그 생활환경 사이의 어렵게 얻어진 균형을 파괴하는 범죄자들에게는 누구를 막론하고 언제든지 매우 엄중한 처벌을 내려왔기 때문이다.

인류의 부채

그런데 인류는 바로 이런 식의 범죄를 수없이 많이 저질러 왔다—바로 주변의 생태계와 그 안에 살고 있는 생물 사이의 균형과 조화를 심각하게 망가뜨린 것이다. 말하자면 인류는 이제까지 자연이 차려놓은 뷔페 테이블에서 마음껏 먹고 마시며 즐겨 왔는데, 마침내 계산대로 걸어가서 그 값을 치러야 하는 상황이 온 것이다. 그런데 많은 사람들이 '첨단 기술'이라는 재주를 조금 빌린다면 음식 값을 전부 치르지 않고서도 살짝 빠져 나갈 수 있는 방법이 있을 것으로 기대하고 있다. 그러나 우리가 이 빚을 탕감하는 길은 오로지 현재 인류가 매일 엄청나게 써 대고 있는 지구의 에너지원과 그 결과로 쏟아져 나오는 쓰레기의 양을 그야말로 획기적으로 줄이는 것, 그리고 여기에 더하여 현재 서구 사회가 가장 소중하게 떠받들고 있는 두 개의 우상—즉 성장(Growth)과 발전(Progress)을 포기하는 것을 통해서만 가능하다. 그러나 슬프게도 인류의 과거 역사를 돌이켜보건대 우리가 자발적으로 이런 희생을 감수할 것을 기대하기란 대단히 어려울 것으로 보인다.

다른 대륙에 비하여 인구 밀도가 낮은 호주에서도 이미 곳곳에서 토양 소실의 징후들이 뚜렷하게 나타나고 있으며 실제로 포유류의 멸종률은 세계 어느 곳보다도 높은 상태이지만, 아직도 대부분의 사람들이 고심하고 있는 것은 어떻게 하면 인구수를 더 늘릴 수 있을까, 또는 산업 발전을 증대시킬 수 있을까 하는 문제들뿐이다. 이는 마치 그 크기가 한정되어 있는 상자 안에서 영원한 증식을 꾀하는 것처럼 어리석기 짝이 없는 일이다. 그러나 인간 활동—그 중에서도 특히 경제 발전으로 인하여 생태계가 져야 할 부담을 무시한 채 이러한 망상을 부채질하는 성장과 발전의 도표들은 지금도 곳곳에 걸려져 있다. 이처럼 의도적인 생략을 통해서 기업가들은 대규모의 원유 누출과도 같은 엄청난 환경오염조차도 취업의 기회로만 치부하고, 따라서 이로 인한 피해를 복구하는 데 들어간 비용 자체를 아무런 갈등 없이 GNP에 포함시키고 있는 것이다. 물론 기업가뿐 아니라 경제이론가, 산업가와 투자자들의

폐광에 의한 환경 오염
타즈마니아 서부에 위치한 퀸즈 타운의 이 버려진 광산들은 1880년대 온대 우림들이 울창하게 우거져 있던 장소에 건설되었다. 그 원래의 모습과는 매우 대조적인 사진 속의 비참한 광경은 여러 해에 걸친 벌목 작업과 광산에서 방출되는 해로운 연기들 때문에 생겨난 것으로, 호주 내에서 가장 심한 환경파괴 현장 중의 하나이다.

주장 모두를 빈틈없이 변호할 수 있는 근거가 종교의 경전에 명백히 적혀 있기는 하다.

> 하나님이 자기 형상 곧 하나님의 형상대로 사람을 창조하시고……그들에게 이르시되 생육하고 번성하며 땅에 충만하라, 땅을 정복하라, 바다의 고기와 공중의 새와 땅에 움직이는 모든 생물을 다스리라 하시니라.
>
> — 창세기 1 : 27~28

또한 그가 밤과 낮, 그리고 해와 달이 너희를 수종들도록 하시고 별들로 하여금 그의 명령을 추종케 하시니라. 보라! 여기에 실로 볼 줄 아는 자들을 위한 징조가 있나니…….

– 『코란』 수라경 XVI

이 거역할 수 없는 신의 명령은 상업주의 사회의 신기할 정도로 풍요로운 시장터에서 언제나 흔들림 없는 논리로 군림해 왔던 것을 생각하면 찰스 다윈과 알프레드 러셀 월레스(Alfred Russell Wallace)가 사람들에게 인류의 조상이 하늘에서 내려온 것이 아니라 원숭이와 같은 조상으로부터 유래되었다고 주장했을 때 사방에서 심한 비난을 받았던 것은 당연지사였다. 단지 근본주의적 신앙에 투철했던 사람들뿐 아니라 평범한 일반인들까지도 다윈과 월레스의 가설에 강한 반발을 보였던 이유는 이들의 주장이 종교적 측면에서 뿐만 아니라 경제적으로도 이단(異端)적이었기 때문이다. 아주 오랫동안 인류는 신의 은총으로 지구상에 살게 된 자신들이야말로 지구상 모든 부동산의 진정한 소유자이고, 따라서 얼마든지 원하는 대로 숲의 나무를 벌목하고 농경지를 개간하며 광산을 채굴하는 것은 물론, 이와 같은 행위가 자연 환경에 지워주는 부담이 얼마나 큰지를 가늠해 보거나 그 빚을 갚을 궁리 따위는 염두에도 없는 채 마음껏 지구 생태계를 오염시켜도 좋다고 생각하며 살아왔다.

신봉자들

그러니까 진화론과 창조론 사이에 길고도 맹렬한 싸움이 벌어졌을 것은 불을 보듯 뻔한 일이다. 최근 미국에서 실시한 여론 조사의 결과에 따르면 반 수가 넘는 국민이 악마의 존재를 믿는다고 답했으며, 자신들이 신의 창조물이 아니라 다른 방법으로 생겨났을지도 모른다고 인정한 사람들은 약 45% 정도라고 한다. 그리고 코페르니쿠스가 살던 때로부터 400년이 넘게 흐른 세월과 미항공 우주국(NASA)의 노력에도 불구하고 미국인의 54% 정도는 아직도 태양이 지구의 둘레를 돌고 있다고 믿고 있다[10].

다윈의 진화론과 자연도태설은 인류가 찾아낸 가장 큰 과학적 소득인 동시에 가장 이단적이고 혁명적인 주장이다. 특히 영국 과학계를 이끌어가는 수장의 위치에 있었던 다윈의 주장은 월레스의 경우보다 훨씬 더 큰 파장을 일으켰고, 그래서 당시 성공회의 우두머리이며 완고한 정통주의자였던 새뮤엘 윌버포스(Samuel Wilberforce) 추기경과 옥스퍼드 대학교의 지질학자인 애덤 세지윅(Adam Sedgwick) 교수, 그리고 영국에서 가장 권위 있는 해부학자였던 리차드 오웬(Richard Owen) 경 등이 그에게 신랄한 모욕과 비난을 퍼부었다.

물론 다윈에게도 지지자들은 있었는데, 이들은 매우 다양한 부류의 사람들로 구성되어 있었다. 이 중에는 저 유명한 T. H. 헉슬리(Huxley)가 있었고, 곧이어 카를 마르크스와 프리드리히 엥겔스(Friedrich Engels), 그리고 심지어는 아돌프 히틀러(Adolf Hitler)와 같은 이름도 그 명단에 추가되었다. 마르크스와 엥겔스는 특히 '적자생존의 원리'를 적극적으로 지지하여 이를 그들의 정치사상에서 철학적 근간으로 삼았다. 히틀러 역시 비슷하게 왜곡된 형태의 '다윈주의'를 나치 사상의 철학적 바탕으로 내세우면서, 이를 '우생학'이라는 미명하에 인류 역사상 행해진 모든 인종 학살 중 가장 끔찍한 범죄를 정당화시키는 데 사용하였다.

20세기에 들어오면서 진화론을 지지하는 증거들이 점차 늘어남에 따라 인류의 유전학적 근원을 부인하기는 어려운 분위기가 조성되었다. 그럼에도 불구하고 다윈의 학설에서 유추할 수 있는 명백한 결론, 즉 인류는 절대로 이 지구의 주인이 아니며 단지 세들어 사는 존재—그것도 다른 여러 생물들과 함께 기거하는 존재임을 깨달은 사람들은 그다지 많지 않았다. 그 결과, 인류는 이후로도 계속 산업 기술의 발전과 늘어나는 숫자에 힘입어 이제까지보다도 훨씬 심하게, 그리고 더욱 효과적으로 지구의 자연 환경을 망가뜨려 가는 일을 계속하게 된다. 이 한 종류의 생물이 병균적 증가를 보이고 있는 반면 이를 제외한 다른 모든 생물군은 몰락해 가고 있는 지금의 상황은 어느 모로 보나 균형이 잡힌 '데이지 왕국'이 아닌 것만은 확실하다.

입에 쓴 약

이처럼 심각한 불균형을 바로잡는 처방은 아주 간단하면서도, 그 결과가 필연적인 만큼 효과 또한 확실한 것이다—즉 자연계의 균형을 깨뜨리고 폭발적으로 증가한 생물은 스스로 멸망하게 될 것이며 이후 생물권은 새롭게 다시 만들어지고, 지구의 생태계는 지속된다는 것이다. 만일 인류가 우리 스스로 생각해 온 것처럼 지구상의 그 어떤 생물보다도 지혜롭고 이성적인 존재였다면, 인류는 훨씬 오래 전에 권좌에서 물러나기를 서둘렀을 것이다. 그러나 불행하게도 우리의 DNA는 100% 이성적인 방식으로 작동하도록 만들어져 있지 않다. 러브락의 '데이지 왕국' 이론에 의하면 우리에게 남겨진 대안은 실로 달갑지 않은 것이다. 왜냐하면 어떠한 방법으로든 현재 인구 중 일부는 지구상에서 사라지게 될 것을 의미하고 있기 때문이다. 사실 지구의 건강만을 생각한다면 이 일은 빨리 일어날수록 좋다. 마찬가지 이유로 지구에 가장 나쁜 시나리오는 지금 현재의 상태로 인구의 숫자가 유지되는 것이다. 그러나 다행히(지구의 입장에서 볼 때) 누구보다도 인류 자신이 이와 같은 상황을 피하고자 수단과 방법을 가리지 않고 있다. 한 예로 지구상의 부자 나라들을 살펴보면, 이들 국가에서 인구 증가가 마구잡이로 치닫는 현상은 이미 오래 전에 사라지기는 했지만 대신 모든 가능한 의학 기술을 동원하여 사망률을 줄이고자 여념이 없는 동시에 감소하는 출산율을 다시 회복시키려는 노력 또한 아끼지 않고 있다. 또 자의에 의한 안락사와 낙태는 법으로 금지되어 있으며, 인간의 생명을 구하기 위해서는 그 어떤 대가라도 주저 없이 치러진다. 부부들 중에 전통적인 생식 방법으로 인구 증가에 기여할 수 없는 사람들을 위해서는 현대 의학이 제공하는 정자 은행과 배아의 냉동 보존, 그리고 시험관 아기, 심지어는 인간 복제까지 가능한 모든 방법이 동원된다. 물론 이처럼 인공적인 방법을 통하여 태어나는 아기들의 숫자가 실제로 인구 증가에 영향을 미치지는 않겠지만, 중요한 것은 바로 이러한 행위 속에 인류의 병균적 증가를 부추긴 무조건적이고 맹목적인 힘—즉 '증식'하고자 하는 우리의 유전적인 충동이 극명하게 드러나 있다는 점이다.

멸망의 원리

많은 종류의 동물은 그 체내에 주변 환경으로부터의 스트레스 신호를 받아들이는 호르몬 조절작용이 있어 일단 주변 환경으로부터의 자원 공급이 원활하지 않다고 느껴지면 자신들의 물질대사를 보다 경제적인 모드로 전환시키는 능력을 가진 것으로 보인다. 이 때 가장 먼저 제동이 걸리는 것은 상대적으로 에너지가 많이 소모되는 생식 작용이다. 호주의 캥거루들은 가뭄이 들면 호르몬을 통해서 뱃속의 태아가 일정 기간 동안 발생을 중지하도록 만드는데, 이 현상을 생물학적 용어로는 배아 휴면(embryonic diapause)이라고 부른다. 물론 가뭄이 끝나고 먹이가 다시 풍부해지면 태아의 발생도 다시 재개된다. 야생 생활을 하는 노란 털 비비 원숭이(*Papio cynocephalus*)들도 사회적으로 또는 환경적으로 스트레스를 받으면 역시 호르몬의 영향을 받아서 출산율이 줄어드는 현상을 보인다.

워싱턴 주립대학교에서 내분비학을 연구하는 샘 와서(Sam Wasser) 교수는 이와 비슷하게 호르몬의 분비가 일으키는 변화를 사육되고 있는 고릴라들은 물론 사람에게서도 관찰할 수 있다고 말한다. 실제로 인간 여성의 경우 불임의 10%, 그리고 습관성 유산의 25% 정도는 외부로부터의 지속적인 스트레스가 그 원인이다[11].

그런가 하면 호르몬 분비의 변화에 대하여 이보다 훨씬 더 예민하게 반응하는 동물들도 있는데, 바로 토끼와 흰 쥐, 레밍, 들쥐, 그리고 나무 두더지 쥐 등이다. 이들의 경우 환경적인 요인보다는 주로 사회적인 압력에 의하여 번식이 줄어드는 현상을 보이는 것이 특징인데, 그 대표적인 것이 바로 집단의 수적(數的) 밀도이다. 즉 개체수가 어느 수준 이상을 넘게 되면 설사 먹이가 풍부하다 할지라도 이들의 체내에서는 일련의 생리적 변화가 일어나서 (물론 모두 호르몬에 의하여 조절된다) 생식력을 떨어뜨리게 되는 것이다. 심한 경우에는 모든 생식 활동이 완전히 중단되어 멸종에 이르기까지 하지만, 어째서 이런 현상이 일어나는지는 아직 확실하게 알려져 있지 않다. 무엇보다 놀라운 것은 이와 같은 생식 활동의 감소에 의하여 개체수가 줄어듦에 따라 애초에 이 현상의 원인이 되었던 '사회적 스트레스'가 더 이상 존재하지 않게 된 뒤에도 이들의 생식력이 원상태로 돌아오기는커녕 계속 감소세를 유지한다는 점이다[12].

범적응증후군

1936년 야생 쥐들에서 이 신기한 현상을 가장 먼저 발견한 한스 셀리(Hans Selye)는 이를 가리켜서 범적응증후군(General Adaptive Syndrome, 역주 : 스트레스에 따른 염증, 발열, 관절염, 면역계의 약화 현상 등을 지칭하는 말)이라고 명명했다. 이후 다른 몇몇 야생 설치류 군집에서 비슷한 현상이 발견되기도 했지만, 이를 가장 잘 관찰할 수 있는 시스템은 실험실에서 기르는 쥐의 집단이다[13]. 먹이는 충분히 공급되지만 개체 밀도가 매우 높은 환경에 처한 쥐들은 어김없이 일련의 비정상적인 생리 현상을 나타내는데, 여기에는 내분비계의 불균형과 생식기 발달 상의 장애, 배란과 착상의 장애, 젖의 분비 감소, 그리고 면역력의 약화와 새끼들의 사망률이 급증하는 일들이 포함된다. 또 사회적 특성 면에서도 공격성이 증가하여 어린 새끼를 죽이거나 서로 잡아먹기도 하며, 교미를 하지 않고 낳은 새끼도 돌보지 않을 뿐 아니라 정상을 벗어난 교미 행위, 즉 동성간이나 어린 동물과 짝짓기를 하려고 드는 사례가 증가한다. 일부 학자들은 범적응증후군이 포유류의 병균적 증식을 조절하는 과정에서 단순히 조달 가능한 식량의 양에 개체수를 맞추는 것에 그치지 않고 이보다 훨씬 더 중요한 역할을 담당하고 있을 것으로 추정하는데, 그 이유는 자연계에서 어떤 생물종의 병균적 증가가 갑작스럽게 멈추었을 때 이상하게도 그들의 먹이는 주변에 여전히 풍부하고 또 굶어 죽은 시체들도 거의 찾아볼 수 없기 때문이다[14]. 그 원인이 무엇이든 이와 같은 자체 조절능력이 진화의 과정에서 대단히 유익한 특징으로 작용했을 것만은 틀림없다. 만일 어떤 동물이 생태계 내에서 자신들의 먹이가 완전히 고갈되는 사태가 벌어지기 전에 스스로의 병균적 증식에 제동을 걸 수만 있다면, 이들은 주변 환경을 치료 불가능의 상태에 이를 때까지 손상시켜 결국은 자신들의 멸망마저 초래하는 일은 절대로 하지 않을 것이기 때문이다. 그러나 다른 포유류와는 달리 그 생식활동이 발정기나 특정한 계절에 한정되어 있지 않은 인간의 경우는 기하급수적인 개체수의 증가에 스스로 대처할 수 있는 조절능력을 갖추지 못한 것으로 보인다―적어도 현재까지는 말이다. 만일 급속하게 숫자가 늘어나고 있는 인류 집단 내에서 간혹 전염병이나 식량 부족현상 등으로 인하여 사망률이 높아지는 현상이 발생하게 되면 인간들은 다가오는 미래에 그 자손들의 숫자가 줄어들 것을 염려하기라도 한 듯 생식 활동이 현저하게 증가하는 특성을 가지고 있다. 바로 이 특성 때문에, 그리고 여기에 문명의 발달과 미래를 예측하고 이에 대한 방안을 미리 세울 수 있는 인류 특유의 준비 능력까지 가세하여, 다른 포유류라면 범적응증후군이 나타나기 시작할 바로 그 시점에 인류는 오히려 그 어느 때보다도 빠르게 증식하는 일을 되풀이해 왔던 것이다.

스트레스의 네트워크

그런데 1970년대에 들어와 당시 동독에서 활동하던 과학자 군터 되르너(Gunter Dörner)가 셀리를 비롯한 다른 학자들이 실험실에서 기르는 쥐와 생쥐 집단에서 사회적 스트레스가 생리 현상에 미치는 영향을 연구한 결과를 주목하게 되었다. 이 때 되르너는 이미 오래 전부터 에스트로겐이나 테스토스테론과 같은 호르몬이 태아의 발생, 그 중에서도 특히 이들의 성적 적응력에 미치는 영향에 대하여 오랫동안 연구해 오던 중이었다. 그는 특히 임신기간 동안 심한 사회적 스트레스에 시달린 암컷 쥐들로부터 동성에 성적인 관심을 보이는 수컷이 태어날 확률이 높다는 사실에 주목하였다. 되르너는 자신의 선행 연구를 통하여 임신기간 중의 심한 스트레스가 자궁 내에서 남성 호르몬의 분비를 감소시킨다는 사실을 알고 있었기 때문에, 동독 내에서 제2차 세계대전 직후에 출생한 사람들을 대상으로 사회 전반에 걸쳐 스트레스와 개인의 성적 관심 사이의 연관성을 조사하고자 마음먹었다. 800명의 동성애자를 대상으로 설문 조사를 실시한 결과 그는 전체 출생자 수 중 자라서 동성애의 경향을 보이게 되는 아기가 차지하는 비율과 여성들이 임신기간 중 받는 스트레스의 양 사이에 연관성이 있음을 발견할 수 있었다. 사회적인 스트레스가 심했던 해일수록—예를 들어 전쟁이 막바지에 이르렀던 때와 종전 직후—다른 어느 때보다도 동성애자가 출생한 비율이 높게 나타났던 것이다. 실제로 이 조사에 참가한 동성애자 남성과 그들의 어머니들 중 3분의 2 이상이 임신기간 도중 '보통'에서 '극심한' 정도에 이르는 스트레스를 경험했다고 답변했는데, 이들이 말하는 스트레스의 종류에는 폭격과 강간, 그리고 극도의 긴장과 불안감 등이 포함되어 있었다. 이와는 대조적으로 이성에 성적 관심을 느끼는 그룹에서는 단지 10%만이 임신기간 중 스트레스를 받은 적이 있다고 답변했으며, 그 어머니들의 진술에 따르면 이 경우의 스트레스는 대부분의 '보통'으로 구분되어지는 가벼운 것이었다고 한다[15].

물론 이와 같은 동성애자의 일시적 증가가 전체 독일의 인구수에 이렇다할 영향을 미치지는 않았지만, 중요한 것은 이처럼 사회적 스트레스와 관련해서 생식 활동이 변화하는 현상이 *Homo sapiens*에도 존재한다는 사실이다. 그렇다면 지난 수세기 동안 전세계적으로 인류의 출산율이 갑자기 현저한 감소세를 보이기 시작한 현상도 어쩌면 앞서 예로 든 설치류들과 마찬가지로 여러 가지 미묘하면서도 광범위한 생식 조절에 의한 것일 수 있다. 호르몬이 이 과정에 관여한다는 점도 다른 동물들의 경우와 동일하지만, 그러나 정확하게 어떠한 종류의 외부 스트레스가 출산율 감소의 원인인지는 아직 알 수 없다. 현재 짐작해 볼 수 있는 요인들로는 생활 방식의 변화라든가 방부제 및 여러 가지 약물들, 사람의 성호르몬과 비슷한 구조를 가지고 있어 이들을 교란시키는 작용을 하는 화학 오염물질에 대한 노출의 증가 등이 있으나 아마도 우리가 아직 밝혀내지 못한 다른 원인도 많이 있을 것이다. 어찌되었거나 인류는 앞으로도 산업 기술의 발전을 통해 그 생식 능력의 감소를 보충해 나가는 한편, 떨어지는 출산율에 대해서는 여성의 사회적 지위 향상, 산아 제한 교육, 그리고 지구촌 전반에 걸친 문맹률의 감소 또는 정보화 사회의 도래 등에서 원인을 찾고자 할 것이다. 그러나 만일 우리가 인류의 문명에 대하여 떠들어대고 있는 확성기를 잠시 꺼 버리고 단지 최근의 인구 변화를 나타낸 그래프와 도표만을 집중하여 들여다본다면, 이들이 보편적인 포유류의 병균적 증가가 막바지에 다다랐을 때—다시 말하자면 셸리가 주장하는 범적응증후군이 막 시작되려고 하는 시점의 양상들과 신기하리만큼 닮아 있다는 점을 발견할 수 있다.

내부의 적

호르몬이 그 작용을 나타내는 기전은 실로 신비하기 그지없다. 동물의 체내에서 전령(傳令)의 역할을 하는 이 화학물질들의 주된 의무는 외부로부터의 스트레스를 내부의 생리적 적응반응으로 연결시켜 주는 것이다. 이 때 각각의 호르몬이 제각기 활동하는 모습은 언뜻 보기에는 매우 혼란스럽지만, 이들의 작용이 전체적으로 하나의 정해진 목표를 향하여 마치 조각그림이 맞추어지듯이 모아지는 모습은 예술적이라고까지 할 수 있다. 그런데 이들 호르몬과 비슷한 구조를 가지도록 합성된 물질들 역시 원래의 호르몬이 행사하는 생리 반응을 유도해 낼 수 있다는 점에 문제가 있다. '내분비 저해제' 또는 '내분비 교란 물질'로 불리는 이 화합물들은 사람을 비롯한 고등 척추동물의 생식기관이 정상적으로 발달하는 과정에 영향을 미쳐서 정자의 수를 줄어들게 하거나 기능 및 형태적으로 미성숙한 생식기가 만들어지게 하고, 또 태아가 자궁 내벽에 착상하는 것을 방해하며 자궁외 임신을 초래하기도 한다. 이들은 농약과 플라스틱 제품들, 페인트, 잉크, 공업용 합성세제를 포함한 다양한 생산품 속에 들어 있다가 이들이 분해되는 과정에서 생태계로 흘러나오게 된다. 이러한 물질에 의한 피해가 처음으로 사회적인 관심을 불러일으킨 것은 1962년 레이첼 카슨(Rachel

Carson)이 『침묵의 봄 Silent Spring』이라는 기념비적인 책을 출간하면서였다. 그러나 그녀가 이 책에서 주장한 것은 위와 같은 화학물질의 독성에 관한 내용이 대부분으로, 정작 장기적인 차원에서 이들이 인체의 내분비계를 어떻게 교란시킬지에 관해서는 언급하고 있지 않다.[16]

그런데 이 교란 물질들은 대개 에스트로겐의 작용을 흉내 내는 경우가 많아서 결과적으로 남성에게서 그 작용이 더욱 두드러지는 경향이 있다. 이 가짜 에스트로겐이 여성화를 촉진시키게 되면 정상적인 상황에서 테스토스테론의 분비를 도와주는 조절 인자들의 기능이 떨어지거나 아예 만들어지지조차 않는 경우까지 생겨난다. 일부 선진국—그 중에서도 특히 덴마크와 스코틀랜드, 그리고 프랑스에서 남성의 생식 능력을 알아보기 위하여 최근 실시한 심층 설문조사에 따르면 과거 50년 동안 남성들이 사정한 정액 속의 정자 숫자가 절반 정도로 줄어든 것으로 나타났다. 이 설문조사에서 사용된 문항의 적절성을 놓고 많은 논란이 있었던 것은 사실이지만, 이와 비슷한 정자 수의 감소와 성기능 장애 현상이 다른 종류의 척추동물, 그 중에서도 특히 쥐와 악어, 조류에서 관찰된 바 있으며, 이 동물들의 경우도 내분비 교란 물질에 노출된 것이 생식력 감퇴의 주된 이유일 것으로 추정되고 있다. 또한 이 문제를 둘러싼 논란에 종지부를 찍게 된 조사 결과가 1997년 핀란드의 연구팀에 의하여 발표되었는데, 이들은 1981년과 1991년 두 해에 각각 사고로 죽은 남성들의 시체를 부검하는 자리에서 그들의 고환 크기를 재어 비교하는 방법을 사용했는데, 그 결과 이 10년이라는 기간 동안 정상적인 고환 조직과 정자수를 보유한 남성의 수가 50% 이상 줄어든 것으로 나타났다.[17] 현재 지구 생태계 내에 이 인공적으로 합성된 호르몬 교란 물질이 증가 일로에 있는 현상에 어쩌면 인류 집단에서 이미 가동되기 시작했을지 모르는 범적응증후군의 조절 장치까지 합세한다면, 현재 나타나고 있는 출산율의 감소는 앞으로도 계속 가속화될 전망이다.

이처럼 미묘하면서도 복잡한 화학 반응에 의하여 조절되는 인류의 생식력 감퇴 현상의 실체를 파악하거나 보정하기란 실로 어려울 것으로 보인다. 또한 인류 사회 내에서는 앞으로도 계속 생물학적 또는 사회적으로 비정상적인 행동들이 나타나는 빈도가 증가할 것이며, 동성애나 어린아이에 대한 이상 성욕과 같이 실제로 번식에는 도움이 안 되는 성행위의 비율이 늘어나는 반면 정상적인 성행위를 하는 남녀들은 가능한 한 아기를 낳는 일을 나중으로 미루고 싶어할 것이다. 이처럼 인간 사회 자체에 내재된 생식 기능 감퇴 현상은 인구의 증가로 인한 사회적 압박과 인간들 사이의 유대관계가 희박해지고 환경의 파괴가 심해짐에 따라 점차 더 두드러지는 경향을 보일 것으로 추측된다.

그러나 이렇게 지구촌 전반에 걸쳐서 출산율이 줄어든다고 하더라도 현재의 산업 발달 속도로 미루어 보건대 인간에 의한 에너지 소비량은 2050년에 이르면 지금의 2.5배로 증가할 전망이다[18]. 그런데 I=PAT, 즉 P(인구수)×A(활동량)×T(산업화 지수)의 방정식을 상고해 본다면 아마도 출산율 저하로 인한 인구수의 감소는 모두 이 에너지 소비량을 충당하는 데 쓰여질 것이다. 그러니까 결국 지구의 입장에서 볼 때 인류의 생식력은 하나도 줄어들지 않은 것이나 다름이 없다. 우리는 여기서 단순한 수학 방정식 이상의 그 무엇이 인류가 지구 생태계에 미치는 영향을 조정하고 있음을 알 수 있다. 단순히 인류의 문화 활동에 그 책임을 묻는 것은 지루한 순환 논리가 될 뿐 아무런 해답을 줄 수 없으므로, 결국 우리들에게 남겨진 대안은 지금처럼 곤경에 빠진 상황 자체가 인류 진화 상의 그 어떤 유전적 조절 시스템, 다시 말해서 인류로 하여금 앞쪽에서 기다리고 있는 재앙을 빤히 바라다보면서도 그저 내달릴 수밖에 없도록 만드는 거부할 수 없는 충동 때문임을 인정하는 것이다. 물론 베르나드스키나 러브락, 그리고 마길리스를 포함한 일련의 학자들이 제안하는 '가이아 학설'의 개념도 여기에 포함되어져야 한다.

집안의 내력

다른 영장류의 일반적인 생식 능력과 비교해 볼 때 인간 여성의 긴 가임 기간과 높은 수태율은 실로 인류만의 독특한 성질이다 (그리고 또한 이 특성이 결국 인류를 진화의 벼랑 끝에 몰아세운 것도 인정해야 한다). 그러나 인류의 이 독특한 성적 경향성이 사실은 인류과(科)에 속하는 유인원의 공통 조상으로부터 대대로 전해져 내려온 특징일 수도 있다는 가능성을 보여주는 증거가 있다. 우리 인류의 가장 가까운 친척이라고 볼 수 있는 작은 체구의 보노보 침팬지(*Pan panicus*)들은 인간 사회의 기준으로 보더라도 대단히 성적 욕구가 강한 동물이다. 어느 정도인가 하면 보노보 침팬지가 태어나서 죽을 때까지 다른 침팬지들과 맺는 모든 관계가 성적인 요소를 가지고 있다고 말할 수 있을 정도이다. 성행위는 이들에게 있어 처음 만난 상대에 대한 서먹함을 없애기 위해서, 또는 먹이를 먹을 때 식욕을 돋우기 위해서, 아니면 무료한 시간을 보내기 위해서, 그리고 기타 모든 사회적 행위들이 보다 부드럽게 돌아갈 수 있도록 하는 윤활유로 사용된다. 그뿐 아니라 침팬지 개체들 사이, 또는 집단과 집단 사이에 조성된 긴장 상태를 해결하는 일, 그리고 심지어는 보채는 어린 새끼를 달래는 일에도 성적 행위가 동원된다. 그래서인지는 모르지만 보노보 침팬지들은 동물 사회에서는 보기 드물게 평화로운 집단생활을 영위하고 있다. 이들의 집단에 속한 개체들은 서로를 매우 잘 알고 있으며 정기적으로 성교를 통하여 이 돈독한 관계를 유지한다. 즉 다른 동

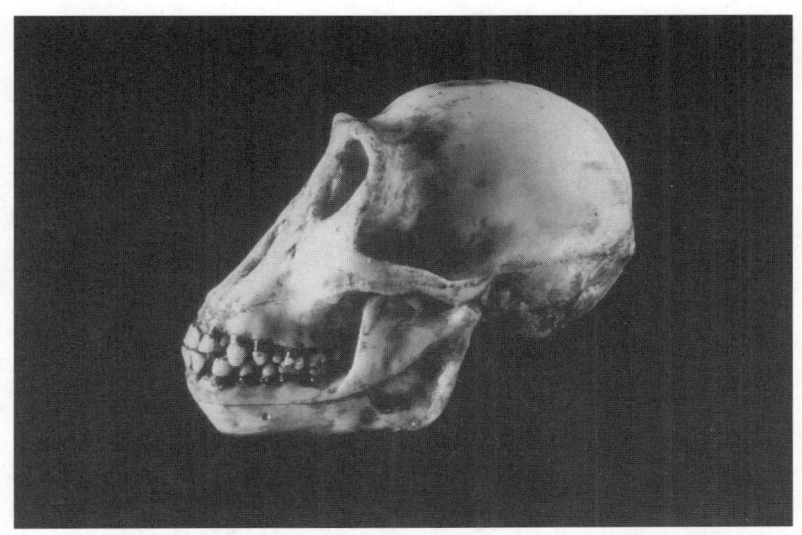

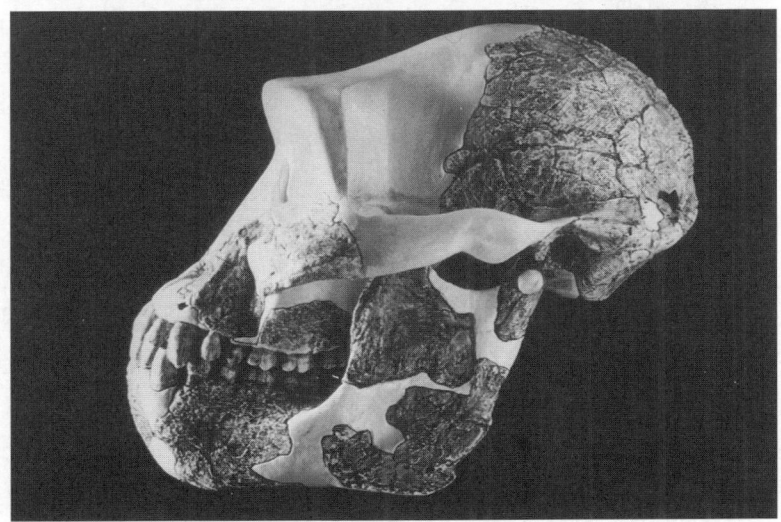

보노보 침팬지(Pan paniscus, 위 그림)와 '리키'(Australlopithecus afarensis, 아래 그림). 이들의 두개골을 측면에서 바라다보면 인류와 침팬지 사이의 유사성을 확실하게 발견할 수 있다. 아래쪽 두개골 화석은 약 320만 년 전의 것으로, '리키'라는 애칭이 붙여진 남자 원인의 것이다. 오스트랄로피테쿠스 원인은 현생 인류의 직계 조상으로 추정되고 있다. (클리블랜드 자연사 박물관 소장)

물사회에서 일어나는 정기적인 싸움 대신 이들은 섹스를 즐기는 것이며, 그래서인지 구성원 사이에 의견 차이로 인한 분쟁이 일어나는 경우는 극히 드물다. 이렇게 말하니까 마치 보노보 침팬지들이 자나 깨나 한시도 쉬지 않고 성행위에만 몰입해 있는 것처럼 들렸을지 모르겠으나 사실 그런 것은 아니다. 이들이 놀라울 만큼 자주 성교를 나누는 것은 사실이지만 그 대부분은 매우 가볍고 어쩌면 무관심하기까지 한 접촉에 불과하다. 실제로 성교에 걸리는 시간도 짧아서 완전한 형태를 갖춘 교미라고 하더라도 그 지속 시간은 13초 정도에 불과하다[19].

보노보 침팬지의 사회가 이들의 덩치 크고 소란스러운 사촌인 보통 침팬지, 즉 *Pan lodytes*의 사회와 다른 점은 보노보 침팬지의 경우 암컷들이 중심이 되어 있는 매우 평등한 집단을 형성한다는 점이다. 그런데 관찰하는 인간에게는 대단히 거북스럽게도, 이들은 서로 마주보고 하는 성교 이외에도 오럴 섹스나 손을 사용한 마사지는 물론, 가능한 모든 체위를 그들의 성행위에 동원하며 또한 집단 내 어느 누구와도 가리지 않고 성교를 나눈다. 보노보 침팬지의 사회에서는 부모와 어린 새끼 사이에도 흔히 성적 접촉이 이루어지는데, 그나마 다행인 것은 새끼들이 성적으로 완전히 성숙한 단계에 이르면 더 이상 부모와 관계를 가지지 않으므로 근친상간에 의한 유전적 결함으로 가득 찬 개체들이 태어나는 상황만은 피할 수 있다는 점이다. 보노보 침팬지에게는 먹이를 구하는 일조차도 성행위를 위한 구실이 된다. 왜냐하면 먹이를 분배하는 교섭 과정에서 섹스가 결정적인 역할을 하기 때문이다. 야생에 사는 보노보 침팬지의 암컷과 수컷이 나무에서 바나나 다발이 떨어지는 것을 보자마자 교미를 시작하는 것과 마찬가지로, 동물원에 있는 수컷들은 사육사가 먹이를 들고 오는 것을 보기만 해도 발기를 할 정도이다[20].

이처럼 빈번하고 또 사회적으로 쓸모가 많은 성행위를 감당할 수 있도록, 암컷 보노보 침팬지의 신체 구조는 인간 여성의 경우와 비슷하게 변화되어 있다. 이들의 음문(vulva)과 음핵(clitoris)은 보통 침팬지들의 그것보다 훨씬 앞쪽에 위치해 있으며, 또한 거의 어느 때든지 성적 충동을 느낄 수 있어서 심지어는 새끼에게 젖을 먹이는 어미들도 성행위를 즐기며, 대부분의 경우 암컷들이 먼저 나서서 적극적으로 수컷을 유혹한다고 알려져 있다. 또한 수컷을 상대로 한 성행위라면 네 번 중 세 번은 암컷이 여성상위의 체위로 리드를 한다고 보고되어 있다[21].

　보노보 침팬지들은 성행위 이외의 영역에서도 그들의 가까운 유전적 친족인 인간들과 매우 닮은 점이 많다. 이들은 보통 침팬지보다 똑바로 직립하여 서서 보내는 시간이 훨씬 많으며, 또한 원숭이 특유의 좌우로 흔드는 걸음걸이와는 확연하게 구별되는 우아한 걸음걸이를 가졌는데, 이는 보노보 침팬지가 숲 속에 있는 자신들의 보금자리를 떠나는 일이 거의 없으며 따라서 멀리까지 걸어가는 경우가 매우 드물다는 점을 생각할 때 좀 의아스러운 특성이다. 결론적으로 말해서 보노보 침팬지는 보통 침팬지보다는 오히려 오스트랄로피테쿠스 원인(原人)을 더 닮았다고 보아도 좋다. 또한 침팬지들이 일반적으로 공유하고 있는 다른 해부학적 특징들이 보노보 침팬지에서는 보이지 않는다는 점으로 미루어 볼 때, 이들은 실로 인류가 *P. troglodytes*로부터 갈라져 나온 분기점에 위치한 동물이 아닐까 싶다. 이 점을 지적하여 프란스 데 바알(Frans de Waal) 박사는 "아마도 보노보 침팬지는 일반 침팬지나 인류에 비하여 진화상의 변화를 훨씬 덜 겪은 케이스로, 따라서 이 두 영장류의 공통 조상에 가장 가까운 모습을 보여주고 있다."고 말했다[22].

영토 수호 본능

그렇다면 인류와 보노보 침팬지 사이의 차이점은 무엇일까? 우선 이들은 아주 작은 포유류—예를 들어 쥐나 새끼 원숭이들이 저절로 수중에 들어오는 경우를 제외하고는 육식을 하는 경우가 거의 없다. 사실 보노보 침팬지가 살고 있는 아프리카의 열대 우림 내에서 그들의 주식인 과일과 나무 열매들이 부족해지는 상황은 거의 벌어지지 않으므로, 이들은 우리 인류의 조상처럼 모자라는 단백질원을 찾아 사냥을 나가도록 강요받을 일이 없다. 바로 이 때문에 보노보들은 인간처럼 강한 영토의식을 나타내는 일이 드물며 이로 인해 분쟁이 일어나는 경우도 거의 없다. 물론 가까운 거리에 살고 있는 두 집단이 서로에게 심각한 공격성을 나타낸 사례가 야생에서 목격된 적이 있기는 하지만, 이 예외적인 경우를 제외한다면 보노보 침팬지들은 대체로 언제나 서로 평화롭게 교류하며, 간혹 낯선 개체와의 사이에서 발생하는 긴장감은 암수의 구별이 없는 섹스 또는 서로 어루만져 주는 행위를 통하여 해소한다. 실로 성행위는 보노보 침팬지의 사회를 하나로 묶어주는 접착제일 뿐 아니라 그 내부의 위계질서를 확립하고, 집단 내 또는 집단과 집단 사이의 갈등을 최소화하는 역할을 하고 있다. 그러니까 만일 인류가 정말로 보노보 침팬지와 같은 조상으로부터 갈려져 나왔다면 현재 우리가 가지고 있는 공격성과 영토의식은 아마도 아프리카의 그레이트 리프트 계곡 동쪽(역주 : 인류의 조상이 발원한 근원지로 추정되는 장소)에 위치한 메마른 평원에서 살게 된 뒤 혹독한 주변 환경으로부터 시달림을 받은 결과로 생겨난 것이라고 추측해 볼 수 있겠다.

보노보 침팬지의 서식지는 아프리카 중부의 습한 숲 지대에 국한되어 있으며, 특히 현재 남아 있는 1만 마리 남짓한 보노보들은 모두가 자이레 강 남쪽에 모여서 살고 있다. 이 작은 숫자는 그들의 무절제한 성행위로 볼 때 의외이지만, 아마도 보노보 침팬지 특유의 긴 생식 주기 때문이 아닐까 한다. 야생에 사는 이들의 암컷은 대개 13∼14세가 되어야만 새끼를 낳기 시작하며, 일단 새끼가 태어난 뒤에는 이를 4∼5년 동안 안고 업고 다니며 보살피는데, 이 보육기간 동안은 본격적인 성행위를 하지 않는다. 따라서 한 마리의 암컷이 4∼5년에 한 번씩밖에 새끼를 낳을 수 없다는 계산이 나오며, 이는 약 40년 남짓한 그들의 수명을 감안한다면 기껏해야 일생 동안 5∼6마리의 새끼를 낳을 수 있다는 얘기가 된다[23]. 이에 비하여 인간 여성의 가임 기간은 보노보 침팬지보다 조금 더 연장되어 있을 뿐이지만 이 기간 동안 최대 20명 정도의 자식을 출산할 수 있다. 이처럼 증가된 생식력에 보노보 침팬지 못지 않은 왕성한 성욕과 많은 숫자를 먹여 살릴 수 있는 인류 문명의 힘까지 더해졌으니 인류는 실로 병균적 증가를 할 수 있는 모든 잠재력을 갖춘 셈이다.

  병균적 증식 능력을 가진 포유동물의 공통적 특징 중의 하나는 이들의 증가 곡선이 주기적인 파동을 보인다는 점이다. 따라서 인류와 집 쥐, 또는 시궁쥐 사이에 닮은 점이 있다면 그것은 인구 증가곡선에서 최근에 기록된 수직 상승 현상이 될 것이다. 이 상승 곡선은 바로 맬서스가 1798년에 예언한 바로 그 현상—즉 그 집단 내 개체수와 이들의 생식능력, 그리고 필요한 자원의 공급이 제공된다면 무한대로 늘어나는 기하급수적 상승 곡선의 특징을 나타내고 있다. 그러나 지구라는 제한된 공간 내에서 '필요한 자원의 공급'이 무한정 충족되어질 수 없을 것은 너무나도 분명하다. 따라서 모든 동물의 병균적 증가에서 그 최고점은 결국 완만하게 휘어드는 골짜기로 바뀌었다가 얼마 후 다시 치솟아 오르면서 이번에는 예리한 첨점(尖點)을 만들어 내게 된다. 물론 이 첨점의 반대편 쪽에서 그 상승세 못지 않게 급격한 추락을 보이는 절벽이 기다리고 있음은 누구라도 쉽게 예측할 수 있다. 그 다음에 일어나는 현상은 밑바닥까지 곤두박질 친 곡선이 한동안 평평한 기부(基部)를 형성하면서 일정한 수준을 유지하는 것이다. 지금 현재 우리를 몹시 근심스럽게 만드는 것은 바로 이 급강하 현상이 바야흐로 시작된 것은 아닌가 하는 불안으로, 최근 들어 눈에 뜨이게 감퇴되고 있는 인류의 생식능력이 이 같은 우려를 더욱 부추기고 있다.

폭발적 증가

한 생물의 기하급수적 증가가 초래하는 위험성은 수년 전 캔버라에서 개최되었던 호주 학술원 주최 국제 심포지엄에서 더할 나위 없이 명확하게 제시된 바 있다. 인간의 대장 속에는 이 지구상의 박테리아 중 가장 유명한 대장균(*Escherichia coli*)이라는 매우 유용한 세균들이 살고 있다. 이 대장균 하나가 두 개로 분열하는 데에는 약 30분 정도가 걸리며, 다시 30분이 지나면 네 개로 늘어난다. 여기까지는 실제로 4배의 수적 증가가 있었음에도 불구하고 관찰자의 눈에 보여지는 광경은 그다지 위협적이지 않으며, 이는 다시 한 시간이 더 경과하여 이들의 수가 16으로 늘어나더라도 마찬가지이다. 그러나 이와 같은 일이 어느 날 밤 자정에 일어나기 시작하여 그 이후 주변 환경으로부터의 아무런 제재 없이 다음 날 오후 10시 30분까지 쉬지 않고 계속된다고 가정해 보자. 이 경우 제 3일째에 이르렀을 때 이들은 이미 지구 전체 무게의 절반에 달하는 양으로 늘어나 있을 것이다. 이 말은 여기서 다시 30분만 더 지나면 이들이 지구 전체만한 덩치로 늘어난다는 것을 의미한다[24].

물론 인류의 숫자가 대장균과 똑같은 비율로 치솟고 있는 것은 아니라 할지라도 어쨌든 이것이 과거 2세기 동안 진행되어 온 인구 증가 곡선의 전반적인 추세임을 부인할 수는 없다. 오늘날 이 지구 위에는 60억의 인구가 살고 있으며, 최근 들어 출산율이 현저하게 감소했음에도 불구하고 매년 8000만에 달하는 숫자가 여기에 더해지고 있다[25].

지금의 인구 증가곡선은 문자 그대로 병균적 증가의 모든 특징을 그대로 드러내고 있다. 만일 향후 30~40년 동안 그 어떤 예기치 못한 원인에 의해서 인류의 번식률이 크게 달라지지 않는 한 전체 인구수는 70~75억을 향하여 치달을 것이고, 그리고 그 다음에는 병균적 증가의 두번째 양상, 즉 수직에 가까운 하향곡선이 기다리고 있는 것이다. 만일 인류의 성장 곡선이 실제로 보편적인 병균적 증식의 모든 특징을 갖추었다면, 그 몰락 또한 앞서의 증가만큼이나 급격할 것이 틀림없다. 이는 다시 말해서 현재 지구상에 존재하는 인구의 대부분이 사라지는 데 길어야 100년 이상 걸리지 않을 것임을 의미하며, 그래서 아마도 2150년쯤이면 이 지구는 *Homo sapiens*가 그 병균적 증가를 시작하기 전의 상태—그러니까 대략 5000만~1억 이내의 인간들이 살고 있는(다행히 인류 전체가 멸망해 버리는 일이 일어나지 않았다면) 생물권으로 되돌아갈 것으로 보인다. 그리고 이후에는 보편적인 진화의 과정이 다시 재개되어, 러브락의 '데이지 왕국'에서 보여준 것처럼 지구 생태계에서는 생물종과 유전자의 다양성을 회복하고 그 지질학적 및 생화학적 운영 체계를 재정비하는 일이 분주하게 진행될 것이다.

역사 속의 종말들

지금까지 인류의 문명이 자연 환경과 비교적 큰 무리 없이 공존하면서 완벽한 병균적 증가곡선을 그리며 살아 온 것은 사실이나, 실제로 우리들의 몰락 또한 예상되는 패턴을 그대로 답습하리라고 100% 확신할 수는 없다. 왜냐하면 이제까지의 역사를 돌이켜 볼 때 인류는 가장 어려운 일이 닥쳤을 때 오히려 가장 뛰어난 능력을 나타낸 적이 여러 번 있었고, 또 화석상의 증거들을 보면 여러 가지 환경으로부터의 스트레스가 바로 오늘날의 인류를 만들어 낸 진화의 촉진제가 되었음을 알 수 있기 때문이다. 그러나 지금 아주 가까운 미래에 인류를 통째로 집어삼킬 것처럼 위협하고 있는 환경 문제들은 과거 200만 년 동안 인류를 단련시켜 왔던 스트레스와는 근본적으로 종류가 다른 것이다. 그리고 21세기의 중반에 이르게 되면 이 환경으로부터의 스트레스 외에도 인류를 괴롭힐 다른 골칫거리들이 산적해 있을 것으로 예측되는데, 이는 기아와 질병, 사회의 붕괴와 같은 문제들이다. 이 세 가지 악운(惡運)은 과거에도 수차례에 걸쳐 화려하게 번성하던 인류 문명을 붕괴시킨 전과(前過)가 있는데, 그 증거들은 수메르, 이집트, 미세네, 페트라, 하라파 골짜기의 인더스 유적, 그리고 아메리카 대륙의 마야, 아나싸지, 아즈텍 문명의 유적지에서 발견할 수 있다[26].

　인류의 번영에 뒤따르는 몰락이 어떤 순서로 일어나는지는 이미 잘 밝혀져 있다. 한 사회가 오랜 기간에 걸쳐 화려한 문화를 꽃 피우고 그 구성원의 숫자가 늘어나려면 점차 많은 양의 숲을 벌목하여 이를 농경지로 바꾸지 않을 수 없게 된다. 이 과정에서 식물 군락들이 줄어들게 되면 그 주변 지역의 기후에 변화가 생겨서 강우량이 들쭉날쭉해지며 바람과 물에 의한 토양의 소실이 가속화된다. 그 결과 비옥한 토지들이 파괴되어 수확량이 줄어들고, 이로 인한 기아 현상을 벌충하기 위하여 점점 더 많은 벌목이 행해지는 악순환을 낳는다. 또 한편 인간 사회는 종교와 집단 예식의 힘을 빌어 당면한 난국을 헤쳐 나가고자 시도하게 되므로, 따라서 주로 이와 같은 막바지 상황에서 호화의 극치를 이루며 세워졌던 수많은 사원과 무덤, 그리고 기념비들은 사실 많은 사람들이 생각하는 것처럼 그 문화가 번영의 절정에 이르렀음을 보여준 것이 아니라 오히려 다가오는 종말의 전주곡이었던 것이다.

이스터 섬

아마도 인류 역사에서 이와 같은 우울한 몰락이 가장 최근에 진행된 사례는 남태평양의 이스터 섬에 남아 있는 유적일 것이다. 1722년 이 작고 외딴 화산섬을 항해 도중 우연히 발견한 네덜란드 선원들을 맞아 준 것은 끝없이 줄을 지어 늘어선 거석(巨石)들이었는데, 그 중에는 높이가 10미터를 넘는 것도 있었다. 그러나 이 어마어마한 크기의 돌들을 운반하고 다듬고 일으켜 세웠을 문명의 다른 흔적은 섬의 어느 곳에도 남아 있지 않았다. 1774년 제임스 쿡(James Cook) 선장이 이 섬을 다시 방문했을 때 그는 섬에 살고 있는 원주민들 중 상당수가 새로운 상처를 입은 것을 발견할 수 있었고, 이 항해에 동반했던 화가 윌리엄 홋지(William Hodges)가 남긴 기록 중에는 사람의 유골을 그린 스케치도 포함되어 있다. 이는 이 버려진 섬에 살고 있는 원주민 사이에 무력 분쟁이 빈번하게 일어났다는 사실을 보여주는 증거들이다. 그 당시 섬에는 나무가 거의 남아 있지 않았고 단지 2,000명 정도에 불과한 영양실조 상태의 원주민들이 동굴 또는 돌더미로 만든 집에 기거하며 해변 가에서 먹을 것을 주워 먹는 원시적인 삶을 살고 있었다. 나무가 없으니 그들은 제대로 된 집을 지을 수도, 그리고 배를 만들어 바다로 나가서 고기를 잡을 수도 없었고, 유혈 분쟁을 일삼는 사나운 이웃으로부터 도망칠 수도 없었던 것이다[27].

과연 누가 과거 이 섬에 살면서 800~1,000여 개에 이르는 거대한 석상들을 만들었는지는 이후 300년이 넘도록 미스테리로 남아 있었으나, 이후 이곳에서 발견된 몇 점의 유적을 꼼꼼하게 재검토하고 또 이 화산섬에 비교적 잘 보존되어 있는 꽃가루 화석을 분석한 결과 마침내 한 문명의 번영과 쇠락을 보여주는 증거들이 나타나기 시작하였다. 아마도 지금으로부터 1400년에서 1600년 전 무렵 한 무리의 폴리네시아인들이 이스터 섬을 발견했고, 이후 그들은 이 섬에 자리잡고 살면서 당시 태평양 연안 전체에서 가장 화려하고 예술과 지식이 풍부한 문명을 일으켰던 것으로 보인다[28]. 그러나 이들의 발달된 문명은 또한 그 몰락의 원인이 되었다. 이 섬의 인구는 약 900년 전까지는 꾸준히 증가를 계속하다가 마침내 예의 기하급수적 증가 국면으로 접어든 결과 17세기에 들어와 1만여 명 정도로 늘어나서 최고점을 기록한 것으로 짐작된다. 이렇게 늘어난 인구가 섬의 제한된 자연 자원을 완전히 고갈시키게 되자 사람들은 마침내 자신들이 이룩한 신비하고 웅장한 문명 유산을 해체하는 수밖에 다른 방도가 없었을 것이다. 그러나 이 모든 일이 일어나는 데 단지 100년 정도밖에는 걸리지 않았던 것으로 보인다. 역설적으로 들리겠지만 이들의 몰락은 결국 자신들의 지혜와 용기, 그리고 영적인 것을 추구하는 성향이 그 주된 원인이었으며, 또한 앞을 멀리 내어다 보지 못한 농경법도 한몫을 하였을 것이다. 불어나는 인구를 먹여 살리기 위하여 마지막 남은 야자수의 숲까지 베어내서 온 섬을 농사지을 수 있는 땅으로 바꾸어 버렸기 때문에, 이들에게는 바다로 나가 고기를 잡거나 섬을 떠나기 위한 카누 한 척을 만들 목재도 남아 있지 않았다. 그리고 이들의 조상을 따라 섬으로 들어온 것으로 보이는 쥐들이 그나마 남아 있던 야자열매의 씨를 모조리 먹어치우는 바람에 나무들은 두 번 다시 자랄 수 없게 되었고, 그렇게 해서 이들의 운명은 결정되었던 것이다.

  섬의 표면을 가려주던 나무들이 없어지자 우선 강우량이 줄어들고 토양 침식은 가속화되었으며 흉년이 들어 기근이 사람들을 덮쳤을 것으로 짐작된다. 이처럼 절망적인 상황이 이 문명 특유의 영성(靈性)을 자극하여, 이들은 농사짓는 일과 그나마 식량 조달에 도움이 되었을 해변에서의 고기잡이를 모두 내팽개치고 오로지 그들의 거대한 석상을 만들어 세우는 일에 몸과 마음을 바치기에 이른다. 이 석상 중에서 가장 큰 것은 미완성의 상태로 처음 만들어지던 자리에 아직도 놓여 있다. 그 길이가 20미터에 이르고 무게는 270톤이 넘는 이 돌덩이를 운반하기란 매우 뛰어난 석공이었던 그들에게도 쉬운 일이 아니었을 것이다. 이후 그들은 각기 무기로 무장한 두 집단으로 나뉘어서 끊임없는 싸움을 되풀이한 것으로 보인다. 기아와 전쟁, 그리고 여기에 이 무렵부터 찾아오기 시작한 노예 상인들까지 합세하여 이들의 문명을 자멸(自滅)로 몰아갔을 것이다. 1877년이 되었을 때 이 섬에 남아 있던 원주민은 단지 111명에 불과했다[29].

어찌 보면 이스터 섬에서 발생한 문명의 주역들에게 주어진 운명은 그들이 처음 이 섬의 기슭에 발을 디딘 바로 그 순간에 이미 결정되었다고도 볼 수 있다. 그 안에 이미 존재하던 것 이외에 다른 식량 자원을 조달할 방법이 없는 이 고립된 섬은 처음에는 낙원처럼 보였을지라도 결국은 감옥으로 바뀔 수밖에 없었고, 이러한 관점에서 본다면 이 작은 섬에서 일어났던 일은 현재 지구상의 인류가 직면한 상황의 축소판이 될 것이다. 그러나 이스터 섬의 경우를 단지 한 예외적인 사례로 치부해 버릴 사람들이 혹시 있을까 하여 다음에 또 하나의 예를 들고자 한다.

말타 섬의 비극

지중해의 말타 섬에서 최근 발굴된 고대 문명의 유물은 약 4000여 년 전 이곳에서 이스터 섬의 경우와 기분 나쁠 정도로 비슷한 상황이 진행되었음을 보여준다. 이 두 문명이 공통적으로 보여주는 특징이 몇 가지 있는데, 결국은 이 특징들로 인하여 이스터 섬과 말타 섬에 살았던 고대인들이 번영의 궤도에서 벗어나 몰락의 길로 치닫게 되었을 것으로 짐작된다. 이 특징들은 첫째, 두 섬 모두 처음에는 매우 비옥한 땅이었으나 섬이라는 특성상 고립되어 있었고, 둘째, 이곳에서 문명을 일으킨 사람들은 활기차고 지적인 동시에 매우 강한 신비주의적 경향을 가지고 있었다는 점이다[30].

오늘날의 말타 섬은 나무나 풀을 거의 찾아볼 수 없고 물도 없는 바위 덩어리의 황무지이지만, 화석 증거에 의하면 6000~7000년 전 이곳에 처음 사람이 살기 시작했을 무렵에는 매우 다른 모습을 하고 있었던 것으로 보인다. 당시의 섬은 나무들이 울창하고 맑은 물이 흐르며 비옥한 토양을 갖추고 있어 이곳에 처음 자리잡았던 고대인에게 성공적인 문명을 일으키기 위하여 필요한 모든 요소를 제공해 주었고, 따라서 이후 약 1000년에 걸쳐 섬의 인구는 증가하고 문화가 번성하였다. 그러나 약 4000년 전경에 이르렀을 때는 섬의 자원들이 이미 거의 바닥난 상태가 되어 이들은 멸망의 운명과 직면하게 된다. 이곳에서도 마찬가지로 사람들이 농경지를 늘리기 위하여 나무를 베어 내자 비가 오지 않고 토양이 침식되고 유실되었으며, 번영을 구가하던 그들의 사회는 그저 겨우 연명해 나가는 처지로 전락했을 것이다.

이후 말타 섬의 사람들에게 정확히 어떤 운명이 닥쳐왔는지는 확실히 알 수 없다. 그러나 이들이 이스터 섬에 살았던 고대인과 마찬가지로 매우 강한 신비주의적 경향을 가지고 있었다는 증거는 도처에서 발견된다. 이 섬에는 전부 스무 곳이 넘는 장소에 놀라운 숫자의 사원이 줄지어 모여 있었던 것으로 보이는 유적지들이 있는데, 각 장소마다 두 서너 개의 거석(巨石)이 서 있으며 지하에도 공을 많이 들여서 판 무덤의 흔적들이 남아 있다. 최근 이 유적의 발굴 작업에 공동으로 참여한 영국과 말타의 고고학자들이 방사성 동위원소 측정법을 사용하여 알아낸 자료에 의하면 이 사원들이 모두 문명의 말기, 그러니까 좋은 토양은 이미 모두 소실되어 버리고 시련의 날들이 시작된 뒤에 건설되었다고 한다[31].

　말타 섬의 유적 중 지금으로부터 5500년에서 6000년 전 사이에 해당되는 기간 동안에 만들어진 것으로 보이는 동굴과 지하 무덤들, 그리고 그 속에서 발견되는 부장품은 대부분 간단하고 장식이 많지 않은 형태여서 같은 시기에 유럽의 시실리 섬에서 발생한 문명의 유적과 별반 다를 것이 없다. 그러나 뚱뚱하거나 임신한 여성의 모습을 조각한 형상들이 말타 섬의 무덤에서 많이 발견된 것으로 비추어 볼 때 이들의 사회가 당시 이미 다산(多産)에 매우 집착하고 있었음을 시사해 준다. 그런데 이로부터 약 500년이 흐른 뒤에 이들의 문화에는 큰 변혁이 일어나 일종의 '죽음의 종교'에 몰두하게 된 것으로 보인다. 이전의 사람들이 규모가 작고 간단한 의식을 치른 뒤 죽은 자를 매장하곤 했던 가족묘들은 이 무렵 강력한 권력을 휘두르는 사제에게 몰수되어 거창한 장례식을 집행할 수 있도록 확장되어졌다. 이 중 몇몇 장소는 무덤 안에 거대한 석판이 역시 돌로 만들어진 큰 웅덩이를 반원형으로 둘러싸고 있으며 그 뒤편으로 바위벽을 파고 관을 넣을 수 있도록 만든 묘실들이 줄지어 늘어선 구조물이 발견되기도 한다. 이 무덤 중 가장 규모가 큰 것은 6000~7000구의 시체가 함께 매장된 경우도 있으며, 또 어떤 장소에는 집단 매장 혹은 뼈를 버리는 장소로 쓰였으리라 추측되는 거대한 웅덩이가 만들어져 있다.

　이 시기의 유적에서 발견되는 유물들을 살펴보면 사람과 동물이 모두 언제나 매우 뚱뚱한 모습으로 조각되었고 수많은 남근(男根)이 붙여져 있음을 알 수 있다. 돌 또는 뼈를 깎거나 점토로 만들어진 이 형상들은 생명에 대한 숭배와 많은 자손을 퍼뜨리고자 하는 욕망을 나타낸다. 이 유적을 발굴한 고고학자들은 "엄청난 양의 시간과 노력이 이 사원들을 건축하고 거창한 장례 의식을 치르는 일에 동원되었을 것"이라고 말한다. 그런가 하면 말타 섬의 고대인들은 정작 자신들이 사는 마을과 집들을 세우고 계단식으로 밭을 만든다거나 기타 농사 기술을 개발하는 일 따위에는 별로 관심을 기울이지 않았던 것으로 보인다. 다시 고고학자의 말을 빌리자면 "이들이 사원을 건축하고 그곳에서 종교 의식을 행하는 일에 그야말로 온전히 몸과 마음을 바쳤던 것"이다[32]. 또한 이 작은 섬에 이처럼 많은 숫자의 사원이 세워졌다는 사실은 이를 만든 사람들 사이에 매우 치열한 경쟁이 있었을 것을 시사해 준다.

말타 섬의 무덤에서 발견되는 사람의 두개골을 조사해 보면 이들의 문명이 지속된 기간 동안 그 유전적 조성에는 별다른 변화가 일어나지 않았던 것을 알 수 있다. 즉 다시 말해서 그들이 섬에 사는 동안 비교적 고립된 상태가 유지되었으며, 따라서 이들의 몰락은 결국 내부의 과도한 인구 증가와 지나치게 발달한 문명으로 인한 것이었음을 보여주는 것이다. 지구상에서 발생한 다른 문명들이 이와 비슷한 말로를 겪지 않을 수 있었던 것은 단지 물리적으로 고립된 환경에 처해 있지 않았으므로 상황이 나빠졌을 때 다른 장소로 이동할 수 있었기 때문이다. 만일 말타 섬과 이스터 섬에서 일어난 일들이 정말로 지구라는 고립된 행성에 살고 있는 인류가 처한 상황의 축소판과 같은 것이라면 우리의 앞날은 결코 밝다고 할 수 없다.

이상에서 살펴본 환경 요인에 의하여 한 문명이 멸망한 사례들은, 최근 들어 고고학적 자료를 분석하고 통계를 내는 첨단 기법이 개발됨에 따라 고대 유적지에서 발견되는 실낱 같은 화석 증거물을 재검토할 수 있게 됨으로써 비로소 밝혀진 것들이다. 이런 증거물들은 비록 양적으로는 대단한 것이 못되지만, 이제까지 우리가 '문명'이라는 것에 대하여 가지고 있던 개념을 바꾸어 놓기에는 충분하다고 본다. 인류는 이제 더 이상 우리들이 이룩한 문명이 값을 매길 수 없이 고귀하고 대를 이어 전수되어야 할 역사와 지식, 그리고 산업 발전의 산물인 양 으스댈 수는 없다. 모든 문명은 모름지기 그 속에 신비주의적인 환상의 요소를 포함하고 있게 마련인데, 바로 이러한 특성이 인간에 의하여 진화의 자연스러운 경로가 방해당하는 일을 막아 준다고 볼 수 있다. 그러니까 어떤 거대한 문명이 그 주변 환경을 망쳐 버릴 만큼 지나치게 번성하게 되면, 바로 이 환상적인 요소가 작용하여 그 문명의 주인공들을 미혹시켜서 그들을 퇴락의 길로 내몰고, 결국 지구 생태계로 하여금 이들에게 최후의 일격을 가하여 벌할 수 있는 기회를 마련해 주는 셈이다. 달리 표현해 본다면 이 신비주의적인 경향은 어쩌면 바로 진화의 과정에서 생겨난 가장 위험한 산물—즉 인류의 지능(知能)을 무력화시키기 위한 해독제와 같은 것일지도 모른다.

제 7 장
해결사들

살인자는 누구인가?
피살자는 또 누구인가?
―소포클레스(Sophocles)

위 속 부화

동부 퀸즈랜드의 고산 우림지대에는 예전에 두 종류의 개구리들이 살고 있었다. 이들이 실제로 이곳에 서식했음은 분명하지만, 어느 날 갑자기 과학 문헌들 속으로의 등장과 그에 못지 않게 갑작스러운 퇴장, 그리고 그 독특한 생활상은 마치 이들을 동화 속 캐릭터 중의 하나인 것처럼 느껴지게 만든다. 이들은 새끼를 낳는 과정에서 자신의 위장을 마치 포유류의 자궁과 유대류의 아기주머니 중간쯤의 역할을 하는 기관으로 바꾸어 버림으로써 일반 양서류의 분류학적 한계를 훌쩍 뛰어넘어 버렸다. 이 독특한 생식 방법은 새끼들이 알에서 깨어난 뒤 어미의 뱃속에 안전하게 숨어서 자라다가 그 입을 통하여 바깥세상으로 나오도록 하는 것이다.

사실 개구리는 동물 세계의 구성원 중에서 다양한 방법의 생식을 하기로 유명한 부류이다. 호주에 서식하는 개구리의 일종은 그 수컷이 마치 캥거루처럼 새끼들을 근사하게 만들어진 '허리 주머니'에 넣고 다니며 돌보는 경우도 있다. 그런가 하면 남아프리카산 개구리 중에는 새끼들이 혼자서 살아 나갈 수 있을 때까지 아비의 울음주머니 속에 숨어 지내기도 한다. 이는 마치 이들이 그 진화 과정에서 체내 수정과 자궁 내 발생을 통한 포유류의 성공 사례를 모방하고자 모든 가능한 방법을 동원하여 머리를 쓴 결과인 것처럼 보인다. 그러나 이처럼 기발한 양서류 발생 방법 중에서도 위주머니를 아기집으로 이용하는 사례는 그 독창성 면에서 단연 독보적이다.

그러나 불행하게도 이 위주머니 발생을 시도해 보았던 두 종류의 개구리들은 지금 모두 멸종된 것으로 보인다. 1972년 우연히 이 동화 속 등장인물 같은 개구리, 즉 *Rheobatrachus silus*가 처음 발견된 뒤 불과 8년 사이에 이들은 모두 사라져 버렸던 것이다. 야생에 사는 *R. silus*가 마지막으로 목격된 것은 1980년이었고, 이후 실험실에서 사육되던 개구리도 1983년 그 최후를 맞게 된다. 그런데 이로부터 두 달이 채 못 되어서, 첫번째 개구리들이 서식하던 장소로부터 북쪽으로 800여 미터 떨어진, 비슷한 환경의 고산지대에서 또 다른 종류, 즉 *Rheobatrachus vitellinus*가 발견되었다.

이 두번째 개구리들은 먼저 발견되었던 *R. silus*와 외견상으로는 매우 흡사하지만, 이들이 포유류의 발생을 흉내내고자 고안해 낸 방법은 약간 다른 트릭을 사용하고 있다. *R. silus*의 알들은 일단 어미의 위장 속으로 들어간 뒤, 이곳에서 위산을 분비하는 특정 세포들의 기능을 차단시킴으로써 이 강력한 소화제가 자신을 녹여 버리는 일을 방지하며, 이후 새끼들이 올챙이 시기를 거쳐 완벽한 어린 개구리의 형태로 자라서 세상으로 나올 때까지 어미의 위산의 분비는 중지된 상태로 유지된다[1]. 아마도 이들이 어미 뱃속에서 위산 분비를 억제하는 기전을 밝혀 낼 수 있다면 이는 위산과다와 위궤양으로 고생하는 사람들에게 큰 도움이 될지도 모른다. 한편 R. *vitellinus*의 알은 위산이 통과할 수 없는 끈끈한 점액질의 막으로 자신을 둘러싸는 방법을 쓴다.

 어찌되었든 이 두 종류의 개구리 모두 암컷들은 약 8주에 걸친 임신기간(?) 중에는 먹이를 먹을 수가 없다는 결론이 나온다. 실제로 새끼를 품은 R. *silus* 암컷은 그 위장이 너무나도 크게 늘어난 나머지 주변의 장간막 조직으로부터 떨어져 나오는 지경에 이르기도 한다. 또 이렇게 부풀어 오른 위장이 폐를 극도로 압박하기 때문에 암컷은 전적으로 피부호흡에 의존하는 수밖에 없다[2].

입으로 태어나다

 이 신기한 개구리들을 대상으로 한 실험과 관찰이 가능했던 짧은 기간 동안 과학자들은 이들이 '출산'하는 모습을 지켜 볼 기회가 몇 번 있었다. 이 중 첫번째 사건은 그야말로 우연한 발견이었는데, 실험실에서 R. *silus*의 암컷이 한 수조에서 다른 수조로 옮겨지던 도중 갑자기 매우 안절부절못하는 기색을 보이기 시작했다. 이 암컷은 곧이어 물 표면으로 떠오르더니 입을 벌리고 여섯 마리의 새끼 개구리들을 마치 토하듯이 뱉어 내는 것이었다. 당시 이 개구리의 습성에 대하여 아무것도 알려져 있지 않았기 때문에 이 사건을 목격한 과학자들은 수컷이 그 울음주머니 속에서 새끼를 기르는 아프리카 산 개구리와 같은 종류가 호주에서도 발견되었다고 떠들썩하게 기뻐했다. 그러나 아델라이데 대학교의 개구리 전문가인 마이크 타일러(Mike Tyler)가 두번째로 새끼를 출산한 개구리를 해부해 본 결과, 이들이 부풀어 오른 울음주머니를 가진 수컷이 아니라 그 위주머니가 잔뜩 늘어나 있는 암컷이라는 놀라운 사실이 밝혀졌던 것이다.

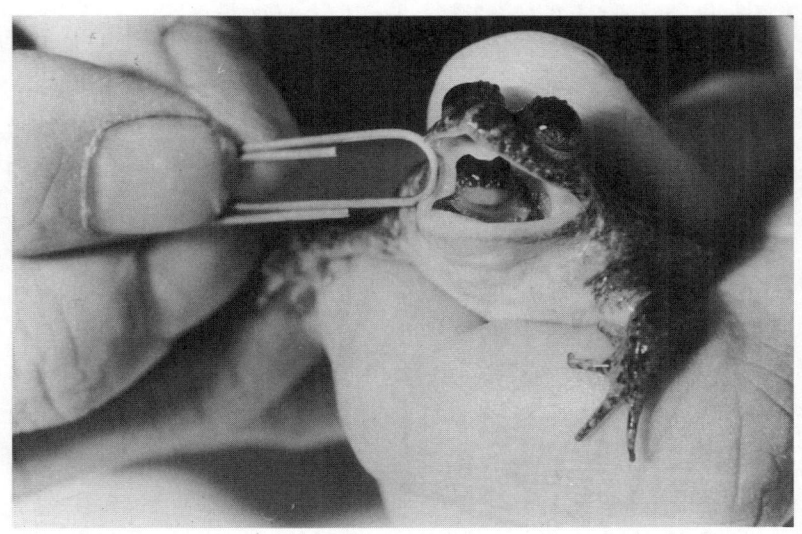

위주머니에서 부화해 나오는 개구리(*Rheobatrachus silus*)
그 독특한 출생의 현장에서 카메라에 잡힌 이 개구리의 새끼가 세상 속으로 뛰어 나오기 전 어미의 입 안에서 잠시 멈추어 있는 모습이다. 위주머니 속에서 새끼를 부화시키는 두 종류의 개구리들은 1985년 이후 전혀 발견되지 않고 있어 아마도 멸종한 것으로 추정된다. (사진 제공: 마이크 타일러)

놀라운 일 투성이였던 이 처음 두 사건을 겪고 난 뒤 과학자들은 이후에 일어난 *R. silus*의 출산을 비교적 담담하게 관찰 할 수 있게 되었다. 한 번은 *R. silus*의 암컷이 일주일이라는 기간에 걸쳐 무려 스물여섯 번이나 새끼를 낳은 적도 있다. 이들의 출산 과정은 새끼 낳을 때가 임박한 암컷이 물 표면으로 올라와서 입을 커다랗게 벌리면 한두 마리의 새끼 개구리들이 어미의 혀 위로 나타나서는 잠시 쉬었다가 가볍게 팔짝 튀어 나오는 순서로 진행된다[3]. 과학자들은 이후 *R. vitellinus*도 비슷한 형태로 새끼를 낳는다는 것을 알게 되었다. 그러나 1985년 이 두번째 개구리 역시 *R. silus*와 마찬가지로 멸종해 버림에 따라 이들이 가지고 있는 진화상의 비

제7장 해결사들 257

밀도 따라서 사라져 버렸다. 이 개구리들의 새끼가 어미의 입을 통해서 나오는 장면은 기록이 되었지만, 어느 누구도 암컷이 알을 낳는 현장이나 그 알, 또는 어린 올챙이를 집어삼키는 장면을 본 적이 없으므로, 야생에서 이들이 어떻게 새끼들을 뱃속으로 집어 넣는지는 영원히 알 수 없는 수수께끼로 남게 되었다.

위주머니에서 알을 부화시키는 개구리들이 사라진 원인은 지나친 벌목과 금광의 채취 때문일 수도 있겠으나 마이크 타일러는 이 역시 현재 전 지구를 휩쓸고 있는 개구리 멸종 현상의 일부일 뿐이라고 말한다. 이 현상을 설명하기 위한 가설 중의 하나는 양서류의 특성상 피부로 숨을 쉬는 개구리들이 공기 중이나 물 속의 오염물질들에 의하여 파충류 또는 포유류보다 훨씬 더 큰 피해를 입는다는 추측이다. 이 가설에 의하면 비록 문제가 된 오염 물질 그 자체가 개구리들에게 치명적인 독성을 가지지는 않았더라도 서서히 이들의 면역체계를 약화시킴으로써 평상시에는 별다른 위협이 되지 못하던 병균들과의 싸움에서 형편없이 무너지게 만들었을 수 있다는 것이다. 이 점에서 본다면 개구리는 마치 광부들이 카나리아를 위험 탐지기로 사용하는 것과 마찬가지로 지구 생물권을 위협하는 여러 독성 물질들의 위험성을 경고해 주는 역할을 담당하고 있는 셈이다. 그러나 이 과정에서 희생된 동물의 종류 및 그들이 사라지게 된 원인들에 대한 체계적인 연구는 전혀 이루어지지 않고 있다. 지금으로서는 이들을 그저 인류가 그 부(富)와 자기만족을 위하여—또는 단순히 인류가 그 삶을 영위하는 과정에서 지구 생태계가 겪게 되는 여러 가지 환경 파괴의 한 부분으로 포함시키는 수밖에는 없다.

인류의 질병을 치료하기 위한 약제들 중 상당수는 사람들이 그 존재조차도 잘 모르고 있는 동식물로부터 추출되거나 또는 이를 닮은 구조로 합성된 물질이다. 현재 지구상에 자라고 있는 고등식물 중 과학자들에 의하여 분류된 종류는 전체의 0.5%에 불과하지만, 전세계적으로 사용되는 주요 의약품 중 47종류가 이들을 재료로 하여 만들어진다. 미국의 연구팀이 최근 조사한 결과에 따르면 현재 지구상의 꽃피는 식물의 절반 가량인 약 125,000종류가 열대 우림에 서식하고 있으며, 이들 각각으로부터 약물로 사용될 수 있는 원료 물질들이 대략 여섯 가지 정도씩 나온다고 한다. 현대 사회의 부가가치를 감안하여 계산한다면 앞으로 이 원료들을 사용하여 만들어 낼 수 있는 새로운 의약품의 가치는 147억 달러가 넘을 것으로 추정된다[4]. 그러나 산업화 사회가 시작된 이래 지구상의 열대 우림은 이미 그 절반이 넘게 파괴되어 버렸고, 지금 이 순간에도 과거 그 어느 때보다 빠른 속도로 사라져가고 있다. 아마도 현재 지구 곳곳에서 일어나고 있는 여러 생물의 멸종 현상은 이들의 생존이 제2장에서 언급한 바 있는 I=PAT, 즉 인류가 환경에 미치는 영향(I)은 인구수(P)×활동량(A)×산업화 지수(T)로 나타난다는 공식에서 인류의 기하급수적 증가로 인한 'I' 값의 변화를 나타내 주는 현상인지도 모른다. 이유야 어찌되었든 오늘날 지구상에서는 유전자의 진화에 의하여 새로운 종들이 생겨나는 속도보다 1000배나 더 빠르게 생물의 다양성이 줄어들고 있는 상황이다. 한마디로 말해서 지금 지구의 생물권 전체에서 진행되고 있는 대규모 멸종 현상의 원인은 바로 인류인 것이며, 또한 인간 자신도 조만간 이와 같이 무차별적으로 진행되는 유전자의 유실 현상으로부터 자유로울 수는 없을 것이다.

마오리 섬의 새들

동식물을 막론하고 한 종류의 생물이 멸절하게 되는 것은 그들 자신에게도 큰 불행이거니와, 인류의 입장에서도 그 생존에 도움을 주는 생물이 하나씩 사라져 갈 때마다 우리들이 지구 생태계에 내리고 있는 뿌리가 조금씩 흔들리게 되는 것이나 다름이 없다. '가이아 학설'의 관점에서 볼 때 모든 크고 작은 생명체는 각기 나름대로 지구라는 행성의 운영 체제 속에서 필수적인 역할을 담당하고 있는 소중한 부속품들이라고 할 수 있다.

인류의 활동이 다른 생물종의 쇠퇴로 이어지는 현상은 20세기에 들어와서 새롭게 발생한 것은 물론 아니다. 화석 증거들은 한 지역에 인류의 조상이 들어와 살기 시작한 것과 거의 동시에 다른 많은 생물—그 중에서도 특히 빙하기 무렵에 전성기를 이루었던 대형 동물들—이 무더기로 죽어 나가는 현상이 일어났음을 보여준다. 그 가장 좋은 예는 지금으로부터 약 500년쯤 전 뉴질랜드에서 마오리 족 원주민이 모아새를 비롯한 덩치가 크고 날지 못하는 조류는 물론 사납고 커다란 독수리까지 멸종시켜 버린 일이다. 독수리들은 주로 모아를 잡아먹고 살았는데, 기회가 닿으면 인간을 공격하는 일도 서슴지 않았던 것으로 보인다. 그러나 이들은 절대로 인간 사냥꾼들만큼 효과적으로 모아새를 공격할 수는 없었음이 분명하다. 사우스 섬에 남아 있는 한 고대 유적지에서 고고학자들은 9,000마리가 넘는 모아의 뼈와 2,400개 남짓한 알껍질을 발견했고, 또 다른 장소에서는 심지어 3∼9만 마리에 이르는 모아의 뼈들이 한곳에 매장되어 있는 것을 찾아내기도 하였다. 지금은 오로지 이 거대한 뼈 무덤만이 지구상에 생겨났던 조류 중에서 가장 특이한 운명을 경험했다고 볼 수 있는 모아새가 한때 이 섬에 살고 있었음을 보여주는 유일한 증거이다. 진화의 이론으로는 모아들이 이처럼 사라져 버린 것이 참으로 예상 밖의 결과인데, 왜냐하면 땅 위에 사는 동물 중 이 덩치 큰 새를 잡아먹는 천적은 없었기 때문이다. 모아는 그 키가 1미터 정도인 난쟁이종에서부터 무게가 500파운드 이상이나 나가고 키가 3미터에 달하는 괴물처럼 큰 종류까지 여러 가지 아형이 있다. 이들의 보금자리였던 뉴질랜드에 마오리 족이 들어가 살기 시작한 것은 지금부터 약 800~1,000년쯤 전으로 추정되는데, 그 후 17세기에 들어와 유럽인들이 이 섬을 발견했을 때는 이미 10~50만 마리에 이르는 모아들이 마오리 족의 손에 죽임을 당하여 그 12가지 아종(亞種)이 사실상 모두 멸종해 버린 상태였으며, 그밖에 백조와 큰물닭, 오리, 그리고 독수리들도 비슷한 운명에 처해 있었다[5].

호주 대륙에서 죽다

이와 비슷한 스토리가 지구 곳곳에서 끊임없이 되풀이되지만 그 중에서도 특히 두드러지는 것은 마다가스카르 섬에서 일어났던 코끼리새와 여우원숭이, 코끼리 거북, 그리고 그 큰 덩치에 어울리지 않게 '난쟁이하마'라고 불리는 동물들이 멸종한 사건과 모리셔스, 리유니온, 그리고 로드리게스 군도에서 도도새들이 사라지게 된 일이다. 호주 대륙에는 원래 여러 가지 다양한 크기의 몸집을 가지고 초식 또는 육식 생활을 하는 유대류(有袋類)가 번성하고 있었으나 지금은 중간 정도 크기의 초식성 동물만이 남아 있는데, 여기에도 인간 사냥꾼의 역할이 최소한 간접적으로라도 공헌을 했을 것이 분명하다. 인류가 그들의 사냥감을 숲으로부터 내몰기 위하여, 그리고 화전 농법을 위하여 습관적으로 불을 질러 댄 나머지 불에 유난히 잘 타는 관목들이 주류를 이루는 호주 특유의 식물 군락이 대륙 전체에서 파괴되는 현상이 일어났다. 그 결과로 숲의 면적이 현저하게 줄어들어 많은 동물이 살 곳을 잃어버린 것은 물론이거니와 이 당시 이미 진행중이던 이상 기후 현상도 더욱 심해졌을 것으로 짐작된다. 현재 대부분의 학자들은 이와 같은 기후 변화와 인류라는 이름으로 새로 등장한 사냥꾼들의 인정사정없는 포획이야말로 호주 대륙에서 대부분의 대형 동물—즉 하마만 한 크기의 $Diprotodon\ optatum$, 초식성의 자이언트 캥거루, 그리고

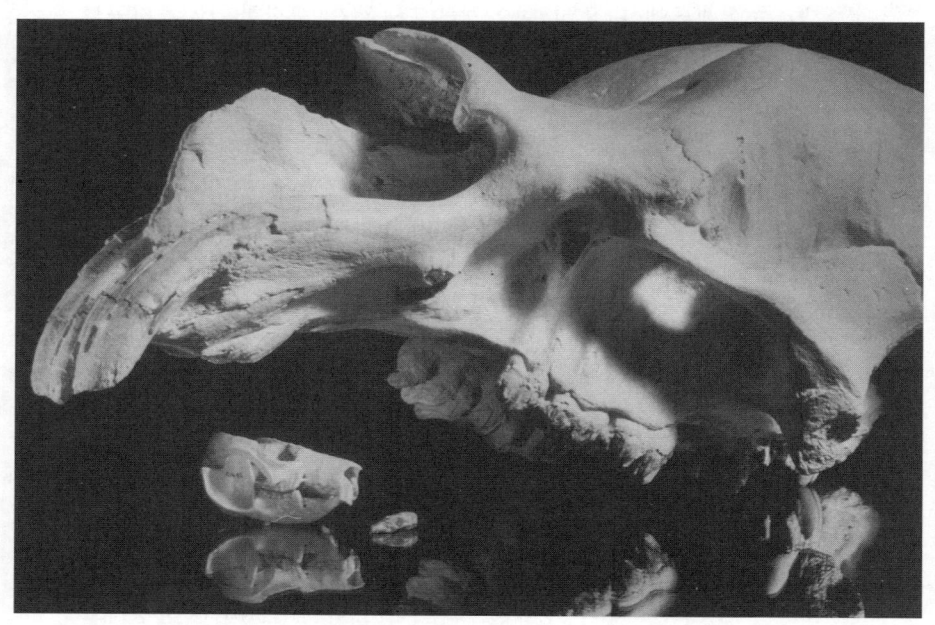

디프로토돈(*Diprotodon optatum*)의 두개골
아래쪽에 놓여진 두 종류의 현생 유대류, 즉 주머니쥐(왼쪽)와 긴 코 쥐(오른쪽)의 두개골에 비교해 보면 거의 코뿔소만한 이 화석 유대류의 크기를 짐작 해 볼 수 있다. 실제로 디프로토돈은 지구상에 살았던 유대류들 중 가장 큰 종류로 알려져 있으며, 사진에 보이는 두개골은 어린 동물의 것이다.

모아처럼 크고 날지 못하는 새들과 나무 위에 사는 표범 비슷한 맹수인 *Thylacoleo carnifex*가 영원히 모습을 감추게 된 원인이라고 믿고 있다. 호주 대륙에는 뉴질랜드와 같은 대규모의 도살장 흔적이 발견되지 않고 있지만 거듭되는 산불로 인한 환경 요인 및 기후 변화가 대형 초식동물들을 역시 비슷한 운명으로 몰아갔을 것이 틀림없다. 또한 이 거대한 동물들이 사라지면서 그들이 생태계의 순환에 보태어 주던 배설물이 없어지게 되자 이 또한 더욱 심한 기후 변화와 사막화를 초래했을 것으로 보인다. 시드니에 있는 호주 국립 박물관 소속의 팀 플래너리는 과거 지구상에서 일어났던 멸종 사례들을 비교해 보면 사하라 이남의 아프리카 지역은 그 동물군의 5%에 달하는 종류가 사라졌고, 유럽은 29%, 그리고 북미대륙의 경우 73% 정도를 잃었다고 말한다. 호주 대륙의 경우는 이곳에 주로 서식하던 커다란 유대류의 94%가 멸종한 것으로 나타나서 단연 1위를 차지하기에 손색이 없다[6].

이처럼 지구 곳곳에서 일어난 대규모의 멸종 사태들이 각기 다른 시기에 발생했다는 사실은 그 원인을 알아보는 데 많은 도움을 준다. 예를 들면 호주 대륙에서 대형 동물이 집단으로 자취를 감춘 것은 약 4만 년 전으로 추정되는 반면, 뉴질랜드의 경우는 이보다 훨씬 나중인 800년 전에 이 현상이 일어났던 것으로 보인다. 아메리카 대륙에서 일어난 멸종의 회오리는 인류 집단의 출현과 때를 같이 했다는 점, 그리고 약 12000년 전 마지막 빙하기 때의 극심한 기후 변화를 원인 중의 하나로 의심해 볼 수 있다는 점에서 호주의 경우와 매우 유사하다. 이 멸종 사건 중 인류의 출현이 직접적이고도 주된 원인으로 작용한 경우는 실제로 그리 많지 않을지 모르지만, 그러나 대부분 이들의 사냥활동이 단단히 한몫을 했을 것으로 짐작된다.

진보의 대가

그러나 까마득한 옛날에 일어났던 이 멸종의 바람은 단지 시작에 불과한 것이었다—적어도 호주 대륙의 경우에는 말이다. 실제로 호주의 환경 파괴 현상은 대부분 12만 년 전 고생 인류의 수렵 채집인 집단에 의하여 시작되었고 이 역할은 그로부터 6만 년 후 도착한 원주민에 의하여 충실하게 계승된 것으로 보인다. 이들에 의한 환경의 파괴는 1788년 유럽으로부터 새로운 이주민이 도착하면서 잠시 뜸해졌으나 이들이 데리고 들어온 발굽 달린 초식

동물들은 이미 원주민의 화전 농법으로 인해 상당히 망가져 있는 대륙의 생태계에 이제까지와는 또 다른 형태의 악순환을 불러오게 된다. 그 후 꾸준히 진행된 자연 환경의 훼손으로 대륙의 토착 식물 군락 중 70% 이상이 사라진 반면, 적어도 18종에 이르는 새로운 포유류들이 생태계에 풀어놓아졌으며, 그 결과 오늘날 호주의 야생 동물 중 환경 파괴에 가장 문제가 되는 5가지 종류—즉 고양이, 여우, 토끼, 돼지, 그리고 염소의 숫자가 두드러지게 증가하는 현상이 일어났다[7]. 그리고 이 모든 요인이 복합적으로 작용하여 최소한 20종의 토착 포유류가 멸종하기에 이르렀는데, 이는 지구상에서 과거 500여 년 동안 사라져간 포유류 동물의 3분의 1에 해당하는 숫자이다.

이후로도 계속된 초목과 표토층의 소실은 결국 많은 지역을 생물이 살 수 없는 황무지로 만들어 버렸다. 오늘날 호주 대륙에서는 날로 심해지는 사막화 현상으로 인해 경작지의 55% 정도가 척박한 상태로 변해 버렸고, 이 중 일부는 도저히 복구할 수 없으리만큼 심하게 훼손된 상태이다[8]. 이 엄청난 환경 파괴의 기록이 미국과 맞먹는 크기의 땅덩어리에 상대적으로 아주 적은 숫자의 사람이 살고 있는 호주 대륙에서 일어났다는 사실은, 인류가 그 작은 덩치에 비하여 우리와 지구 생태계를 공유하고 있는 다른 생물군에 엄청나게 큰 영향을 미칠 수 있는 존재임을 명백하게 보여주고 있다.

위태로운 환경

인류의 과거 역사에서 사람들이 언제나 내걸기 좋아했던 캐치프레이즈를 살펴보면 인류의 사고방식에 상당히 심각한 문제가 있

퀸즈랜드에 서식하는 폐어
동물세계의 보편적인 진화와 멸종의 법칙에서 독보적인 예외자로 군림하고 있는 이 물고기는 과거 3억 7천만 년이라는 세월 동안 그 모습이 거의 변하지 않았다. 특히 호주에서 발견되는 폐어(肺魚)는 현재 지구상에 남아 있는 세 가지 종류 중에서도 가장 오래된 것으로, 동물계 전체에서 제일 오래 된 종(種)과 속(屬)의 유일한 구성원이기도 하다.

음을 발견하게 된다. 예를 들면 '역사는 되풀이된다'라든지 '변화가 일어나면 날수록 상황은 오히려 변하지 않는다', 또는 '앞으로 백 년 뒤라 한들 지금과 별반 달라진 것은 없을 것이다' 따위의 말들이다. 이미 200년도 더 전에 맬서스나 뤼트켄과 같은 예언자들이 그토록 강력하게 인류의 암담한 장래를 경고했음에도 불구하고 사람들은 어쩌면 그토록 눈뜬 장님과도 같이 자신의 앞날을 바라보지 못했던 것일까? 화석 증거들은 우리를 둘러싼 자연 환경이

제7장 해결사들 265

절대로 앞서 제시한 상용구를 따르지 않는다는 것을 적나라하게 보여 준다. 무엇보다도 지질시대 전체를 통하여 지구의 온도와 기후는 주기적으로 큰 폭의 변화를 되풀이해 왔다. 지금으로부터 1만 8천 년 정도만 거슬러올라가더라도 당시 지구의 연평균 온도는 현재보다 약 5도 가량 낮았으며 해수면 또한 100미터 정도 더 내려가 있었던 것으로 보인다. 그러나 공교롭게도 이 기후 변화들은 인류의 문명이 싹트기 전에 일어났던 사건들이고, 따라서 인류의 역사가 시작된 이후로는 지구의 기후가 비교적 안정된 상태를 유지해 온 것도 사실이다. 바로 이 때문에 인류가 환경이 크게 변화하지 않는다는 착각에 빠지게 되었을 수도 있겠지만, 그러나 이유야 어찌되었든 착각은 위험한 것이다.

실제로 화석상의 증거들을 꼼꼼하게 분석해 보면 과거 수차례에 걸쳐 환경요인의 커다란 변화로 인해 지구라고 하는 행성이 막다른 골목에 처하고 그 생물권이 갈가리 찢겨져 나간 적이 있었음을 알 수 있다. 이 선례들은 어쩌면 지금의 우리가 처한 상황과는 아무런 관계가 없는 것처럼 보일 수도 있겠지만, 이렇게 주기적으로 되풀이되어 온 환경으로부터의 반격은 지구가 건강한 행성으로 유지되기 위하여 꼭 필요한 자극제인 것이며, 진화 또한 이와 같은 환경으로부터의 압력을 통해서 이루어져 온 것임을 잊어서는 안 된다. 이 지구상에 첫번째 유기물질이 생겨난 이래, 안정성을 추구하는 생물권과 끊임없이 변화하고자 하는 자연 환경 사이에서 발생해 온 바로 그 갈등을 통해서 오늘날과 같이 경이로울 만큼 다양한 유전자의 조합이 생겨난 것이기 때문이다. 매번 자연 환경의 지배 방식이 바뀔 때마다 이 새로운 상황에 잘 대처할 수 있는 몇몇 후보를 내세울 수 있을 만큼 종의 다양성이 풍부한 생태계라면, 환경의 변화는 오히려 다윈이 주장한 자연도태설의 원동력으로 작용하게 마련이다.

그런데 만일 이 과정에서 소수의 생물종이 새로운 환경에 유난히 잘 적응한 나머지 자신의 경쟁자들을 완전히 짓밟아 버리는 사태가 발생한다면 이는 결국 다음 차례에 찾아오는 시험—즉 새로운 환경 변화를 맞이할 응시자들의 수를 줄이는 결과를 초래하며, 나아가 향후 환경으로부터의 스트레스가 가중되는 상황이 도래할 경우 생물권 전체가 멸망해 버릴 위험성까지 생겨나게 된다. 사실 바로 이런 상황이 25억 년 전 산소 박테리아가 지구의 바다를 장악하고 다른 모든 생명체들의 존속을 위협하며 진화의 경로를 완전히 다른 방향으로 바꾸어 버렸을 때 실제로 일어났다. 따라서 지구상에서 진화가 계속되려면 각 생물종에 속한 개체들 사이에 다양한 유전자의 변이형이 존재하고 있어, 환경 요소가 변화할 때마다 그 새로운 상황에 자신을 성공적으로 끼워 맞출 수 있는 진화적 '유보 조항'의 기능을 담당할 수 있어야만 한다. 그러나 또한 바로 이 원리 때문에, 그 유전자 조합이 다른 생명체보다 환경 변화에 훨씬 잘 적응할 수 있도록 만들어진 생물종일수록 훗날 스스로 몰락의 운명을 자초하게 될 확률 또한 높다는 아이러니가 생겨나게 된다.

이처럼 자신의 멸망을 불러오는 파괴적 성향은 대개의 경우 각 생물종이 가진 특성의 일부로 내재되어 있다. 두꺼운 껍질이라든가 유난히 짧은 다리, 그리고 화려한 깃털과 같은 독특한 특징이 이를 소유한 동물로 하여금 특정 환경에서 생존해 나가는 데 큰 도움이 된다고 하면, 결국 이 두드러지는 특징들로 인하여 그들이 살 수 있는 환경과 생활방식 또한 제한을 받게 된다. 이 상황에서 만일 환경 요인이 급변하는 사태가 발생한다면 이제까지 자랑거리였던 특성은 졸지에 약점이 되어 버리고, 따라서 그들을 멸망의 길로 내모는 원인으로 작용할 수도 있는 것이다. 역사상 이 지구상에 100만 년 이상 머무를 수 있는 생물종은 그리 많지 않았다.

유전자는 영원하다

앞장에서 나열한 역사의 '안정성'에 대하여 언급한 상용구들은 최소한 인류의 행동 방식에 관한 측면에서는 상당히 잘 들어맞는다. 아마도 오늘날 도시에서 살고 있는 사람들의 잠재의식 속을 흐르고 있는 관념은 15만 년 전 동굴에서 생활하던 인류의 조상과 비교할 때 거의 달라진 점이 없을 것이다. 그 이유는 알고 보면 매우 간단하다. 진화의 근본 취지는 사람들이 흔히 생각하는 것처럼 변화를 일으키려고 하는 것이 아니라, 오히려 그 반대로 어떻게 하면 끊임없이 변화하는 주변 환경에 가장 효과적으로 대처하면서 안정된 삶을 살 수 있을지를 모색하는 과정이기 때문이다. 이처럼 변화무쌍한 자연 환경을 폭풍이 몰아치는 바다에 비유한다면, 유전자들은 그 바닥에 조용히 가라앉아 있는 바윗돌과 같은 존재로서, 한 가닥의 DNA가 복제될 때 그 정확성은 실로 인간의 상상을 뛰어넘는 것이다. 또한 이 과정에서 간혹 어떤 운이 좋은 오류가 겹겹이 늘어서 있는 검문소를 모두 무사히 통과하고 그 달라진 염기 서열로 인해 변화된 형질을 나타낸다고 하더라도, 복잡하고도 섬세한 생명 현상의 네트워크에서 대부분의 형질 변화는 치사(致死) 작용을 불러오게 된다. 즉 이는 다시 말해서 주변의 환경이 안정되게 유지되는 한 그 안에 사는 생물체들의 유전자 또한 변화하지 않는다는 뜻이다[9].

지구의 환경은 지난 1만여 년 동안 그다지 큰 변화를 겪지 않았고, 따라서 인류 역시 별로 달라진 것은 없다고 볼 수 있다. 그런데 우리가 미처 생각지 못한 제한 요인이 한 가지 있는데, 이는 약 10,000~12,000여 년 전 인류가 각기 다른 특징을 가지는 두 집단—즉 반 유목생활을 하는 수렵 채집인과 한곳에 뿌리를 내리고 사는 농경 집단으로 나뉘어졌던 사건이다. 이후 환경 요인이 이 두 인류 집단에게 미치는 영향은 조금씩 다른 형태의 압력으로 작용하기 시작하여 각각 다른 종류의 유전형질이 선택된 결과, 이들은 그 생활 방식과 행동 면에서 서로 다른 특징들을 나타내게 되었다. 이는 결국 오늘날 지구촌 일부에 살고 있는 수렵 채집인을 산업화된 세상에 살고 있는 나머지 인류와 구분짓는 특유의 문화 및 생활 습관들이 절대로 진화 과정에서 앞서거나 뒤처진 상황을 나타내는 것이 아님을 뜻한다. 다시 말하자면 이 두 형태의 집단은 각기 자신들이 처한 진화의 경로에서는 나름대로 서로에게 뒤지지 않는 진보를 이룬 것이며, 단지 같은 모양의 테니스공이라도 라켓이 때리는 방법에 따라 전혀 반대 방향의 스핀을 보이는 것과 같은 원리로 각기 다른 형태의 사회구조를 발전시켜 왔다는 의미이다. 이 두 집단은 가만히 내버려두면 얼마든지 나름대로 평화롭게 잘 살아갈 수 있다. 그러나 이 중 한 집단의 일부를 다른 집단 속으로 옮겨 놓는다면 양자 모두 살아남기 위하여 상당한 투쟁을 감수해야 할 것이다.

바로 이렇게 서로 다른 진화 과정에서 선택된 형질들 때문에, 200년 전 유럽인이 처음 호주에 정착했을 때 이 대륙의 원주민은 이주해 온 집단보다 생존하기에 훨씬 유리한 위치를 확보한 상태였다. 지금이라고 달라진 것은 없겠지만 당시 원주민들은 유럽 이주민이라면 단 며칠도 버티기 힘든 환경에서도 얼마든지 잘 살아갈 수 있었다. 원주민이 먹는 음식은 백인들의 경우보다 훨씬 다양하고 영양가도 높은 식단으로 구성되어져 있었고 그들의 사회 또한 평화롭고 안정되었으며, 전반적으로 이들은 특유의 주술 신앙에 의존하여 매우 풍요로우면서도 한가한 삶을 만끽하고 있었다. 물론 이들 역시 종종 개인 또는 부족간의 갈등과 분쟁을 경험하기는 백인 사회와 마찬가지였지만, 가부장제의 강력한 결속력과 부족 내의 규례 덕분으로 대개의 경우 큰 인명 피해가 없이 문제가 해결되곤 하였다. 그러나 이들에게는 백인처럼 과거 1만여 년 동안 탐욕스런 경쟁 사회에서 부대껴 온 경험과 산업 기술, 그리고 무엇보다도 화약을 사용하는 무기가 없었다. 따라서 이 문명의 이기(利器)들로 잔뜩 무장을 하고 영국에서 건너온 백인과 이들이 맞부딪쳤을 때 그 결과는 뻔한 것이었다. 식민지 개척자의 눈에 이 원주민들은 인간 이하의 동물로 밖에는 보이지 않았고, 따라서 백인들은 이들을 마치 귀찮은 해충쯤으로 취급하였다. 그 결과 재미삼아 원주민을 '사냥'하거나 비소(砒素)를 넣은 밀가루를 선물로 주어 죽게 하는 일도 서슴지 않았으며, 심지어는 군대를 동원하여 군사작전을 방불케 하는 대규모 살상까지도 빈번하게 일어났다. 한편 선교사나 교사들이 투입되어 이 골치 아픈 '원주민 문제'를 보다 평화로운 방법으로 해결해 보려고 시도하기도 했지만 이 또한 별다른 효과를 거두지는 못했다.

 이처럼 총과 독약, 종교, 교육을 총동원하여 노력해 보아도 궁극적인 해결 방안이 나오지 않자 식민지 정부는 마침내 원주민의 어린 아이들을 그들의 '미개한' 부모와 '원시적인' 부락생활로부터 분리시켜서 서구풍의 '문명화된' 사회에 적합한 인간으로 교육시키는 정책을 시도하기에 이른다[10]. 이 또한 많은 원주민들에게 지울 수 없는 상처만을 남긴 채 실패로 끝난 것은 물론이다. 오늘날 호주 대륙의 원주민들은 소외되고 버려진 그들의 사회에서 비참하고 앞날의 희망을 찾아볼 수 없는 무위(無爲) 속에 침잠한 채 범죄, 빈곤, 질병, 알코올 중독, 그리고 가정 폭력과 심각한 실직 문제로 고통을 받고 있다. 이들의 몰락은 결국 수렵 채집인의 집단과 서구 상업주의 사회 사이에 존재하는 엄청난 행동 방식의 차이로 인한 것이다. 그래도 호주의 원주민은 그나마 이 같은 시련 속에서 멸종하지 않고 살아남았다는 사실만으로도 긍지를 느껴야 한다. 왜냐하면 그렇지 못한 사례가 너무나도 많기 때문이다.

불리한 상황

이제 잠시 동안 '인간중심주의'적 상상의 나래를 펴고, 우리 인류가 우주 전체에서 선발된 배심원들을 앞에 놓고 심판을 받는 장면을 눈앞에 그려보자. 검사는 그야말로 의기양양해서 이렇게 말한다 : "여기 중간 정도의 크기와 인력을 가진 한 행성이 태양으로부터 적당히 떨어진 거리에 자리잡고 있습니다. 그곳에는 빗물에 씻겨 새파란 하늘 밑에서 40억 년에 걸친 생물 진화의 노고로 형성된 다양하고 건강한 생태계가 번성하고 있었습니다. 실로 우주 속의 카멜롯 성(城)인 셈이지요. 하지만 지금 보십시오! 그 공기와 물은 오염되고 숲들은 반 이상 통째로 벌목되거나 불에 태워 없어져 버렸으며 습지는 말라 버리고 표토층의 대부분은 바람에 날려 바닷속으로 가라앉았습니다. 그리고 한때 다양한 생물종으로 근사하게 꾸며져 있던 그 생태계는 이제 누더기처럼 찢겨진 상태입니다. 과연 어떻게 해서 은하계의 진주처럼 영롱하게 빛나던 이 귀한 행성이 이처럼 형편없는 관리자의 손에 맡겨지게 된 것일까요? 지금 피고석에 앉아 있는 이 털도 없이 빈약하고 다투기나 좋아하는—가진 것이라고는 매끄러운 혀와 날카로운 지능, 그리고 유연한 손가락밖에 없는 원숭이처럼 생긴 동물들은 과연 누구입니까? 그들이 무슨 수로 이 짧은 기간 동안에 이처럼 엄청난 문제들을 만들어 내었을까요? 그리고 과연 무슨 권리로?"

이는 어느 모로 보아도 이미 판결이 난 것이나 다름없는 재판이다. 만일 우리가 입을 열어 인류는 그 특유의 지각(知覺)과 높은 지능으로 지구를 지배하기에 마땅하다고 한다면 사태는 더욱 악화될 뿐이다. 아마 이 상황에서 인류가 내세울 수 있는 것은 오로지 그 흔하기 짝이 없는 책임전가, 즉 "판사님, 불우한 어린 시절을 보낸 탓입니다." 따위의 궁색한 변론이 전부일 것이다. 따지고 보면 한 인간의 고정 개념이 그가 속한 사회 문화에 의하여 결정되는 것은 사실이고, 이제까지의 인류 문화가 사람들에게 지구의 자원은 무한대이며 신께서 이를 우리에게 마음대로 쓰도록 맡기셨다고 항상 가르쳐 온 것을 부인할 수는 없다. 즉 '성장과 발전'의 무한한 힘을 믿지 않는다는 것은 이단일 뿐만 아니라 인간으로서의 윤리적 책임을 저버리는 행위와 동일시되어 왔던 것이다. 그러나 이것이 우리가 내세울 수 있는 최고의 변론이라면, 차라리 모든 죄를 자백하고 선처를 바라는 것이 훨씬 더 현명하지 않을까 싶다.

내부의 오류

여기서 잠깐 우리 인류, 즉 Homo라는 속(屬)이 200만 년 전 처해 있던 상황에 대하여 한 번 생각해 보자. 이 동물은 자신이 이제까지 살던 보금자리로부터 꽤 멀리까지 벗어나 왔는데, 그 별로 신통치 못한 신체적 적응 능력으로 미루어 볼 때 얼마 가지 않아 멸종해 버릴 것이 틀림없어 보였다. 그런데 이들이 보유한 그 신기한 능력—즉 이성적 사고를 하고 서로 의사를 소통하며 사회적 요구에 따라 자신의 행위를 변화시킬 줄 아는 재주 덕분에 인류는 그야말로 멋지게 살아남는 모습을 보여 주었던 것이다. 그러나 또한 바로 이 재주 속에 위험이 숨어 있었으니, 인류는 너무 꾀가 많은 나머지 환경으로부터의 모든 압박으로부터 그들 자신을 안락하게 보호할 수 있는 차단막을 침으로써, 어느 수준 이상의 수적 증가가 진행된 후에 대부분의 동물이 경험하는 자연에 의한 조절 현상을 더 이상 느끼지 못하게 된다. 즉 인류는 지구 역사상 유례가 없이 생물권의 진화 그 자체를 자신들의 임의대로 조정하면서 생태계의 법칙들 위에 군림하기에 이르렀고, 수시로 새로운 생물종을 만들어 내거나 기존의 생물종을 멸종시키는 행위도 서슴지 않았던 것이다. 결국 이제까지 지구의 표면을 걸어 다녔던 다른 어느 동물보다도 위험한 종류—즉 인류는 지구상에 나타난 지 얼마 안 되어 이를 전적으로 지배하기에 이른다.

이처럼 인류라는 전혀 예상하지 못한 와일드카드가 생태계의 운영 법칙에 등장한 이상 진화가 그 오래된 앙숙, 즉 환경을 완전히 장악하는 것은 시간문제였다. 그러나 인류의 폭발적인 증가를 조절할 수 있는 어떤 파괴 장치가 가동되지 않는다면, 진화와 환경이 그 40억 년 동안의 끊임없는 노력과 수고로 일구어 놓은 종의 다양성은 그야말로 하루 아침에, 어느 잘난 척하는 손놀림 하나만으로도 허무하게 무너져 내려 통째로 우주의 하수구로 흘러나가 버릴 수 있다. 만일 이처럼 급박한 상황이 닥칠 경우 주범(主犯)이 되는 생물의 자멸(自滅)을 초래하는 장치가 그 유전체 속에 내장되어 있다면 진화의 입장에서 볼 때 이보다 더 편리할 수는 없을 터인데, 이런 장치가 실제로 존재하고 또 작동한다는 사실을 제시해 주는 예는 얼마든지 찾아볼 수 있다. 특히 이 장치들이 병균적 번식 능력을 가진 다른 포유류에서 모두 관찰된 만큼, 인간만이 예외일 것을 기대하기는 어렵다고 본다.

그런데 만일 이와 같은 치명적 자기 파괴 장치가 정말로 *Homo sapiens* 내부 어딘가에 장착되어 있다면, 어째서 인류처럼 슬기로운 종족이 그 뛰어난 첨단 기술과 지적 능력에도 불구하고 아직까지 그것이 숨겨진 장소를 발견하지 못한 것일까? 이제부터는 바로 이 의문점을 살펴보고자 한다.

제3부

해결책

제 8 장
유전자의 영혼

사념과 열정의 카오스,
마구 뒤섞인.
―알렉산더 포우프(Alexander Pope)

첫번째 도구 제작자

전통적으로 인간을 다른 동물과 구별하고자 할 때 사용된 잣대는 지구상에서 오직 인류만이 도구를 만들어 쓸 줄 안다고 보는 개념이다. 즉 간혹 인류 이외의 동물이 도구를 '사용'하는 사례가 발견되기는 하지만 이들이 도구를 '제작'하지는 못한다는 것이다. 물론 생각하기에 따라서는 여기에도 예외적인 사례를 제시할 수 있는데, 예를 들어 인류의 진화적 형제인 침팬지는 돌로 견과류를 내리쳐서 껍질을 부수고, 또 잎을 훑어낸 나뭇가지로 둥지 속의 진딧물이나 벌집 속의 꿀을 끄집어내어 먹을 줄 안다. 그러나 이 두 가지 경우―즉 적당한 형태의 돌을 고르거나 나뭇가지에서 이파리를 떼어내는 것 모두 우리가 보편적으로 생각하는 '도구 제작'의 범주에 포함시키기는 어렵다. 또 연구자들이 오랑우탄과 칸지라는 이름의 머리 좋은 보노보 침팬지에게, 돌과 돌을 부딪쳐 깨뜨려서 만들어진 날카로운 면을 칼처럼 사용하여 먹이가 들어 있는 항아리의 뚜껑을 묶어 놓은 노끈을 끊는 방법을 가르쳐 준 적이 있었다. 그러나 이 때 두 마리의 원숭이는 모두 그들의 연장을 만드는 과정에서 땅에 놓여진 돌을 손에 쥔 다른 돌로 내려치는 방법을 사용하였다. 즉 사람이 흔히 하는 것처럼 두 돌을 양 손에 나누어 쥐고 서로 부딪는 방법은 끝내 습득할 수 없었던 것이다. 그러니까 결국 이들이 만든 돌연장은 엄밀히 말해서 우연의 산물일 뿐이고, 지구상에서 유일하게 이성적 사고를 할 수 있는 동물이라는 타이틀은 인간만이 계속 소유할 수 있는 것처럼 보인다[1].

그런데 사람들에게 거의 알려지지 않은 뛰어난 기술의 도구 제작자가 하나 있다. 나무가 우거진 나의 정원에 밤이 찾아오면, 이 동물은 그가 낮 동안 숨어 있던 보금자리로부터 일어나 먼저 매복하기에 적당한 자리를 찾은 뒤 사냥에 사용할 연장—즉 섬세한 디자인과 정확한 장인 기술을 자랑하는, 그리고 상대에게 치명적인 일격을 가할 수 있는 무기를 만들기 시작하는 것이다. 이 무기를 만드는 주역은 바로 다름 아닌 거미이다. 내가 지금 소개하고 있는 이 특별한 종류는 다른 거미들처럼 정해진 장소에 미리 거미줄을 쳐 놓고 먹이를 기다리는 것이 아니라 먹이를 먼저 정한 뒤 그 위에 그물을 던진다는 것이 특징이다. 이들이 만들어 내는 그물은 대단히 정교하고 고도의 기술을 요하는 것으로, 인류의 조상들이 이 기술을 흉내라도 낼 수 있게 되기까지는 200만 년이 넘는 세월이 필요했다. 이 거미가 짜는 덫의 중심부에는 특수한 실크 소재의 리본으로 짜여진 작은 직사각형 모양의 그물이 있는데, 바로 이 부분을 먹이감 위에 떨어지도록 덮어 씌워서 움직이지 못하도록 한 뒤 공격하는 것이 이들의 수법이다. 이 전술은 마치 레티아리우스(retiarius)라고 불리던 로마시대 검투사들이 싸우던 모습을 연상케 하는데, 그 때문인지 이 거미의 속명 또한 *Retiarius*, 즉 그물거미이다. 이 그물거미의 가까운 친척은 호주 이외에 중남미 지역에서도 발견된다.

그물거미들

로마시대의 레티아리우스들은 단지 한 장의 튜닉만으로 몸을 가리고 무기라고는 동아줄로 엮은 그물만을 손에 든 채 완전무장을 한 검술사들과 맞서 싸우곤 했다. 마찬가지로 내 정원에 사는 조그만 그물거미도 자신들의 공격 거리 내에서 움직이는 물체를 발견하기만 하면 무엇이든지 가리지 않고 달려드는 성질이 있어, 지네나 전갈, 또는 다른 거미까지도 주저하지 않고 공격한다. 이처럼 만만치 않은 상대와 맞서서 싸울 때 자신의 안전을 최대로 도모하기 위한 방편으로, 그물거미는 세심하게 고른 사냥터 위 허공에 일종의 커튼 같은 거미줄 구조를 만들어 놓고 그곳에서 기다리다가 사냥감이 그 장소를 지나갈 때에 그물을 던지는 방법을 쓴다.

어렸을 때는 모든 그물거미들이 이 사냥 방식을 즐기지만, 일단 마지막 변태과정을 거치고 나면 수컷은 더 이상 사냥에는 신경을 쓰지 않고 오로지 섹스에만 탐닉하게 된다. 따라서 1년을 주기로 돌아가는 거미의 인생에서, 매년 크리스마스가 지난 뒤에까지 그물을 짜고 있는 거미들은 모두 암컷인 셈이다. 호주에 서식하는 그물거미의 두 종류 중 상대적으로 몸집이 작은 *Menneus* 속은 잎이 넓은 식물들이 자라는 곳을 사냥터로 삼고 이파리 위를 기어다니는 작은 개미를 주로 공격한다. 이들보다 큰 덩치를 가진 *Dinopis* 속은 큰 벌레들을 잡아먹고 살기 때문에 지면 바로 위에 그물을 쳐야 하는데, 여기서부터 이야기는 더 재미있어진다.

땅 위에 그물을 치기 위해서 *Dinopis* 속 그물거미들은 무엇보다

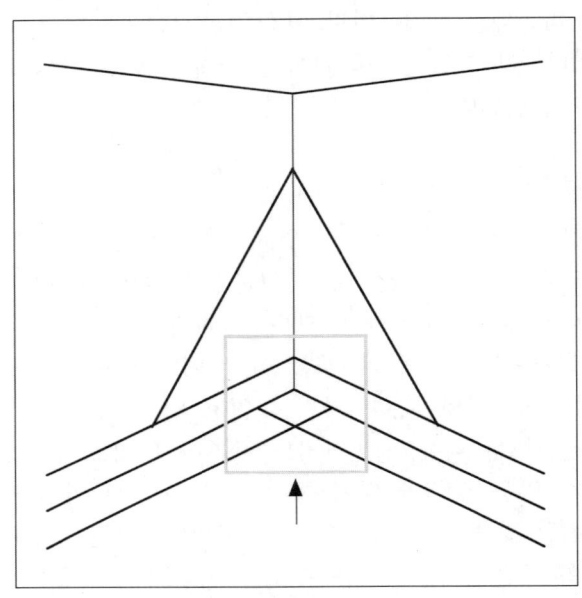

그림 19. 그물거미가 만든 비계 거미줄 (제1단계)

도 먼저 적당한 사냥터를 찾아야만 한다. 내 정원에 살고 있는 두 종류의 *Dinopis* 경우는 잔디밭이나 관목 숲 여기저기에 위치한 작은 빈 터가 이 목적에 합당한 장소가 된다. 해가 질 무렵 낮 동안 숨어 있던 장소로부터 어슬렁어슬렁 기어나온 *Dinopis* 거미는 빈 터 주위를 천천히 돌아다니며 발로 땅을 두들겨 보기도 하고, 혹시라도 나뭇가지 같은 귀찮은 물체들이 주변에 놓여져 있다가 자신의 소중한 그물이 걸리게 하여 사냥을 망치게 될까봐 세심하게 살피는 모습을 보여 준다. 마침내 가장 평평하고 방해물이 없는 장소를 발견하고 나면, 거미는 우선 주변에 미리 선택해 둔 두 개의 말뚝 역할을 할 수 있는 구조물 둘레에 거미줄을 둘러쳐서 아주 복잡한 삼각형 모양의 비계(飛階)를 만들어 나간 뒤(이것은 나중에 세 가지 요소로 구성되는 덫의 첫번째이다) 이들이 하나로 모아지는 정점을 빈 터 근처에 있는 나뭇잎에 매어단다(그림 19). 여기서 트릭은 바로 이 비단실로 짠 그물을 거미가 목표로 하는 지점 바로 위에 매달리도록 아주 정확한 각도로 조정함과 동시에 그 높이 또한 가장 효과적인 공격을 할 수 있는 위치에 고정시키는 것이다. 만일 높이가 너무 낮으면 그물은 땅에 끌릴 것이고, 반대로 너무 높으면 작은 벌레를 잡기에 부적당하기 때문이다. 이 모든 조건이 충족될 때까지 여기저기를 잡아당겨서 마지막 손질을 끝낸 뒤, 거미는 그물의 맨 꼭대기로 올라가서 이번에는 두번째 그물을 짜기 시작한다.

비단실 무기

앞서 만든 비계 그물과는 달리 이 두번째 그물('사냥망'이라고 부르기로 하자)은 이 거미가 만들어 낼 수 있는 세 가지 종류의 거미줄을 모두 동원해서 짜여지는데, 거미는 뒷발을 이용하여 이 줄들을 한데 꼬아서 놀라운 강도와 탄력성을 가진 실크 리본을 만들어 낸다. 이 중 두 개의 가닥으로 짜여지는 첫번째 종류의 실은 마치 나일론 낚싯줄과도 같은 성질로, 리본에 강도를 더해 주는 역할을 한다. 역시 두 가닥을 꼬아서 쓰는 두번째 실은 마치 양모 섬유가 그러하듯이 여러 개의 짧은 가닥을 서로 비벼서 꼬아놓은 상태이며, 세번째 실은 거미가 크리벨럼(cribellum)이라고 부르는 특수한 분비선에서 자아내는 섬유로, 마치 가느다란 셀로판지의 가닥처럼 보인다. 이 마지막 실은 사실은 여러 개의 섬유가 모아진 것이지만 그 하나하나가 너무 가늘어서 현미경을 통해 볼 때에나 구별이 가능하다. 이 모든 비단실들은 처음에는 아미노산들이 주성분인 액체의 형태로 배출되었다가 공기와 접촉하는 순간에 굳어진다. 그물거미가 만들어 내는 섬유는 끈끈한 물질로 코팅이 되

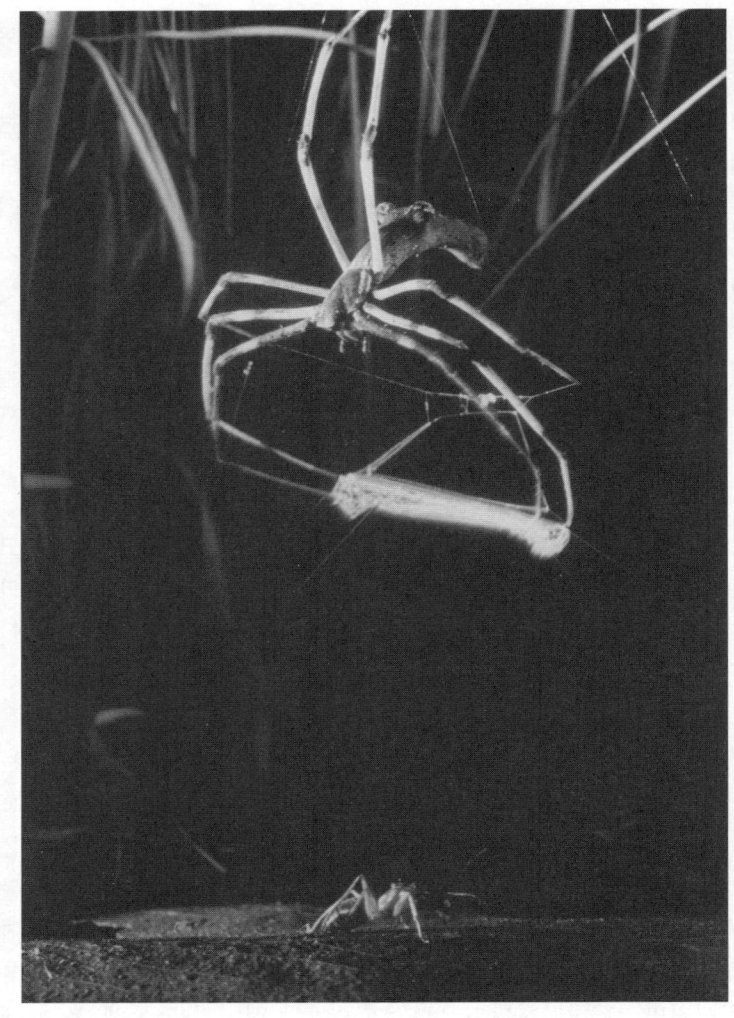

그물거미의 공격
아무것도 모른 채 지나가고 있는 개미를 향하여 거미가 막 그물을 던지려고 하는 순간이다.

실을 잣고 있는 그물거미
암컷 그물거미(*Dinopis subrufa*)가 뒷발들을 사용해서 가느다란 비단실을 미세한 고리들처럼 꼬아낸 것을 조심스럽게 중심 섬유 위에 얹는 작업을 반복하고 있다. 이것은 거미가 지친 뒷발들을 번갈아가면서 사용해야 할 정도로 까다롭고 힘든 작업이다.

제8장 유전자의 영혼 283

어 있지 않다는 점에서 우리가 일반적으로 알고 있는 거미줄과는 다르다. 그럼에도 불구하고 이 실크처럼 매끄러운 그물이 치명적인 무기로 사용될 수 있는 원리는 이들이 워낙 섬세해서 사람의 눈에는 보이지 않는 표면의 굴곡에 달라붙기 때문이다.

이 세 종류의 실들이 출사돌기에서 흘러나오면, 거미는 그 뒷발들을 사용하여 '양모 섬유'와 '셀로판 가닥'을 규칙적으로 접어서 꼬불꼬불한 형태의 실로 꼬아내는 동시에 이것을 앞서 두 가지 종류의 섬유보다 상대적으로 느린 속도로 나오는 '나일론 낚시줄' 위에 얹는 작업을 반복하게 된다. 이 세 가지 다른 성질을 가진 섬유의 성공적인 조합이 바로 강력한 그물을 만드는 비결인 셈이다. 두 가닥의 나일론 섬유는 그물에 동일한 굵기의 철사 줄과 맞먹는 강도를 부여하고, 이 위에 놓여지는 꼬불꼬불한 혼합사는 놀라운 탄력성과 함께 이들이 접촉하는 대상의 표면에 존재하는 아무리 작은 까끌까끌함에도 강하게 달라붙는 특징을 가지게 해 준다.

전체적으로 직사각형의 형태를 이루는 이 사냥망을 완성하고 나면, 거미는 한 개만 남겨놓고 자신의 출사돌기를 모두 닫아 버린 뒤, 이 공들인 사냥 도구의 마지막 단계이자 가장 놀라운 작업을 시작한다. 즉 거미는 비계망의 맨 꼭대기까지 기어 올라가서 이제까지 사냥망을 지면과 수직이 되도록 당겨주고 있던 바로 그 지점을 갉아대기 시작하는 것이다. 그 결과 사냥망은 양 옆 두 곳만 비계와 연결되어 지면과 대충 수평을 이루는 각도로 떨어지게 된다. 언뜻 보기에는 공들여 만든 그물 전체를 망가뜨리는 듯이 보이는 이 행위야말로 거미가 자신이 만든 구조물의 전체적인 설계도를 정확하게 머릿속에 그려 가지고 있으며, 또한 그 완성된 결과물의 기능과 한계를 빈틈없이 파악하고 있음을 증명해 주는 것이다.

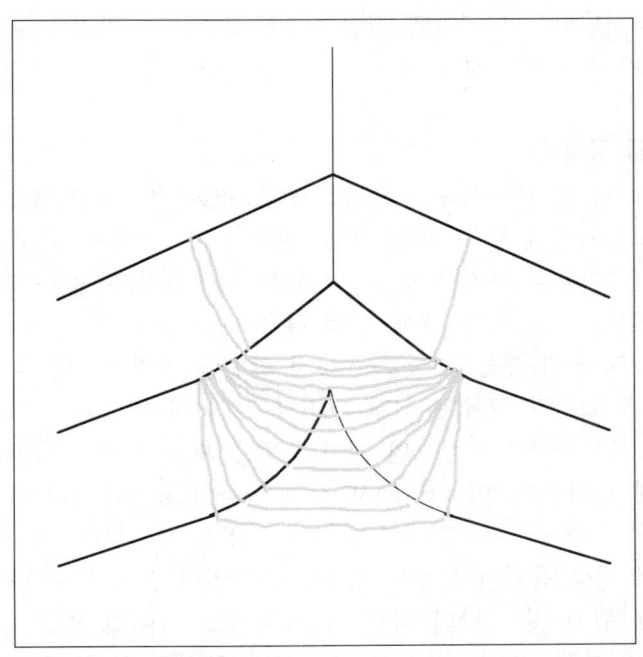

그림 20. 그물거미의 사냥망 (제2단계)
[덴지 클라인(Densey Clyne), 『호주의 동물학자 *The Australian Zoologist*』 14;2. 1967]

줄을 끊어 버리고 난 거미는 이번에는 거꾸로 매달린 자세로 발톱이 달린 네 개의 앞발을 사용해서 비계망의 가장자리들을 당겨 모아서 이들 역시 느슨한 수평을 이루도록 조절한다. 이제 남은 일은 마지막 확인작업으로, 거미는 그물망의 네 귀퉁이를 모아 쥔 자신의 네 앞발을 차례로 크게 벌려서 그물을 이리저리 대각선으로 펼쳐 보면서 모든 것이 제대로 잘 만들어지고 작동하는지를 확인해 본다. 그물이 이 시험까지 통과하고 나면―그러나 내가 지켜본 그 어느 그물도 불합격품은 없었다―거미는 마침내 조심스럽게 땅으로 내려와서 그물의 처진 정도를 검사하며 밑으로 지나가는 사냥감을 덮치기에 적절한지를 확인하고, 마침내 숨어서 기다리기 시작하는 것이다.

그물 공격

이 다음부터의 사냥 단계에 중요한 것은 루비처럼 빨갛고 커다란 그물거미의 두 눈으로, 이는 광학적으로 굴절률 0.5의 렌즈와 맞먹는 기능을 가지고 있다. 거미의 눈은 별빛 아래에서도 잘 볼 수 있는데, 그 시야 내에 무엇이든지 움직이는 것이 포착되기만 하면 그 공격 본능이 작동하여 네 앞발을 펼쳐서 그물을 던진다. 이렇게 펼쳐진 그물이 원래 크기의 4배까지 늘어나서 접촉 반경 내의 목표물에 달라붙으면 거미는 줄을 당겨 모아 사냥감을 공중에 매어 다는데, 이 과정에서 잡힌 동물이 헛되이 몸부림을 치면 칠수록 그물을 더욱 조여들게 만드는 것은 물론이다. 마침내 먹이가 더 이상 움직이지 못할 정도로 꼼짝없이 얽혀 들고 나면 거미는 그 위에 몇 가닥의 실을 더 칭칭 감은 뒤, 그 길고 구부러진 이빨을 통해 치사량의 독을 주사하여 목숨을 끊어 버리고, 먹기 시작하는 것이다. 만일 이 거미가 대단히 배가 고픈 상태라면 식사를 즐기는 동시에 꼬리로부터 또 다른 그물을 짜기 시작하는 경우도 있다.

그물거미가 이 정교한 사냥도구를 만드는 데 소요되는 시간은 총 20분 정도로, 이는 다른 어느 동물에서도 보기 힘든 고도의 기술을 요하는 제작 과정이며, 거미처럼 작은 두뇌를 가진 동물의 작품이라는 점에서 더욱 놀라움을 금할 수 없다. 따라서 이 그물은 우리 인간들에게 실로 골치 아픈 문제를 하나 안겨주는 셈이다 : 거미는 도대체 그 작은 머리의 어디에 이 복잡한 작업과정을 기억하고 각 단계에서 필요한 결정을 내리기 위한 정보를 저장해 두는 것일까? 아마도 거미가 인간들처럼 '사고(査考)를 한다'는 답을 제시할 사람은 없겠지만, 그물거미가 밤이면 밤마다 연출하는 이 기술적, 기능적 재능은 우리들로 하여금 인간 자신의 행동들이 어떻게 비롯되어질까를 다시 한 번 생각해 보지 않을 수 없게 만든다.

척도의 횡포

사람의 두뇌 속에는 평균 100억 개 정도의 신경세포(뉴런)가 있으며 이들 각각은 다시 다른 1000개 정도의 뉴런과 연결되어 있어, 신경생물학자 리처드 톰슨(Richard Thompson)의 비유에 의하면 "전 우주를 형성하고 있는 모든 원자들을 다 합친 것보다도 많은 숫자[2]"의 시냅스를 형성할 수 있는 잠재력을 보유하고 있다. 이에 비하면 거미는 단지 수천 개의 뉴런을 가졌을 뿐이며, 이들 사이의 시냅스 연결망도 기껏해야 100만 개를 넘지 않을 것으로 추정된다. 그러나 두뇌가 크다고 해서 무조건 좋기만 한 것은 아니다. 인간의 두뇌와 그 속에 내장된 무려 80킬로미터에 달하는 뉴런의 연결 회로는 상당한 부피를 차지할 뿐 아니라 이들이 그저 기본적인 기능을 유지하는 데에도 몸 전체에서 사용되는 에너지의 대부분이 소요된다. 구체적으로 말하자면, 현재 인류 몸 전체에서 뇌가 차지하는 무게가 2% 정도인 데 반하여 전체 혈액의 16%가 이곳에서 사용된다. 그러나 거미처럼 효율성 위주로 설계된 신체 구조를 가진 동물에게 있어 이처럼 불균형적으로 커다란 두뇌를 유지할 에너지를 조달하는 일은 불가능하다[3].

아마도 어떤 사람들은 거미의 뉴런이 사람보다 훨씬 작을 테니까 그들의 작은 뇌 용적(容積) 역시 상대적으로 크게 사용될 수 있을 것으로 짐작할지 모르겠으나 이는 틀린 생각이다. 근본적으로 거미의 뉴런은 그 크기나 구조면에서 사람의 뉴런과 크게 다를 바가 없으며, 또한 이들의 신경계에서 활동하는 신경 전달 물질의 종류 또한 비슷하다. 다시 말하자면, 거미 뇌 속의 신경세포들이 보유한 기능과 유연성은 이와 동일한 크기에 해당되는 사람 두뇌와 마찬가지라는 뜻이며[4], 따라서 거미가 인간적인 개념의 '사고행위'를 하는 것도 이론적으로는 얼마든지 가능하다. 그러나 이런 이론적 근거에도 불구하고 동일한 종의 거미에게 물리적인 스트레스를 가할 경우 나타나는 행동적 특징들은 각각의 거미에 따라 상당히 다른 양상을 띤다. 예를 들어 우리가 흔히 알고 있는 형태의 거미줄을 치는 보통 거미, 그러니까 *Argiope* 속에 속하는 동물들은 사람이 손가락으로 튕기는 공격을 가하면 세 가지 전술 중의 하나를 사용하여 대응하게 마련이다. 즉 땅 위로 툭 떨어져서 근처의 수풀이나 나뭇잎 더미 속으로 바쁘게 몸을 숨겨 버리든가, 거미줄이 붙어 있는 잔가지나 나무줄기 위로 기어 올라가서 숨는 방법, 그리고 거미줄 반대편으로 빠져 나가서 손가락의 공격 앞에 거미줄을 보호벽(?)으로 내세우는 방법이 그것이다. 이 때 각각의 거미가 어떤 행동을 보일 것인지는 전적으로 그들의 '성격'에 달린 문제로, 내 정원에서 발견되는 거미들 역시 항상 자신 특유의 피난 방법만을 거듭해서 사용하는 것을 볼 수 있다. 이 거미들은 모두 같은 종(種)에 속하므로 세 가지 해결 방법을 모두 사용할 수 있어야 하는데 말이다. 더군다나 이들이 모두 내 정원의 나무 두 그루 사이에 위치한 같은 장소에 각기 거미줄을 치고 살고 있다는 점을 생각하면 그 고집스러운 행동은 더욱 이상하게 느껴질 뿐이다.

공통의 화학반응

그의 전체 연구 기간을 절지동물의 뇌를 연구하는 데 바쳐 온 뉴 사우스 웨일즈 대학교의 데이빗 샌더만 교수는 그물거미의 놀라운 도구 제작 솜씨나 정원 거미의 고집스러운 행동이 하나도 놀라울 것은 없다고 말한다. 그는 거미의 놀라운 정보처리능력과 주어진 환경에 따라 행동을 변화시키는 적응력에 찬사를 아끼지 않는다. 현미경으로 들여다보면 거미의 뇌는 각기 전문화된 기능을 담당하는 여러 개의 구획으로 나뉘어져 있다—마치 사람의 두뇌처럼 말이다. 사실 인간의 신경 회로와 그 자극 전달 방식은 다른 동물들과 매우 닮은 점이 많기 때문에, 이와 같은 신경계는 아마도 지구상의 생물들이 바닷속에서 육지로 상륙해 올라오기 전에 이미 그 기본 구조가 형성되어져 있었을 것으로 추정되고 있다. 거미는 심지어 사람의 신경계에서 활동하는 것과 같은 종류인 세로토닌, 도파민, 그리고 아세틸콜린 등의 신경 전달 물질과 이들의 활동을 저해하는 감마부틸아미노산(GABA)까지도 갖추고 있다. 바로 이러한 신경 화학적 유사성에 근거하여 샌더만과 그의 동료들은 "거미가 그 감각기관을 통하여 자극을 받아들이고 이를 운동신경에게 전달하여 행동으로 나타나게 하는 과정은 사람의 신경계에서 일어나는 일들과 근본적으로 동일하다[5]."고 말한다.

그물거미의 새끼들은 알에서 깨어 난 뒤 며칠 동안 둥지에 머무르다가 각기 독립적으로 사냥을 하기 위하여 흩어져 간다. 따라서 이들이 자신의 어미가 그물을 만들거나 던지는 모습을 관찰할 기회는 전혀 없었던 셈이다. 그렇다면 모든 그물거미가 그처럼 유사한 모양의 그물을 짜고 또 사용할 줄 알게 되는 방법은 오직 한 가지, 그물 짜기와 관련된 행동을 지시하는 명령 체계가 이들의 DNA 속에 새겨져 있기 때문일 것이다. 그래서 그들의 뇌 속에 존재하는 그 어떤 '정신적인 주형(鑄型)'에 부합하는 상황에 처하게 되면 그 상황에서 요구되는 일련의 행동들이 자동적으로 발현되는 것이다. 우리가 그물거미의 사냥에서 목격한 것과 같은 정도의 복잡하고 체계적인 행동들이 순전히 DNA 속에 저장된 정보들로부터 도출될 수 있다고 한다면 인간의 행동이라고 해서 그렇지 못한 이유는 전혀 없다고 보아야 한다.

  이렇게 유전 정보에 의하여 예정되어진 행동이 발현되는 사례는 다른 많은 동물에게서도 발견되지만, 특히 새끼가 태어난 뒤 부모가 그 양육에 거의 신경을 쓰지 않는 종류에서 두드러지게 나타나는 경향이 있다. 연어나 뱀장어, 바다거북, 그리고 일부 철새들이 바로 대표적인 예이다. 유럽에 사는 뻐꾸기는 다른 새의 둥지에 알을 낳는 습성을 가진 것으로 유명한데, 이렇게 양부모 밑에서 자라난 새들은 본능적으로 매년 겨울이면 아프리카 대륙 남쪽에 있는 짝짓기 장소로 날아가는 법을 알고 있다. 또 그곳에서 교미를 하고 돌아온 암컷은 아무도 가르쳐 주지 않았지만 자신의 어미가 한 것과 똑같이 다른 새의 둥지에 알을 낳는 일을 되풀이하는 것이다. 실로 상당히 복잡한 유전적 프로그래밍이 없이는 불가능한 일이다.

유전적 반사

  이와 반대로 새끼가 태어난 후 충분한 기간에 걸쳐 부모가 살아가는 방법과 적절한 행동을 가르쳐 주는 동물의 경우에도(인간이 그 대표적인 예이다) 그 일상생활의 저변에 흐르고 있는 유전적 명령의 존재를 부인할 수는 없다. 사람의 경우 이 현상은 유아기 때 가장 뚜렷하게 나타나는데, 그 이유는 아마도 이 시기가 지나고 난 뒤에는 이들의 행동 중 반사와 부모나 주변 환경으로부터 배운 것을 구분하기가 어렵기 때문인 듯싶다. 어찌되었거나 갓 태어난 아기가 보이는 반사 반응은 이들이 이 행동들을 배울 시간이 전혀 없었다는 점에서 그 근원이 유전 정보 속에 있는 것이 확실하다. 신생아를 어떤 특정한 방법으로 자극했을 때, 그 신경계가

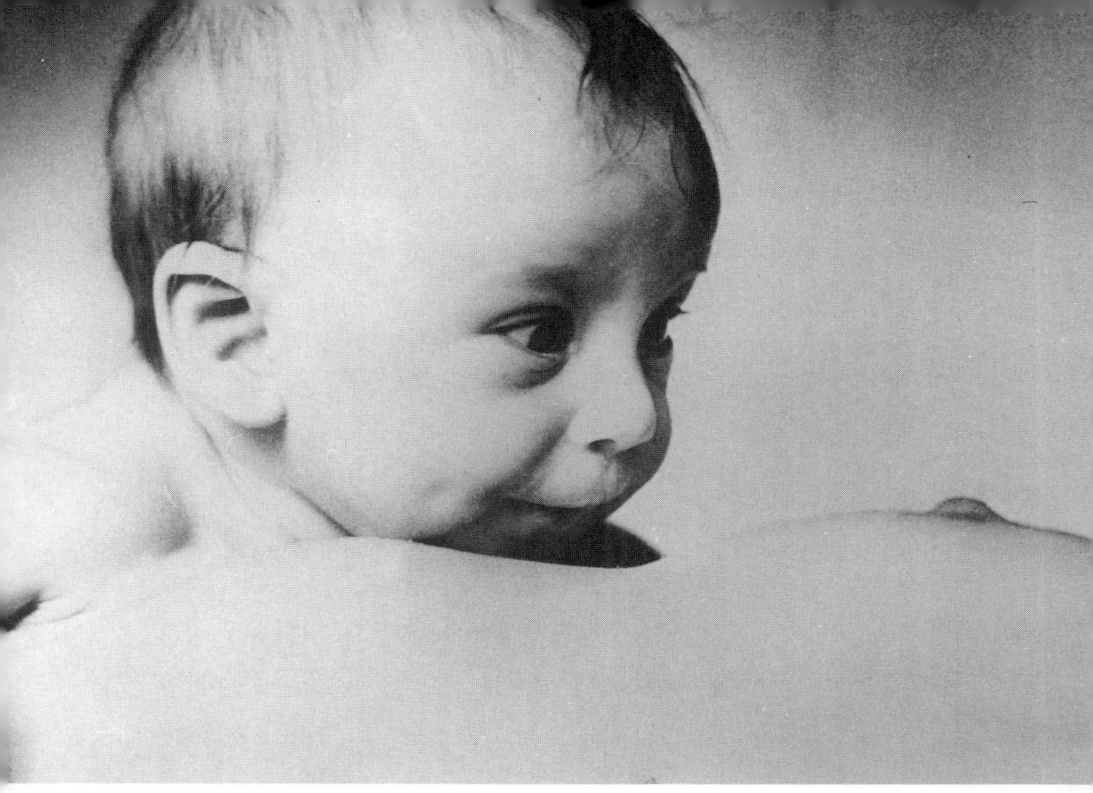

엄마의 젖꼭지를 바라다 보는 다아니
내 딸아이가 생후 5개월이 되었을 무렵에 찍은 이 사진은 무작정 젖꼭지를 더듬어 찾는 신생아 때의 반사 행동이 이 때 이미 기존의 경험에 바탕을 둔, 시각을 이용한 탐색으로 대체되었음을 보여주고 있다.

   정상적인 기능을 하는 아기라면 어김없이 예상되는 반응을 보인다. 예를 들어 갓 태어난 아기의 뺨을 가볍게 손가락으로 두들기면 이들이 그 방향으로 얼굴을 돌리고 젖을 빠는 시늉을 할 것을 100% 장담할 수 있다.
   갓난아기가 젖꼭지를 찾아 무는 이 본능적 행동은 유전적 프로그램의 산물임이 분명하며 또 매우 유용한 본능으로, 모든 포유류에게서 공통적으로 나타난다. 그런데 인간의 아기는 이 외에 그 기능이나 쓰임새를 짐작하기 어려운 다른 여러 가지 반사 반응도 보인다는 것이 흥미롭다. 이 반사 중 대부분은 생후 수개월 안에 사라져 버리고 그 후에는 다시 나타나지 않는다. 이는 아마도 수천 수백만 년 전 인류의 조상이 살던 때에 갓 태어난 아기들이 스스로를 보호하기 위하여 취해야만 했던 행동의 잔재가 인간의 유전자 속에 남아 있기 때문일 것으로 추정된다. 이 신생아 반사에는 파악(把握) 반사, 보행 반사, 그리고 헤엄 반사가 있는데, 신기하게도 인간의 아기와 침팬지의 새끼에게서 모두 나타난다. 또한 이 중에서 보행 반사와 헤엄 반사는 나중에 이들이 자라서 하게 되는 행동을 미리 흉내내는 것으로 생각할 수도 있겠지만, 이 역시 마찬가지로 생후 1~2개월 이내에 사라져 버리므로 결국 모든 아기들은 걷고 헤엄치는 방법을 새로 배우지 않으면 안 된다[6].

그런데 신생아가 보이는 유전적 반사 중에는 그 기원이나 쓰임새를 좀더 확실하게 추측해 볼 수 있는 '모로 반사'라는 것이 있다. 모로 반사는 갓난아기를 얼굴이 위로 오도록 하고 공중에 수평이 되게 안고 있는 상태에서 그 머리가 뒤로 젖혀지게 하면 허리를 활처럼 바깥쪽으로 펴는 동시에 양 팔을 펼쳤다가 다시 오므리는 일련의 행동을 보이는 것을 가리킨다. 침팬지의 어린 새끼도 이와 동일한 반사반응을 나타내는데, 이들의 경우는 그 유용성이 아주 확실하게 드러난다는 점이 흥미롭다. 즉 새끼를 품에 안은 암컷이 나무 꼭대기로 기어올라갈 때 이 모로 반사와 앞서 언급한 파악 반사가 동시에 일어난다면, 어린 것이 어미의 몸에 난 털을 움켜잡고 떨어지지 않도록 단단히 매달릴 수가 있을 것이기 때문이다[7].

마찬가지로 어린 아기들이 보여 주는 여러 가지 감정—즉 쉽게 화를 내고 낯을 가리며 소극적인 성향을 보이는 것 등도 이들의 유전적 조성에 의하여 결정된 형질이라고 볼 수 있다. 심지어는 한 아기가 다른 아기의 울음소리에 반응하는 양상조차도 유전적 요인에 의하여 결정되는 것으로 나타난다. 어떤 아기는 옆에서 다른 아기가 울면 함께 따라서 우는 반면, 어떤 아기는 전혀 반응하지 않는다. 그런데 일란성 쌍둥이의 경우는 혼자서 우는 법이 거의 없고, 하나가 울면 다른 하나도 어김없이 따라서 우는 것을 볼 수 있다. 그러나 제3의 아기가 울면 따라서 울기도 하고 또는 울지 않을 수도 있는데, 단지 어느 경우이든 쌍둥이는 둘 다 같은 반응을 보일 것만은 확실하다. 바로 이 신기한 성질 때문에 쌍둥이들은 행동의 유전적 소인을 연구할 때 매우 유용한 실험 대상이다.

일란성 대 이란성

 유전자가 인간의 행동을 결정한다는 가설을 뒷받침해 주는 가장 강력한 증거들은 일란성 쌍둥이 사이에서 관찰되는 유사성과 이란성 쌍둥이 사이에서 나타나는 차이점이다. 일란성 쌍생아는 하나의 난자와 하나의 정자가 합쳐져서 만들어진 수정란이 두 개로 갈라져서 각기 따로따로 발생한 경우이며, 이란성 쌍생아는 두 개의 난자가 각각 다른 정자와 만나서 만들어진 두 개의 수정란이 동시에 발생했을 때 생겨난다. 따라서 일란성 쌍둥이들은 서로 완벽하게 동일한 유전자 조합을 가지고 있어, 말하자면 한 사람이 두 번 만들어진 것이나 마찬가지이다. 그러나 각기 다른 난자와 정자로부터 생겨난 이란성 쌍생아는 함께 태어났다는 사실을 제외하면 일반적으로 한 부모 밑에서 태어난 형제자매의 경우와 다를 것이 없다. 많은 연구결과들이 일란성 쌍둥이들이 이란성 쌍둥이의 경우보다 훨씬 유사한 성격과 기질을 가지고 있다고 보고하고 있다. 구체적으로 말해서 일란성 쌍둥이들은 그 신체적 특징 면에서는 평균 90% 정도, 그리고 성격이나 뇌파(腦波), 지능지수, 삶을 살아가면서 크고 작은 결정을 내리는 양상 등은 50~90% 정도 유사하다고 한다. 그러나 이란성 쌍둥이들은 보통 형제자매들과 마찬가지로 이보다 훨씬 낮은 유사성을 보인다.[8]

지난 20여 년에 걸쳐 미네소타 대학교의 토마스 부샤드(Thomas Bouchard) 교수가 이끄는 연구팀은 출생 직후, 또는 유아기 때 서로 헤어져서 자라난 50여 쌍의 일란성 쌍둥이를 대상으로 한 조사를 계속해 왔다. 연구팀은 이 쌍둥이들의 성격과 행동 패턴, 특정 사안에 대한 의견, 흥미를 느끼는 대상, 지능, 사회적 가치관, 정치적 또는 종교적 이념 체계, 식성과 취미, 성생활, 그리고 좋아하는 TV 프로그램에 이르기까지 실로 방대한 영역에 걸쳐서 그 특징을 조사해 본 결과, 환경이 인간의 유전적 성향에 미치는 영향은 실로 미미하다는 것을 확인할 수 있었다. 이 쌍둥이들은 서로 떨어져서 자랐음에도 불구하고 비슷한 직업과 취미를 가지고 있었고 관심을 가지는 영역과 사귀는 친구들도 유사했다. 이들은 인간관계 면에서도 상당히 비슷한 양상을 보였는데, 같은 이름을 가진 배우자와 결혼했거나 심지어는 같은 날짜에 식을 올린 경우도 있었고, 이후 태어난 자녀들에게도 같거나 비슷한 이름을 붙여준 것으로 나타났다. 그런데 조사 대상 중에는 자신이 쌍둥이의 한 쪽이라는 것을 전혀 알지 못하고 살아왔음에도 불구하고 그토록 유사한 행동 패턴을 보인 경우도 상당수 있다. 따라서 이들이 각기 서로 다른 지역에서 서로 다른 양부모의 양육을 받고 자라나는 과정에서 겪은 환경 요인의 차이는 그 유전적 기질이 발현되는 데 별다른 영향을 미치지 못한 것이 다시 한 번 확인된 셈이다. 심지어는 친부모 밑에서 함께 자라난 일란성 쌍둥이들이 헤어져서 자란 쌍둥이들보다 오히려 더 큰 행동상의 차이점을 보이는 경우도 있었다. 이는 아마도 부모들이(또한 쌍둥이들 자신이) 각자를 독립적인 인격체로 양육하고자 인위적인 노력을 기울인 결과일 가능성이 높다. 부샤드의 연구 결과는 또한 일란성 쌍둥이 사이에서 발견되는 작은 행동양상의 차이는 이들의 두뇌가 주변 환경으로부터의 자극에 가장 민감하게 반응하는 시기, 즉 출생 후 사춘기 이

전까지의 기간 동안에 만들어진다는 것을 말해 주고 있다. 달리 표현하자면 이들의 유전적 소인은 동일했으나 이후 신경계의 회로가 확정되는 과정에서 약간의 차이점이 생겨났다는 뜻이다[9].

ADHD 증후군

ADHD, 즉 주의력 결핍 및 과잉행동장애(Attention Deficit and Hyperactivity Disorder, ADHD)는 취학기 아동의 4~6%에서 나타나는 비교적 흔한 정신장애로, 한자리에 가만히 있지를 못하며 충동적이고 집중력이 떨어지는 행동들이 특징이다. 그러나 ADHD의 정의를 올바로 내리기란 그리 쉬운 일이 아니며, 증세가 심하지 않은 경우는 사실 정상적인 아동 발달과정에서 시기적으로 나타나는 특징과 잘 구별이 되지 않는다. ADHD에 관한 이제까지의 연구 중 가장 큰 범위의 조사는 호주와 미국의 대학들이 합동으로 호주 내의 2,000여 가정을 대상으로 하여 시행한 것인데, 이 중에는 쌍둥이를 포함한 4~6세 사이의 형제자매 5,067명이 포함되었다. 연구자들이 이 아동들의 행동을 가장 보편적으로 받아들여지는 ADHA의 두 가지 진단 기준에 비추어 분석해 본 결과, 인구 집단 내에서 이 장애의 발생 빈도가 특정 요인들과 연관되어 있음을 알 수 있었는데, 여기에서 흥미로운 것은 환경적인 것보다는 주로 유전적인 요인이 중요하게 작용하는 것으로 나타났다는 점이다. ADHD가 일란성 쌍둥이 양쪽 모두에서 나타날 확률은 이란성 쌍둥이의 경우보다 두 배 가량이나 높았으며, 이 증세가 일반 형제자매 사이에서 공통으로 나타날 확률은 이란성 쌍둥이의 경우보다 반 이하로 낮았다(이 때 동기간에 ADHD를 공유할 확률은 아동들의 성별과는 별 연관이 없는 것으로 나타났다). 만일 일란성 쌍둥이의 한 쪽이 ADHD를 보유하고 있을 경우 다른 한 쪽에서도 이 장애가 나타날 확률은 75~91%에 이른다. 그러나 형제자매들이 같은 가정에서 자라면서 공통적으로 겪는 환경 요인은 증세가 나타나는 데 13% 정도의 영향밖에 미치지 않는 것으로 보여진다. 한편 DNA 분석 결과는 적어도 3개 정도의 유전자가 ADHD의 징후들과 관련되어 있음을 시사해 주고 있다.[10]

호주 아동을 대상으로 한 이 연구 결과는 어떤 면에서 1981년 영국에서 한스 아이젠크(Hans Eysenck)가 행한 연구의 결과를 다시 한 번 확인해 준 셈인데, 인간의 행동을 결정하는 유전적 요인을 분석한 그의 논문은 다음과 같이 요약되어질 수 있다 : "……유전적 요인이 인간의 행동에 영향을 미칠 확률은 적어도 50% 정도, 그리고 많으면 80%까지 될 수 있다. ……따라서 각 개인의 성격 그 자체도 이미 그 유전자 속에 내재되어 있었던 행동 패턴에 의하여 결정되는 것이며, 이 유전자 속의 정보(학자들은 이를 가리켜서 '유전형질'이라고 부른다)가 환경 요인과의 상호 작용을 통해 실제 행동으로 나타난 것이 '표현형질'이 된다.[11]" 아이젠크의 결론은 그의 연구가 시행되었던 1970년대와 1980년대 초반에는 상당히 많은 반론에 부딪쳤지만 이를 뒷받침해 주는 유전적 및 신경학적 연구결과가 속출하고 있는 오늘날에는 그의 말들이 오히려 너무 완곡한 표현처럼 느껴질 정도이다. 부샤드를 포함한 일련의 유전학자들은 인간의 행동 중 유전적인 요인이 전적으로 배제된 경우란 있을 수 없다고 말한다. 사실 모든 정상적인 동물에게 공통적으로 적용되는 법칙이 인간에게도 해당되는 이상 우리의 모든 행동이 특정한 유전적 패턴에 의하여 결정된다는 사실을 부인할 근거는 없다. 일란성 쌍둥이와 이란성 쌍둥이들 사이에서 발견되는 행동의 유사성과 차이점은 모두 하나같이 인간의 행동이 유전적 요인에 의하여 영향을 받으며, 따라서 다른 모든 동물의 경우와 마찬가지로 그 정신과 육체를 이어 주는 실체적인 결합이 존재한다는 사실을 입증해 준다.

보는 것은 즉 인식하는 것

이 정신과 육체의 일체성을 잘 나타내 주는 사례 중의 하나로 인간의 시각 작용을 들 수 있다. 1970년대 이전까지만 해도 어떤 대상을 바라보는 행동은 두 개의 분리된 단계로 이루어진다고 믿어져 왔다. 그 첫번째는 바깥세상의 물체들이 마치 일종의 디지털화된 지도와도 같이 안구의 망막에 전기적 영상으로 각인된 뒤, 이 전기 자극을 전달해 주는 시신경에 의하여 대뇌 뒤쪽에 위치한 시각중추에 있는 스크린으로 옮겨지는 과정이며, 두번째는 이 스크린으로 전달된 정보가 우리의 '추상적인 정신 활동'에 의하여 분석된 뒤 우리의 기억 속에 이미 저장되어 있는 이전의 정보들 중 비슷한 예를 찾아내어 비로소 여기에 형태적인 이미지가 부여되는 작업이다.

그러나 이런 분리 작업은 실제로 일어나지 않는다. 런던 대학교의 신경생물학 교수인 세미어 제키(Semir Zeki)는 실제로 인간의 시감각이 대뇌의 시각 중추 내에서 일어나는 활발한 작용을 포함하고 있는 것은 사실이라고 말한다—단지 여기에서 말하는 '활발한 작용'이 앞서 얘기한 가설의 경우처럼 물리적인 세계와 영적인 세계를 연결해 주는 작업이 아니라, 각기 시각 작용의 네 가지 다른 측면을 동시에 입력하는 네 개의 병렬 시스템에 의한 작용이라는 점이 다를 뿐이다[12]. 이 네 개의 시스템은 각기 물체의 움직임, 색깔, 그리고 형태의 두 가지 다른 측면을 인지하고 기록하는데, 형태를 인지하는 두 시스템 중 하나는 색깔을 인지하는 시스템과 밀접하게 연관되어 있지만 다른 하나는 독립적이다. 이들은 서로 확연하게 구분되어져 있음에도 불구하고 눈을 통하여 들어온 물체의 네 가지 요소를 동시에 분석하고 입력하는 일이 해부학적으로 가능하도록 만들어져 있다. 또한 신경 세포 사이의 수많은 연결망 덕분에 이 네 종류의 시스템을 통하여 데이터가 전송되는 동안 서로 간에, 그리고 대뇌의 다른 영역과도 정보를 교환할 기회가 얼마든지 있다[13].

시각적으로 물체를 인지하는 과정에 하나 이상의 신경계가 관여하고 있다는 사실은 대뇌의 시각 중추에 부분적 손상을 입어서 이 네 가지 시스템 중 하나만 작동하지 않게 된 환자들을 통하여 밝혀졌다. 이 중 어떤 사람은 모든 것을 흑백의 영상으로밖에 보지 못하는 반면 어떤 사람은 정지해 있는 물체만을 볼 수 있어서 만일 이것이 움직이게 되면 마치 시야에서 사라져 버린 것처럼 느끼게 된다. 그런가 하면 어떤 환자들은 이 네 개의 시스템과 두뇌의 다른 부분 사이의 연결이 파괴되어 대상을 잘 볼 수 있고 또 이를 그림으로 그려 낼 수도 있지만 이것이 무엇인지를 도무지 파악하지 못하는 경우도 있다. 즉 다시 말해서 정상적인 시각 작용에서는 일상적으로 일어나는 '대조작업'이 더 이상 작용하지 않게 된 경우이다.

제키 교수는 "물체를 '보는 것'과 그것이 무엇인지를 '이해하는 것'은 한때 신경학자들이 생각했던 것처럼 두 개의 분리된 기능이 절대로 아니며 눈으로 본 것에 대한 기억을 의식으로부터 분리해 내는 것 또한 불가능하다고 말한다. 왜냐하면 의식 그 자체가 이렇게 감각을 통하여 보고 들은 기억과 지식들이 뇌 속에 저장되는 창고의 역할을 하고 있기 때문이다[14]. 따라서 이 모든 상황으로부터 도출되는 논리적 결론은 한마디로 말해서 인간의 정신과 육체를 나누는 확연한 구획선은 없으며 오히려 이 둘이 일체로 작용하고 있다고 보는 편이 옳다는 것이다.

의도적인 실수

그러나 대부분의 사람들은 아직도 인간의 '정신' 또는 '영혼'이 육체와 확연히 구분되는 독립체라는 믿음을 선뜻 버리지 못한다.

따라서 생물학적으로 우리들의 정신과 육체가 하나임을 입증하는 증거들이 날로 쌓여간다 할지라도 이들은 실험실 바깥의 세상에서는 별다른 효력을 발휘할 수 없다. 그런데 놀라운 것은 이렇게 인간 영혼의 독립성을 굳건하게 주장하는 믿음 그 자체도 역시 인간의 유전적 성향의 일부라는 사실이다. 만일 유전자가 우리 마음속에 심어 놓은, 인간의 인지력을 신성화하고자 하는 이 강력한 동기가 없었다면 인류가 일으킨 모든 문명이 다음에 오는 세대에게 의무 완수, 명예, 애국심, 또는 가족간의 유대와 같은 가치관을 강조하는 과정에서 그토록 강한 증폭 효과를 낼 수는 없었을 것이다. 문명 그 자체가 이처럼 유전적인 되먹임작용에 의하여 유지된다는 사실은 인간이 자신은 물론 그들이 속한 사회와 부족의 존속을 위해서 매우 중요한 자질로 여기는 윤리의식도 알고 보면 교묘하게 위장된 유전자의 조절 작용에 불과하다는 것을 나타내 준다.

그러나 '유전적 요인' 또는 '행동'이라는 개념을 서로 연관지어 생각한다고 해서 어떤 특정한 행동이 하나 또는 몇 개의 유전자에 의하여 결정된다는 것은 절대로 아니다. 실제로 오늘날 대부분의 유전자가 하나 이상의 기능을 가지고 있는 것으로 밝혀졌으며 또한 이들 중 많은 숫자는 행동의 패턴을 결정하는 일과는 그다지 밀접하지 않은 기능을 수행하고 있다. 예를 들면 우리 각자가 부모로부터 물려받은 약 10만여 개의 유전자 중에서 절반 정도가 발생 도중 신경 회로가 형성되는 과정이나 두뇌의 활동을 유지하는 데 필요한 기능을 수행하는 것으로 추정되는데, 그렇다고 해서 신경계의 모든 작용이 이들에 의하여 결정된다고 볼 수는 없다. 왜냐하면 인간의 신경계가 정상적으로 작동하기 위하여 필요한 2,500만 개가 넘는 시냅스가 단지 5,000여 개의 유전자에 의하여 운영된다고 보기는 어렵기 때문이다. 갓 태어난 아기의 뇌 속에는 자신이 평생 동안 사용할 신경 세포가 갖추어져 있는데 그 숫자는

1,000억 개에 이른다. 이들을 연결해 주는 신경 회로는 이후 8～10년 사이에 어떤 경로가 가장 많이 사용되는가에 따라 그 패턴이 결정되는데, 이 기간이 지난 후에는 사용되지 않는 뉴런들이 급격하게 쇠퇴되고 시냅스도 사라져 버린다. 극단적인 경우 외부 세계로부터의 감각적 자극을 전혀 받지 못하고 자란 아기는 뇌의 크기가 30% 가량이나 줄어들기도 한다.

컴퓨터와 마찬가지로 인간의 두뇌도 여기에 입력되는 데이터의 양과 그 종류에 의하여 활동 양상이 결정된다. 즉 다시 말해서 두뇌가 받아들인 모든 정보는 이들이 DNA 속의 유전 정보로부터 전수받은 '유전적 언어'의 형태로 해석되고 저장되며, 이렇게 받아들인 외부로부터의 자극에 대하여 그 유전체 속에 각인되어 있는 '행동의 어휘'를 통해서 반응을 나타내게 되는데, 이는 다른 모든 동물의 경우에서도 마찬가지이다. 우리들은 때때로 양단간에 결정해야 할 사안을 놓고 우리가 소유한 모든 직관력과 사고력을 동원하여 고민하기도 하지만, 그 과정이야 어찌되었든 궁극적으로 내리는 결단은 결국 그 상황에서 우리가 주변으로부터 받아들이는 특정한 정보에 대응하는 특정한 유전적 기질이 표현된 것임을 부인할 수 없다. 다시 말하자면 우리가 내린 모든 결정은 뒤집어 보면 당시의 상황이 우리로 하여금 '내리지 않을 수 없게 만든' 결정인 것이다.

불굴의 DNA

이와 같은 견해에 대하여 마음 편치 않게 느끼는 사람이 있다면 나는 이들에게 유전적 요인이 인간 행동에 미치는 영향이 그 대안으로 제시되는 가설에서 주장하는 요인—즉 환경, 사회, 또는 자연 조건에 의한 영향보다 훨씬 완곡하다는 사실을 상기시켜 주고 싶다. 예를 들어 각 개인마다 나름대로 독특한 유전자형을 보유하고 있다는 사실은 우리가 이웃 사람과 함께 동일한 환경 자극을 만났더라도 그 이웃이 나의 일란성 쌍둥이가 아닌 이상 각기 나름대로 독특한 방식으로 이에 대응하게 될 것임을 말해 준다. 즉 다시 말하자면 인류는 우리들의 유전자 덕분에 환경이 우리의 행동을 일률적으로 좌지우지하는 횡포에서 벗어날 수 있다는 뜻이다. 그럼에도 불구하고 인간의 행동이 그가 소유한 유전자의 조합에 의하여 결정된다는 사실에 거부감을 느끼는 부류가 있다면 이는 오로지 타인의 행동을 조종하고자 하는 사람들일 것이다. 결국 우리를 독재자처럼 지배하는 유전자가 또 한편 우리의 행동에 예측 불가능한 성향을 가미해 주고 동시에 우리의 행동을 조정하려 드는 외부로부터의 모든 압력을 무력화시키는 셈이다. 인간의 DNA가 가진 독립성은 그래서 인류 그 자체에게 어떤 외부 요인에도 정복되지 않는, 나름대로의 자유인으로서의 위치를 부여하고 있다.

일부에서는 '유전적 요인에 의하여 결정된다'는 표현이 때에 따라 과거의 잘못된 행동을 너무나도 쉽게 책임전가시키는 구실로 사용될 우려가 있음을 경고한다. 예를 들어 앞서 비유로 든 은하계의 재판에서 피고인석의 인류가 "재판장님, 저로서는 어쩔 수 없었습니다. 제 유전자가 시킨 일이었으니까요."라고 말하는 경우를 생각해 볼 수 있겠다. 또한 과거의 잘못뿐 아니라 미래에 책임져야 할 사안에 대해서도 "내 유전자가 하는 식대로 맡겨 두는 수밖에……."라고 발뺌을 하는 것도 가능하다. 그러나 '유전자가 모든 것을 결정한다'라는 중심 가설을 부분적으로라도 받아들인다면, 이 두 상황을 단지 우스꽝스러운 변명으로만 치부할 수는 없다. 그런데 어쩌면 유전자의 명령 체계가 이 정도의 자유조차도 인류에게 허락하지 않은 것은 다행한 일이었다. 만일 인류가 언제나 유전 정보의 손짓과 명령에 복종해 오지 않았다면, 그리고 만일 본능적으로 이 공존 관계의 필요성을 감지하고 이에 순종하지 않았다면 인류의 문화는 이미 오래 전에 그 발전을 멈추었을 것이기 때문이다. 즉 인간의 영혼이 자유롭다고 믿는 착각이 어떤 면에서는 인류의 생존에 근본적인 도움을 주어 왔던 셈이다.

인간의 행동이 유전자의 지배 하에 있음을 인정한다면 어떤 면에서 세상에는 진정한 영웅도 진정한 악당도 없다고 말 할 수 있다. 왜냐하면 이들 또한 자신의 유전자가 이끄는 충동대로 따른 것뿐, 이들의 행동이 특별히 찬양 또는 비난을 받아야 할 이유가 없기 때문이다. "사고(査考)는 그러나 아무리 비논리적인 것조차도 나름대로의 기능—즉 쓸개나 간이 고유의 기능을 가지고 있는 것과 마찬가지로 맡은 역할들이 있다."고 찰스 다윈은 말했다. "이러한 관점은 우리들이 매우 겸손한 마음을 가져야 한다는 것을 가르쳐 준다. 왜냐하면 어느 누구도 자신의 행동에 대하여 칭찬받을 권리나 남의 행동을 비난할 권리가 없기 때문이다." 그러나 이 견해는 다윈이 1870년대 이 아이디어를 그의 공책 한 귀퉁이에 적어 놓았을 당시나 지금이나 별 차이 없이 일반 대중으로부터 공감을 얻지 못하고 있다(현명하게도 다윈은 그가 출판한 책에서는 이 내용을 삭제했다).

무의식적 다윈주의자

이렇게 인류의 대부분은 자신이 자유롭다는 착각 속에서 평화롭게 살아가고 있지만, 이 중에는 자신도 모르는 사이에 일상적으로 다윈의 주장이 옳음을 증명하고 있는 소수가 있다. 실제로 이들은 자신들의 명성과 일자리를 잃게 될 위험을 감수하면서까지, 인간이 살아가면서 내리는 모든 결정은 그 사고력의 산물이라기보다는 그들이 보유한 유전적 정보가 신체 내의 세포 하나하나 안에서 보이지 않는 영향력을 행사한 결과라는 주장을 피력한다. 이 신봉자들이 누구인가 하면 바로 세계 곳곳의 광고업자들로, 이들은 자신들의 주장을 통해서 꽤 많은 이득을 챙기고 있다.

자신이 돈을 거는 대상 속에 내재된 유전적 성향을 이들이 얼마나 제대로 이해하고 있는지는 알 수 없지만 어쨌든 광고업자들은 섹스를 즐기고 자손을 낳는 일, 생활의 안정, 종족의 번영, 그리고 종교 또는 신비주의적 경향에 이르기까지 인간이 스스로 제어할 수 없는 본능적 욕구를 부추김으로써 그들이 원하는 것은 한 봉지의 팝콘에서 대통령 후보에 이르기까지 무엇이든 팔 수 있다는 확신을 가지고 있다. 이들이 파는 상품이 제아무리 어처구니없고 비실용적이고 심지어는 위험하기까지 할지라도, 그저 이를 적절한 유전적 성향에 연결시키기만 하면 매상을 올리는 문제는 저절로 해결된다. 실제로 일단 한 제품이 이처럼 구매 의욕을 부추기는 데 성공하고 나면, 여기에 제동을 걸 수 있는 유일한 방법은 이보다 더 솔깃한 경쟁상품으로 승부하는 길뿐이다. 이 매매 과정은 겉에서 보기에는 물건을 사는 사람에게나 파는 사람에게나 언어를 매개체로 한 논리적이고 이성적인 사고의 결과로 보여지겠지만, 엄밀히 말해서 이는 양자 모두에게—그러나 사는 쪽에 더—교묘하게 숨겨진 위장전술로, 결국은 인간의 유전적 요인에 의하여 결정된 '감정'이 개입되어져 있는 것이다. 어떤 젊은이에게 반짝이는 새 자동차와 멋진 집, 첨단의 음향기기 등의 구입을 부추기는 것이 사회적 지위 상승 및 이를 통해 더 나은 배우자를 얻기 위한 자연스러운 갈망이라면, 이 충동은 그 결과로 인해 은행 구좌가 동이 나고 파산하게 될 위험성과 함께 저울질된다. 여기에서 그가 궁극적으로 어느 쪽을 선택할 것인지는 결국 그의 유전적 성향에 따라 결정이 된다. 이는 너무 단순화시킨 사례일 수도 있겠으나, 근본적으로 이와 비슷한 유전적 '협상'이 모든 상업적 및 사회적 현상을 내면에서 조정하고 있음을 부인할 수는 없다. 즉 엄밀히 말해서 하루가 다르게 광고업계에서 성공과 실패가 엇갈리고 있는 현상은 인류의 속기 쉬운 성향이나 물질적 욕망을 나타내는 잣대라기보다는 급속하게 변모하고 있는 우리 주변의 사회적 및 물리적 환경에 대응하기 위한 유전적 반응의 표출인 것이다. 인간의 모든 행동이 사실상 진화의 산물이며 다른 모든 동물에서와 마찬가지로 유전자에 의하여 조절된다는 사실을 받아들인다면 여기에는 다른 어떤 설명도 존재하지 않는다. 그리고 이 때 우리의 '행동'을 결정하는 열쇠는 바로 '감정'인 것이다.

유전자의 깃발을 올리다

인간은 그 내부의 유전자가 작동하는 순간 이를 감지할 수 있다. 왜냐하면 바로 그 순간 인간의 '감정' 또는 '느낌'이 일어나기 때문이다. 어떤 특정한 감정이 생겨난다는 사실은 우리의 유전적 충동 중 하나 또는 그 이상이 자극을 받았고, 그 결과 파충류에서 포유류에 이르는 고등동물의 두뇌에 공통적으로 존재하는 인자들이 활동에 나섰음을 의미한다. 이러한 맥락에서 본다면 인간의 의식 세계에서 '윤리적 요인'이 의무감, 명예, 충성심, 애국심 또는 정의감과 같은 화려한 의상을 입고 무대에 등장할 때, 이 또한 해당되는 감정이 각기 자극을 받고 이들을 관장하는 유전자들이 서로 간에 공개적으로 힘을 겨루고 있음을 알려준다고 할 수 있다. 이 의식의 카드 게임이 진행되고 있는 무대에 새로운 정보가 더해질 때마다 상황은 변화할 수 있지만, 이는 단지 나중에 들어온 정보가 자신이 이끄는 유전자의 패에 이제까지 올라온 것보다 더 높은 액수의 판돈을 걸 수 있는 경우에 한해서이다. 다시 말해서 이러한 상황의 변화가 실제 행동 또는 태도의 변화로 표출되기까지는, 각각의 대안을 유전자의 관점에서 보는 가치기준과 부수적으로 따라오는 위험 요인을 상대적으로 저울질해 보는 과정을 거쳐야 한다는 것이다. 한 가지 문제는 이 중에서 매우 우선적으로 작용하는 유전적 성향—예를 들자면 성적 충동과 지위 상승에 대한 갈망, 그리고 영토의식 등이 일단 자리를 잡고 나면 웬만한 정보가 새로 추가되어 가지고는 상황을 바꾸기는 여간 어렵지 않다는 점이다.

인간 이외에도 수백만 종에 이르는 다른 동물이 이와 같은 유전적 요인 사이의 내부 갈등을 통하여 복잡하고 때로는 커다란 희생을 감수해야 하는 협상 과정을 매일처럼 경험하고 있다. 유성생식(역주 : 남성과 여성 생식세포의 결합을 통해 이루어지는 번식)을 하는 생물이라면 누구나 내부에서 이런 갈등이 그칠 날이 없는 셈인데, 그 이유는 이 과정을 통하여 새로 획득할 수 있는 유익한 유전 형질은 언제나 나름대로의 위험 요인을 수반하고 있기 때문이다. 이는 결국 어떤 사람이 최신형 자동차를 새로 구입하는 과정과 마찬가지로 사슴이 새로운 형태의 뿔을 가지게 되거나 어떤 식물이 이제까지보다 훨씬 작은 크기의 꽃을 시험해 보고자 할 때에도 상당한 값을 치르는 일이 불가피하다는 뜻이다. 어떤 생물이 진화의 과정에서 한 번 잘못된 선택이 내려지고 나면 이는 그 유전자의 존속 자체를 위협할 수도 있기 때문이다.

위험한 선전광고

식물에게 있어서 꽃은 수정에 큰 도움이 되는 기관으로, 자신의 유전자가 널리 퍼져나가고 오래오래 존속될 수 있도록 해 준다. 그러나 또 한편 꽃이란 유지비용이 많이 들고 경우에 따라서는 이를 가진 식물에게 위험을 초래할 수도 있는 존재이다. 식물은 실용적인 가치가 별로 없는 꽃잎과 향기, 그리고 꿀을 만들기 위하여 소중한 에너지와 양분을 상당량 소비하는데, 때로는 이 화려한 장식품이 초식동물이나 사람을 유혹하는 부작용을 일으키기도 한다. 마찬가지로 공작새와 극락조, 금계 등의 수컷에게서 볼 수 있는 엄청나게 화려한 깃털은 암컷에게는 저항하기 힘든 매력으로 작용할지 모르지만, 이 또한 유지하는 데 많은 에너지가 들고 경우에 따라서는 상당한 불편을 수반하는 특징들이다. 다윈 역시 이 점을 지적하여 그의 저서에서 "공작새와 금계의 길고 화려한 꼬리는 이들로 하여금 이러한 장식이 없는 새들보다 살쾡이와 같은 포식자의 먹이가 될 확률이 훨씬 높아지게 만든다. 물론 나 자신이 자연계 내에서 이들의 화려한 금관 장식과 아름다운 깃털보다 더 암컷들의 관심을 끌 수 있는 것은 없으리라고 인정하지만 말이다[15]." 라고 적고 있다. 그러나 예쁜 꽃이나 화려한 깃털은 일반적으로 그 소유자의 유전적 우수성을 나타내는 광고물로, 이처럼 눈에 뜨이는 광고를 선전함으로써 초래되는 위험 요인보다 이로 인하여 얻는 이득이 훨씬 더 크지 않았다면 오늘날 우리 주변에는 한 송이의 꽃피는 식물도, 그리고 한 마리의 공작새도 남아 있지 않을 것이다.

　바로 이 논리를 새 자동차를 사려는 젊은이에게도 적용시켜 보면 어떨까? 그는 지금 자신의 감정이 충동질하는 대로, 그 본질상 위험스럽고 또한 비싼 값을 치러야 하는 유전적 광고에 막 굴복하려는 참이다. 그러나 계약서에 서명을 하기 전에 그는 자신의 유전자에게 이로 인하여 잃는 것보다 얻는 것이 많다는 사실을 납득시켜야만 한다. 그런데 실질적으로 이전에 비슷한 상황에 처했을 때 잘못된 판단을 거듭한 나머지 경제적으로 몰락한 젊은이들은 계약금을 치를 돈조차도 없어 이미 걸러진 상태일 것이므로, 사실상 비싼 스포츠카를 몰고 다닐 수 있다는 사실 그 자체가 어쩌면 진화의 측면에서 이 젊은이의 유전적 우수성을 입증해 주고 있는 셈이다. 다시 말하자면 이 멋진 차의 소유자는 자신의 사회적 지위와 더불어 결혼한 뒤 태어날 자녀들에게 좋은 음식과 주거 환경

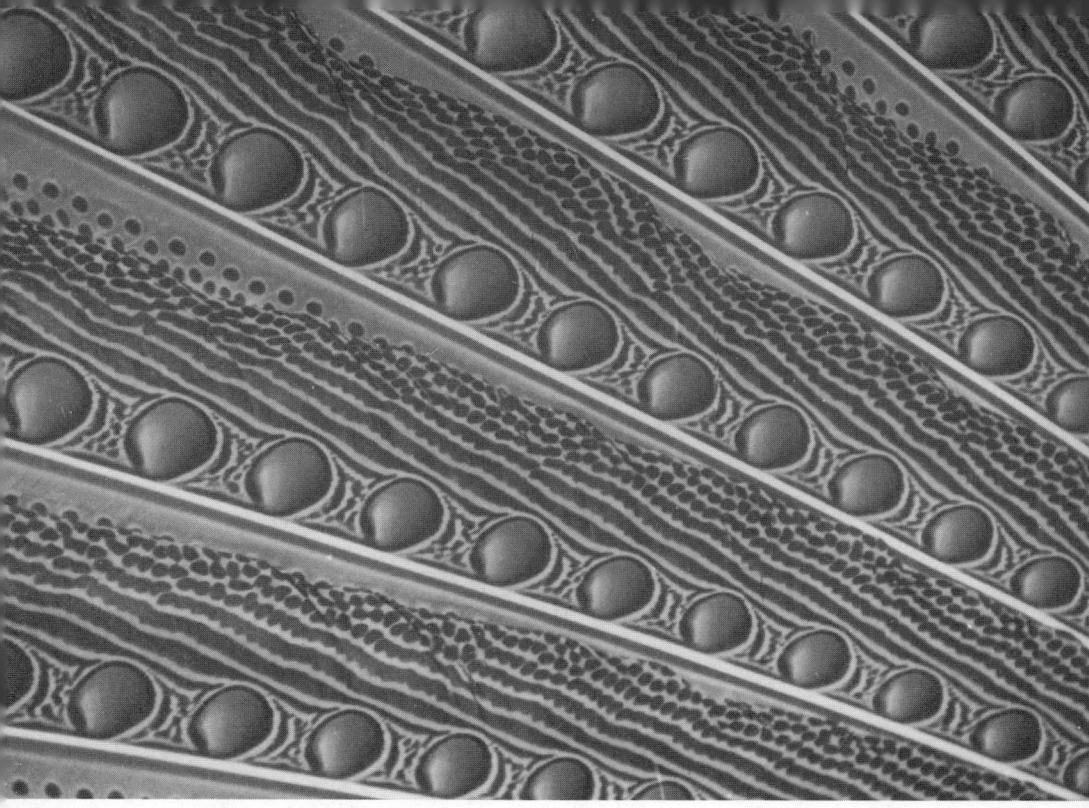

금계의 꼬리 깃털
수컷 금계는 이 현란한 무늬의 꼬리를 펼쳐 보이면서 암컷을 유혹하는데, 찰스 다윈 자신도 금계의 암컷 못지않게 이 아름다운 꼬리에 매혹되었음을 시인한 바 있다.

을 마련해 줄 능력이 있음을 과시하고 있는 것이다. 바로 여기에 아주 오래된 수수께끼의 해답이 들어 있다. 즉 어째서 그토록 많은 훌륭한 여성들이 자동차 따위로 으스대고 다니는 건달들의 유혹에 넘어가 버리는 것일까 하는 문제인데, 그 이유는 모든 여성의 내부에 위험을 감수하고라도 부유하고 야심에 차 있고 전투성이 강한 남성을 배우자로 택하여 자신의 자녀들이 보다 잘 살 수 있기를 원하는 마음이 자리잡고 있기 때문이다. 따라서 이 또한 여성 나름대로의 '지위 향상에 대한 욕구'가 표출된 것으로, 여자들은 이런 남자와 결혼했을 때 태어날 아기가 그 연약한 유년기를 보다 안락한 환경에서 보호받으며 보낼 수 있기를, 그리고 자신의 유전자가 상대방의 강한 유전자와 결합하여 보다 우수한 자손을 퍼뜨릴 수 있게 되기를 희망하면서 도박을 거는 셈이다.

근시안적 유전자

그러나 간혹 여성들은 그 후손에게 유리한 양육 환경을 만들어 주고자 하는 목적의식에 너무나도 강력하게 사로잡힌 나머지, 상대 남성의 멋진 '전투사' 복장 밑에 감추어진 유전적인 불균형을 알아차리지 못하는 경우가 있다. 모름지기 전투적인 성향이 강한 남성일수록 그만큼 권력과 지위를 갈망하게 마련이므로 만일 이 욕망이 제대로 관철되지 않을 경우 자신의 아내에게 폭력을 휘두르는 것으로 이 도착(倒着)된 울분을 해소하려 드는 성향이 있다. 이처럼 장기적으로 도사리고 있는 위험을 미리 감지하지 못한 별로 많은 여성들이 가정 폭력에 목숨을 잃기도 한다.

청소년들로 하여금 담뱃갑에 적혀 있는 경고 문구에 눈을 돌리도록 하려고 애쓰는 금연운동가들 역시 이 '근시안적 충동' 때문에 애를 먹는다. 십대들에게 있어 너무나도 멀게만 느껴지는 미래에 '일어날 지도 모르는 위험'이란 도저히 실감나지 않는 것으로, 지금 당장 담배를 입에 물고 세련되고 진보적인 여자, 또는 용감하고 힘센 남자처럼 보이고 싶은 욕망 앞에서는 적수가 되지 못한다. 이처럼 허세 부리기 좋아하는 특성은 부족생활을 하던 시대부터 전해져 내려오는 유물이며, 이왕 시작한 바에는 가능한 크게 허세를 부리는 것이 더 좋은 것으로 되어 있다. 허풍을 떠는 정치인이나 배를 부풀려서 적을 위협하는 복어가 아니더라도, 속임수는 생존을 위한 필수 조건이다. 만일 어떤 생물이 그 포식자에게 자신이 실제보다 훨씬 맛이 고약하고 위험한 존재인 것처럼 보일 수만 있다면 그 생물은 그만큼 생명을 연장하고 좀더 많은 자손을 낳을 수 있는 시간을 벌게 된다. 그런가 하면 장신구와 치장을 통해서 배우자에게 자신을 가능한 더 매력적으로 보이게 만드는 과장 또한 마찬가지로 자식을 낳을 기회를 높여주는 효과가 있다.

일부 식물들의 진화가 그 생리적 기능에는 별다른 도움을 주지 못하는 크고 화려한 꽃이나 강한 향기, 또는 많은 꿀을 만들어 내는 방향으로 진행된 것과 마찬가지로 인간들 역시 문신(文身)과 보석, 깃털, 향수, 가발, 의상, 그리고 화장품을 총동원하여 자신의 미(美)를 조금이라도 더 돋보이게 만들려는 충동을 도무지 억제하지 못하는 것처럼 보인다. 게다가 인류의 경우는 여기에 그 문명이 제공해 주는 첨단 기술과 인구의 폭발적인 증가까지 가세하여 치장 문화의 과잉이 가히 병적인 수준에 달한 것으로 보이는데, 이 새로운 질병을 우리는 '소비지향주의'라고 부른다. 이 병은 이미 지구의 생물권을 갈가리 찢어진 누더기처럼 파괴시키는 데 일조(一助)한 바 있다. 인간들이 끊임없이 자신을 성공적으로 표현하고자—즉 다시 말해서 자신이 소유한 유전자의 우수성을 홍보하려고 노력하는 과정에서 소모되는 지구 자원과 에너지의 양은 실로 엄청나다. 이 유전적으로 각인된 치장 욕구를 추구하는 과정에서 나오는 모든 고체와 액체, 그리고 기체들이야말로 인류 문명의 부산물 중 진정한 의미의 쓰레기라고 할 수 있다.

그런데 치장 문화로 생겨나는 막대한 소비와 환경오염 중 대부분이 여자보다는 남자 쪽에 책임이 있다는 사실은 어찌 보면 필연적이다. 역사를 통하여 인간 남성의 유전적 우수성과 종족 내에서 그가 차지하는 지위, 그리고 가족에게 먹을 것을 제공하고 이들을 보호할 수 있는 능력은 언제든지 공개적으로 광고되고 또 판단되어져 왔다. 수렵 채집인 사회의 남성들은 건장하고 날쌘 몸매와 용맹성의 상징인 상처, 지위를 나타내는 문신과 보디 페인팅, 깃털, 그리고 페니스를 꾸미는 장신구, 그 밖에 부족 내에서의 가치를 나타내 주는 모든 상징물을 동원하여 자신이 소유한 유전자가

제8장 유전자의 영혼 309

가치 있는 것임을 나타내려고 했다. 그러나 인류 사회가 농경과 상업에 치중하게 되면서 이 구식 광고는 더 이상 의미가 없어졌고, 따라서 남자들은 이 변모한 상황에서 그들의 우월성을 나타내어 줄 새로운 상징 또는 과시 방법을 고안해 내어야만 했는데, 그 과정에서 한때 용감한 전투사였던 남자들은 자신을 오스트레일리아에 사는 바우어새들과 매우 비슷한 존재로 변화시키기에 이른다.

집짓기 챔피언

바우어새의 수컷은 암컷의 환심을 사기 위하여 나뭇가지와 잎사귀, 그리고 이끼 등을 이용하여 매우 정성들인 집을 짓는 습성이 있다. 이 중 특히 비단 바우어새 *Ptilinorhynchus violaceus*는 푸른색을 띤 물건은 무엇이든지 모아다가 자신의 건축물을 장식하는 것으로 유명한데, 파란색 플라스틱 옷핀은 이들이 가장 흔하게 사용하는 재료이다. 집이 완성되고 호기심에 찬 암컷이 접근해 오면 수컷은 열심히 구애의 춤을 추는데, 만일 이 작전이 성공하면 곧이어 짧지만 소란스러운 교미가 시작된다. 그 뒤 각기 헤어져 날아간 암컷은 혼자 새끼를 쳐서 기르게 되고, 수컷은 다시 자신의 건축물을 정비하고 다음 번 암컷이 찾아오기를 기다린다. 바우어새의 수컷에게는 이 집짓기가 성적 욕구의 충족은 물론 자신의 유전자를 퍼뜨리는 데 너무나도 중요한 나머지 어떤 종류들은 주변에 사는 다른 수컷의 영토 내로 전광석화와 같은 기습 작전을 시도하여 그들이 세운 집을 부수고 재료로 사용된 장식품을 훔쳐 오기도 한다.

이와 근본적으로 다를 것이 없는 유전적 충동에 의하여 인간 남성들 역시 과거 1만여 년에 걸쳐 바우어새들과 비슷한 방식으로 자신의 상품성을 널리 홍보하기 위한 도구들을 발전시켜 왔다.

이들 중 특별히 크게 성공한 부류는 그들이 이 땅 위에 살다가 간 자취로 콘크리트, 철강, 벽돌, 몰타르, 중금속, 플라스틱, 농약, 그리고 각종 오염물질 등 놀랍도록 다양한 유물을 뒤에 남기게 된다. 이 물질적 유물은 근본적인 의미로는 공작새의 꼬리 깃털이나 바우어새가 남긴 나뭇가지 또는 플라스틱 옷핀들과 동일한 종류라고 볼 수 있다. 그러니까 결국 현대 사회에서 1년을 주기로 광고업계의 선두 주자가 바뀌는 현상은 인류의 변덕을 나타내는 지표라기보다는 각 문화에 따라 변화하는 인간의 유전적 충동의 순서도라고 보는 것이 더 타당하다.

단적으로 말해서 인류는 이처럼 우리의 유전자 속에 각인된 자기 과시의 충동이 가져다 줄 수 있는 장기적인 위험성이 과연 어느 시점에서 그 이익을 능가하게 되는지를 미리 감지할 능력을 가지고 있지 못하다. 담배의 경우만 하더라도 인류 문화가 그 반짝이는 포장지로 감싸놓은 경고 문구들은 애매하기만 할 뿐, 그것이 지금 당장 가져다주는 쾌감에 영향을 미치기에는 너무 힘이 미약하다. 게다가 이제까지 인류에게는 매우 효과적인 눈가리개가 채워져 있었다.

현실적 교란

인류의 조상이 진화를 거치는 동안 그 DNA는 심미안의 발달이나 자연 현상을 사실대로 이해하는 능력 따위보다 훨씬 더 중요한 행동적 특징을 완성시키느라 여념이 없었다. 이들의 두뇌가 신경세포들 사이의 연결망 형성으로 부풀어 오르고 또한 사고력이 증가되어가는 바로 그 과정 동안에도 유인원 선조로부터 물려받은 충동적 기질과 야만성이 이러한 특징을 무뎌지게 할 위험성은 언제나 존재하고 있었다. 당시 그들이 처한 환경에서는 비이성적이고 본능적인 충동에 의한 반응이 훨씬 더 유용한 것으로 판결이

나곤 했으므로 이들은 자신의 논리적 사고력을 일단 한 쪽으로 밀어 놓아 둘 수밖에 없었던 것이다. 만일 이들이 본능에 의거한 판단을 내려야 하는 순간마다 그 대안으로 내세울 수 있는 방도를 끄집어내어 두 경우가 각기 내포하고 있는 장기적 위험성을 저울질해 보기를 거듭했다면, 적절한 반응을 나타낼 시기를 모두 놓쳤을 것은 물론 아마 자신들의 목숨마저도 잃어버렸을 가능성이 높다. 그러나 그들의 논리적 사고를 두뇌 속 어느 곳에든 안전하게 저장해 둘 수만 있다면 해결책은 간단하다. 즉 언제라도 그 유전자의 존속 자체를 위협하는 상황이 발생하게 되면 이성적 사고를 하는 정부는 이 뒷방으로 물러나고 유전자들 자신이 정권을 장악하여 계엄령을 선포할 수 있기 때문이다.

역설적으로 들릴지 모르지만, 눈앞에 위험이 닥친 상황에서 이처럼 전격적으로 이성적 사고를 포기해 버리는 특성은 인류의 조상들에게 상당한 장점으로 작용했다. 만일 그 논리적 사고가 "뒤로 돌아 도망쳐라!"라고 명령할 때마다 인류가 이를 그대로 따랐다면 아마도 Homo 종족의 DNA는 이미 200만 년 전 아프리카 대륙의 흙 위에 몇 점의 핏방울로 남게 되는 지극히 '논리적인' 종말을 맞았을 것이다. 인류가 다른 짐승과 맞서 싸울 만한 무기를 변변히 갖추지 못한 것은 사실이지만 이들의 도주 능력은 훨씬 더 보잘것없기 때문이다. 그러니까 만약 그 진화 과정에서 위기에 처했을 때도 이성만을 고집하는 약점이 인류에게 주어졌다면 이는 표범에게 매일 어린 영장류의 연한 고기를 점심으로 확보해 준 것이나 다름이 없어서 인류의 조상 중 제 명을 다하고 죽은 경우는 찾아 볼 수 없었을 것이다. 인류가 발달해 온 과거 200만 년이라는 기간 동안 다윈의 냉혹한 자연 도태의 법칙이 이들 중에서 유난히 생각하기를 좋아 하는 부류를 솎아 내고, 대신 거친 눈빛을 한 야만인들—부족장감으로 제격이다—을 남겨 두었으리라는 점

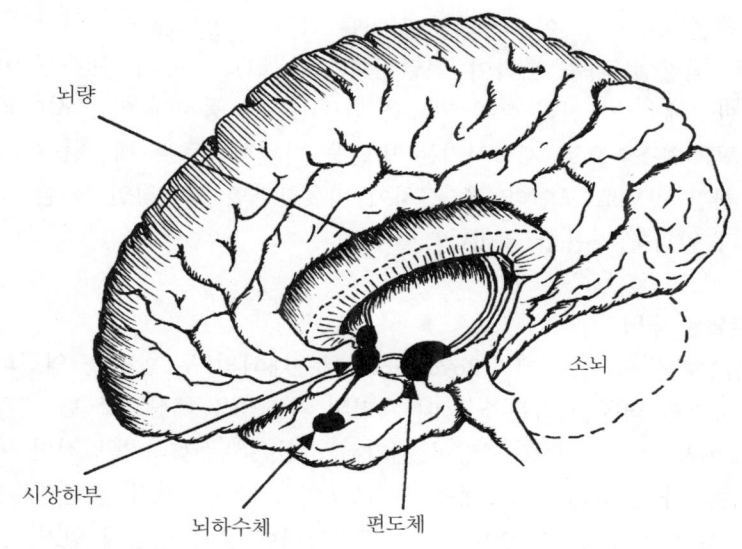

그림 21. 사람의 두뇌

에는 의심의 여지가 없다. 물론 사려 깊은 눈매를 하고 침착하게 사고하는 타입도 부족 사회 내에서 나름대로의 역할을 담당하고 있었겠지만, 이들은 아주 특수한 경우—그러니까 기술적 또는 전략적 방안을 세울 필요성이 생겼을 때에만 불려 나왔다가 그 일이 끝나고 나면 다시 피지배층의 위치로 돌아갔을 것으로 짐작된다. 이런 현상은 오늘날의 인간 사회에서도 마찬가지이다. 그러나 이처럼 감정이 앞서는 신비주의자들이 부족을 이끌어 가는 상황은 진화의 과정에 새롭고 풀기 힘든 문제점을 던져주게 되었다. 바로 어떻게 하면 점차로 두드러져 가는 인류의 논리적 성향과 놀라울 정도로 비이성적인 행동을 조화롭게 유지하면서 동시에 두뇌 활동이 원활하게 이루어지도록 할 수 있는가 하는 문제였다.

그 해답은 바로 인간의 두뇌를 두 반구로 나누어 놓은 구조에서 찾을 수 있다. 이 두 반구 사이를 오가는 정보들은 거의 모든 경우 뇌량(腦梁)을 통하여 전달된다(그림 21). 인류의 진화는 이 두 반구에 각기 전혀 다른 기능을 담당시키는 동시에 이들 사이의 교류를 최소한으로 제한시키는 방안을 마련함으로써 대단한 이득을 챙긴 것으로 보인다. 즉 정치에 비유한다면 고전적인 '분할 통치'의 원리를 사용한 것이다.

분열된 두뇌

신경학자 로저 스페리(Roger Sperry)는 대뇌의 두 반구를 연결하는 다리의 역할을 하는 뇌량이 제거된 환자들을 대상으로 한 그의 연구에서 "외과수술로 뇌량이 제거된 사람은 두 개의 독립적인 마음, 즉 다시 말해서 두 개의 분리된 의식세계를 가지게 된다."는 결론을 도출해 낸 바 있다. 그는 또 "이러한 분리 현상이 인지, 감각, 결단력, 학습, 그리고 기억의 모든 영역에서 나타난다."고 보고하였다[16]. 뇌량이 끊어진다고 하는 것은 인간 두뇌의 우반구에 있어 평상시 좌반구의 언어 중추, 즉 브로카의 영역을 통하여 수행하던 외부 세계와의 커뮤니케이션이 불가능해진다는 것을 의미한다. 그러나 한 예외적인 사례가 있는데, 아주 어릴 때 좌반구에 입은 손상을 치료하는 과정에서 이처럼 분리된 대뇌를 가지게 된 한 환자의 경우 양쪽 반구 모두에 언어를 관장하는 영역이 유지되고 있는 것이 발견되었다. 스페리와 동료 연구자들은 이 두 개의 분리된 두뇌와 따로따로 대화를 나누어 본 결과 환자의 내부에 두 개의 완전히 독립적인 인격체가 공존하고 있다는 사실을 알게 되었다.

이처럼 그 두뇌 속에 두 개의 다른 의식 세계가 작동하고 있는 반면 어느 주어진 순간에는 이들 중 하나만을 인식하게 되는 원리야말로 인류의 조상으로 하여금 진화의 희생물이 될 뻔한 위험에서 탈출할 수 있게 도와준 은인이었다. 이보다 더 교묘한 '의도적 결함'을 다른 곳에서 찾아보기란 쉽지 않을 것이다—설사 진화가 이와 비슷한 재주를 또 한 번 부려 보고자 시도했더라도 말이다. 결국 인간의 두뇌를 두 쪽으로 나누고 있는 이 안개에 싸인 간극이 바로 유전자에 인체 내부의 모든 커뮤니케이션 시스템을 장악할 수 있는 여지를 마련해 준 셈이다. 만일 분석과 구조적 개념을 관장하는 좌반구가 우반구에서 감각기관을 통하여 들어온 데이터들이 처리되고 있는 과정의 일부를 미처 파악하지 못한 틈새가 발생했다고 치자. 바로 이 순간에 트럭 한 대를 채우고도 남을 양의 신비주의적 망상들이 아무런 검색도 거치지 않고 대뇌 피질을 통과하게 되는 것이다.

이러한 틈새가 대뇌 피질의 방어 시스템에 미치는 영향은 마이클 S. 가자니거(Michael S. Gazzaniga)를 주축으로 한 다트머스 대학의 인지신경학 센터 연구팀이 시행한 실험을 통해서 처음으로 입증되었다. 이들의 실험은 인간 두뇌의 두 반구 중 오로지 브로카의 중추가 속해 있는 좌반구만이 '목소리'를 낼 수 있다는 가설에 기반을 두고 있다. 따라서 감각적인 우반구는 자신이 감지한 사실들을 뇌량을 통해서 일단 좌반구의 언어 중추로 보낸 뒤 그곳에서 이들이 의미 있는 언어로 번역되기를 기다려야 한다. 이는 결국 우반구를 통해 입수된 모든 정보는 좌반구의 검열과, 심지어는 약간의 창작력이 가미된 편집 과정을 거쳐야만 외부로 배포될 수 있다는 뜻이다.

그런가 하면 어느 매우 독창적인 연구에서는 대뇌 반구들이 분리된 환자에게 두 가지 그림을 동시에 보여주는 실험을 하였다. 즉 대상의 왼쪽 눈앞에는 눈 내린 도시의 풍경을, 오른쪽 눈앞에는 새의 발을 나타낸 그림을 놓아 준 것이다. 이 각각의 그림 아래쪽에는 다시 네 개의 작은 이미지들이 그려져 있는데, 이 중 오직 하나만이 위쪽의 큰 그림과 논리적인 연관성을 가지도록 배열되었다. 이 조건에서 환자에게 '오른손'으로 연관이 있는 그림을 짚어 보라고 하자 환자는 '새의 발'을 '닭'에 올바로 연결시켰다. 왼손을 사용해서 같은 작업을 하도록 요청하더라도 환자는 역시 눈이 내린 도시와 가장 연관성이 있는 물건, 즉 눈 치우는 삽을 가리켰다. 다음으로 이런 선택을 한 이유를 말로 표현해 보라고 주문하면 좌반구는 즉각 닭과 새의 발을 연결시킨 까닭을 설명할 수 있었다. 한편 왼손—그러니까 우반구가 가리킨 눈삽에 대해서 이 환자의 분리된 좌반구는 "모른다"라고 답하리라는 것이 연구자들의 예측이었다. 그러나 놀랍게도 이 환자는 "삽이 닭장을 청소하는 데 도움이 되기 때문에" 선택했노라는 답변을 제시한 것이다! 그러니까 여기서 환자의 좌반구는 두뇌 반대쪽에서 일어난 일을 자신이 모르고 있다는 사실을 감추기 위해서 가지고 있던 기억 중의 일부를 응용하여 창작을 한 것이 분명하다.

이 사례를 보아도 알 수 있듯이 인간의 수다스러운 좌반구는 공백이라고 하는 것을 도무지 참지 못하는 경향이 있다. 따라서 좌반구의 언어 중추에서 우반구가 알아낸 사실을 대필(代筆)할 때면 기회가 있을 때마다 모든 틈새와 공간을 자신이 좋아하는 선전 문구와 단편 지식들로 채워 넣기를 쉬지 않는다. 이 특성이 바로 '잘못된 기억' 증후군(false memory syndrom)의 원인인 동시에 우리가 종종 경험하는 모든 신비한 영상과 영적인 환상을 설명할 수 있는 근거라고 할 수 있다[17]. 샐리 스프링거(Sally Springer)와 게오르그 도이치(Georg Deutsch)는 인간 두뇌의 우반구가 "항상 의심에 가득 찬 목소리를 주로 내는데, 그 이유는 이것이 문제가 존재하는 곳에서는 물론 존재하지 않는 곳에서도 모종의 음모를 감지하기 때문"이라고 말한다. 즉 우반구는 좌반구의 분석적 사고를 통하여 '패턴'이 부여된 후에야 자신이 감지한 정보의 진실성을 확인하게 된다는 것이다[18]. 그런데 흥미롭게도 뇌량은 인체에서 남녀의 성별에 따라 그 해부학적인 구조가 가장 뚜렷하게 차이가 나는 장소이다. 여성의 뇌량은 두껍고 부풀어 오른 형태이며 남성의 경우보다 훨씬 많은 숫자의 신경 세포로 이루어져 있다. 결과적으로 남성의 두뇌에서는 좌반구와 우반구 사이의 커뮤니케이션 정도가 상대적으로 낮은데, 이는 어쩌면 진화의 과정이 남성에게 더 많은 판타지를 허락해 주기 위하여 의도적으로 두 반구 사이의 간극을 넓혀 놓은 결과인지도 모른다[19].

소중한 망상

진화가 진행됨에 따라 점차로 이성적으로 변모해 가는 인류의 두뇌에서 이와 같은 망상(妄想)적 요소들이 있을 자리를 마련하기 위한 방편으로 사람들은 우선 그들의 유전자가 내리는 명령들— 예를 들어 본능과 감정, 윤리 의식, 그리고 신앙심이 그 어떤 놀라운 지혜, 그리고 나아가서 초자연적인 힘을 나타내는 것이라고 스스로를 납득시키고자 했는데, 이는 근본적으로 틀린 생각은 아니었다. 그러나 여기에서 더 나아가 이러한 내면의 목소리들이 그 어떤 보이지 않는 세계, 즉 인간의 이성으로는 이해할 수 없는 신비한 나라에 그 근원을 두고 있다고 믿게 된 것은 그다지 정확한 사고라고 보기 힘들다.

이 시점에서 진화는 이제까지 고안된 중에 가장 솔깃한 해결책을 만들어 낸 것으로 보인다. 즉 바로 이 과정을 통하여 인류는 자신이 나머지 동물의 세계와는 별도로 구분지어진 특별한 존재임을 믿게 되었고 그 내면으로부터의 명령을 글자 하나하나까지 충실하게 따른 결과 다른 어느 종보다도 많은 수의 자손을 남길 수 있었던 것이다. 그러니까 인류는 이제까지 지구상에 존재한 생물 중에서 가장 유전적 소인에 의하여 영향을 많이 받은 종족이었음에도 불구하고 그들 스스로는 이 소인들을 신비하고 영적인, 나아가 신(神)이 주신 지침이라고 굳게 믿어왔다고 할 수 있다. 바로 이것이 결과적으로 우리들 자신에게 커다란 유익을 가져다 준 망상이자 인류라는 이름의 힘없는 동물이 마치 잘 익은 과일을 탐식하듯이 지구 전체를 장악할 수 있는 힘이 되었던 것이다.

모든 척추동물은 나름대로의 고유한 정신적 결함을 가지고 있다. 어떤 동물은 자신의 영토가 침범당하는 사태가 발생하면 그야말로 미친 듯이 침입자를 공격하는가 하면 또 어떤 동물은 매우 우스꽝스러운 구애의 춤을 추는 등, 그 종(種)의 사회에서 발전된 이해할 수 없는 의식들을 엄숙히 수행한다. 경우에 따라서는 이러한 비이성적인 행동들이 동물 자신에게 상당한 위험을 초래할 수도 있는데, 공작새가 교미할 때 꼬리를 자랑스럽게 펼쳐 보이는 것이 좋은 예이다. 어찌되었든 이러한 행동들이 유전자에게 장기적으로 가져다주는 이익이 당장의 위험을 감수할 가치가 있다고 판단되기만 하면 이는 그 생물종의 집단 내에 강력한 뿌리를 내리게 된다. 영장류에 속한 원숭이들에게서도 간혹 이런 부류의 이해할 수 없는—그러나 이들에게는 중요한—습관을 발견할 수는 있지만 이 중에 특별히 위험하다거나 어처구니없는 경우는 거의 없다. 그러나 인류 집단에서는 어쩐 일인지 이런 비정상적 행위들이 도를 넘어선 경우가 허다한데, 이 현상은 아마도 300만 년 전 인간의 두뇌가 커지기 시작하면서 생겨난 위험 요인을 최소화하려는 노력에서 비롯되지 않았나 싶다.

이 무렵 인간의 두뇌는 그 용적이 두 배로, 그리고 사고를 담당하는 대뇌 피질의 표면적은 네 배로 늘어나는 변화를 겪었는데,

이는 모든 생물의 진화 과정을 통틀어서 비슷한 유례를 찾아 볼 수 없는 급격한 증가였다[20]. 그러나 만일 많은 사람이 믿는 바와 같이 바로 이 시기에 인간의 행동을 조절하는 중추가 본능을 관장하는 영역으로부터 이성적 사고를 담당하는 영역으로 옮겨졌다면, 나는 인류가 얼마 안 가서 처참한 최후를 맞이했으리라고 믿는다. 오늘날 고도로 진화된 인간의 복잡한 정신 활동 중에서도 우리에게 가장 유익한 행동은 사실 이성적인 판단의 영향이 미치지 못하는 영역에 의하여 조절되는 경우가 대부분이다. 하물며 100만 년 전의 사회에서는 너무나 이성적인 사고를 한다는 것 자체가 자살 행위나 다름이 없었을 수도 있다. 다른 말로 표현하자면, 만일 *Homo erectus*의 대뇌 피질이 엄청나게 늘어나고 있던 그 시기에 이곳에서 일어나는 논리적 분석을 무력화시키는 인자가 그 유전자 속에 단단히 장치되어 있지 않았던들 이 새로운 변화는 결국 치명적인 결함으로 작용했을 것이라는 뜻이다. 결국 이 알 수 없는 X 인자야말로 이성적 사고를 통한 판단이 영향을 행사하려고 들 때마다 이를 물리치고 대신 그 효능이 이전에 미리 검증된 아이디어들을 넣어 둔 기억의 창고에서 적절한 대안을 꺼내어 씀으로써 인간이라는 동물이 기능을 유지할 수 있도록 도와준 장본인이다. 그 덕분에 인류는 그들의 비대해진 대뇌 피질의 잔소리를 듣지 않은 채 먹고 번식하는 일을 계속할 수 있었다. 즉 인간의 신경 회로들이 그 유전자와의 긴밀한 접촉을 잃지 않았던 덕분에 인류의 이성적 사고 능력이 우리들에게 핸디캡으로 작용하는 것을 막을 수 있었다는 뜻이다. 바로 이것이 인간으로 하여금 그 세심하게 계획된 감정의 지배 하에서 사랑에 빠지고, 성적 희열을 갈망하며, 자식을 양육하고, 부족간의 결속을 다지고, 때에 따라서는 가족과 친구, 그리고 종족을 위하여 자신의 목숨을 내어 놓기도 하며, 공동의 적(敵) 앞에서는 단결하는 반면 이방인은 우선 의심하고 보는 성향을 가지도록 만들었던 것이다. 어느 생물의 유전자도 이보다 더 많은 것을 이룰 수는 없었을 것이다.

'의미' 중독증

인간은 항상 자신들의 유전자를 보호하는 데 도움이 되는 성향이라면 무엇이든지 그 어떤 신비주의적인 의미를 부여하려고 드는 습관을 가졌다. 과거에도 그래 왔고 지금도 마찬가지이며, 또한 앞으로도 우리들의 지각과 논리가 허락하는 한 이를 추구할 것이 틀림없다. 그래서 어떤 사람들은 자신의 자동차나 요트에 이름을 지어 주고 마치 사람을 대하듯이 다루기도 하며, 액운을 막고자 하는 의미로 나무를 두드리고, 자신에게 행운을 가져다 준다고 믿는 특정한 의상이나 장신구를 착용하면 기분이 좋아지기도 한다. 이를 가리켜서 유명한 칼 세이건 박사는 '의미 중독증'이라고 불렀다[21].

그런데 이 중독 현상을 일으키는 신경 자극의 경로와 여기에 관련된 뇌의 구조가 지금은 거의 대부분 밝혀져 있는데, 예상했던 바대로 이들은 대뇌 중심부의 오래된 구역에 자리잡고 있으며, 이들이 작동하고 있다는 신호는 바로 우리들이 그 어떤 '감정'을 느끼는 것이다. 인간의 두뇌에서 감정의 조절을 주로 담당하고 있는 중추는 시상하부(視床下部)로, 내분비샘 중의 하나인 뇌하수체 바로 아래쪽에 위치하고 있는데, 이 두 기관은 함께 신체의 구조적 성장이라든지 정신적 스트레스를 생리 현상을 통해 나타내는 등의 매우 광범위한 신체 현상을 관장한다. 사람을 비롯한 포유류에서 시상하부의 특정 위치에 전기적 자극을 주면 엄청난 분노와 공격적 행동을 유발시키는가 하면, 그 바로 옆쪽에 위치한 부위를 자극했을 때는 극도의 희열을 느끼게 만들 수도 있다[22].

시상하부는 또한 매우 복잡한 신경세포의 연락망들을 통하여

뇌하수체에서 일어나는 자폐증의 발작
대뇌 피질이 담당하는 조절 작용에 교란이 오는 것이 주된 원인으로 알려진 자폐증 환자들의 경우 시상하부와 편도체에서 유발되는 감정들이 아무런 제재가 없이 그대로 발산되어 이유 없는 분노와 적대감으로 표출되곤 한다.

척추동물이 공통적으로 보유하고 있는 또 하나의 오래된 기관과 밀접하게 연결되어 있다. 마치 신경세포들로 이루어진 거대한 그물의 한복판에 떠있는 듯한 모습을 하고 있는 이 아몬드 씨 모양의 기관은 다름 아닌 편도체(扁桃體)이다. 이것이 담당하는 역할은 기본적으로 전화 교환대와 같은 것으로, 대뇌 수질(髓質)과 체내의 자율신경들을 연결시켜 주는 작용을 한다. 편도체는 특히 즉각적인 위험에 직면했을 때 그 상황이 유전적으로 가지는 의미를 저울질하는 과정에 주로 관여하는 것으로 보여지는데, 말하자면 저 오래된 "싸울 것이냐 도망칠 것이냐" 사이의 선택, 그리고 어느 정도의 모욕까지를 참고 넘길 것인지에 대한 결정 등을 포함하여, 인간의 보편적인 분별력 유지에 필요한 기관인 동시에 우리가 이전에 경험했던 감정들의 특성과 그 강도를 분석하는 기능의 담당자이기도 하다. 이처럼 시상하부와 편도체를 비롯한 인간 두뇌의 오래된 영역들이 뇌하수체라는 호르몬 분비 기관의 직접적인 조절 아래 놓여졌다는 것은 우리의 유전자에 필요할 경우 일각의 주저함도 없이 신체 구석구석까지 흘러갈 수 있는 자동 조절장치를 달아 준 것이나 다름이 없다[23].

이성이라는 옵션

이제까지 이야기한 바를 요약해 보면, 인간의 두뇌는 두 개의 분리된 의식작용을 수행하는 반구로 나뉘어져 있을 뿐 아니라 이 각각이 이성적 사고와 비이성적 사고라고 하는 두 종류의 시스템을 통하여 우리의 행동을 조절하도록 되어 있다. 인류의 진화 과정에서 이성적 사고를 담당하는 대뇌 피질이 비교적 최근에야 발달하기 시작했으며 인체의 주된 생리 조절은 이전과 마찬가지로 비이성적 사고를 주관하는 오래된 중추들이 맡아 보고 있다는 사실로 미루어 볼 때, 인간의 두뇌에서 이성과 관련된 기능은 개체의 행동을 조절하는 주된 조절자라기보다는 일종의 부수적인 옵션에 해당하는 것으로, 필요할 때는 작동하지만 생명의 위협이나 종족 보존과 같은 원초적인 문제가 발생할 때는 한 옆으로 조용히 비켜서도록 만들어져 있음을 알 수 있다.

그러나 인간이라는 극히 이성적인 동물이 이처럼 유전자의 본능에 자신을 내맡기기 위해서는 끊임없이 스스로에게 자신들의 유전자가 신으로부터 내려진 선물임을 주입시켜야만 했다. 즉 프랑스의 극작가 볼테르(Voltaire)가 표현한 대로 "언제나 우리들의 신앙에 대하여 굳건한 믿음을 가지며 그 신앙이 이성으로 이해되는 영역 밖의 것일지라도 믿음을 잃지 않는" 노력을 경주해 왔던 것이다. 그러나 비꼬기 잘 하는 볼테르조차도 그가 "만일 신이 이미 존재하고 있는 것이 아니라면 당장 이를 창조해 내야 할 것"이라고 말했을 때, 이것이 얼마나 사실에 접근한 표현이었는지를 깨닫지 못했을 것이다. 사실 우리가 무엇을 믿는가는 중요하지 않다— 단지 그 믿음이 인간들로부터 어떤 행동을 도출해 내는지가 중요할 따름이다. 인류가 만들어 낸 종교들이 그처럼 다양한 이유도 바로 여기에 있다. 유전자의 입장에서 볼 때는 인류가 우주의 창조자로 믿는 존재가 뚱뚱보 요정이든 초록색 치즈로 만들어진 자전거이든 상관없이, 다만 그 믿음이 인간으로 하여금 진화의 모든 과정에서 유전자의 존속에 도움이 되는 행동—즉 먹고 마시고 자식을 낳고 이들을 양육하며 그 가족과 부족과 영토를 보호하려는 성향을 취득하도록 만들기만 하면 되었던 것이다.

종교적 동물

그런데 인간의 종교적 신앙심과 편도체 사이에 흥미로운 연관성이 존재한다는 사실이 1997년 캘리포니아에서 활동하는 연구팀에 의하여 밝혀졌다. 이들은 신경 기능 장애의 일종인 측두엽 간질을 일으키는 환자들이 광신적인 신앙심을 가지게 되는 경우가 많다는 것을 알아내었다. 측두엽에서 반복적으로 간질 발작이 일어나게 되면 측두엽 하부의 대뇌 피질과 편도체를 연결하는 신경망이 두터워지는 결과를 가져오는데, 연구자들은 이 현상이 광신적 성향에 영향을 미치는 것이 아닐까 하는 의심을 가지게 되었다. 종교성 여부를 떠나서 편도체 자체가 인간의 감정과 의미부여 성향을 만들어 내는 중추이고 보면 종교적 편집증 또한 이로부터 유래될 가능성은 얼마든지 있다. 이를 증명하기 위한 방편으로 연구자들은 측두엽 간질 환자와 열성 신자인 정상인, 그리고 이렇다 할 종교를 가지지 않은 사람들로 구성된 지원자를 대상으로 구두 조사를 시행하였다. 이 때 지원자의 왼쪽 손은 전기 전도(傳導)를 읽는 기계에 연결되어 감정의 기복 또는 측두엽과 편도체 사이의 커뮤니케이션을 기록할 수 있도록 했다. 다음에는 이들에게 40개의 서로 다른, 그러나 다양하게 연계지어질 수 있는 단어들을 차례로 불러 주는데, 이 중 어떤 것은 폭력과, 또 어떤 것들은 섹스, 종교와 관련이 있으며 또 이 중 어느 항목과도 관련이 없는 것도 포함되어 있다. 연구자들이 나중에 전기 기록장치와 단어를 불러준 녹음 내용을 대조해 보니, 무신론자들을 흥분시킨 것은 단지 섹스와 관련된 단어뿐인데 반하여 측두엽 간질 환자들은 종교적인 단어들에만 반응을 보였다[24]. 조사 대상 그룹 사이의 이처럼 명확한 차이는 그 자체로도 흥미로운 자료이지만, 특히 측두엽 간질 환자들이 보여준 결과는 인간이 가질 수 있는 가장 고귀한 감정 중의 하나인 신앙심과 영성 역시도 그 근원지가 모든 척추동물이 공유하는 대뇌 속의 오래된 구역―즉 이성적 사고가 손길을 미치지 못하며 오로지 유전자의 본능에 의해서만 지배를 받는 저 깊은 곳에 숨어 있다는 가설이 사실임을 확인해 주고 있다.

문명의 상수

우리의 마음속에서 직관적인 믿음과 감정이 생겨나는 것이 느껴진다면 바로 그 때 우리 내부의 유전적 명령이 이성적 사고의 중추를 누르고 작동하기 시작했음을 확신해도 좋다. 이 상황은 지금으로부터 1만여 년, 심지어는 100만 년 전이라고 해서 다를 것이 없다. 실제로 우리가 과거 속으로 점점 더 깊이 파고 들어가면 갈수록, 문명이라는 이름의 현수막 밑에서 인류의 삶을 지배해 온 엄청난 규모의 종교 의식, 관습, 신앙, 그리고 사회적 도덕관이 결국은 이전 세대에 의하여 이미 효과가 입증되어진 행동―즉 인류 문명의 발달에 너무나도 큰 공헌을 한 나머지 그 문화적 기반의 일부가 되어 버린—의 잔재에 불과하다는 것을 더욱 명확하게 발견할 수 있다. 다른 말로 표현하자면 성화(聖畵)와 상징, 예술, 의식, 그리고 문화의 기타 양식들은 시대가 변함에 따라 급격하게 변화한 듯이 보일지 모르지만 사실상 그 저변에 흐르고 있는 근본 목적은 불변하다는 것이다 : 그것은 바로 유전자의 생존을 보장하기 위해서라면 부부간의 결속과 부족의 단합에서부터 그 구성원들을 복종시키고 지휘하고 희생정신을 부추기는 일, 그리고 경우에 따라서는 무자비한 폭력 행사까지도 서슴지 않겠다는 결심이다.

 인류가 마침내 이 지구 전체를 정복하기까지는 그 조상들의 야만적 기질을 점차 누르고 지성적인 사고 능력이 승리를 얻게 되는 과정이 주효했을 것으로 짐작되지만 사실은 그 반대이다. 일련의 신비주의적 신앙심을 원동력으로 하여 이루어진 인류의 문명도 따라서 육체에 대한 정신의 승리라기보다는 유전자를 위협하는 이성적 사고에 대한 유전자 측의 승리라고 보는 것이 옳다. 이 사실을 나타내 주는 사례를 부족 사회 내부의 경쟁의 장(場)에서 찾아보기로 하자. 인류의 유전자가 조정하는 문화적 되먹임작용이 가장 확연하게 드러나는 상황은 바로 십대 청소년들이 경험하는 '동류(同流)집단으로부터의 압력(peer pressure)'이다. 부족 집단 내에서 그 구성원들로 하여금 지도층에 대한 충성심을 재확인시키고 공동의 규례를 지키며 영토 수호의 욕구를 고무시키기 위한 방편으로는 아마도 이 가치관을 청소년들 사이의 동류 압력 요인으로 만드는 것보다 더 좋은 방법은 없었을 것이다. 이렇게 해 두면 이 오래된 부족사회의 규율이 활기찬 청소년 시기에 이들의 이성적 사고를 지속적으로 제압할 수 있기 때문이다. 이는 바로 현대 사회에서 십대의 마피아 단원이나 로마시대의 트라이아드(역주 : 3인이 한 조가 되어 겨루는 무술 경기) 전투사, 그리고 자전거 경주 팀의 단원들이 자신이 속한 그룹에 충성을 바치지 않으면 즉각 제명되어 버리는 것과 같은 원리이다. 마찬가지 이유로 잘 나가는 젊은 엘리트 사원은 자신의 결혼 생활을 희생해 가면서까지 밤낮을 가리지 않고 회사 일에 몰두하지 않는다면 그의 경력이 당장 끝장난다고 굳게 믿고 있다.

일부 다처제

부와 지위, 그리고 권력은 남성의 유전자가 그들의 소유주를 유혹하기 위하여 코앞에 내어 거는 당근에 해당되는 것으로, 이 미끼들을 사용하여 유전자들이 다음 세대에서 가능한 더 넓게 퍼져 나가는 것을 용이하게 해줄 행동들을 부추기고자 한다. 이 당근을 받아먹은 전사는 곧 부족 사회 내에서 자신의 가치를 증명하여 지위를 높일 수 있고, 그 결과 자신의 유전자들을 다른 경쟁자보다 더 많이, 그리고 더 넓게 퍼뜨릴 수 있는 기회가 주어지게 된다. 다시 말해서 유전자의 관점에서 볼 때 섹스와 정치적 권력은 하나이며, 지도력은 곧 많은 여성과 관계를 맺을 수 있는 기회를 의미하는 것이다. 실제로 어느 문명에서든 남성 엘리트층이 특별히 두드러지는 우위를 차지하게 되면, 그 사회가 자발적으로 나서서 그들의 주변에 합법적인 다처제 또는 사회 기구를 마련하여 가능한 많은 숫자의 천민 출신 첩들은 물론 하나 또는 그 이상의 부인을 거느리게 해주게 마련이었다. 사회적 윤리관에 의하여 간섭받을 일이 별로 없었던 독재자들은 아예 공개적으로 하렘(harem)을 설치하는 보다 간편한 방법을 선호하기도 하였으며, 왕 중에는 수백 명의 여자들과 관계하여 수백 명의 자녀들을 생산한 경우도 드물지 않았다. 앤아버에 있는 미시간 대학교에서 인류학을 연구하는 로라 벳지히(Laura Betzig)에 따르면 일부다처제의 챔피언은 지금으로부터 약 2500년 전에 살았던 우다야마라는 인도의 권력자인데,

그는 1만 6천 명이 넘는 부인과 정부들로 구성된 하렘을 가지고 있었던 것으로 보인다. 그러나 벳지히가 지적하는 바처럼 이 엄청난 숫자에 그리 놀랄 필요는 없다. 사실 일부다처제는 어느 문명에서도 존재했던 것으로 단 세 가지의 조건만 충족되면 생겨나곤 했던 풍습인데, 이 조건이란 그 문명 내의 인구 밀도와 사회 계층 사이의 격차, 그리고 빈부의 격차를 말한다. 그 규모가 작고 구조가 단순한 부족사회에서는 족장이 10명 가량의 여자들을 소유했던 것으로 보이는 반면, 이보다 복잡한 중간 정도 크기의 사회, 즉 사모아 섬을 비롯한 폴리네시아 군도의 부족 사회에서는 우두머리에게 100명에 달하는 여자들이 바쳐진다. 도시 국가가 생겨나면서 형성된 거대한 사회에서는 권력을 손에 쥔 남성이 수백, 수천, 심지어는 수만 명의 여성을 소유하는 것도 다반사였다. 이 최고 권력자보다 사회적으로 지위가 낮은 남성 역시 여러 명의 부인을 거느리고 있었는데, 다만 그 숫자는 이들의 지위 또는 재력에 비례하여 줄어드는 경향을 보였다[25].

대개는 이처럼 극단적인 남성우월주의의 표출을 섹스와 권력, 그리고 사회적 지위에 대한 그들의 집착 때문인 것으로 설명하지만, 이 경우에도 마찬가지로 남자들은 단지 그들의 '생식' 유전자의 꼭두각시 노릇을 하고 있을 뿐이다. 일부다처제가 가져다주는 유전적 대가가 바로 그 증거인데, 역사를 통하여 가장 많은 자손을 남긴 사람은 저 모로코의 피에 굶주린 독재자 물레이 이스마일 (Moulay Ismail)로, 무려 888명의 자식을 낳은 것으로 기록되어 있다[26]. 자손을 많이 남긴다는 측면에서 이야기하자면 일부다처제는 분명히 가치가 있는 풍습이며 따라서 인류는 알게 모르게 언제나 이를 지향해 왔다. 그러니까 따지고 보면 부와 권력의 정치학도 결국은 모두 섹스와 유전자를 위한 선전기구인 것이다.

정숙함의 숨은 얼굴

이와는 달리 인류 역사 속의 권력가들 중 그 생식 활동이 그다지 두드러지지 않거나 혹은 전혀 없었던 부류―히틀러가 가장 대표적인 예이다―는 아마도 유전자의 명령 체계가 심각한 불균형을 겪고 있었던 경우일 것으로, 결국 장기적으로는 이들이 일부다처제의 호색한들보다 훨씬 더 큰 해악을 인류에게 끼쳤다. 에이브러햄 링컨(Abraham Lincoln) 대통령이 남긴 격언들 중 "결점이 없는 지도자를 조심하라."고 한 말은 실로 절묘한 유전학적 진실을 담고 있는 것으로, 이를 섹스 문제에 대입하여 생각할 때 더욱 그러하다. 다시 말하자면 커다란 권력을 손에 넣은 남자가 이를 기회로 삼아 자신의 사회적 지위를 자손의 번성이라는 배당금으로 돌려받으려 들지 않는다는 것 자체가 그의 유전체 시스템에 무언가 결함이 있음을 나타내 준다는 의미이다. 이렇게 명백한 오류가 그의 유전자들이 구성하는 의회(議會) 안에 잠복해 있는 상태에서 권력을 손에 넣는다면 이 지도자가 극단적인 행동으로 치달을 가능성은 너무나도 높다. 히틀러의 경우 과대망상과 인종 학살이 그 결과였음을 우리는 잘 알고 있다. 그러니까 국가의 최고 지도자들이 흔히 비밀리에 난잡한 성생활을 즐긴다는 사실은 어쩌면 그들이 균형 잡힌 야심과 지도자의 위치에 걸맞는 유전적 성향을 보유하고 있음을 나타내 준다고 볼 수 있다.

유전자의 입장에서 볼 때 동성애적 성향을 가진 남성은 이들이 부족의 안녕이나 그 수적 번성에 별다른 도움을 주지 못하며 또 이 위험스러운 유전적 성향을 부족의 유전자 집단 내에 퍼뜨릴 가능성이 있다는 점에서 상당히 실제적인 위협이 된다. 바로 여기에서 동성혐오심리(homophobia, 역주 : 동성 또는 자신과 닮은 사람을 혐오하는 성향)의 원인을 찾을 수 있는데, 동성애자들을 향한 공격이 히스테리의 범주에 들어갈 만큼 무자비한 이유는 바로 그 근원이 지극히 비이성적인 유전적 충동으로부터 유래하기 때문이다. 여기서 지배적으로 작용하는 것은 격분한 감정으로, 따라서 이를 유발시킨 '사나이 유전자(macho gene)'는 사고 중추의 방해를 받는 일 없이 조용하고 신속하게 암살 음모를 진행시킬 수가 있는 것이다.

바로 이처럼 교묘한 방법으로, 인간의 유전자들은 인류의 문명을 기다란 채찍처럼 휘두르며 이성이라는 이름의 위험스러운 동물을 길들여서 인간의 행동 양식이 자신들에게 유익한 쪽으로 작용하도록 만들어 왔다. 그러나 이 채찍의 반경 안에 남자들만 들어 있는 것은 물론 아니다. 모든 문화권에 존재하는 결혼 의식은 대부분 여자들에 의해서 그 절차와 관습이 유지되는데, 이 또한 다분히 유전적인 근원에서 유래된 문화적 습관이다. 진화의 과정에서 결혼식이 가지는 의미는 너무나도 명백하다―즉 부부간의 결속을 다지고 태어날 자녀들이 가능한 한 최고로 안락한 환경에서 인생을 출발할 수 있도록 해주려는 것이다. 바로 이 전략을 사용하여 인간의 DNA는 인류의 새롭고 아직은 위태로운 풍습, 즉 영구적인 짝짓기를 뿌리내리는 데 큰 힘을 보태줄 수 있었다. 실제로 원숭이의 세계에서 백년해로의 풍습은 찾아보기 힘들고, 인간과 가장 가까운 유인원도 이런 방식의 짝짓기를 실천하지는 않는다[27].

이처럼 부부가 오랜 기간을 함께 사는 풍습이 인류에게 유용한 형질로 작용하게 된 것은 약 200만 년 전 인류의 성장 속도가 현저하게 느려지면서 자식을 낳아 기르는 일이 부모에게 상당한 장기적 부담으로 대두되었기 때문이다. 일단 이 현상이 나타나게 되자 남녀의 결합에 그 어떤 문화적인 인증 과정을 더함으로써 부부간의 결속을 높이고, 또 궁극적으로 이들의 유전적 산물, 즉 자손을 잘 보존할 수 있도록 도움을 주어야 할 필요성이 높아지게 되었다. 만일 남자들이 집안일을 조금만 더 도와주고 자녀들의 교육에 관심을 기울이는 한편 부족 내의 다른 전사들과 더 잘 협력하여 많은 사냥감을 집으로 가져오며 주변의 표범, 하이에나, 그리고 다른 부족으로부터의 침입자들이 가까이 접근하지 못하도록 지켜준다면, 성장이 마냥 느린 그의 자식들이 사춘기를 넘을 때까지 안전하게 자라서 그 다음 세대를 생산할 기회가 현저하게 높아질 것이기 때문이다. 그러니까 결국 유전자의 지시에 따라 생겨난 이 희생정신으로 말미암아 사회의 구성단위인 가족간의 결속이 다져진 것은 물론 부족 내 다른 전사들과의 협조 체계가 강화되어 인류는 그야말로 뛰어난 사냥꾼의 집단과 강력한 전투 부대를 형성할 수 있었던 것이다.

이성과 맞서기

인류의 모든 행동 패턴이 결국 그 유전자 속에 저장되어 있다는 사실은 지구상의 다른 모든 생물의 경우와 마찬가지이다. 그러나 진화가 순조롭게 진행되기 위해서는 인류 자신이 이러한 사실을 알아차리지 못하는 것이 전제조건이 되어야 했다. 이 목적을 위하여 유전자들은 자신의 본색을 '감정' 또는 '문화'라는 가면 뒤에 숨기는 방법을 택하였다. 이러한 관점에서 본다면 신비주의적 성향에 기반을 둔 인류의 문화 발전은 결국 주체할 수 없이 불어나는 그 이성적 사고능력과 맞서서 인간, 즉 그 속의 유전자가 생사의 갈림길에 섰을 때 분석과 사고의 작용을 중화시키기 위한 노력이었던 것이다. 지금으로부터 200만 년 전 인류의 두뇌에 이성적 사고의 중추가 처음 생겨났을 당시 위급한 상황이 닥치면 이를 무력화시킬 수 있는 장치가 함께 마련되지 않았던들 부족의 전투력과 그 내부의 결속은 현저하게 감소되었을 것이 분명하며, 이러한 현상은 인류의 조상이 살았던 시대의 위험하기 짝이 없는 환경에서는 종말을 자초할 수도 있었다. 그러나 인류가 점차로 영적

세계를 추구하게 되고 우리가 감지하는 모든 것에 신비주의적 의미를 부여하기 시작하면서 신체적으로는 그다지 적응력이 뛰어나다고는 볼 수 없는 Homo 종족에게 또 한 번의 생존 기회가 주어진 셈이다. 마침내 인류는 털가죽이나 발톱, 날카로운 이빨 등 진화의 과정에서 얻지 못한 무기를 대신할 수 있는 그 무엇인가를 소유하게 된 것이다. 이 베일 속에 싸인 미지의 X 인자가 결국 인류로 하여금 진화의 왕좌(王座)에 앉을 수 있는 기회를 가져다 주었다.

다시 말하거니와 우리 주변에 산재한 문명의 도구들은 이성적인 동물의 소행이 아니라 지극히 신비주의적인 경향을 가진 동물에 의하여 만들어졌다. 만일 그렇지 않다면 오늘날 인류의 앞날에 피할 수 없는 위험으로 도사리고 있는 '인구 폭발'이라는 문제는 이미 수세기 전 모든 교육받은 사람들의 눈에 명백하게 비추어졌을 것이다. 또한 관찰력이 뛰어난 사람들은 인류의 역사를 통하여 과거의 모든 문명에서 인구의 폭발적 증가에 뒤따라 언제든지 사회 및 자연 환경의 몰락이 뒤따라 왔음을 눈치채었을 것이다. 그리고 실제로 두 명의 성직자, 즉 뤼트켄과 맬서스는 전 인류 위에 드리워져 오는 이 위협의 그림자를 감지하고 동시대의 사람들에게 경고를 주려 했지만 소용이 없었다. 국가주의라는 이름의 편집증, 그리고 지식의 추구에 대한 집착과 독단적인 종교 이념—즉 알고 보면 모두 인류의 유전적 성향에서 기인하는 요소들이 합쳐져서 이 실리주의적인 예언자들의 말에 유념하는 사람이 없도록 만들었기 때문이다.

이 상황은 오늘날에도 별로 달라진 것이 없다. 우리는 아직도 유전자의 통치권 아래에 있으며, 일부 사람들은 교육과 기술 개발, 그리고 새로운 협력체계 등 인간 이외의 동물은 소유할 수 없는 능력을 발전시켜 나감으로써 인류가 다시 한 번 마법의 모자 속으로부터 '생존'이라는 이름의 토끼를 끄집어 낼 수 있을 것으로 믿어 의심치 않는다. 또 생물의 진화를 제대로 이해하지 못하는 부류 사이에서는 인류가 아직도 유전적으로 발달이 진행중인 상태라고 생각하기도 한다. 이들은 날로 높아져 가고 있는 인간의 지능이 정보 사회의 발전에 힘입어 결국은 인류를 종말로부터 구해 낼 것을 확신하고 있다. 그러나 슬프게도 그들의 믿음을 뒷받침해 줄 근거는 없다. 진화는 누군가의 목적의식에 따라 진행되는 것이 아니며, 인간은 지금 바로 이 상태에서 지극히 정상적인 동물일 뿐이다[28]. 게다가 이 두 낙관론자의 가설은 모두 생물의 진화에서 가장 중요한 한 요소, 즉 모든 생물, 그리고 특히 유달리 성공적으로 번성한 생물은 궁극적으로 종말을 맞게 될 것이며 만일 그렇지 않다면 지구의 생물권은 파괴되고 말 것이라는 사실을 간과하고 있다. 실제로 훌륭하게 번성할 능력을 갖춘 생물일수록 그 유전체 속에 그만큼 치명적인 '결함', 즉 이들이 가장 멋진 성공을 이루었다고 보여지는 바로 그 순간에 스스로를 완벽하게 파괴할 수 있는 장치가 내장되었다고 볼 수 있다. 대부분의 경우 그 생물이 가장 자랑할 만한 신체적 또는 행동상의 강점이 이제까지와는 다른 생존의 법칙이 지배하는 환경에 처하게 되면 가장 위험한 약점으로 돌변하는 것이 이 자폭장치들의 공통 원리이다. 진화의 역사를 통하여 가장 뛰어난 생존 기술을 소유한 Homo 종족이라고 해서 이 오래된 법령을 비켜갈 수는 없을 것으로 보인다. 힘없고 나약하여 선사시대의 위험한 환경에 도저히 적응하지 못할 것처럼 보이던 영장류를 조상으로 한 이 생물이 지난 200여만 년 동안 그토록 교묘하게 살아남는 과정에서 보여준 놀라운 행동의 유연성에도 불구하고, 인류는 여전히 다른 모든 생명체와 마찬가지로 취약한 존재이다―바로 그 뛰어난 적응 능력이 치명적인 약점이기 때문이다. 인간의 두뇌에 언어를 사용할 수 있는 능력을 설치해 줄 때 진화는 또한 유전자의 명령체계가 원할 때면 언제든지 '사실'을 '의미'로, 그리고 '상상'을 '실제로 본 것'으로 바꾸면서 이 대뇌 피질의 이성적 사고를 피해갈 수 있도록 마련해 놓았다. 스스로 감지한 사건들에 영적인 의미를 부여할 수 있는 이 천재적인 재능이야말로 인류라는 이름의 영리한 영장류가 현실 상황으로부터 스스로를 안전하게 격리시킴으로써 자연계의 보편적인 제동장치가 그들의 수적 증가에 영향을 미치지 못하게 할 수 있었던 무기인 것이다.

인류가 이 치명적인 '약점'을 획득하기까지는 진화적으로 몇 가지 전제 조건이 만족되어져야만 했는데, 이는 신체적으로 취약한 인류의 발달사에서 이 특징이 그 시작 과정에서는 커다란 장점이었다는 것, 이 강점이 파괴 장치로 작용하게 된 이후에도 인류 자신이 그 변신을 눈치채지 못할 것, 그리고 마지막으로 어느 누구도 이를 조작하거나 바꿀 수 없을 것 등이다. 이 조건들은 모두 채워진 셈이다. 인류의 시한폭탄은 바로 우리들의 신비주의적 성향이며 이 폭탄의 시간 장치를 가동시킬 도구는 우리들의 언어 능력이었다. 그렇다면 이 폭탄이 숨겨진 장소는? 그것은 바로 저 불가해한 DNA의 꼬아진 가닥 속이다.

제 9 장
엑스캘리버!

> 오, 그러면 세상의 모든 진주조개를
> 나는 칼로 열 테니……,
> —『윈저가의 행복한 아내들 The Merry Wives of Windsor』, 제 1막 2장

육식성 수컷들

지금 이 글을 쓰고 있는 내 서재의 창문 밖에서는 한 조그맣고 부풀은 깃털 뭉치처럼 생긴 물체가 나를 뚫어지게 쳐다보다가는 이 가지에서 저 가지로 깡충대며 뛰어다니고, 때로는 화를 내듯이 유리문 쪽으로 돌진해 왔다 가는 일을 되풀이하고 있다. 이 불만에 가득 찬 방문객은 바로 보석새(*Padalotus puntatus*)로, 그가 노려보고 있는 대상은 물론 내가 아니라 창문에 비친 자신의 모습이다. 그는 이것이 자신에게 경쟁 상대가 되는 다른 수컷으로, 자신의 영토는 물론 그 안의 수풀 사이에서 가족들이 벌레를 사냥할 권리까지도 위협하고 있다고 생각하는 것이다. 그는 계속해서 부리와 발톱으로 창유리를 공격하고, 마침내 나는 그 작은 머리가 부딪쳐 깨어져 버리지 않도록 흰 커튼을 쳐서 더 이상 새

의 모습이 비치지 않게 해주어야만 했다.

적어도 1억 5천만 년이 넘는 기간 동안 지구상에서 훌륭하게 번성해 왔으며 공룡보다도 8000만 년이나 더 오래된 조류의 화려한 계보에도 불구하고, 이 착각에 빠진 불쌍한 새는 나 자신과 똑같이 감정적 환상의 노예인 것이다. 그의 문제는 단지 그가 수컷이고 육식성 동물이며 부양해야 할 가족이 있다는 것에 한정되지 않는다. 왜냐하면 그에게는 사수해야 할 '영토'가 있기 때문이다. 영토란 대부분의 육식성 동물 수컷에게 있어 매우 예민한 감정을 불러일으키는 대상이며 또한 충분히 그럴만한 이유가 있다—영토는 심심치 않게 생사를 결정짓는 요인으로 작용하기 때문이다. 동물의 세계에서 사냥할 영토를 확보하지 못한 수컷은 매우 짧고 불행한 삶을 살게 마련이다. 암컷들은 이들과 짝짓기를 원치 않으며 조만간 그는 곧 굶어 죽든가 아니면 다른 영토 소유주 수컷과의 싸움에서 입은 치명적인 상처로 죽게 된다. 그래서 인류 또한 보석새를 비롯한 다른 짐승과 마찬가지로 저 오래된 유전자들의 명령이 불러 대는 곡조에 따라 춤을 추면서, 자신의 영토가 침범당했다고 느끼게 되면—그것이 사실이든 착각이든 상관없이—즉각적으로 논리적 사고의 스위치를 꺼 버리고 온몸을 내던져 그 대상에게 인정 사정 없는 공격을 가하는 것이다.

200만 년 전 아프리카 동부의 위험으로 가득 찬 평원에서 본격적인 사냥 활동을 시작할 무렵, 우리의 조상은 바로 이 원리가 자신들에게 적용된다는 것을 뼈저리게 실감했을 것이 틀림없다. 이들에게 있어 일정한 영토를 독점한다는 것은 바로 먹이의 조달과 생활의 안정, 그리고 그 유전자의 존속을 보장해 주는 열쇠였기 때문이다. 그러나 이 과정에서 인류는 진화론 교과서의 가장 진부한 질문으로부터 도전을 받게 된다—즉 과연 어떻게 하면 머리 아래쪽으로는 점차 약해져만 가는 육체와 보잘것없는 방어 능력을 가지고 나날이 험란해지는 생활환경 속에서 영토 확보라는 이 어려운 임무를 수행할 수 있을 것인가 하는 문제이다. 인류가 두 발로 서서 걷게 된 일은 그들의 손으로 하여금 먹이감이나 무기를 운반할 수 있는 자유를 주었고 또 보다 먼 곳을 바라볼 수 있도록 해준 반면, 초식동물들조차 육식동물 못지 않게 힘세고 사나왔던 저 빙하시대 초기의 상황에서 가진 무기라고는 고작 돌조각이나 몽둥이, 아니면 뾰죽한 나뭇가지뿐이었던 인류의 생존 가능성은 실로 희박하기 짝이 없었다. 게다가 주변의 숲이 사라져 감에 따라 과일과 견과류, 그리고 먹을 수 있는 풀을 찾기가 날로 어려워져 가던 이 시기에 인류는 부족한 단백질 섭취량을 보충하기 위하여 점점 더 많은 시간을 사냥 또는 죽은 동물을 찾는 일에 투자하지 않으면 안 되었다. 이는 곧 인류가 그들보다 훨씬 강하고 빠르고 또 사나운 직업적 사냥꾼 또는 스캐빈저들과의 경쟁을 피할 수 없었음을 의미하는데, 이처럼 모든 면에서 불리한 조건들만이 산적해 있는 상황에서 인류가 취할 수 있었던 오직 한 가지 대안은 여러 명이 조직적이고 잘 훈련된 그룹을 이루어 공격하는 것뿐이었다.

그런데 침팬지들이 붉은 콜로버스 원숭이를 사냥할 때 보여주는 협력 체제는 여럿이 힘을 합쳐 사냥하는 재능이 어느 정도는 유인원의 가계에 이미 뿌리를 내리고 있음을 알려준다. 그러나 인류의 조상이 아프리카 동부의 험악한 평원에서 감수해야 했던 위험은 나무 위에 사는 콜로버스 원숭이처럼 작고 힘없는 동물을 잡을 때 필요한 아마추어적인 그룹 활동과는 차원이 다른 협동 체계를 요구하는 상황이었다. 실제로 인류가 이 수렵 채집인의 역할을 수행하는 일에 무한한 노력을 기울이지 않았던들, 이들의 운명은 철저한 직업정신이 투철한 네 발 달린 경쟁자들 앞에서 설자리를 잃어버렸을 것이 분명하다.

나누는 자의 승리

현재 지구촌에 살고 있는 수렵 채집인의 사회를 살펴보면 사냥을 하고 또 훌륭한 사냥꾼이 된다는 것의 이면에는 또 다른 반대 급부가 존재함을 알 수 있다. 즉 사냥꾼은 단지 사회적 또는 정치적으로 선망을 받을 뿐 아니라 자신의 유전자를 더 많이, 그리고 더 넓게 퍼뜨릴 수 있는 기회도 가지게 된다는 것이다. 인류학자인 크리스틴 호크스(Kristen Hawkes)와 제레드 다이아몬드는 그들이 각기 독자적으로 수행한 현대 수렵 채집인 사회의 연구에서, 능력 있는 사냥꾼은 언제나 자신의 노획물을 아내나 직계 가족뿐 아니라 마을 모든 사람들에게 매우 으스대면서—그리고 때로는 엄숙한 의식 절차를 통해서—나누어 준다는 것을 발견했다. 그 결과 사람들이 그 업적을 찬양하고 그의 사회적 지위는 높아지며, 이에 비례하여 혼외 관계를 가질 기회도 많아지는데, 여기서 얻어지는 유전적 이득은 설명이 따로 필요하지 않다. 가장 명성이 자자한 사냥꾼은 곧 여자들이 짝짓기의 상대로 가장 열망하는 존재가 되며, 그 결과 이 사냥꾼은 부족의 유전자 집합 내에 가장 뚜렷한 흔적을 남길 수 있기 때문이다[1]. 실로 어느 남성의 유전자라도 거부하기 힘든 미끼가 아닐 수 없다. 따라서 사냥은 모든 남성들에게 가장 강력한 동기(動機)로 작용하며, 이에 대한 열망이 진화의 가장 초기부터 모든 수컷의 유전자 속에 각인되어져 있었던 것으로 보여진다.

그러나 단순히 이 섹스와 관련된 보너스가 주어진 것 때문에 *Homo erectus*들이 그렇게 혜성처럼 사냥터의 스타로 부상하게 되었다고 보기는 어렵다. 오히려 인류의 식성이 달라짐으로 인해 일어난 일련의 여러 가지 사회적 변화들 쪽에 원인을 돌리는 편이 더 옳을 것이다. 사냥은 거기에 드는 시간과 노력을 생각한다면 그다지 생산성이 높지 않은 작업이며, 따라서 예나 지금이나 부족의 구성원이 필요로 하는 열량의 거의 대부분은 채집을 담당하는 사람들—즉 여자들에 의하여 조달되어야 했다. 이 분업은 남자들이 사냥을 나간 동안 여자들이 동굴 주변을 돌아다니면서 먹을 것을 주워 모으는 형태로 이루어졌는데, 그 덕분에 부족 사람들은 비교적 규칙적으로 먹을 수 있었으며 또 저녁마다 모여 앉아 그날 잡은 짐승을 분배하는 과정을 통하여 구성원 사이의 결속력을 다지고 또 부족의 발전을 찬양하는 기회를 가질 수 있었다. 이와 같은 체제는 사냥꾼 자신을 포함하여 부족 사람 하나하나가 섭취하는 단백질 양의 절반 이상이 다른 사람이 잡아온 먹이로부터 조달된다는 것을 의미하는데, 따라서 부족의 사냥꾼 중 한 사람이라도 잃는다는 것은 전체 구성원들에게 큰 손실일 수밖에 없었고, 이들 중 누구에게라도 위험이 닥치면 전 부족이 나서서 보호해야만 했다. 결국 역사상 그 어느 때를 막론하고 부족에 대한 충성심이야말로 인간 사회에서 가장 높이 평가받는 행위로, 이를 실천하는 사람에게는 언제나 큰 상이 주어졌던 셈이다[2].

칼을 높이 쳐들고

물론 인류가 사냥꾼이 된 가장 근본적인 이유는 고기를 얻기 위해서였다. 육류 1킬로그램에서 얻어지는 열량은 같은 무게의 식물성 먹이보다 훨씬 높을 뿐 아니라 소화도 더 잘 된다. 그런데 사냥꾼에게 있어 일정한 노획량을 채우는 데 소요되는 시간은 주변에 사냥감이 많으면 많을수록 줄어들게 마련이다. 이렇게 주어진 여가 시간을 인류의 조상은 사냥 도구를 정비하거나 더 효과적인 무기를 만들고 새로운 사냥 전술을 구상하고 정치적 감각을 연마하는 동시에 사냥터에서의 명성이 가져다 준 지위를 성적 욕구 충족에 십분 활용하기도 하였다. 그러나 이렇게 섹스와 스포츠, 정치, 그리고 전쟁 등을 주제로 한 여가 활동을 즐기는 과정은 무엇보다도 인류의 조상에게 그 성대를 훈련시키고 부풀어 오른 브로카 중추의 기능을 연마할 수 있는 절호의 기회가 되었을 것이다. 이렇게 기본적인 언어 능력을 갖추게 되자 인류는 그들의 주변 환경과 사물들은 물론 자신에게도 초자연적인 의미를 부여하기 시작했는데, 그 결과 이들은 동물 세계의 나머지 구성원은 물론 다른 영장류와도 따로 떨어져 나와 전혀 다른 진화의 경로를 걸어가게 된다. 즉 그들의 커진 두뇌와 부드러워진 혀, 그리고 피 묻은 손에 힘입어 *Homo erectus*들은 이제까지 진화의 역사상 그 전례가 없었던 무기를 휘두르기 시작했던 것이다. 실로 이 무기는 저 마법의 칼 엑스캘리버(역주 : 아더 왕 이야기에 나오는 명검)처럼, 이를 빼어든 보잘것없는 영장류에게 지구상에서 가장 두려운 존재로 군림할 수 있는 능력을 주었다. 게다가 이 엄청난 무기는 그야말로 적절한 시기에 인류 조상의 손에 들어오게 된 셈인데, 한때 계통수에서 다섯 개나 되는 가지를 자랑하던 인류과(科)의 동물들은 당시 말을 할 줄 아는 육식성의 한 부류만을 제외하고는 모두 절멸해 버린 상태였기 때문이다. 그러나 이 하나 남은 생존자는 무서운 속도로 지구 반대편을 향해 퍼져 나가고 있었다.

　과거 200만 년 동안 인간의 두뇌에서 이성적 사고 영역은 4배로 그 크기가 늘어났지만, 머리카락 하나만 잘못 건드려도 맹수를 방불케 하는 사나운 공격성을 내보이는 인류의 유전적 특징들은 그대로 변하지 않은 채 남아 있다. 인류가 남긴 자취는 언제나 두 가지의 커다란 흐름으로 나뉘어져 왔는데, 그 하나는 이성적이고 다른 하나는 신비주의적이며, 보다 정확하게 표현하자면 하나는 대뇌 피질이, 그리고 다른 하나는 유전자가 지배하는 영역이다. 이 두 가지 요소가 합쳐져서 이루어 낸 흥미로운 산물이 바로 인류의 문명이 되는 셈이다. 이처럼 서로 반대되는 성질을 가진 부모로부터 태어난 자식이 상당히 불안정한 정서를 가지게 될 것은 당연지사였다. 그런데 인류의 문명은 그 양쪽 가계를 나타내는 문장이 모두 찍혀 있기는 하지만, 아무래도 역사의 흥망성쇠를 통하여 유전자 쪽의 지배를 훨씬 더 강하게 받았다고 볼 수 있다. 영토에 대한 욕심과 야망, 인종 차별, 종교적 근본주의, 그리고 권력을 창출하고 또 행사하는 과정에 필연적으로 따르는 부패와 비리들—한 국가의 흥망성쇠를 결정하는 것은 바로 이런 요소들이었지 현명한 평의회나 지혜로운 정책이 아니었던 것이다.

인류 보증서

인류의 문명이 유전자의 지배 아래 있다는 사실을 나타내는 증거는 세계 도처에 흩어져 있다. 무덤과 궁전, 그리고 사원들—너무도 많아서 마치 다른 동물이 먹이를 찾고 새끼를 낳는 일에 투자하는 모든 정열과 노력을 인류는 선과 악, 그리고 진리와 미(美), 신과 영생의 신비한 영상을 쫓는 일에 대신 쏟아 부은 것처럼 보인다. 우리의 삶에 조금이라도 영향을 미치는 요인이라면 무엇이든지 신비주의적인 의미를 부여해야만 직성이 풀리는 인류의 습성이 그 유전적 소인에 근원을 두고 있다는 사실은 인류의 복잡한 언어 능력이 우리가 *Homo sapiens*임을 자랑스럽게 나타내어 주는 것 못지 않게 분명하고 명확하다. 이 점에서 점성술과 환생, 마술, 주술, 강신술, 초능력, UFO와 요정들, 그 밖에도 인류의 갖가지 미신은 물론 선과 악의 이원론은 모두 우리가 인간임을 증명하는 보증서라고 할 수 있다. 이 중에는 너무나도 어처구니없고 어리석게만 보이는 개념도 많지만, 우리가 부인할 수 없는 사실은 인류의 문화가 DNA 대신 이성적 사고의 지배를 받았던들 당장에 제거되어져 버렸을 것이 분명함에도 불구하고 오늘날까지도 굳건하게 자리를 지키고 있다는 점이다. 그들이 존속할 수 있었던 비결은 바로 이 신념들을 믿음으로써 인류가 얻을 수 있었던 반대급

잉글랜드 남부의 스톤 헨지
이 유적지에서 발견되는 거석들 중 비교적 작은 것들은 약 5000년 전 웨일즈 남서부에 위치한 프레셀리 산맥으로부터 운반되어져 왔을 것으로 추측된다. 만일 이 돌들이 현재 일반적으로 받아들여지고 있는 가설처럼 강물을 따라서 운반되어져 왔다면 그것은 무려 380킬로미터에 걸친 대장정이었을 것이다. 무게가 42톤에 달하는 보다 큰 돌들은 약 30킬로미터 떨어진 말보로 고원에서 굴림목과 썰매를 이용하여 옮겨졌을 것으로 생각된다. 한마디로 말해서 이 유적지는 '문명'이라는 도구를 사용하여 인간의 유전자가 일구어 낸 엄청난 역사(役事)의 대표적인 예라고 할 수 있다.

부 속에 숨어 있다.

 저 아득한 옛날 인류의 수렵 채집인 조상들의 진화에 도움이 되었던 사회적 행동 양식은 오늘날 모든 현대 사회에서도 여전히 존재한다. 표면적으로 나타나는 형태는 지역에 따라 조금씩 다를지 모르지만 결국 그 전체적인 패턴은 어느 사회에서나 공통으로, 충성심, 명예, 규율, 그리고 망가지기 쉬운 남녀간의 짝짓기를 장기간 유지하기 위하여 대중 앞에서 결혼식을 올리는 풍습 등으로 구성된 완고한 체제를 이루고 있다. 인류의 문화는 또 언제나 이방인을 적대시하거나 최소한 경계심만이라도 늦추지 말 것을 촉구해 왔는데, 그 이유는 이들이 부족의 식량을 도둑질하거나 아니면 그 여인들과 아이들에게 유전적 흔적을 남길까 두려워한 때문이다. 그리고 수렵 채집인에게는 주변의 자연 환경이 건강하게 유지되는 것이 매우 중요했으므로 생태계의 구성 요소들을 경외하고 또 이를 보전하는 데 도움이 되는 행동들을 그들의 신앙 체계에 포함시켰다.

  호주의 원주민들은 이 원리의 산 증인이다. 영성과 신비주의는 그들의 삶을 매일매일, 그리고 아침부터 저녁까지 지배하며, 그 덕분에 이들은 지구상에서 가장 성공적인 수렵 채집인 집단이 될 수 있었다. 이들이 메마르고 건조한 환경에서 1만여 년 동안 생존할 수 있었던 것은 대인 관계나 주변의 열악한 환경을 다루는 문제에서 고집스러울 정도로 그들의 신비주의 신앙이 허락해 주는 범위의 행동, 즉 다시 말해서 이전 세대의 경험을 통하여 좋다고 입증된 행위만을 고수해 왔기 때문이다. 그러니까 수십만 년 동안 계속되어온 다원주의의 선택 과정이 호주의 망가지기 쉬운 자연 환경을 보존하는 데 가장 적합하고 유전자에게 유익한 성향을 이들에게 신앙과 관습이라는 이름의 족쇄로 채워 놓았다고 볼 수 있다. 결국 많은 경우 인류의 신(神)들은 유전자라는 이름의 독재자가 회사를 자신의 뜻대로 움직이기 위하여 뒤에서 비밀스럽게 조정해 온 전문 경영인의 역할을 담당한 셈이다. 이처럼 노련한 독재자와 종교의 이름을 빌린 중간관리자, 그리고 충성을 맹세하는 회사원들이 갖추어진 인류의 문화가 어찌 실패할 수 있었겠는가? 그러나 이 신앙을 유지하기 위하여 인류는 또 얼마나 현실감각을 상실한 삶을 살아야 했는지 모른다.

최후의 무기

흥미롭게도 비이성적 사고는 종교적 열성 신자의 손에서 칼과 방패의 역할을 모두 수행할 수 있는데, 그 이유는 증명이 불가능하고 뒷받침하는 증거 또한 없는 가설을 믿기 위해서는 그만큼 더 큰 믿음의 도약이 필요하기 때문이다. 또한 이 커다란 도약을 성공적으로 수행한 사람들에게는 엄청난 만족감과 성취감이 상으로 주어지고, 이들은 자신이 얻은 상을 지키기 위하여 더욱 많은 에너지와 열정을 아낌없이 투자하게 된다. 1940년대에 활동했던 영화감독 쟈크 투르뇌르(Jacques Tourneur)는 초현실적인 사건들을 주제로 한 공포물을 주로 제작했는데, 그는 "눈에 보이지 않을수록 믿음은 더욱 강해진다."라는 명언을 남겼다.

한 종교가 이처럼 이성적 사고의 검열을 피해 가면서 얻을 수 있는 고립된 이득은 별로 많지 않을 것 같지만, 신앙은 그 속에 대부분의 경우 누구도 거부할 수 없는 유전자적 유혹을 숨기고 있다—바로 인간들로 하여금 신비주의의 자궁 속으로 돌아갈 수 있게 해준다는 점이다. 한 번 눈을 질끈 감고 "믿습니다"라고 말하기만 하면—그리고 현실 세계를 잊어버리기만 하면, 우리는 다시 저 먼 옛날 전장에 나갈 준비를 하고 있는 부족사회의 일원이 되어 그 신비주의로 뭉쳐진 일체감과 "우리들, 선택받은 우리들, 우리 형제들(『헨리 5세 *Henry V*』, 4막 3장)"을 함께 외치는 희열을 느껴 볼 수 있게 되는 것이다. 부족사회의 일원으로 받아들여진다는 것은 무엇보다도 강한 유혹이며 논리적 사고가 힘을 미칠 수 없는 영역에 속해 있다. 이 유혹은 일체감과 특권의식이 주는 만족감뿐 아니라 독선적인 자긍심에 불을 붙임으로써 이제까지 머릿속에 떠돌던 자신에 대한 회의가 모두 사라져 버리는 효과도 포함한다. 인간의 유전자에 있어 맹목적인 신앙심은 매우 편리한 도구이다. 한 해학가가 남긴 말처럼 신앙은 "우리들로 하여금 우울한 현실에서 '끝내주게 웃기는' 세계로 넘어갈 수 있게 해주는 신비로운 도약"인지도 모른다.

인간에게는—그리고 특히 남성들에게 형제애를 통해 얻어지는 도취적 만족감의 유혹이 너무나도 강렬한 나머지, 이 전사들의 집단은 부족간의 결속을 강화시키기 위하여 온갖 종류의 사회적 도구를 만들어 내기에 이른다. 구성원들은 때로는 이상스러운 옷을 입거나 보디 페인팅과 문신으로 여러 가지 상징들을 몸에 새기고, 심지어는 의식을 치르는 과정에서 일부러 몸에 상처를 내어 복종심을 증명하기도 한다. 정신적 및 육체적 두려움과 고통은 인류의 유전자가 그 비밀스러운 임무를 수행하기 위하여 항상 요긴하게 사용해 온 도구로, 이것이 공개적인 의식의 과정에서 행해지는지 또는 학교 운동장이나 뒷골목에서 행해지는지는 별로 중요하지 않다. 일단 약간의 생생한 공포감이 대뇌 피질의 시냅스에 신경전달물질을 주사하기만 하면, 이보다 더 효과적으로 논리적 사고를 마비시킬 수 있는 조치는 없기 때문이다. 그래서 입단식을 치르는 신참들은 마침내 현실 세계의 구속을 벗어나서 따뜻하게 두 팔을 벌리고 기다리는 믿음의 세계로 들어가는 희열에 찬 도약을 이룰 수 있게 된다. 대부분의 남성 중심 조직에서 치러지는, 때로는 잔인하고 어처구니없는 절차들로 이루어진 입단식은 인류의 200만 년 된 '전사 유전자'가 아직도 작동하고 있음을 보여주는 완벽한 증거물이다.

망상의 논리

그러나 아직도 모순(矛盾)은 남아 있다. 신비주의적 신앙이 인류에게 가공할 무기를 제공해 준 것이 사실인 반면, 이는 또한 보석

새의 경우에서 본 바와 같이 우리로 하여금 환상과 착각에 불과한 대상을 쫓다가 지치고 상처를 입고 심지어는 목숨을 잃게 만들기도 한다. 즉 얼핏 보기에는 현실 감각을 상실케 하는 믿음이 가져다주는 위험성이 그 유익을 훨씬 능가하는 것처럼 느껴질 수 있

호주 북부 카카두에서 발견되는 번개의 신 나마르곤의 암벽화
이 지역에 사는 안헴랜드 원주민들은 나마르곤이 그 팔꿈치와 무릎에 달린 돌도끼들을 부딪쳐서 번개와 천둥을 만들어 낸다고 믿으며, 그 결과로 이 지역에 우기가 도래할 때면 발생하는 뇌우와 불타는 듯한 오렌지 빛 메뚜기들이 생겨난다고 말한다.

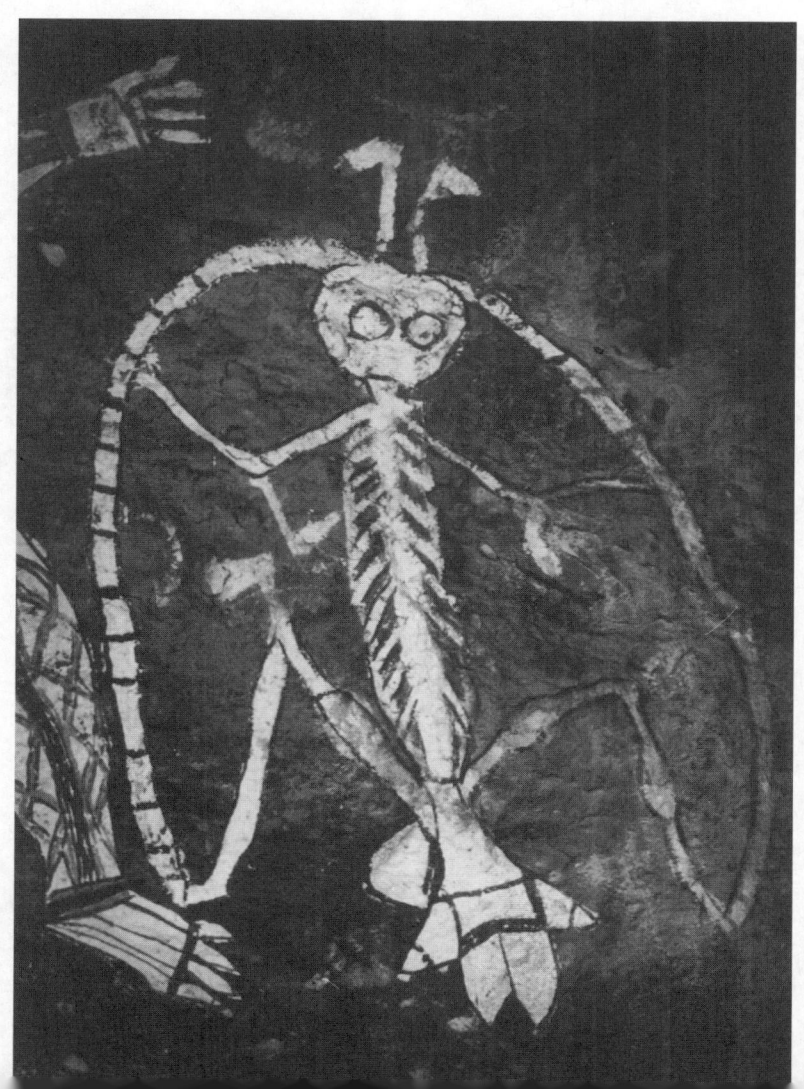

다. 특히 이상할 정도로 논리적 설명에 집착하는 습관이 있어 신비주의의 지배를 받는 스스로의 삶마저도 전술적 및 과학적 논리를 부여할 수 있어야만 직성이 풀리는 인류의 관점에서는 자신들의 이성적 갑옷이 그처럼 허무하게 무너진다는 사실 자체가 진화상의 큰 오류로 보일 것이다. 그렇다면 과연 어떻게 해서 이 믿음이라는 무기는 그토록 잘 작동할 수 있었던 것일까? 이 질문을 염두에 두고 우리는 인류의 유전적 근원으로 돌아가서 이것이 형성되는 과정을 또 다른 각도에서 바라볼 필요가 있다.

인류가 복잡한 언어능력을 획득하자 부족의 장로들은 설명하기 힘든 현상들—즉 왜 해와 달과 별들이 일정한 방향으로 움직이며 천둥과 번개는 무엇을 의미하는지, 계절은 왜 바뀌는지, 태어나기 전에는 어떤 세상이 있었으며 죽은 뒤에는 어디로 가는지를 설명할 수 있게 되었다. 전문가들은 원초적인 형태의 인간 언어가 빠르면 200만 년 전쯤에 처음 생겨났을 것으로 추정한다. 그러나 정확하게 언제 인류의 상상력이 신비주의로 빠져들기 시작했는지, 다시 말해서 인간의 본성 속에 내재되어 있던 이 신비주의적 성향에 언제 불이 붙었으며 사람들이 이에 관한 이야기를 어떻게 서로 교환했는지는 아마 영원히 알 수 없을지도 모른다[3]. 단지 우리가 확신할 수 있는 것 하나는 근대 인류의 신비주의적 자만심이라는 모닥불을 타오르게 만든 불씨는 훨씬 나중에, 그리고 비유가 아니라 진짜 불의 형태로 인류에게 왔다는 사실이다.

불을 다룰 수 있게 된 것은 의심의 여지가 없이 인류의 발달사에서 주축을 이루는 사건이다. 모닥불을 피울 수 있게 되자 부족 생활은 매우 안전해졌고 인류는 더 이상 밤이 가져다주는 두려움—즉 눈을 떠보니 표범이나 하이에나, 혹은 검치(劍齒) 호랑이가 코앞에서 입을 벌리고 있다는 식의 공포에 시달릴 필요가 없어졌다. 모닥불은 또 다른 의미에서 가족생활에 혁신적인 변화를 가져 왔는데, 불을 피우면 실질적으로 해가 진 뒤까지도 낮에 하던 일들을 계속할 수 있으므로 불 주위에 모여 대화를 나누고 함께 식사를 하고 또 이야기를 들려주는 오붓한 시간을 가질 수 있었다. 즉 불은 먹이를 부드럽게 익히고 맛을 좋게 한다든지, 또는 구부러진 화살대를 펴고 화살촉을 뾰족하게 연마하며 그 연기로 벌레를 쫓는 등 기술적인 면에 있어서도 매우 유용한 도구였을 뿐 아니라 모닥불 본래의 성질 상 곧 부족 내 생활과 문화의 중심이 되는 장소로 부상하게 되었는데, 이는 현재 지구에 살고 있는 수렵 채집인들의 사회에서도 마찬가지이다. 불이 가능케 한 이 모든 일들이 합쳐져서 인류 부족 구성원 사이의 유대는 더욱 굳건해지고 그 문화는 찬란한 꽃을 피우게 된 것이다. 따라서 신화와 전설을 만들어 내는 이야기꾼들이 불의 이 극적인 효과를 깨닫기까지는 그다지 오랜 시간이 걸리지 않았다. 호주 원주민 부족의 늙은 이야기꾼들은 지금도 부락 주변에서 구할 수 있는 식물의 씨와 풀, 나무, 그리고 이파리 등을 사용해서 가장 인상적인 모닥불을 피우는 방법을 잘 알고 있으며, 그들의 이야기를 노래로 부르는 중간 중간에 연기와 불꽃, 그리고 음향효과를 동반한 춤을 보여주곤 한다.

영생의 불길

첨단기술이라는 이름의 누에고치 속에 안락하게 숨어 있는 현대인에게 있어서도 불은 인류가 가장 선호하는 영적 상징물이다. 그것이 사라진 영웅들을 기리기 위하여 피워 놓은 추모의 불꽃이든 올림픽의 육상 선수들이 4년마다 한 번씩 전세계를 돌며 전달하는 올림픽의 성화이든 상관없이, 그리고 종교적 광신자들이 이단자를 정화시킨다는 미명하에 태운 화형의 장작불, 또는 무지한 손들이 금서(禁書)를 태워 버린 불이든 상관없이, 불은 그것을 바라보는 것만으로도 우리들의 마음속에 큰 감흥이 일어나며 끝없는 상상의 나래를 펼치도록 만든다. 심지어 교회당이나 생일 케이크 위, 또는 창틀에 밝혀 두는 한 자루의 촛불조차도 이들을 바라보는 사람들에게 신비한 힘과 따뜻함—즉 인류의 조상이 피웠던 바로 그 모닥불이 기나긴 진화의 자연도태 과정을 거쳐서 전수된 것이 아니라면 도저히 설명할 수 없는 놀랍도록 충만한 온기를 가져다주기에 충분하다. 선사시대의 인류 중 이 신기한 불의 성질에 흥미를 느끼고 이를 효과적으로 사용하는 방법을 터득한 개체는 그렇지 못한 개체보다 훨씬 길고 편안한 수명을 누렸을 것이며, 따라서 이 기간 동안 상대적으로 더 많은 자손을 남길 수 있었을 것이다.

정확하게 언제 인류가 불을 발견하였고 또 이를 도구로 사용하기 시작했는지는 확실치 않다. 아궁이의 흔적과 불에 탄 동물 뼈의 유적들은 적어도 40만 년 전에 이미 유럽과 아시아에서 인류가 불을 임의대로 사용할 줄 알고 있었음을 나타내 주는 증거물이다. 그런데 문제는 확실치는 않지만 지금으로부터 250만 년 전 아프리카 동부의 투르카나 호수 주변에서 간헐적으로 불을 사용한 흔적이 발견된다는 사실이다. 따라서 정확하게 어느 시기에 인류의 조상들이 자신들의 몸을 덥히기 위하여 야생 산불 또는 들불로부터 깜부기불을 얻는 데 성공했는지는 각자의 짐작에 맡기는 수밖에 없다[4].

그러나 과연 노련한 채집인들이었던 *Homo habilis*가 들불이 일어난 장소에서 때때로 미리 잘 구워진 먹이를 발견할 수 있다는 것과, 육식성 조류들이 들불을 그들의 사냥에 이용하여 불이 난 주변에서 기다리고 있다가 도망쳐 나오는 먹이들을 잡는다는 사실을 알아차리지 못하고 넘어갔을까? 무게가 750그램 정도 나가는 뇌와 3.0 이상의 두뇌화 지수(EQ, 제3장)는 *H. habilis*가 현생 인류의

6~8세 어린이의 수준과 맞먹는 지능을 소유하고 있었음을 나타내 주며, 따라서 이들이 200만 년 전, 최소한 우연하게라도 불의 사용법을 깨우치지 못했다고 보기는 어렵다. 하물며 이들보다 훨씬 높은 EQ를 자랑하는 *H. erectus*의 경우는 말할 것도 없다[5].

불을 소유하게 된 사건이 그들에게 가져다 준 크나큰 자신감을 제외한다면, 이 무렵의 미약한 인류가 스스로의 능력에 대하여 다른 과대망상을 가지고 있지는 않았던 것으로 보인다. 자연 현상의 숨은 이치를 이해할 수 없었던 이들은 이를 설명하기 위하여 오로지 그들의 풍부한 상상력을 사용할 수밖에 없었는데, 그 결과 그들의 삶 주변에서 발견되는 모든 것—식물과 동물, 강, 호수, 산, 그리고 해와 달, 별이 그들의 신앙 체계 속에 포함되고 창조 신화 속에 짜여 넣어지게 되었다. 또 이러한 과정 뒤에 어김없이 따라오는 행동상의 규약들이 이들과 자연 사이에 존재하는 지극히 실질적인 관계 속에서 무척이나 현실과 무관한 요소를 형성하는 현상이 생겨났다.

믿음으로부터의 탈출

실제로 이 애니미즘(역주 : 자연에 존재하는 모든 사물에 신이 깃들어 있다고 믿는 신앙)은 인류에게 있어 매우 편리한 종교였다—적어도 인류가 농경사회를 이루면서 한곳에 정착하여 살기 시작함에 따라 수렵채집인의 위상이 진화의 무대에서 그 가치를 잃게 되기 전까지는 말이다. 이 사라지는 부류에 바치는 애가(哀歌)로 아래의 인용문보다 더 적절한 것은 없다.

> 우리들에게 있어 이 땅위의 모든 사물 중 성스럽지 않은 것은 없다. 반짝이는 솔잎 하나하나, 모든 백사장, 어두운 숲속의 이슬 방울, 모든 분지(分地), 그리고 모든 노래하는 벌레들은 우리 부족의 기억과

경험 속에 성스러운 존재로 남아 있다. 또한 나무 속의 수액은 우리들에 대한 기억을 담고 흐른다…….

강과 시내를 따라 흐르는 빛나는 물줄기는 바로 우리 조상의 피다. 만일 우리들 중에 땅을 팔고자 하는 사람이 있다면 그것이 성스러운 존재임을 생각하라. 호수의 맑은 물에 비치는 영상은 바로 우리의 삶에 일어났거나 또는 일어날 일들을 보여주는 것이다. 이 물이 흐르는 소리는 내 아버지의 아버지가 내는 목소리이다…….

마치 피가 우리의 가족 사이에 흐르는 것처럼 모든 사물들은 서로 무관하지 않다, 절대로 무관하지 않다……. 이 땅에 일어나는 모든 일들은 그 위에 사는 우리의 자손들에게도 일어날 것이다. 만일 땅에 침을 뱉는 자가 있다면 그는 스스로에게 침을 뱉은 것이다. 분명히 그러하다. 인간이 땅을 소유하는 것이 아니라 땅이 인간을 소유하는 것이다. 진실로 그러하다. 모든 사물은 서로 무관하지 않다…….

수풀은 어디로 갔는가? 사라졌도다. 독수리는 또 어디로 갔는가? 사라졌도다……삶의 종말과 생존의 시작…….

북미대륙 북서부에 살았던 수쾌미시 인디언의 추장 시애틀(Seattle)이 지은 것으로 알려진 이 통렬한 탄식은 1855년 이들이 조상 대대로 살아오던 땅을 연방 정부에 넘겨 주어야만 했을 때 그가 한 연설의 일부라고 한다. 이 시(詩)가 이후 수없이 의역(意譯)되고 여러 사람의 손에 의하여 새로 씌어진 나머지 어쩌면 시애틀 추장이 실제로 사용했던 표현과 상당히 다를 수 있다는 사실은 여기에서 그다지 중요하지 않다. 왜냐하면 한때 모든 수렵 채집인의 마음속에 흐르고 있던 그 감정은 이 시를 통하여 아직도 변함없이 우리에게 전해지기 때문이다. 호주 원주민 부락의 원로인 빌 네이제(Bill Neidjie)가 1978년 내게 해 준 말도 이와 비슷한 정서를 담고 있는데, 이는 『카카두 맨 *Kakadu Man*』[6]이라는 책에도 실려 있다.

호주 원주민의 노래 또한 대부분 자연 환경과의 밀접하고도 특별한 유대감을 나타내고 있다. 아래 적은 것은 R. M. 번트(Berndt)가 안헴란드 북동부의 로즈 강 노래집에서 번역한 내용이다 :

> (쥐들이) 뛰어가네, 이슬에 젖은 거미줄을 떨어뜨리면서
> 어린 가지의 이파리와 늪 속 수풀에 매달리면서
> (쥐들이) 이리저리 달리네, 풀숲 사이에서 찍찍대며 수다 떨며
> (쥐들이) 거미줄 속으로 뛰어드네, 이슬과 안개가 그들을 적시네
> (쥐들이) 뛰어간 그 작은 발자국마다 사연을 남기네
> 뛰어가네, 도사린 뱀을 피하여 이파리에 매달리면서
> 대나무 숲 속으로, 거미줄 속으로
> 발자국 사연을 가는 길마다 남기며
> 늪의 풀숲 속으로, 어린 가지들 사이로……[7]

포괄적 무지

밀려드는 문명의 도도한 물결은 이처럼 자연 환경과 실질적이면서도 섬세한 친밀함을 나누며 공존하던 수렵 채집인의 문화를 완전히 사라지게 만들었다. 오랜 기간 자연의 세계와 격리된 채 발전해 온 서구 사회는 이에 대한 무지(無知)함이 너무나도 커진 나머지 오늘날의 환경 문제를 해결하는 일에 실로 큰 어려움을 겪고 있다. 우리의 삶을 지탱해 주는 자연 세계의 본질, 또는 인류가 오늘날과 같은 모습을 갖추기까지 걸어 와야 했던 여정을 희미하게라도 이해하고 있는 사람은 그리 많지 않으며, 지구의 생태계 내에서 인간이 차지하는 위치 및 인류의 삶이 전적으로 그것에 의존한다는 사실을 알고 있는 사람은 더욱 드물다. 1996년 호주에서 전국적으로 생물학을 전공하는 대학 1학년생을 대상으로 실시한 설문 조사 결과에 따르면 이들의 25%가 성서의 인간 창조 과정을 글자 그대로 믿는 것으로 나타났는데[8], 이는 아직도 대부분의 사람들이 인류가 신의 영감으로 만들어진 것이니 만큼 지구상의 나

'십자가의 길' 기도 행렬
지상에서 일어나는 모든 일들이 그 어떤 초자연적인 힘에 의하여 조정된다고 믿는 것은 모든 인류 문화에서 두드러지는 특징이다. 아마도 인류의 유전자는 인간 사회 집단 내에서의 희생정신을 고양시키고 외부인과 적들에게 대항하기 위한 결속력을 다지기 위한 방편으로 이와 같은 성향을 더욱 조장시켰는지도 모른다.

머지 생명체와는 완전히 다른 존재라고 생각한다는 뜻이다.

정식 학교 교육을 받은 적이 없음에도 불구하고—아니 오히려 그 덕분에, 호주의 원주민 부족들은 자연에 대하여 이처럼 무지하지는 않다. 이들은 물론 인간의 유전자가 작용하는 원리를 이해하지는 못하지만 모든 수렵 채집인과 마찬가지로 이들 역시 모든 생명체 사이에 존재하는 상호 의존적 관계를 너무나도 잘 알고 있어 인간 중심 사상의 오류에 빠질 염려는 없다. 반면 1993년 멜버른에 있는 모나쉬 대학교의 로져 쇼트(Roger Short) 교수가 의과대학생을 대상으로 실시한 여론 조사는 인간 중심주의가 사회 전반에 영향을 미치고 있음을 시사해 주는데, 이 미래의 의사들 중 27%가 돌연변이란 없으며 지구상의 생물종은 처음부터 지금과 같은 모습이었다고 믿고 있다고 한다. 또 이들 중 21%는 여자가 아담의 갈빗대로부터 만들어진 것을 확신한다고 답변했다. 호주를 포함한 몇몇 국가에서 합동으로 실시한 조사 역시 비슷한 결과를 나타내고 있는데, 21세기에 접어든 이 시점에서도 미국인의 55%는 인류가 *Homo sapiens* 이외의 다른 종으로부터 변해 온 것을 믿지 않는 것으로 나타났다. 그러나 또한 이 조사 대상자의 3분의 1은 외계인과 유령, 싸스콰치(역주 : 미국 북동부 산속에 산다는 털북숭이 괴물), 그리고 사라진 아틀란티스 대륙의 존재를 믿는다고 답하였다[9]. 이 조사 결과는 세계에서 가장 과학수준이 높은 국민 중의 하나로 뽑힌 호주 사람들도 그 대부분이 초자연적인 현상들에 의하여 인간의 삶이 영향을 받는다고 믿는 것을 말해 준다. 인도와 러시아, 그 밖에도 이슬람 또는 가톨릭교가 지배적인 여러 나라들에서는 이러한 믿음이 실질적으로 국가 전체를 지배하고 있다.

인류의 신앙 체계가 그 초기의 실리적 경향으로부터 벗어나기 시작한 것은 지금으로부터 10,000~12,000년 전, 이들이 농사를 짓기 시작하면서부터였다. 아마도 이 변화 과정은 인류에게 길고 고통스러운 여정이었을 것이다. 농경사회의 생활은 수렵 채집인 시대의 유목생활보다 상대적으로 안정된 것이었지만 그 대신 해와 달과 별, 그리고 바람과 비를 관장하는 저 강력한 신들을 항상 잊지 않고 또 수시로 달래주어야 했기 때문이다. 다시 말하자면 인류를 위협하는 악한 신들을 물리치는 한편 다산(多産)의 신에게 풍요를 가져다주기를 기원해야만 했던 것이다. 이를 위해서 당시의 농부들과 그 밖의 마을 사람들이 할 수 있었던 유일한 일은 수렵 채집인 시절 그들이 섬기던 신들을 길들여서 그 모습을 보다 쉽게 조각하고, 건축물의 벽에 새기거나 몸에 다는 장신구로 만들 수 있는 존재로 재창조하는 것이었다. 이처럼 인류의 신앙이 점차로 우상과 형상에 집착하는 동시에 그 근원인 자연 현상과는 멀어지게 되면서, 이들의 믿음 또한 재해석이 용이하게 되었다. 이렇게 해서 마침내 그들을 옭아매고 있던 자연 현상의 구속을 떨쳐 버리고 난 인류는, 영적인 것을 추구하는 그 본성이 끝간데를 알 수 없는 우주 속으로까지 펼쳐진 결과 그들 자신만의 신을 창조해 내기에 이른다.

초자연적인 힘이 현실 세계의 일들을 조정한다고 믿는 것은 오늘날도 인류의 특성—그것도 모든 사회에 공통적으로 만연해 있는 두드러진 특성이다. 전통적으로는 이런 믿음이 모든 인류 문화에서 공통적으로 발견된다는 사실 그 자체가 바로 이것이 진실임을 증명해 준다고 생각했다. 그러나 이 순환 논리보다 더 간단한 설명은 인류가 말하기를 좋아하는 것과 마찬가지로 초자연적인 힘을 믿고 싶어 하는 성향 역시 그 유전적 소인에서 온다고 보는 것이다. 그러나 대부분의 경우 이 두번째 견해는 잘 받아들여지지 않는다.

현대의 미신들

물론 이 영적인 특성은 인간으로 하여금 힘을 얻고 보다 풍부한 삶을 살 수 있게 해준다. 그리고 이 사실이야말로 인류의 영성이 가지는 진화적 가치와 이 성향을 인간의 유전체 속에 새겨 넣은 다윈주의적 선택 과정의 효율성을 명쾌하게 보여주는 증거이다. 하나 또는 그 이상의 신비주의가 인류의 모든 문학 및 예술작품과 음악, 연극, 전설, 그리고 법률의 바탕을 이루고 있으며, 인류가 조금이라도 가치가 있다고 여기는 모든 것은 이를 본보기로 하여 설정되었다고 해도 무리가 아니다. 침실과 회의실, 극장과 교실, 놀이터와 길거리, 아니 세상 모든 곳에서 모든 사람들은 각자 나름대로 선과 악, 아름다움과 추악함, 사랑, 욕정, 그리고 미움의 개념을 식별해 내느라 여념이 없다. 또한 바티칸과 라스베이거스, 헐리우드, 매디슨 애버뉴, 월 스트리트, 백악관, 그리고 멋진 고급 의상실들은 물론 홍등가(紅燈街)까지도 이 신비주의가 없이는 단 하루도 버텨내지 못할 것이다. 심미안과 종교적 또는 윤리적인 문제에서 항상 신비주의를 추구하는 인류의 특성도 물론 마찬가지이다. 이는 여성 잡지의 책장을 넘길 때마다 '점성술' 또는 '손금으로 보는 운세', '운명철학가의 상담란'과 같은 제목을 달고 나타나며, 심지어는 우리가 주식 시세를 점치고 있는 바로 그 순간 신문의 경제란이나 미식축구의 예상 점수, 그리고 복권 당첨번호 속에도 모습을 숨기고 있다. 전세계적으로 수억 달러 규모의 자금이 돌아가고 있는 도박사업도 행운이라는 이름의 미끼로 사람들을 유혹하지만, 알고 보면 룰렛의 회전이나 카드가 떨어지는 양상, 그리고 주사위를 던져 나오는 결과에 따라 운행될 뿐이다. 어떤 면에서는 도박을 할 때 역시도 인간들은 그 흥분을 백분 즐기기 위해서 보이지 않는 그 무엇을 믿어야 하는지도 모른다. 그리고 사람들이 흥분하게 되면 언제나 그렇듯이, 모든 주도권은 신비주의가 잡게 되는 것이다.

그러나 이 망상에서 깨어나 자신의 믿음이 헛된 것이었음을 깨닫는 것 자체가 인간 내부의 잠자는 괴물을 깨우는 작용을 하는 수가 있다. 심리학자와 심리 치료사, 그리고 모든 영적 교사와 자기 개발의 전문가들은 이 혼란에 빠진 이상(理想)주의자들을 대상으로 그야말로 떼돈을 벌고 있으며, 이들보다 수준이 떨어지는 아마추어 상담가 역시 그 주변에 떨어지는 떡고물을 먹고 산다고 해도 과언이 아니다. 그러나 사회의 어두운 이면에서는 이보다도 더

고약한 갈취자들이 도사리고 있으니, 극락세계에서의 짧지만 환상적인 위안을 알약이나 가루, 그리고 연초의 형태로 제공하는 마약 상인들이 바로 그들이다.

뜀뛰기 자랑

젊은 청년들은 특히 이런 미끼에 쉽게 유혹을 당하는 경향이 있는데, 그 이유는 이들이 '기분전환용' 마약을 사용함으로써 일종의 사회적 이득을 얻을 수 있기 때문이다. 자신이 위험에 처했다고 느끼면 거듭해서 하늘로 치솟을 듯이 높이 뛰어오르는 아프리카 영양과 마찬가지로 젊은 남자는 위험을 무릅쓰는 행위를 해 보임으로써 자신의 힘을 과시하려고 드는 경향이 있다. 전문 용어로 '스토팅(stotting)'이라고 부르는 영양의 이 뜀뛰기 전술은 아마도 자신의 힘과 능력을 나타내는 생존을 위한 표현수단으로 진화해 온 것으로 보인다. 즉 위협하는 포식자에게 "나는 네가 잡기엔 너무 빨라. 그러니까 나를 끝까지 따라오려고 너무 애쓰지 않는 게 좋을 거야."라고 말하는 셈인데, 이 행동 자체에 따르는 위험과 엄청난 에너지 소모를 감수해야 함에도 불구하고 이 전술은 놀랍게도 대개의 경우 성공을 거둔다. 영양의 도약이 인상적으로 크면 클수록 그가 추적자를 포기하게 만들 확률도 커지며, 그 결과 이 수컷이 자신을 닮아 뜀뛰기를 잘 하는 자식을 낳아 다음 세대에 남길 확률 또한 커지는 것이다[10].

전사가 되고 싶어하는 청소년 역시 비슷한 이유로 마약을 사용한다. 이 경우 그 마약이 불법이고 또 중독성이 심하면 심할수록 뜀뛰기 효과가 커지는 셈이 된다. 그러니까 이 전술을 사용함으로써 이들의 유전자는 경쟁자에게 "나와 경쟁하려 들지 마. 보다시피 내 유전자는 너무 우수해서 나는 사회의 규범에 얽매이지도 않을 뿐더러 이 마약의 해독도 나를 다치게 하지 못해. 내가 바로 승리자야!"라고 말하고 싶은 것이다. 마약이 사용자의 신체와 정신에 모두 큰 해를 끼치고 궁극적으로는 생명까지도 위협할 수 있음에도 불구하고 이 인간 버전의 뜀뛰기 행동 역시 자신의 뛰어남과 강함에 대한 일시적인 망상을 미끼로 그의 유전자를 유혹한다. 그래서 유전적으로 불안정한 성향을 가진 많은 남성은 마약 사용이 다음 세대에 자신의 유전자를 가능하면 많이 남기기 위해 확보해야만 하는 교두보쯤으로 오인하게 되는 것이다. 물론 인간 뜀뛰기 선수의 운명은 그리 낙관적인 것이 못된다. 유전자에 관한 한, 이들이 다음 세대로 전수될 수 있는 오직 한 가지 방법은 생식을 통한 것이며, 일단 새로운 세대가 시작되고 나면 부모 세대는 쓸모가 없어진다고 할 수 있다. 유전자는 현명하지도 미신적이지도, 그리고 이기적이지도 않다. 이들은 다만 100만 년 전부터 전해져 내려온 법칙에 따라 확률의 게임을 할 뿐이다.

마약의 또 다른 세계는 마약을 사용하는 것보다 훨씬 더 위험한 행위를 감행하는 사람들―즉 마약 상인의 것인데, 실제로 마약을 복용하는 사람은 절대로 여기에 들어 올 수 없다. 이 세계는 그곳에 속한 야심에 찬 전사들에게 그들 사이에서만 통하는 언어와 비밀스러운 의식들, 그리고 '공동의 적(敵)'이 있는 질서 정연한 집단 문화를 가르치고, 이 규칙들을 준수하기만 하면 마약 밀매업은 엄청난 부와 그들 세계 내에서의 지위, 예쁜 여자들을 제공해 준다. 어떤 경우에는 이 특권사회의 일원이 되는 것 자체가 최대의 목표가 되기도 하며, 일반적으로 이들로부터 마약을 사는 사람은 가치가 없는 멸시의 대상으로 여겨진다.

컴퓨터의 신화

믿어지지 않겠지만 컴퓨터 문화권 내에서 멋지고 훌륭한 것으로 여겨지는 대상들 중의 많은 것들은 알고 보면 마약의 세계가 제공하는 유혹들과 근본적으로 그리 다르지 않다. 대부분의 컴퓨터 게임은 사용자로 하여금 즉각 섹스와 폭력, 죽음이 난무하는 조악하기 그지없는 신화의 세계 속으로 빠져들게 만드는데, 그 이면에는 저 신비에 싸인 사이버 공간이 '비법(秘法)의 전수'와 사회적 지위 향상을 반짝이는 미끼로 내어 걸고 손짓을 하고 있다. 여기서도 마약의 세계와 마찬가지로, 전수자들만이 이해할 수 있는 특수 용어들이 특권의식과 소속감을 부추기는 역할을 한다. 또한 컴퓨터 전자 회로 뒤편의 어두운 그늘 속에도 마치 뒷골목의 마약 상인과 같이 해커들이 도사리고 있다. 이 반역적인 전사들은 강력한 이웃 전자 왕국을 비밀리에 습격하여 그곳에 숨겨진 보물—즉 정보를 빼내어 오는 일을 통해서 그들의 사냥 본능을 충족시킨다. 이 해킹의 성공으로 생기는 이득은 결국 해커들에게 사회 지도층으로부터의 인정과 주위 사람들의 선망을 가져다주는 효과가 있어 스스로를 멋진 사람이라고 생각하게 만든다.

음모의 신화

그러나 뭐니뭐니해도 초자연적인 존재와 사물의 '의미'에 지나칠 정도로 집착하는 인간의 특성에서 나오는 부산물 중 가장 위험하면서도 가장 뿌리치기 힘든 유혹은 바로 '음모'를 꾸미거나 상상하는 일이라고 생각된다. 개개인의 삶은 물론 사회 전체에서 일어나는 모든 불의(不義)는 누군가 의도적으로 꾸민 악의(惡意)의 장난으로 인한 것이라기보다는 그저 잘못된 열정과 무지, 게으름 때문에, 또는 다른 사람이 저지른 실수에 기인한 것이 대부분이다. 그럼에도 불구하고 우리는 일이 뜻대로 돌아가지 않는다 싶으면 우선 그 어떤 음모가 진행 중에 있으며 자신이 바로 그 표적이라고 단정하는 경향이 있다. '음모론(conspiracy theory)'에 쉽게 넘어가는 인류의 타고난 약점은 이 강력한 화력을 가진 연료로 하여금 인간 사회의 모든 갈등과 분쟁에 불을 붙이도록 만들어 왔다. 인구가 늘어날수록, 그리고 산업사회나 정부 기관에서 사용하는 각종 기기들이 점점 복잡하고 전문화됨에 따라 음모론의 설득력 또한 이에 비례하여 강해지고 있는 추세이다.

음모론에 끌리는 성향이 인간의 가장 기본적인 본성에 기인하고 있음은 다른 면에서는 지극히 정상적인 사고 체계를 가진 수천 명의 백인들이 부패한 미국 정부의 공격으로부터, 또는 흑인과의 인종 전쟁에 대비하여 자신들을 보호한다는 명목 하에 중무기를 갖춘 의용군 집단에 참여하고 있다는 사실을 보아도 잘 알 수 있다[11]. 그런가 하면 흑인의 대부분 또한 백인 사회, 또는 연방 정부에 대하여 커다란 불신을 품고 있기는 마찬가지이다. 여기에 마약으로 인한 문제까지 감안한다면 현재 미국 전역에 2억 5천만 자루에 달하는 총기가 존재한다는―그러니까 남녀노소를 불문하고 국민 대부분이 1인당 총 한 자루씩을 소유하고 있는 셈이라는 통계는 하나도 놀라울 것은 없다. 바로 이와 같은 연방정부 전체―특히 그 중에서도 FBI에 대한 근거 없는 공포가 저 유명한 오클라호마 주정부청사 폭파사건의 범인 티모시 맥베이(Timothy McVeigh)로 하여금 1995년 4월 19일 폭탄을 가득 실은 트럭을 청사 건물로 몰고 가던 그 순간에 자신의 행동이 가져올 엄청난 인명 피해를 이성적으로 고려해 보지 못하게 한 원인이 되었던 것이다. 이 사건으로 죽은 사람은 168명, 그리고 부상자는 수백 명에 달했다. 그러나 우리는 그에게 사형 선고가 내려지던 날 재판정 건물 밖에서 복수심에 불타서 환호하던 군중들 또한 이와 본질적으로 다를 것이 없는 무아지경에 빠져 있었음을 알아야 한다.

이 복합적인 피해망상과 개인의 무기 소지가 허용되는 상황이 합작으로 빚어낸 산물로 미국이 얻은 것이 바로 선진국 중에서 가장 살인사건 발생률이 높은 국가라는 타이틀이다. 영장류 동물학자인 프란스 데 바알이 지적하는 바에 따르면 워싱턴 D.C. 내에서 일어나는 살인 사건은 인구 10만 명당 34건에 달한다. 그러나 동일 인구수당 살인 발생률은 베를린의 경우 1.14, 로마는 1.2, 그리고 도쿄는 0.5에 불과하다[12]. 이들은 모두 사람으로 넘쳐나는 세계적인 도시라는 공통점을 가지고 있는데도 말이다. 그런데 워싱턴 D.C.를 방문하여 그곳에서 먹고 마시고, 그 공기를 숨쉬고 돌아온 여행객들에게 이 '살인병'이 전염되지 않는 것으로 미루어 볼 때, 이는 풍토병이 아니라 문화병, 즉 사회적 망상의 피해자에게 잘못된 선택─즉 무기를 구입할 기회가 부여됨에 따라 생겨난 것임이 분명해진다.

현실 감각이 심각하게 결여된 사람에게나 영향을 미칠 수 있을 것 같은 음모론이 과학과 기술을 기반으로 형성된 미국 사회에 전반적으로 만연해 있다는 사실이 믿기 어렵겠지만, 그러나 알고 보면 그 소양은 충분하다. 그 건국 초기에 자유를 향한 꿈과 정의, 민주주의, 그리고 부(富)에 이끌려 신대륙으로 건너 온 이민들이 정치적 이상주의자와 종교의 자유를 찾아 망명한 사람과 불만주의자를 포함한 매우 다양한 부류로 형성되어 있었다는 사실은 누구나 잘 알고 있는 바이다. 따라서 이처럼 영적인 성향을 기반으로 하여 이룩된 사회에서 선진국 중 가장 신비주의적 성향이 두드러지게 된 것은 당연지사였다.

강력한 지도자가 있고 또 외부로부터의 위협이 충분히 강한 상황이라면 그 사회가 영적으로 편중되어 있음으로 해서 나타나는 첫번째 현상은 아마도 강력한 사회적인 결속력이 될 것이다. 이것은 너무나도 명백하게 예상할 수 있는 일이라 이를 나타내는 방정식까지도 만들어져 있는데, 우호적 감정(Amity)=적대감(Enmity)×위협(Hazard)이라는 상관관계이다. 그러니까 미국 또는 구 소련과 같이 복합적인 인종으로 구성되어 있는 사회에서 외부로부터의 위협요소가 제거되고 나면 이는 곧바로 내분과 서로를 향한 공격으로 이어질 수밖에 없다는 것이다. 여기에 근거 없는 망상과 피해의식이라는 기폭제들까지 합해지게 되면 사회적 분파들은 국가가 내세우는 지도자를 부인하고 '주술사'를 중심으로 한 '부족단위'로 뭉쳐져서, '보이지 않는 악령'의 힘이 그들 주변을 옥죄어 들어오고 있다는 오래되고 친숙한 음모론을 다시 들추어내면서 알 수 없는 만족감마저도 느끼게 되는 것이다. 이처럼 부족의 일원으로 인정받고자 하는 원초적인 소망이 이루어진데다가 모든 책임을 전가할 수 있는 공동의 적마저 확실하게 표명된 상황에서는 실제의 상황을 드러내는 증거물이 제공된다 하더라도 귀를 기울일 사람이 없으며 오히려 이를 또 다른 위협으로 치부하는 경향마저 보이게 된다.

태초 신화

역사의 무대에서 주목을 받은 지도자들이라면 누구나 의식적으로든 무의식적으로든 이 음모론의 탁한 물 속에서 한 번쯤은 헤엄쳐 본 경험이 있다고 볼 수 있다. 만일 당신이 1938년 9월 저녁 뉘렘버그에서 검은 셔츠를 입은 군중 틈에 섞여 친애하는 '퓌러'(역주 : 독일 국민들이 히틀러를 호칭하던 말)를 향해 Sieg Heil! Sieg Heil!을 외치고 있었거나, 아니면 영국이 그 역사상 가장 암울한 나날을 보내고 있던 시절 전기도 끊어진 상태에서 무선 라디오 주변에 가족들과 모여 앉아 처칠 수상의 당당한 연설을 한마디라도 놓칠세라 귀 기울여 본 적이 있다면, 아마도 청중의 내면적 특징을 파악하고 그 신비주의적 성향에 접선(接線)하는 데 성공한 지도자들이 얼마나 엄청난 영향력을 휘두를 수 있는지를 직접 경험한 증인이 될 것이다. 이 과업을 달성한 지도자에게는 인류의 빛나는 엑스캘리버를 높이 쳐들고 그에게 바치러 오는 단합된 국민이 상으로 주어지게 마련이다. 그러나 이 명검(名劍)을 칼집에서 빼낼 수 있을 만큼 강력한 지도자로 부상하기 위해서는 국민 사이에서 원초적인 전설 속의 영웅으로 인기를 얻는 일이 선행되어야 하는데, 이 전설들은 어김없이 다음 두 가지의 공통 인자를 포함하고 있다.

   1. 괴물—알아들을 수 없는 이방인의 언어로 말하며 이교도의 신들을 섬기고 이상한 옷을 입든지 피부색이 다르다는 특징을 가진 존재이면 더욱 좋음.
   2. 기적—희생을 통해서만 얻을 수 있는 반면 이것들이 모이면 우리 편에게는 승리를, 그리고 흉악한 괴물에게는 패배를 안겨다 주게 됨.

이 진부한 각본은 인류의 역사가 동이 트던 무렵부터 시작해서 놀라울 만큼 정확한 주기성을 가지고 그 마법적인 힘을 발휘해 왔으며, 그 유전자가 정상적인 DNA의 조합으로 이루어진 인간이라면 누구든지 이 유혹을 물리칠 수가 없었던 것으로 나타난다. 이 현상의 유전적 성향은 인류 역사가 경험한 모든 갈등—그 중에서도 특히 인종 학살의 통계적 수치 속에서 빛나고 있다. 이 수치들은 인류가 저지른 죄악의 대부분이 정신병자가 아니라 바로 같은 마을의 사람 좋은 목수 아저씨, 부지런한 은행원, 또는 모퉁이 빵집 주인처럼 평범한 사람들에 의하여 저질러졌으며, 바로 이들이 근세에 일어난 가장 악랄한 인종 청소, 즉 유대인의 학살 과정에서 2억 5천~3억 5천에 이르는 인명을 앗아간 주범인 것이다[13].

그러나 이렇게 보통 사람에서 인종 청소부로 획기적인 변신을 하려면 이들 목수와 은행원과 빵집 주인은 먼저 인류가 영적인 존재임을 믿어야 한다. 그래야만 여기서 옳고 그름의 견해 차이가 생겨나며, 그 결과로 미움과 증오가 이들의 손에 쥐어지게 되기 때문이다. 다른 동물과 공통점을 가진 육체로부터 정신을 분리해 내기만 하면 인류는 그들의 유전자가 원하는 방식대로 얼마든지 자신을 새로운 잣대로 분류할 수 있게 된다.

인간 체내의 세포 하나하나마다 그 핵(核) 속의 DNA 가닥 안에 안전하게 숨겨진 유전자가 명령하는 이 동족 의식은 인류의 마지막 한 사람이 숨을 거둘 때까지 사라지지 않겠지만, 그러나 부족 국가 시대의 복수전이 기껏해야 창이나 몽둥이로 이웃 유목민 부락을 쳐부수는 정도에 불과했던 반면, 근세에 들어와 폭발적으로 증가한 인구수와 첨단 기술의 발달은 미치광이 지도자들의 손에 이제까지와는 비교가 안 될 규모의 앙갚음을 할 수 있는 권력을 맡겨주었다. 물론 개개인이 경험하는 폭력 사례는 1만 년 전보다 훨씬 줄어들었음이 분명하지만, 그러나 칼날의 정확성과 총탄의 빠른 속력, 그리고 집단 살인을 가능케 한 가스실의 발견으로 그 효율성은 이제 차원이 다르게 높아졌다. 여기에 더하여 아돌프 히틀러를 비롯하여 마오 쩌둥(毛澤東), 폴 포트(Pol pot), 그 밖의 여러 뛰어난 '예지자'들이 활동한 덕분에 20세기는 인류의 역사 전체를 통하여 가장 피로 얼룩진 기간으로 남게 된 것이다. 그리고 이 피의 물결은 부족간의 분쟁이 종식되지 않은 아프가니스탄과 앙골라, 보루네오, 에디오피아, 르완다, 시에라 리온, 소말리아, 수단, 그리고 유고슬라비아 등의 국가에서 지금도 그 효율성을 보다 높이기 위해 그 칼날을 벼리기를 쉬지 않고 있다.

인종 학살

많은 사람들이 '다른 인간에 대한 비인간적인 행위'가 인류만의 이상스러운 특성 중의 하나이며, 따라서 자신과 다른 민족이나 인종에 속한다고 해서 같은 인간을 학살하는 것은 동물의 세계 중 인류에게서만 찾아볼 수 있는 행동이라고 믿고 있다. 그러나 이는 사실이 아니다. 이를 뒷받침하는 증거가 발견된 것은 비교적 최근의 일로, 영장류를 연구하는 학자인 제인 구달(Jane Goodall)과 동료 연구자들이 탄자니아의 곰베 강 연구센터에서 알아낸 사실에 근거하고 있다. 이들이 1974년에서 1977년에 걸쳐 갖은 고생을 감수해 가면서 두 그룹의 침팬지 집단을 관찰한 결과에 따르면 이 중 한 집단이 수차례에 걸쳐 체계적인 '인종 청소'를 감행한 것이 명확하게 드러난다. 두 집단 가운데 주류를 이루는 카사켈라 그룹은 이 4년 동안 잘 훈련된 싸움꾼 침팬지를 동원한 여러 차례의 기습을 감행하여 마침내 다른 분파(分派)에 속해 있던 일곱 마리의 수컷과 세 마리의 암컷은 물론 이들 사이에 태어난 새끼들까지 단 한 마리도 남기지 않고 죽여 버리는 데 성공했다. 최소한 다섯 차례나 연구진은 어깨에 잔뜩 힘을 준 카사켈라의 전사들이 한 줄로 질서 정연하게 늘어서서 '반역의 무리'인 카하마 그룹 주변으로 소리죽여 대열을 조여들어가는 현장을 안타깝게 바라보고 있을 수밖에 없었다. 일단 적들을 완전히 포위하고 난 뒤 이 카사켈라 침팬지들은 손과 발, 이빨, 그리고 손이 닿는 거리에 있는 무기가 될 만한 물건이라면 무엇이든 가리지 않고 총동원한 공격을 시작한다. 그 결과 그 자리에서 즉사하지 않은 침팬지라도 결국은 이때 입은 상처의 후유증으로 며칠 안 가서 숨을 거두게 마련이었다. 경우에 따라서 공격자들은 마치 그들의 평상시 먹이인 콜로버스 원숭이에게 하듯이 희생자의 붉은 살점을 이로 물어 뜯어내는 행동을 보이기도 하는데, 이는 인간 사회에서의 인종 학살과 마찬가지로 카사켈라 침팬지들이 카하마 그룹을 같은 침팬지가 아닌 다른 '하등한' 동물로 인식하고 있음을 나타내 준다. 여기에는 아마도 상대방 침팬지에게 찍힌 '반역자'라는 낙인이 크게 작용하고 있는 것으로 보이며, 이 경우 반역자들이 자신과 같은 종류의 유전자를 보유하고 있다는 사실은 오히려 바로 그 때문에 이들이 자신들의 생활환경은 물론 먹이와 암컷을 빼앗아 갈지도 모른다는 위협을 가중시키는 역할을 하는 것 같다[14].

1996년 야생 침팬지 연구자들은 카사켈라 그룹이 또다시 일련의 공격을, 이번에는 주변의 또 다른 집단인 미툼바 그룹을 향하여 감행하기 시작했다고 보고했다. 이 때 이미 질병으로 인하여 원래의 29마리에서 20마리로 숫자가 줄어들어 있던 미툼바 그룹은 앞으로 십중팔구 앞서 카하마 그룹이 당한 운명을 그대로 답습할 것으로 예측된다. 카사켈라 그룹은 이후 비슷한 공격을 주변의 다른 집단에게도 시작한 것으로 알려지고 있다[15].

인종 청소의 과정에서 때때로 사면을 받는 것은 오직 암컷들—인류의 경우라면 주로 아리따운 여성들로, 대개 강제로 정복자의 집단에 끌려가 그들 중의 하나로 섞이게 되지만 이들이 낳은 아이들은 이 사면의 대상에서 제외된다. 이는 정복자에게는 일거양득인 셈인데, 경쟁자를 물리쳤을 뿐 아니라 자신들 쪽의 생식력을 더욱 확장시키는 결과까지 얻을 수 있기 때문이다. 벨슨, 보스니아, 그리고 보르네오에서 일어난 일들은 바로 그 좋은 예이며, 대영제국이 타즈마니아 섬을 정복할 당시의 통계자료들 역시 이를 명백히 나타내 주고 있다.

타즈마니아의 비극

1642년 유럽에서 온 사람들이 그 해안 기슭을 조심스레 살펴보고 있을 당시 타즈마니아에는 지금으로부터 약 1만여 년 전 해수면이 높아지면서 이 섬이 호주 본토와 분리될 때 떨어져 나온 원주민의 후손인 5000여 명의 수렵 채집인이 살고 있었다. 이들이 훗날 1802년 프랑스의 유명한 동물학자 프랑스와 페론(François

Péron)과 만났을 때의 우호적인 상황과는 전혀 딴판으로, 첫 발견 이듬해인 1643년 영국 본토로부터 물개 사냥꾼과 군인, 그리고 죄수를 포함한 이주민 집단이 도착하자 그 즉시 이 섬에서는 제한된 땅과 자원을 놓고 치열한 경쟁이 벌어졌으며 이는 곧 분쟁으로 이어지게 된다[16].

　타즈마니아인들은 용감하게 싸웠으나 이들에게는 유럽에서 옮겨 온 질병의 창궐에 대응할 면역성이 없었으며, 또한 창과 방패와 몽둥이로 무장했지만 최신식 무기를 갖춘 침략자의 적수가 되지는 못했다. 또 백인들은 그들의 눈에 단지 '해로운 짐승'으로밖에는 보이지 않는 이들을 없애 버리기 위하여 가능한 수단은 무엇이든지 가리지 않았다. 모든 충돌은 유혈 사태를 동반했고, 사지를 절단하는 것을 비롯하여 갖가지 잔인한 고문들이 쌍방의 포로에게 수시로 행해졌는데, 이는 상대편 집단의 나머지 구성원 전체에게 '공포심을 확산'시키려는 목적에서 나온 것이었다[17]. 총에 맞거나 목매달지거나 머리가 잘리는 것을 면한 남자들은 거세를 당했다. 그런가 하면 살아남은 여자들은 때로는 나무 기둥에 묶인 채 화형에 처하거나 혹은 방금 목이 잘린 그들 남편의 머리를 목에 건 채로 풀어 주기도 했는데, 이 역시도 나머지 부족 사이에 공포감을 만연시키려는 것이 목적이었다[18].

　젊고 예쁜 여자들은 군인과 죄수, 그리고 일반 이주민들을 위한 성적 노리개로 삼기 위해서 대개의 경우 죽이지 않고 남겨 두었다. 아주 어린아이들은 몽둥이로 쳐서 죽이는 것이 보통이었으나 이보다 좀더 나이가 든 부류는 납치해다가 이주민의 농장 등에서 값싼 소모품 노동력으로 사용되기도 했다. 또한 당시로서는 꽤 큰 액수였던 5파운드라는 돈이 타즈마니아인 남자의 머리 한 개마다, 그리고 어린아이의 머리에는 2파운드씩이 걸려 있었는데, 그 이유는 이들을 잡기가 그리 용이하지 않았기 때문이다. 그 결과 유행하게 된 것이 바로 '검둥이 사냥'이라고 불리게 된 스포츠로, 당시 상당히 인기를 끌었던 것으로 보인다. 한 번은 4명의 무장한 백인 양치기들이 규모가 제법 큰 타즈마니아인의 부락을 기습하여 30 여 명을 즉석에서 사살하고 그 시체를 근처의 벼랑 아래로 던져서 처리해 버린 적도 있었는데, 이 장소는 오늘날까지도 '승리의 언덕'이라는 이름으로 불려지고 있다[19]. 일부 백인 개척자들은 아예 배상금도 바라지 않고 기꺼이 이 살육에 동참했던 반면, 개중에는 약간 주저하는 마음이 있기는 했으나 이것이 궁극적으로는 타즈마니아인에게 자비를 베푸는 것이라는 논리를 가지고 참여한 사람도 있었다[20]. 결국 30년이 채 못 되는 기간 동안에 타즈마니아 섬에 남은 원주민의 수는 72명의 남자와 4명의 여자로 줄어들었고 어린아이는 한 명도 찾아 볼 수 없는 지경에 이르렀다. 1876년 최후의 순혈종 타즈마니아 여인인 트루가니니가 숨을 거둠과 동시에 이들을 대상으로 한 인종 학살은 완결된 셈이다.

이와 비슷한 분쟁들이 호주 본토에 이주민이 정착하던 초기에도 대륙 전역에 걸쳐서 일어났으나 이 경우는 워낙 땅덩어리가 크고 또한 그 대부분이 극도로 척박한 환경을 가지고 있었으며 원주민의 숫자 또한 많았기 때문에 오랜 기간에 걸친 산발적인 충돌이 주로 일어난 편이었는데, 기록상 마지막으로 행해졌던 대학살은 (그 주체는 경찰이었다) 1928년이라는 그리 멀지 않은 과거에 일어났다. 호주 정부 당국은 이 때 희생된 사람의 숫자가 31명이라고 발표했으나 훗날 원주민들이 주장하는 바에 따르면 실제로는 이보다 3배에서 4배 더 많은 수가 목숨을 잃었다고 한다. 이 끝나지 않는 전쟁의 전 기간 동안 죽어간 원주민의 수를 모두 더하면 2만 명이 훨씬 넘는 것으로 보인다[21].

이 우울하기 짝이 없는 살인과 고문의 이야기들이 너무나 어처구니없고 나와는 상관없는 전혀 다른 세계의 일이라고 느끼는 독자가 많으리라고 짐작되지만, 불행하게도 이것은 분쟁의 상황에 처한 인류 집단이 유언비어 따위로 선동을 받을 때면 언제나 일어나는 보편적인 현상일 뿐이다.

평화의 유전자

하지만 이런 예외적인 상황을 제외한다면 인종 학살은 영장류의 사회에서도 그리 흔하게 일어나는 일은 아니며, 사람을 비롯한 모든 동물은 본질적으로 복잡한 공식들로 얽혀 있는 윤리적 규약을 준수함으로써 자신들이 일으키는 사회적 및 유전자 상의 해악들을 최소화하려는 성향을 가지고 있다. 그래서 대부분의 크고 작은 분쟁은 한쪽이 위협하면 다른쪽은 수그러들거나 도망가는 것으로 진정되곤 한다. 또한 많은 경우 제 3자가 끼어들어 분쟁을 해결해 주기도 하는데, 부족 안에서 이 역할은 주로 서열이 높은 수컷 또는 암컷이 담당한다. 이 중재 방식은 침팬지와 보노보 침팬지, 비비 원숭이, 그리고 짧은 꼬리 원숭이들의 사회에서 특히 잘 나타나지만 산속에 사는 고릴라와 꼬리말이 원숭이, 붉은 상모 원숭이, 들창코 원숭이, 그리고 심지어는 여우 원숭이의 집단에서도 찾아 볼 수 있다[22].

영장류학자인 프란스 데 바알은 그의 저서 『선한 마음 *Good Natured*』에서 우두머리 원숭이가 끼어들어 분쟁을 중재할 때, 그 해결 방식은 매우 공평하고 그 집단 내의 질서와 평화를 유지하고자 하는 것이 주된 목적이며 중재자 자신이나 그의 가족 또는 친족의 이익을 추구하려는 의도가 전혀 없음을 서술하고 있다. 또한 중재의 대가로 그 어떤 반대급부를 바라는 것도 아니어서 이를 빌미로 먹이 또는 정치적인 지지를 요구하지도 않는다고 한다. 다시 말하자면 다른 유인원의 집단 역시 인류 사회 못지 않은 도덕성을 가지고 있다는 뜻이다. 그러나 데 바알을 포함한 여러 학자들이 지적하는 바와 같이, 이 말을 뒤집으면 유인원의 사회는 꼭 '인류의 사회만큼만' 평화롭다는 이야기가 된다. 복수심이 비교적 강한 편인 고등 유인원의 집단 내의 평균적인 살인 발생률은 30% 정도인데, 이는 피의 복수가 수시로 행해지는 남미와 뉴기니의 수렵채집인 원주민 사회에서 일어나는 살인 사건과 매우 비슷한 수치이다. 폭력적인 공격은 침팬지의 사회에서 빈번하게 일어나며, 상대적으로 온순한 편에 속하는 오랑우탄 역시 수시로 강간을 저지르는 것으로 알려져 있다. 평화로운 고릴라의 사회에서도 제2인자의 위치에 있는 수컷은 기회가 있을 때마다 어린 새끼들을 죽여 버림으로써 그가 가진 힘과 유전적 잠재력을 과시하려고 든다. 새끼를 빼앗겨 버린 어미들은 대부분의 경우 자식을 죽인 바로 그 살인범과 짝짓기를 하는데, 따라서 이 영아살인행위는 궁극적으로 좌절된 수컷 유전자에게 생산적인 결과를 가져다주는 셈이 된다. 최근의 통계에 따르면 인류 사회의 전반에 걸친 폭력의 발생 정도는 대부분의 유인원 사회와 별반 다를 것이 없다고 한다―물론 여기서 단적인 예외는 싸움 대신 끊임없이 섹스를 즐기는 보노보 침팬지들이다[23].

그러나 인류 사회에서 발생하는 폭력은 나름대로 독특한 특징이 있다―즉 그 빈도 면에서는 침팬지들의 경우보다 훨씬 낮지만 첨단 기술을 동원한 그 효율성 덕분으로 인명 피해는 훨씬 높다는 점이다. 유인원의 사회가 일반적으로 폭력적 성향을 공유하고 있다손 치더라도 인류 집단에서 이들이 초래하는 피해는 인간 유전자의 생존에 상대적으로 보다 큰 문제를 야기시킨다. 따라서 가능하면 개인과 부족 집단을 보존하고자 하는 본능이 인간에게 있더라도 그 사회 전체에 만연한 폭력성은 인류 전체 유전자 조합의 안전과 존속을 통째로 위협하게 된다. 그래서 지금 전세계는 무력하게 손을 놓고 점차로 그 양상이 극도로 잔악해져 가는 인종간의 분쟁이 각국에서 번져 나가고 있는 것을 빤히 바라보기만 하면서 감히 끼어들어 이를 종식시킬 것은 엄두도 내지 못하고 있는 것이다. UN이 빈번하게 중재자의 역할을 수행하지 못하고 실패한 채 물러난다는 것은 더 이상 누구에게도 놀라운 일은 아니다—오히려 이 힘없는 기구가 아직도 존속하고 있다는 사실이 놀랍다면 놀라울 것이다. 이 점에서 볼 때 인류의 내부에 유인원 특유의 '평화 유전자'가 아직도 고스란히 그대로 남아 있다는 사실은 엄청난 행운이 아닐 수 없다.

유전적 계산

카사켈라 그룹의 침팬지들이 보여 준 인종 청소 행위는 이들이 우리와 유전 형질의 일부를 공유한다는 사실에 대한 증거가 될 뿐만 아니라 인류 못지 않게 신비주의적 착각에 빠진 동물임을 알게 해준다. 비록 언어를 소유하지 못한 탓으로 인간처럼 자신들의 유전적 충동이 불러일으킨 행동을 그럴싸한 윤리 개념으로 미화시키지는 못하지만 이들 역시도 다분히 주관적인 '좋은' 또는 '나쁜' 같은 꼬리표를 다른 원숭이에게 붙이고, 그에 준한 상반된 태도로 이들을 대하는 것을 볼 수 있다. 때로는 이런 차별이 몇 년씩이나 지속되기도 하는데, 이들이 카하마 그룹에게 저지른 행위가 바로 그 좋은 예이다. 사람, 침팬지, 사자, 또는 벼룩을 불문하고 모든 동물의 사회에서 행해지는 폭력의 강하고 약한 정도는 무엇이 그들의 유전자가 원하는 바에 가장 잘 맞는가에 따라 결정된다. 즉 크고 작은 분쟁이 발생할 때마다 얼마나 강한(또는 약한) 폭력으로 이에 대응할 것인가에 대한 결정은 알지 못하는 사이 서로 반대되는 입장에 있는 그 동물의 유전자들이 각기 나름대로 얻어지는 이득과 감수해야 하는 위험의 정도를 재빨리 가늠해 본 결과 내려진다는 것이다. 동물의 사회에서 영유아 살해가 그처럼 빈번한 것은 다 자란 성체를 죽이는 것보다 쉽기 때문이며, 이 두 경우 모두 결과적으로 얻어지는 대가는 자신의 것과 다른 유전자의 제거이다.

　분류학상의 모든 주요 동물군마다 영아 살해를 자행하는 종이 적어도 하나 이상씩은 있으며 특히 설치류와 맹수들, 그리고 유인원의 사회에서는 이 일이 일상적으로 일어난다. 그러나 각 동물마다 실제로 살해 과정에 사용되는 방법과 그 폭력성의 정도는 여러 가지 환경 및 사회적인 요인에 의하여 매우 복잡하게 조절되고 있다. 영아 살해는 고릴라의 수컷에게는 비교적 소기의 목적에 부합되는 결과를 가져오지만(그래서 고릴라의 새끼들 일곱 마리 중의 하나는 무리의 수컷에 의하여 죽임을 당한다) 침팬지의 사회에서는 그다지 성공적이라고 할 수 없으며, 누가 자신의 새끼이고 또는 아닌지를 전혀 알 수가 없는 보노보 침팬지의 사회에서는 아무런 의미도 없다. 한편 오랑우탄의 세계에서는 동일한 목적을 수행하는 데 강간이 크게 한몫을 하고 있는 것으로 보이는 반면(실제적으로 이들의 사회에서 일어나는 짝짓기 중 3분의 1 정도는 제1인자가 아닌 수컷에 의한 강간의 형태로 이루어진다) 고릴라나 침팬지의 사회에서는 이 방법이 별다른 효과가 없으며, 마찬가지로 한 마리의 수컷이 모든 암컷을 독점하지 않는 보노보의 집단에서도 잘 일어나지 않는다. 침팬지들이 가장 즐기는 취미는 가정 또는 정치적인 문제를 빌미로 시도 때도 없이 짧은 분쟁을 벌이는 것인 듯싶은데, 이 싸움들은 매우 시끄럽기는 할망정 당사자들의 생명을 위협하는 지경까지 가는 경우는 극히 드물다. 겉보기에는 대단히 비사교적으로 보이는 이 행위의 득과 실을 계산해 내는 것도 물론 그들의 유전자가 결정할 문제로, 만일 이것이 궁극적으로 자신들의 집단에 이롭다는 판단이 나지 않았다면 지금껏 유지되어 왔을 리 만무하다[24].

언어의 보석 칼집

인류의 행동 양식을 결정하는 유전적 발동(發動)은 다른 영장류의 그것과 동일하다. 그런데 인간은 이 역시 그 유전자가 선포한 칙령 때문이기는 하지만 이 유인원들의 말을 알아들을 수도, 그리고 그들의 행동을 이해할 수도 없다. 그러나 우리가 만일 자신의 머릿속에서 웅웅대는 여러 가지 사고(思考)의 소리들을 모두 꺼버리고 아주 객관적인 마음으로 이 원숭이들의 행동을 잠깐만이라도 지켜본다면 우리가 이들과 공유하는 행동적 유산이 너무나도 명백하게 드러나는 것을 발견하기란 어렵지 않다. 유전자의 입장에서 본다면 인류가 자신들의 목적을 달성하기 위하여 사용하는 언어는 결국 모두 '음향과 분노'(역주 : 윌리엄 포크너의 소설 제목)에 불과한 것이지만, 이 언어는 인간의 행동에 마치 마법과도 같은 힘을 부여해 주고 있다. 아더왕의 전설에 따르면 엑스캘리버의 힘은 바로 이를 감싸고 있는 보석 박힌 칼집으로부터 나오는 것으로, 칼이 지닌 힘을 수십 배나 강하게 해준다고 되어 있다. 인류의 신비주의적 성향이 엑스캘리버와 같은 것이라면 그 보석 박힌 칼집은 다름 아니라 바로 우리의 언어이다.

인류는 물론 앞으로도 계속해서 자신을 매우 지각력이 뛰어난 동물이며 다른 동물과는 달리 전적으로 이성과 논리가 지배하는 삶을 살 수 있다고 믿을 것이다. 우리에게 커다란 위안을 주는 이 환상은 17세기의 수학자이자 철학자인 데카르트(Descartes)가 남긴 "나는 생각한다, 고로 나는 존재한다."라는 가설 속에 잘 요약되어져 있다. 최근의 생화학적 증거에 비추어 볼 때 대단히 순진하고 잘못된 인식에 기초하고 있음이 분명한 이 가설은 그러나 오늘날에도 그 결과를 쉽게 예측할 수 있는 망상의 근원으로 작용하고 있다.

인류는 자신이 뛰어난 사고 능력을 가졌다는 사실을 잘 알고 있으며, 따라서 이 놀라운 진화상의 성공을 이룬 우월성에 걸맞게 다른 생물체보다 훨씬 많은 것을 요구할 권리가 충분히 있다고 생각한다. 그런데 이 듣기 좋은 신화가 정당화되려면 인류를 제외하고는 다른 어떤 동물에서도 이성적 사고 능력을 찾아볼 수 없어야 한다. 아마 이 때문에 이전 또는 이후의 시대에 살았던 다른 모든 철학자들과 마찬가지로 데카르트 역시 "저 비논리적인 모든 짐승들은 단지 태엽을 감아서 작동시키는 인형에 불과한 존재임이 틀림없다."고 주장했을지 모른다. 그러나 무엇보다도 인류의 역사 자체가 인간의 행동에 영향을 미치는 주체는 이성적 사고가 아니라 신비주의적 미신이라는 것을 너무나도 잘 증명해 주고 있다. 가장 쉬운 예로, 모든 문명의 탄생과 멸망은 인류의 욕망이 일어나고 스러지는 주기와 때를 같이 하고 있을 뿐, 논리의 파도가 밀려오고 나가는 현상과는 전혀 무관하다. 인류의 역사를 통하여 논리는 단지 문화적 기구와 기술적 도구를 만들어 내는 역할을 했을 뿐이며, 이 산물들은 인류에게 성공뿐 아니라 실패도 가져다 주었다.

나비 효과

논리적 사고는 우리가 일반적으로 알고 있는 방법—그러니까 톱니바퀴처럼 서로 맞물리는 데이터들이 직선적인 증가를 하는 동시에 그 주변에서 우리가 임의로 유출해 낸 관련 정보 역시 함께 누적되는 방식을 통하여 전개된다. 반면 우리의 감정적(그러니까 유전자의 명령에 따르는) 행동은 너무도 복잡하고 섬세한 조절 방식을 거치기 때문에 아직까지 누구도 그 원리를 정확하게 이해하고 있는 사람은 없다. 아마 비유를 하자면 지구상의 날씨처럼 다변적이라고 할 수 있겠는데, 바로 날씨 그 자체처럼 인간의 감정 또한 단순한 인과론보다는 '카오스 이론(chaos theory)'에 의하여 훨씬 더 쉽게 설명된다. 확실히 인간의 행동 하나하나마다 이를 관장하는 유전자(또는 유전자군)가 확정되어 있지 않다는 것은 분명하고, 그래서 기상학자인 에드워드 N. 로렌츠(Edward N. Lorenz)가 제시한 카오스의 비유가 너무나도 잘 들어맞는다. 로렌츠는 이론적으로 아이오와에서 나비가 날개를 한 번 펄럭인 것이 브라질에 태풍이 몰아치는 것을 초래할 수 있다고 설명한다. 즉 주변으로부터 계속 새롭고 역동적인 변화 요인이 첨가됨에 따라, 초기의 작은 자극에 의하여 머리카락 하나가 건드려진 정도의 반응이 시스템 전체를 통하여 울려 퍼지는 커다란 북소리로 확장된다는 것이 바로 카오스 원리의 기본 개념인 것이다. 만일 지금 당신이 아주 작은 바람을 하나 일으킨다고 치자. 만일 당신이 속한 시스템이 진실로 카오스적이라면 이는 궁극적으로 엄청난 회오리바람으로 변해 버릴 수 있다. 따라서 때때로 깃털처럼 가벼운 자극 하나가 섬세하기 짝이 없는 유전자의 명령 체계를 건드린 것이 이와는 전혀 관련이 없는 것처럼 보이는 행동 영역에서 그야말로 감정의 태풍을 일으키기도 한다. 로렌츠가 제시한 나비 효과는 앞으로도 인간의 행동을 예측해 보려는 모든 시도가 결국 부정확하기 짝이 없는 장기(長期) 일기예보의 수준을 넘지 못하리라는 것을 시사해 준다.

 인체의 생화학적 복잡성을 생각해 볼 때 그 행동이 이처럼 예측 불허라는 사실은 전혀 놀라울 것이 없다. 인간이 가지고 있는 10만 개의 유전자 중 상당수가 그들의 행동에 영향을 미치고 있을 뿐 아니라, 이들 대부분은 각기 하나 이상의 기능을 담당하고 있기 때문이다. 최근의 연구 결과들은 인간의 유전체 속에 저장된 엄청난 양의 유전 정보들은 각각의 유전자로부터 만들어진 단백질 산물이 그 세포막을 통과하는 순간 몇 배나 더 복잡해진다는 사실을 알려준다. 이들은 일단 만들어지고 나면 다른 단백질들과 여러 가지 다양한 조합으로 만날 뿐 아니라, 일단 세포 밖으로 분비되어 체내의 여러 조직으로 옮겨 간 뒤에도 각기 그곳에서 독특한 기능을 수행하게 된다.

대표적인 예로 큰바다달팽이(*Aplysia sp.*)의 배란 방법을 조절하는 유전자로부터 만들어진 전구체 단백질은 무려 2,000여 가지의 다른 모양으로 잘라내어질 수가 있으며, 이들이 각각 다른 방법으로 재조합하여 만들어지는 산물들은 배란시 일어나는 일들을 각기 다른 방향으로 조절하는 능력을 가진다. 이처럼 하나의 유전자에서 만들어진 단백질이 여러 개의 작은 조각으로 잘려진 후 복잡한 재조합 과정을 거쳐서 다양한 기능을 수행하는 예는 사람에서도 찾아볼 수 있다. 부신에서 만들어져 뇌하수체 전엽을 자극하는 호르몬이 바로 그 좋은 예인데, 동일한 호르몬이 뇌하수체 후엽에서는 다른 구성요소들과 합쳐져서 기억과 학습, 성욕, 통증, 우울증, 그리고 정신분열증세에 영향을 미칠 수 있는 신경전달 인자로 활동하기도 한다[25].

인체 내에서 사람의 감정을 유발시킬 수 있는 감각대(感覺帶) 중 어느 한 곳이라도 자극을 받게 되면 그 즉시 신경전달 물질로 가득 찬 체액이 대뇌 피질에 분포되어 있는 신경 회로 위로 흘러 들어서, 뉴런 사이의 연결부위인 시냅스에 존재하는 수용체와 결합하게 된다. 이 수용체들이 각기 특이적인 리간드—그러니까 신경전달 물질과 결합한 결과로 뉴런 세포 내부로 전달되는 자극은 어떤 시냅스에서는 흥분을 야기시키는 반면 어떤 시냅스에서는 더 이상의 자극 전달을 차단하는 방향으로 작용한다[26]. 마치 길거리에서 경찰이 교통을 통제하는 것과 같은 방식으로 이 신경전달 물질들은 두뇌 전체의 신경 회로에서 전기적 자극의 흐름을 조절하여 유전자가 명령하는 방향으로 행동이 나타나도록 만드는데, 그 결과 우리는 때때로 스스로 억제할 수 없는 감정의 소용돌이에 휘말리게 되는 것이다. 이처럼 막강한 적수가 행사하는 생화학적 독재와 정면으로 부딪치게 되면 논리적인 사고는 그 자리에서 멈출 수밖에 없으며 결국 일련의 대수롭지 않은 세부적 상황이나 결정하는 처지로 전락하게 된다.

화학적 관계

이처럼 자신이 원하는 것만 보고 듣는 인간 지각의 극단적인 선택성—그리고 유전자가 우리의 머릿속에 설치되어 있는 일종의 '가상현실게임' 장치에서 원하는 곳으로 채널을 돌리는 능력이 가장 극명하게 드러나는 상황을 들라면, 아마도 유전자가 우리로 하여금 누군가와 친밀한 관계에 빠져들도록 만들 때와 반대로 이러한 관계를 종식시키고 싶을 때 두뇌 신경 회로 상에 나타나는 화학적 변화가 될 것이다. 어떤 특정한 순간에 한 사람이 빠져 있는 감정의 상태와 성적 흥분의 정도에 따라 그 두뇌 속에서 활동하는 신경전달 물질의 조성은 완전히 달라지며, 이 독특한 조합의 신경전달 물질은 결국 그 사람으로 하여금 이들이 관장하는 생각과 사고의 패턴 속에 고정되도록 만든다. 럿거스 대학교에서 인류학을 연구하는 헬렌 피셔(Helen Fisher)와 동료 연구자들은 남녀간의 교제가 형성되는 과정이 세 번의 단계적인 진전을 통하여 이루어지는데, 이 각각의 단계들이 결국 인간의 유전자로 하여금 현 세대에서 다음의 세대로 안전하게 건너갈 수 있는 다리를 놓아주는 셈이라고 말한다. 따라서 이 세 단계를 다리를 형성하는 나무판자에 비유한다면 그 첫번째 널판자는 아마도 '본능적인 성적 흥분', 또는 '욕정'의 단계라고 이름지을 수 있을 것이다. 그 다음 판자는 '열중함' 또는 '심취'의 단계이고, 세번째 판자는 '집착'이 된다. 이들 사이에는 조금씩 겹치는 부분이 있지만 세 단계 모두 각기 독립적으로 운영되는 체계들로, 그들 나름대로 동원할 수 있는 신경전달 물질의 군대가 따로 있어서 이들을 전적으로 통제하여 일련의 행동 패턴을 만들어 낼 수 있다[27].

'성적 흥분'으로 이름붙인 첫번째 널판자는 테스토스테론(부신 피질 또는 정소에서 만들어지는)과 에스트로겐(부신 피질과 난소에서 만들어진다) 같은 성 호르몬들에 의하여 지배된다. 그러나 다리 전체로 보았을 때 실제로 남녀간의 이끌림이 자식을 생산하는 궁극적 목적으로까지 이어질 만큼 길게 지속되기 위해서는 바소프레신이나 옥시토신처럼 신경계에서 만들어지는 호르몬이 필요하며 성 호르몬들의 작용은 일시적이다.

다리의 중간 널판자, 그러니까 '열중함'의 단계는 아직도 많은 것이 의문 속에 남아 있는데, 피서 교수는 그러나 이 단계야말로 인간의 전생애를 통하여 가장 강력하고 또한 영원히 잊을 수 없는 감정—즉 '사랑에 빠진 느낌'을 경험하는 시기인 만큼 가장 흥미롭고 연구할 가치가 높다고 말한다. 일단 우리의 유전자가 사랑에 빠질 대상을 선택하고 나면, 그 대상이 주위에 있고 없음에 따라, 그리고 그가 나타내는 가장 미미한 희노애락의 감정까지도 우리로 하여금 주체할 수 없는 기분의 변화를 느끼게 만들고, 따라서 우리가 평생 잊을 수 없는 기억을 마음에 새기거나 병적인 우울증에 빠지고, 심지어는 자살까지도 감행하게 만드는 결과를 가져온다. 당연한 이치로 이런 현상은 사춘기 청소년과 젊은이에게서 가장 두드러지게 나타나는데, 왜냐하면 이 때가 바로 인간의 짝짓고자 하는 욕망이 가장 높아지고 따라서 논리적 사고력을 가장 쉽게 누를 수 있도록 조정해 놓은 시기이기 때문이다. 이 두번째 단계가 보여주는 또 다른 특징은 이것이 진행되는 과정에서 나타나는 여러 가지 특징적 행동에서 남녀의 구분이 없다는 점이다. 다만 공통적으로 상대방을 독점하고자 하는 욕망과 상대방도 역시 나를 그만큼 원하기를 바라는 감정만이 두드러진다.

피셔 교수의 연구팀은 이 집착과 불안정의 감정이 두뇌의 신경회로 상에서 일어나는 복잡한 화학 반응들에 의해서 생겨난다는 것을 강력하게 뒷받침하는 증거들을 찾아낸 바 있다. 바로 기능적 자기공명영상(functional Magnetic Resonance Imaging, fMRI)이라는 기술을 통하여 알아낸 것인데, 이 방법은 두뇌 내부의 전기적 영상을 연속 촬영하여 사고활동에 수반되는 미세한 혈류량의 변화를 측정하는 것이다. 조사 대상자가 주어진 질문에 답변하는 장면을 찍은 비디오 테이프와 fMRI 데이터를 비교하고 분석한 결과 연구자들은 특정한 생각과 감정은 각기 특정한 두뇌 활동 패턴을 수반한다는 것을 발견했다. 이를 바탕으로 최근 뉴욕의 알베르트 아인슈타인 의과대학에서 시행된 연구 조사에 자원한 여러 명의 '사랑에 빠진' 젊은이들 덕분에 연구자들은 인간의 두뇌에서 '열중' 또는 '심취'의 감정이 일어나게 만드는 부위를 매우 정확하게 규정할 수 있었다. 이 과정에 관여하는 화학반응의 정체는 아직 확실하게 밝혀지지 못한 상태이지만 피셔 교수의 후속 연구결과는 알베르트 아인슈타인 의대 연구팀이 관찰한 신경회로의 흐름이 주로 모노아민 계열의 신경전달 물질들, 그러니까 도파민, 노르에피네프린, 그리고 세라토닌 등에 의하여 조절될 가능성을 시사하고 있다. 따라서 이들이 완벽하게 조절되지 않을 경우 망상과 집착, 그리고 불안증세를 일으킬 가능성이 있기는 하지만, 이 화학적인 결합의 도움이 없다면 초기 단계의 '욕정'이 만들어 내는 일시적인 이끌림만으로는 남녀간의 결합을 완성시켜서 후속 세대의 생산으로까지 이어지게 만들어 주는 접착제가 충분히 굳을 시간을 가지지 못하고 와해되어 버릴 것이다. 또한 다음 세대가 태어난다 하더라도 부모들의 결합이 지속되지 않는다면 이들의 생존은 즉각 위험에 처하게 되며, 유전자는 이러한 위험을 방치할 만큼 너그럽지 않다.

기억의 조작

　이상의 사실들로 미루어 볼 때 인간이 때때로 사실적 증거들을 간과하거나 무시하는 경향이 있다고 해서 그것이 이들의 무지 또는 정신적 결함이라고 여길 필요가 전혀 없는 것이, 이 모두가 결국은 평소보다 강력한 유전적 명령 체계가 작동하고 있음을 나타내 주는 증거들이기 때문이다. 모든 인간은 정도의 차이는 있을지언정 해당되는 상황에 처하면 어김없이 이런 성향을 나타내도록 되어 있다. 인간의 기억을 조작하는 일이 가능하다는 것은 이처럼 사실적 근거 사이의 간극을 자신도 눈치채지 못할 만큼 은밀하게 메워야 할 경우 매우 유용한 특징이 아닐 수 없는데, 사람들은 이렇게 만들어진 대체(代替) 기억을 사실로 믿으며 행복하게 살아가는 것이다. 인간의 두뇌가 보유한 정보 처리능력이 엄청나게 큰 것은 사실이지만 여기에는 한도가 있으며, 또한 주변에서 쉽게 얻을 수 있는 정보들이 우선적으로 흡수되는데, 아마 그 이유는 이들이 친숙하게 느껴져서이거나 또는 인류의 유전적 명령체계와 직접 또는 간접적으로 선이 닿아 있는 종류이기 때문일 것이다. 그런가 하면 또한 이들 주변의 정보 중 상당량은 우리들의 지각(知覺)을 피하여 기록되지 않은 과거 속으로 사라져간다. 그 결과 훗날 우리가 이와 관련된 사건을 반추해 내고자 하면 기억으로부터는 그 근간을 이루는 앙상한 뼈대만이 발견되고, 대신 두뇌가 그 속에 저장된 엄청난 정보를 임의대로 뒤져서 눈에 거슬리는 빈틈과 구멍들을 채워 넣게 된다. 원래의 사건이 유전적으로 중요한 의미를 가지면 가질수록 이 불완전한 기억을 가능한 손질하고 덧입히고 첨삭하는 일 또한 중요하므로, 사람들은 자신이 전혀 알지 못하는 사이에 뒷방에서 이렇게 허둥지둥 급조된 정보를 '되찾은 기억'으로 알고 반기게 되는 것이다.

이 창작이 가미된 기억의 편집 과정에 필요한 자료는 주로 우리의 과거에 실제로 일어났던 다른 사건으로부터의 단편적 조각들이 아니면 즐겨하는 환상과 꿈으로부터 조달되거나, 또는 다른 사람들이 말하는 것을 듣고 있다가 무의식적인 표절에 사용하는 수도 있다. 이와 같이 편리한 기억의 오염 현상은 실험실에서 쉽게 유도해 볼 수 있는데, 이것이 바로 허위기억증후군 현상의 주된 원인이라고 볼 수 있다. 많은 사람들은 사실이 아님에도 불구하고, 심리치료사들이 도와주고자 하는 의도로 "기억하도록 노력해 보라"고 재촉하는 어린 시절의 사건들을 실제로 일어났던 것으로 착각하게 된다. 이 현상을 인위적으로 재현하고자 할 때 심리치료사는 대상 환자들—특히 최면에 걸려 있거나 심리 치료에 흔히 이용되는 약물인 아미탈산 나트륨을 복용한 사람들에게 반복해서 허구의 상황을 들려주기만 하면 된다. 만일 환자가 심리치료사를 신뢰하고 또 환자 자신이 어느 정도 이상의 심리적 불안을 경험하고 있다면 그 어떤 어처구니없는 환상과 조작된 성적 폭행의 기억이라도 환자의 유년기 기억 속에 짜넣기란 식은죽 먹기이다. 이 허위 기억들 역시 알고 보면 인류의 두 개로 갈라진 두뇌와, 정보는 부족한 반면 수다 떨기는 좋아하는 좌반구 때문에 생겨 난 것이라고 볼 수 있다. 상황이 급박하면 할수록 곤경에 처한 좌반구는 당장 직면한 상황으로부터 놓여나기 위해서라면 아무 기억이나 끌어다가 빈자리를 채우려 들게 마련이다. 이 대신 불려 나온 기억들이 사실인지 허위인지는 유전자에게 중요하지 않다—단지 그들의 명령을 수행해 주기만 한다면 말이다[28].

감정 유발하기

우리의 유전자가 감정이라는 도구를 통해서 이토록 강력하게 인간을 지배하고 있다는 사실은 그다지 놀라운 것이라고 할 수 없다. 감정은 논리적 사고보다 훨씬 오래 전부터 존재하고 있었으며, 따라서 이 특성을 명확하게 표현할 줄 아는 것이야말로 인류가 유인원과의 공통 조상으로부터 갈라져 나오기까지의 길고 오랜, 그리고 많은 위험이 따랐던 과정에서 매우 중요한 능력이었을 것이기 때문이다. 이 진화상의 분수령을 증명하는 요소는 우리들의 두뇌 회로가 설계된 모습에서도 찾아볼 수 있지만 인간의 안면 근육 또한 좋은 증거이다. 모든 동물은 그들의 몸짓은 물론 얼굴을 사용해서 공포와 공격성, 그리고 성적 흥분 상태와 같은 원초적 감정을 나타낸다. 1872년 찰스 다윈도 그의 저서 『인간과 동물의 감정 표현 *The Expression of Emotions in Man and Animals*』에서 유인원들과 마찬가지로 인간 역시 안면 근육을 사용하여 감정을 표현할 수 있는 특별한 능력을 가졌다는 사실을 지적하고 있다. 다른 어느 동물에서도 이들의 경우처럼 무려 42개에 이르는 숫자의 근육이 오로지 얼굴 표정을 나타내기 위한 목적으로 사용되고 있는 사례는 찾아볼 수 없다. 게다가 인간의 경우는 그 늘어난 대뇌 피질의 표면적 덕분으로 이 근육을 다른 유인원보다 훨씬 더 자유자재로 사용할 수 있는 것이다. 대뇌 피질에서 안면 근육을 움직이는 데 할당된 면적은 두 손의 사용을 조절하는 면적보다도 더 넓다(제8장). 샌프란시스코에 있는 캘리포니아 주립대학교의 폴 에크만(Paul Ekman)과 왈레스 프리센(Wallace Friesen)은 이 많은 숫자의 안면 근육과 증가된 대뇌 피질의 표면적이 정교하게 어우러진 결과로 인간은 무려 7000가지의 다른 표정을 지을 수가 있다고 말한다[29]. 이 다양한 표정들의 상당수가 시상하부를 비롯한 두뇌의 유서 깊은 기구들과 직접 연결되어 있기 때문에, 때로 우리가 느끼는 바는 생각할 겨를도 없이 그대로 표정에 나타나게 되는 것이다. 대뇌 피질을 건너뛰는 이 우회 경로 때문에 가끔 우리는 숨

어린 오랑우탄 (*Pongo pygmaeus abelli*)
어린이들이 거울 앞에서 여러 가지 표정을 짓기를 좋아하는 것과 마찬가지로 이 세 살 난 오랑우탄도 온갖 얼굴 모양을 만들어 보느라 시간 가는 줄을 모르며, 때로는 자신이 만든 표정을 손가락으로 만져 보며 확인하기도 한다. 사진 속의 오랑우탄은 지금 자신의 입술이 움직이는 모습을 관찰하고 있는 중이다.

기고 싶었던 감정을 그만 드러내 보이고 마는 수가 허다하다.

인간의 감정도 동물과 매우 비슷한 이유로, 그리고 매우 비슷한 경로를 통하여 그 기복이 일어난다. 따라서 어떤 특정한 감정을 관장하는 두뇌의 영역은 물론 이를 전달하는 데 동원되는 신경전달 물질까지도 인류와 다른 동물들 사이에 놀라울 정도로 비슷하다. 그런데 이 유사성은 유인원의 한계를 넘어, 심지어는 포유류가 아닌 동물로까지도 확장된다. 예를 들면 '인류의' 신경 화학적 요소들이 문어나 가재와 같은 바다 생물에서 발견되기도 한다. 이들의 뇌는 제법 크고 사람의 대뇌와 같이 각기 독특한 기능을 수행하는 영역들이 구분되어져 있으며 상당히 많은 양의 세로토닌을 분비한다고 알려져 있다. 남들이 버린 찌꺼기를 먹고 사는 가재는 먹잇감의 냄새를 잘 맡기 위해 발달된 후각을 필요로 하는데, 이 때문인지 이들의 신경 회로와 그 분자생물학적 특징, 그리고 후각을 담당하는 뇌의 구조는 신기하리만큼 인간의 두뇌와 비슷하다. 따라서 이 유사성을 바탕으로 학자들이 인간의 신경계는 그 조상 생물들이 바다에서 나와 육지로 올라오기 훨씬 전에 이미 기본 틀을 갖추고 있었다고 추정하기도 한다. 그러나 각 동물에서 발견되는 뇌의 세부 구조와 신경전달 물질의 화학반응으로 미루어 보건대 모든 동물이 같은 시기에 신경계를 가지게 된 것은 아니라고 짐작되며, 단지 각 생물에서 자신에게 가장 잘 맞는 시스템이 만들어졌다가 진화의 과정에서 수렴되었다고 보는 편이 더 옳을 것 같다[30].

열정의 포로들

까마득히 먼 옛날 획득된 진화적 성공 사례가 오늘날까지 전수되어 오고 있는 또 다른 사례는 인간의 마음속에 감정을 일으키고 또 이를 조정하는 기작들인데, 이 과정은 시상하부를 비롯하여 간뇌(間腦), 편도체, 그리고 대상회전과 같이 오래 되고 신비에 싸인 채 뇌의 중심에 자리잡고 있는 기구들이 맡아보고 있다[31]. 그러나 이처럼 구식 기구들에 의하여 조절된다고 해서 인간의 감정 또한 원시적이고 부적절하고 변덕스러운 것은 절대로 아니다. 만일 그랬다면 Homo, 즉 영장류 속(屬)은 그 위태로운 영아기를 넘기지 못한 채 그대로 사라져 버렸을 것이 틀림없다. 오히려 그와 반대로, 인류가 이처럼 생존의 원동력을 감정에, 그리고 그 감정의 전달을 자신의 안면 근육에 전적으로 의지하고 있다는 사실 그 자체가 필연적인 진화상의 유용성을 증명해 주고 있다. 250만 년 전 날로 메말라 가는 동부 아프리카의 평원에서 인류의 첫번째 조상이 새로운 생존의 방법을 찾아 헤매고 있었을 때 개개인이 느끼는 감정을 얼굴 표정을 통해 서로에게 전달하는 일이 가능했기에 그들은 하나로 뭉치고 그 결과 강력한 전투 집단을 형성할 수 있었을 것이다. 당시 이들은 제한된 범위에서나마 음성도 낼 수 있었기 때문에, 쉽게 흥분하는 기질을 가진 이 부족 집단이 강력하게 결속하면 할수록 주변의 인류 부족이나 맹수에게 과시할 수 있는 위협의 정도 또한 따라서 증가하게끔 되어 있었다. 정신이 온전한 표범이라면 영양이나 비비 원숭이처럼 행동이 예측 가능한 먹이를 놓아두고, 꽥꽥 소리를 있는 대로 질러대며 돌을 던지는 이 미치광이 집단이 모여 사는 곳을 공격하려 들 리는 없었기 때문이다. 또한 규모가 작은 인류 집단에게 있어 낯선 인간, 그것도 특히 남자의 출현은 그 유전자 조합의 보전에 큰 위협이 되게 마련이므로, 이방인을 극도로 혐오하는 기질은 이 당시의 인류에게는 유익한 특성이 될 수도 있었다. 외부로부터의 공격에 맞서 신속하게, 그리고 광적일 정도의 공격성을 내보이며 대항하는 집단일수록 자신들의 사냥터와 부족 집단을 사수할 가능성이 높았고, 그 결과 이처럼 성질이 사납고 난폭한 집단의 유전자들이 그 지역에 퍼져 나가고 또 지배할 확률 또한 비례적으로 커지게 마련이었다. 그러나 현대 사회에서도 '홈 팀(home team)'의 이점은 아직 살아 있는 반면, 200만 년 전이라면 생명 유지를 위한 필수 조건이었을 유전적인 광기는 옛날만큼 유익한 특성으로 부각되지는 않는다. 하지만 이 피에 굶주리고 잘 훈련된 인류 집단을 제대로 뭉치게만 만

들면 용(龍)이라도 때려눕힐 수 있다는 것은 풋볼 코치라면 누구나 알고 있는 기본적인 상식이다. 그리고 일단 경기 또는 전투가 시작되고 난 뒤 상황이 우리 편에게 불리하게 진행된다 하더라도 유전자들이 최후의 보루로 남겨둔 묘책은 아직 남아 있다―즉 우리들 중 일부를 희생의 영웅으로 만드는 것이다.

영웅주의는 언제든지 큰 효과가 있다―실제로 영웅 그 자신에게라기보다는 부족 전체의 입장에서 말이다. 유전자들이 자기희생을 감수하는 형질을 내포하고 있는 이유는 이들이 한 개인에게 속한 것이 아니라 동일한 유전자 조합을 공유하는 생물종 전체에 속해 있기 때문이다. 따라서 이들 중 한두 개체가 희생정신을 발휘함으로써 종족 전체가 이득을 얻을 수 있는 상황이라면, 유전적으로 이 임무를 수행하기에 적합한 특성을 갖춘 구성원은 보다 큰 목적을 위해서 어떠한 희생도 달게 받아들인다. 이러한 관점에서 본다면 '자기희생'의 고귀한 이념은 바로 인간 유전자의 극단적인 이기심이 가장 교묘하게 숨겨진 형태라고 말할 수 있다.

가미가제 - 신풍

인류의 역사를 통해서 이런 유전자의 이기심이 가장 극적으로 표현된 사건이 제2차 세계대전의 막바지에 일어났으니, 바로 눈앞에 닥친 패망을 어떻게 해서든 모면해 보려는 최후의 몸부림으로 1만 명이 넘는 젊은 일본 조종사들이 폭탄을 가득 실은 비행기를 미군의 전함들 위로 추락시키는 작전에 지원한 일이다. '가미가제', 즉 신이 일으킨 바람을 의미하는 이름으로 불리는 이 자살 비행은 미국의 태평양 함대에 큰 타격을 준 것은 물론 하루 빨리 전쟁을 종식시키고자 했던 연합군측의 계획에도 차질을 불러왔다.

원래 신풍(神風)이라고 하면 일본 열도 주변에서 발생하는 지역성 태풍을 가리키는 것으로, 이 바람 덕분에 1281년 몽고의 쿠블라이 칸(Kublai Khan) 황제가 몰고 온 막강한 침략군을 물리칠 수 있었다고 전해진다. 수적으로 열세에 있던 일본 군대가 53일에 걸친 해안에서의 공방전 끝에 항복하기 일보 직전까지 갔을 때, 바로 이 신풍이 불어닥친 결과 몽고군은 형편없이 무너지고 그 선단(船團)마저도 파괴되어, 본국으로 살아서 돌아간 숫자는 반도 채 못 되었다고 한다[32].

인간이 전쟁 중, 혹은 자신이 사랑하는 사람을 구하기 위하여 스스로를 희생한 사례는 이루 셀 수 없을 만큼 많으며, 이러한 자기희생을 유발시킨 본능적 감정을 대부분의 사람은 잘 이해할 수 있다. 그러나 가미가제 특공대의 경우는 이와는 좀 다른 상황으로, 여기서 죽음은 불의(不義)에 대항하는 과정에서 생겨날 수도 있는 '가능성'이 아니라, 미리 계산되고 계획되어진 '필연적' 결과이기 때문이다. 가미가제 특공대의 조종사들이 자살 공격을 서약하는 장소는 전쟁터에서 멀리 떨어진 곳에 마련되어 있었는데, 이곳에서 그들은 빈틈없이 준비된 긴 의식절차를 거치며 또한 일단 비행을 시작한 뒤에도 목표물이 시야에 들어오기까지 한 시간 정도를 조종실 안에서 홀로 있게 되는 것이 보통이었다. 물론 이들이 받은 영적 명령의 근원을 더듬는 것은 어렵지 않다—바로 수세기 전부터 전해져 내려온 사무라이 유전자가 이 현대 사회의 전승자를 일깨워서 '명예'라는 이름의 철권(鐵拳)으로 이들을 꼼짝할 수 없도록 틀어 쥔 것이다. 따라서 이 젊은이들에게 복종 이외의 다른 선택권은 존재하지 않았다. 결국 무슨 수를 쓰든지 유전자 집합은 보존되어야 했던 것이며, 우리는 바로 여기에 유전자의 이기적 본성이 적나라하게 드러나는 것을 볼 수 있다.

그 결과 제2차 세계대전의 마지막 열 달 동안 1000명이 넘는 젊은 일본 군인이 전쟁터에서 죽기를 각오한 사무라이 정신의 표징인 흰 비단 머리띠를 비장하게 두르고 죽음의 의식에 임했다. 작전의 성공을 비는 기도를 올린 다음 이들은 생애의 마지막 음료가 될 한 모금의 사케(정종)를 마시고, 폭탄을 잔뜩 실은 자신의 전투기에 올라타서 시동을 건 뒤, 대일본제국을 패망의 치욕으로부터 구하기 위해 날아갔던 것이다. 이 특공 작전에 지원한 1만 명이 모두 이렇게 죽어가지 않았던 것은 오로지 당시 일본군이 그만한 숫자의 비행기를 보유하고 있지 못했기 때문이다. 그리고 일본 정부가 항복을 함으로써 이처럼 대단한 유전적 희생을 부추기던 사회 구조는 막을 내리게 된다.

일본이라는 고립된 나라에서 수백 년이 넘는 기간 동안 도도하게 유지되어 온 사무라이 정신, 즉 '무사도(武士道)'와 그 기본 강령이라고 할 수 있는 '치욕 앞에서의 죽음'은 일본 문화의 모든 측면에 깊은 뿌리를 내리고 있으며, 모든 외국인에 대한 불신도 그 부산물 중의 하나로 생겨난 것이다. 세계대전이 일어나고 있는 동안 이 불신의 감정은 미국인을 극도로 야만적인 민족이자 몹시 두렵고 혐오스러운 존재로 표방하는 열성적 이념 선전의 형태로 표출되어졌다. 일본인들 내부에서 이 불신의 유전적 근원이 얼마나 강력하고 뿌리 깊었던지 미군이 사이판을 점령했을 당시 일본 군대가 항복한 후 3일 동안 섬에 살고 있던 15,000명 가량의 일본 국민이 스스로 목숨을 끊는 사건이 발생하기까지 했다. 당시 미국 해군이 섬의 북단을 향하여 다가가자 무려 1만 명이 넘는 일본 민간인이 까마득한 절벽 위에서 바다로 뛰어 내렸으며, 남자들은 스스로 목숨을 끊기 전 어린 아기를 바위에 동댕이쳐 죽였고 이보다 나이든 아이들과 여자들을 절벽 아래로 밀어 떨어뜨렸다고 전해진다. 더욱 소름 끼치는 것은 오키나와에서도 역시 마찬가지로 75,000명이 넘는 시민이 미군에게 점령되기보다는 스스로 목숨을 끊는 길을 택했다는 사실이다[33].

유전자의 결산

유전자의 세계에서는 자비를 구하는 일도, 또는 누군가에게 자비를 베푸는 일도 없다. 유전자는 무슨 일이 있더라도 보존되어야 하며, 그러니까 대부분의 경우 이 임무에 가장 적합한 것은 극단주의자들이다. 이 오래된 전략은 오늘날도 효과가 있으며, 근세의 전쟁에서는 바로 가미가제의 예가 이를 잘 증명해 주고 있다. 단지 378대의 전투기와 600명의 조종사를 가지고 일본은 2,000명이 넘는 미국 해군을 살상했으며 16척의 함대를 가라앉혔고 87척을 망가뜨릴 수 있었던 것이다(이 때 또한 함대를 호송하던 공군들도 220명이나 목숨을 잃었다). 오키나와에서도 마찬가지로, 대공권을 장악한 연합군 함대의 엄청난 화력에 맞서 930명의 가미가제 조종사들은 자신들의 몸을 던져 항공모함을 비롯하여 전함 10척, 순양함 5척, 그리고 63척의 구축함을 침몰시켰으며, 이 과정에서 전사한 미군 병사의 수는 3,000명에 달했다[34].

그러나 인간의 극단주의적 유전자의 판단 기준으로도 자살 공격은 최후의 보루일 수밖에 없는 것이, 이에 수반되는 위험 또한 만만치 않기 때문이다. 1944년 9월에 이미 필리핀에 주둔하고 있던 일본군 장성들은 어차피 찾아올 패망 직전에 자신들이 마지막으로 연출해 낼 수 있는 영광적인 행위를 비밀리에 모색하고 있었다. 이 때 일본의 거대한 전함들은 장기화된 전투를 수행하기는커녕 일본 본토로 돌아갈 연료조차도 충분치 않은 상태였다. 기적이 찾아오지 않는 한 이곳에 묶인 30만 명의 군인들은 어차피 적군의 포로가 될 자신의 목숨을 보다 고귀한 목적에 바칠 수 있는 방도를 연구하는 편이 좋을 것으로 보였다—그리고 그들은 이를 실천에 옮겼던 것이다! 이와 마찬가지로 1945년 4월 연합군이 오키나와를 침공한 두번째 날, 일본군에게 남아 있던 마지막 초대형 전함인 64,000톤급 '야먀토' 역시 해변에 정렬한 연합군측의 1,500여 함대를 향해서 가미가제식의 자살 공격을 감행한 바 있다. 이미 수개월 전에 일본이 실질적으로 패전했음을 잘 알고 있었으면서도, 이 공격을 지시한 토요다(Toyoda) 제독은 병사들에게 "대일본제국의 승리가 제군들에게 달려 있다."고 독려했다. 적군에게 할 수 있는 한 많은 피해를 입힌 뒤 토요다는 자신의 전함을 오키나와 근해의 바닷속에 가라앉혀 버릴 작정이었던 것이다. 그러면 야마토의 2,000여 명 승무원 중 살아남은 자는 해변으로 헤엄쳐 가서 섬 남쪽의 산 위에서 최후의 방어전을 벌이고 있는 일본 군대와 합류한다는 계획이었다[35].

그러나 이 작전은 실패했다. 야마토와 단 한 척의 순양함, 8척의 구축함, 그리고 몇 안 되는 작은 배들로 이루어진 초라한 함대는 움직이기 시작한 지 얼마 되지 않아서 미군의 수송기에게 발각되었고, 여기에 토네이도 전투기들의 집중 공격과 폭탄 투여가 가해진 결과 대일본제국의 자랑이었던 이 전함은 그 2,000여 승무원들과 함께 연합군의 시야에서 영원히 사라져 버렸던 것이다. 야마토를 따라 오던 순양함과 구축함 네 척, 그리고 거기에 탄 1,000여 명의 일본군 역시 같은 최후를 맞이하였다[36].

이처럼 엄청난 규모의 자살 행위는 오로지 유전자의 본질을 통해서만 설명이 가능한데, 결국 이는 인류의 유전적 희생정신이 가장 극명하게 드러난 예라고 볼 수 있다. 패망 직전의 급박한 현실에서는 가장 이성적이라고 자처하는 군대의 최고 지휘자들조차도 "저 암울한 현실로부터 '끝내주게 멋진' 세계로 도약하려는" 충동의 지배를 받았던 것이며, 그래서 수천이 넘는 생명의 불필요한 희생을 부추겼던 것이다. 여기에 작가 데이비드 베가미니(David Bergamini)가 제2차 세계대전의 암울한 마지막 수개월을 감동적으로 요약해 놓은 글을 인용해 본다.

> 섬뜩한, 너무나도 섬뜩한 통계는 이 전쟁의 마지막 9개월 동안 궁지와 애국심에 불타는 일본군인이 89만 7천 명이나—그러니까 78명에 하나 꼴로 목숨을 잃었다는 것이다. 이들은 동굴 속에 함몰되거나 지옥의 불길처럼 타오르는 화염 속에서 동물적인 사나움과 절망으로 몸부림치며 죽어갔다. 이들은 증오심에 불타는 마음으로, 기아와 갈증과 열병에 허덕이며, 그리고 그 신체는 뒤틀려지고 부러지고 잘려져 나간 채 흙투성이로 썩어가며 숨을 거두었다. 이들을 사살한 미군 병사들은(그들 편에서도 32,000명의 사상자가 나왔다) 단지 이들이 항복 대신에 선택한 소원을 달성해 준 것뿐이다.[37]

결국 이것이 전쟁의 본질인 것이다.

검증된 유전자

이 일본 군인들의 행동에 아직도 놀라움을 금치 못하는 사람이 있다면 궁극적으로 인류의 윤리적 가치기준은 무려 200만 년이 넘는 시험 기간을 거쳐서 그 가치가 검증된 유전적 명령 체계가 모습을 바꾸어 나타난 것임을 상기할 필요가 있다. 지금도 명예의 법칙과 사회적 순응은 유전자의 보존 및 성공적인 진화와 직결되는 성향들인 반면, 불순응과 무절제한 이기주의는 비생산적인 결과를 초래하게 마련이다. 그러나 이제는 부족사회적인 요소들이 점차 희미해지는 반면 폭발적인 인구 증가와 도약적인 기술의 발달이 우리 내부의 수렵 채집인 유전자가 선호하는 부족 시대의 엄격한 구조로부터 점점 더 멀리 떨어져 나오게 만든 결과, 유전자들은 더 이상 예전과 같은 효율성으로 유전체의 전체 집합을 보전할 수가 없게 되었다.

하지만 자신을 희생하는 도덕적 행위는 현대 사회 전반에서 아직도 어느 정도 효능을 발휘할 수 있으므로, 인간의 유전자는 지

1970년 호주 서부 퍼어스에서 열렸던 베트남전 반전 시위
이 대중 집회가 열리기까지는 여기에 참가한 사람들의 유전적 본능이 미리 나름대로의 이득과 손실을 미리 따져 본 과정이 선행되었을 것이다. 이 집회에서 발생했던 찬반 양론 사이의 격렬한 충돌과 감정의 대립은 '도덕성'을 기치로 내세운 모임들조차도 대뇌 피질의 지배를 벗어나 있음을 잘 보여 준다.

금도 계속해서 역경과 위험을 무릅쓸 것과, 또 때로는 불명예를 감수하기보다는 죽음을 택할 것을 재촉하는 것이다. 이 오래된 전략이 아직도 인간을 굴복시킬 수 있는 비결은 이들이 우리 내부에서 일으키는 감정의 소용돌이 속에 숨겨져 있다. 따라서 도덕적인 행동의 본질은 결국 알고 보면 감정의 대립인 것이며, 이 내부의 대립 상황이 해결되는 과정에서 바로 인류가 그토록 고귀하게 칭송하는 행위들, 즉 용기와 정절, 충성심, 그리고 자기희생들이 개인적 또는 공개적으로 행해지게 되는 것이다. 그러니까 이러한 행동이 밖으로 표출되기까지는 그 내부에서 소집된 위원회가 반대파로부터 제기되는 이론을 모두 물리치고 의사봉(議事棒)을 쾅쾅 두드리는 과정이 선행되었던 셈이다. 그런데 이렇게 인간의 감정이 시험을 받는 상황에서는 대개 우리의 영성이라는 구원부대가 사랑, 진리, 진실, 정의, 충성심, 또는 가문의 영광이라는 이름이 붙은 트로이의 목마를 끌고 나타나게 마련이다. 이들은 공개된 이성의 법정에서라면 쉽게 설득력을 발휘할 수 없을 행위들에 완벽한 정당성을 부여해 준다. 따라서 이 트로이 목마 속에 안전하게 몸을 숨긴 채, 유전자는 인간의 둘로 나누어진 두뇌 간극을 안전하게 뛰어넘어 행동의 경기장으로 나설 수가 있게 되는 것이다. 어쩌면 현재 지구상의 과도한 인구 증가로 인하여 최소한 한 시간에 세 가지씩 생태계의 생물종이 사라져 가고 있는 상황에서[38] 가톨릭 교단과 태아 인권 옹호자들이 잉태된 모든 생명은 태어날 권리가 있다고 외칠 수 있는 것도 이런 지원에 힘입은 것인지도 모른다. 또한 이를 둘러싼 논란이 뜨거운 감정적 표현으로 점철되는 현상 역시도 이것이 유전자와 관련된 이슈들임을 드러내 주는 증거이다.

  인류는 기회만 있으면 자신을 다른 동물로부터 구별해 준다고 믿는 영적 권위를 갑옷처럼 두르기 좋아하지만, 인류의 생존을 결정하는 기본 법칙들은 다른 모든 척추동물에도 공통적으로 적용된다는 사실을 간과하고 있다. 단지 다른 점이 있다면 인간 이외의 동물은 분석적이고 잔소리하기 좋아하는 대뇌 피질을 염려해야 할 필요가 없는 만큼, 그들의 착각은 훨씬 더 쉽게 과장되고 확대되어진다는 사실일 것이다. 나는 내 정원의 유리창을 향해 돌진하던 보석새가 자신의 어처구니없는 행위에 대해서 어떤 변명이나 합리화도 할 필요가 없었던 것을 잘 알고 있다. 그러나 딱하게도 보스니아와 레바논, 그리고 아일랜드 사람들이 적을 향한 극도의 증오심을 계속 유지하려면 끊임없이 합리화된 열정과 끔찍한 상상을 동시에 공급해 주지 않으면 안 된다. 즉 유전자가 경영하는 가혹한 강제노동 농장에 갇혀진 형국이라고 할 수 있는 것이, 게릴라의 유전자에게는 휴일도 없기 때문이다.

*Homo sapiens*들이 때때로 드러내는 비이성적인 공격성이 주로 남자들에게 집중되어 있는 현상은 진화적으로 충분히 그럴만한 이유가 있어서 생겨나는 필연적인 결과이다. 200만 년 전의 인류 사회에서 전사들은 남자로 구성될 수밖에 없었는데, 왜냐하면 당시 여자들은 성장 속도가 느린 아이들을 돌보는 일에 전적으로 묶여 있었기 때문이다. 게다가 싸움에 필요한 광기를 나타내기 위한 유전적 기반도 남자들 쪽에 더 잘 갖추어져 있었는데, 이는 고릴라와 침팬지, 그리고 오랑우탄의 사회에서도 공통적으로 나타나는 특징이다. 단지 보노보 침팬지의 수컷들만이 예외적으로 이 지저분하고 힘든 전사와 권력 추구자, 또는 호색한의 역할을 면한 것으로 보이며, 따라서 그 과정에 필수적으로 수반되는 일종의 착란증세로부터도 자유롭다.

남자 대 여자

유인원의 사회에서 가장 흔하게 관찰되는 분쟁은 암컷과 수컷의 유전자들이 내리는 명령 체계 사이의 차이점에서 생겨나며 주로 성(性)간의 경쟁이 벌어지는 상황에서 일어난다. 모든 유전자의 궁극적인 목적은 자신을 다음 세대 속으로 안전하게 유입시키는 것이지만, 이 과정에서 남성과 여성이 담당하는 역할상의 차이는 때로 크고 작은 분쟁의 불씨가 된다.

영장류를 포함한 모든 포유류의 세계에서 수컷들은 가능한 많은 정자를 뿌리는 것이 그들에게 유익을 가져다준다. 수컷으로서는 상대를 가리지 않고 짝짓기를 하며 가능한 부모 노릇을 하는데 소요되는 기간을 줄여야만 건강한 자손을 하나라도 더 남겨서 다가오는 세대에 자신의 유전자를 위한 기반을 남겨줄 수 있는 것이다. 그러나 스스로 새끼를 잉태하고 또 태어난 후 젖을 먹여 길러야 하기 때문에 자연스럽게 양육의 의무를 떠맡아야 하는 암컷에게는 전혀 다른 전략이 요구된다. 우선 암컷들은 임신 중이거나 새끼에게 젖을 먹이고 있는 기간 동안에는 성적 욕구를 느끼지 않는 것이 보통이다. 따라서 성행위가 일어나는 한정된 기간 동안 암컷들은 가능하면 능력 있고 지위가 높은 수컷과 짝을 지음으로써 자신은 물론 태어날 새끼들이 연약한 유년기 동안 보다 강력한 보호를 받을 수 있기를 희망하게 마련이다. 만일 어쩌다가 유전적으로 열등한 수컷의 새끼를 가지게 되면, 암컷은 그 가임기간의 4분의 1에 해당하는 기간을 이 수지 타산이 맞지 않는 임신과 수유에 허비해야만 하기 때문이다. 수컷들은 이와 반대로 간혹 유전적으로 가치가 없는 배우자와 짝짓기를 했다고 하더라도 다른 짝짓기를 통하여 생겨난 새끼들이 살아남기만 하면 소기의 목적을 달성하는 데는 차질이 없게 된다. 정리해서 말하면 혼외정사를 통해서 생겨날 수 있는 위험 요인들은 수컷보다 암컷 침팬지의 유전체에게 훨씬 더 심각한 결과를 가져다 줄 수 있으며, 바로 이 때문에 이 두 성(性)이 생식을 추구하는 전략은 서로 완전히 다른 방향으로 진화하게 되었던 것이다.

   지금으로부터 300만 년 전, 인류의 조상이 다른 인류과(科)의 원인으로부터 갈라져 나올 당시, 그 이전부터 존재하고 있던 성(性)간의 차이는 이때 막 나타나기 시작한 인체 발달 주기상의 변화로 인하여 더욱 두드러져 가고 있었다. 이 변화란 임신기간이 길어지고 아기들은 점점 더 불완전한 발달 상태로 태어나며 성장하기까지 걸리는 기간도 늘어난 것 등을 포함한다[그런데 이처럼 불완전한 상태로의 출생은 어쩌면 인류가 똑바로 서서 걷게 된 것과 이로 인하여 여자들의 산도(産道)가 좁아지게 된 현상에 발맞추어 미숙한 아기들이 진화적 선택을 받은 결과인지도 모른다. 즉 가뜩이나 길어진 임신기간으로 인하여 태아가 뱃속에서 더 크게 자라날 수 있는 상황에서 유일하게 남은 해결방법이었던 셈이다]. 어찌되었든 이러한 변화는 인간 남자들에게 보다 큰 딜레마를 안겨 준 셈이 되었다. 만일 그가 배우자와의 사이에서 태어난 자식들을 돌보는 일에 충분한 시간과 노력을 투자하지 않는다면 자신의 유전자를 보유한 이 아이들의 생존은 금세 위협을 받게 된다. 문제는 인간인 그가 여러 장소에 동시에 존재할 수 없다는 한계성에 있다. 만일 그가 오직 한 명의 배우자와 평생 동안 관계를 유지한다면 문란한 성행위가 남성 유전자에게 가져다 줄 수 있는 통계적 유익을 잃어버리는 결과가 되기 때문이다. 오늘날 어느 인간 사회에서든 만연해 있는 매춘과 음화(淫畵), 그리고 성인광고 등은 난잡한 성행위를 부추기는 남자들의 뿌리 깊은 유전적 명령을 겨냥한 것이며, 특히 패션업계와 광고 모델 사업, 그리고 야한 영화와 비디오, 신문, 잡지, 그리고 책들까지도 이 점을 이용하여 이익을 챙기고 있다.

우아한 망상

공평하게 말해서 여자들에게도 유전적으로 제작된 광기가 지배하는 영역은 존재하지만, 그러나 이것이 행동으로 표출되는 방식은 남자들의 경우와 달리 예측이 가능하며 훨씬 덜 우스꽝스럽다. 여자들의 궁극적인 목적은 남자와의 짝짓기를 가능하면 오래도록 지속시켜서 생산성을 높이려는 것이므로, 대뇌 피질의 이성적 사고 중추들과 충돌할 일이 그리 많지 않다. 설사 있다 하더라도 그 강도가 매우 낮기 때문에 종교적 또는 사회적 의식(儀式)이나 윤리적 합리화를 동원시킬 필요가 없는 경우가 대부분이다. 그러나 만일 그들의 자식 또는 배우자와의 관계가 위협을 받는 상황이 닥치게 되면 여자들은 웬만한 남성 테러리스트들은 감히 상상도 못할 일조차 얼마든지 저지를 수 있다. 실로 지옥의 불길도 두렵지 않게 되는 것이다. 또 텔레비전에서 매일 방영되는 연속극들은 남녀간의 관계에 집착하는 여성 특유의 성향을 더욱 부채질하는 동시에 서구화된 사회에서는 다소 얻기 힘든 '부족 내의 소문거리'를 제공하는 역할도 한다. 여성 특유의 원초적인 유전적 충동에 대한 대리 만족을 제공해 준다는 점에서 TV 연속극은 말하자면 남자들이 즐겨 보는 외설 영화와 동일한 의미를 가진다.

이와는 반대로 불쌍한 남자들이 자신의 머릿속에서 소용돌이치는 유전적 충동을 대뇌 피질에 들키지 않고 몰래 빼내어 오려면 상당히 극단적인 신비주의적 행동들로부터 도움을 받지 않으면 안 된다. 그들의 욕구를 충족시키는 데 바로 이와 같은 위장이 필요하기 때문에 남성들이 지배하는 문화권에서는 개인과 집안, 종교 분파, 사회적 또는 인종 집단, 그리고 심지어는 국가와 국가 사이에 그토록 자주 물리적 충동이 발생하는 것이다. 이는 또한 전세계의 권력구조, 그 중에서도 특히 정당(政黨)과 사교 집단, 그리고 종교 분파들처럼 신비주의적 성향이 기반을 이루고 있는 구조 내에서 여자들을 제치고 남자들이 주도권을 잡을 수밖에 없는 이유이기도 하다. 이처럼 '남자스러움'을 과시하는 경기장에 최근 들어 여자들이 무더기로 진출하게 된 현상에 남자들이 그토록 위협을 느끼는 이유는, 남자들이 더 이상 그 유전적 충동—즉 부족시대적인 영토 수호에 기반을 두고 있어 다른 형태로 위장을 하지 않고서는 대뇌 피질의 검열을 통과하기가 쉽지 않은, 그러나 남자들의 입장에서 본다면 여자들의 그것 못지않게 떳떳한 충동들을 자유롭게 표현할 수 없게 되었기 때문이다.

여성의 할례

대부분의 경우 유전적으로 조작된 남자들의 망상에서 가장 주된 희생자는 바로 여성이어서, 남자들이 주도권을 잡은 사회에서 여자는 아무런 힘도 없는 소유물에 불과하여 마음대로 사용하고, 학대하고 또 버릴 수 있는 대상으로 전락하는 경우가 많다. 오늘날 아프리카와 중동 지방을 중심으로 할례(割禮)를 받은 여자아이나 여인의 수는 무려 8000만 명에 달한다고 하는데, 이는 부족의 지위를 높이고 그 유전자를 안전하게 보존한다는 명목으로 여성이 성적 쾌감을 느끼는 장소인 외음부를 잔인하게 도려내는 관습이다. 매년 아프리카 대륙 내에서만도 200만 명이 넘는 어린 소녀들이 그 대상이 되고 있으며 그 밖에 지부티, 에리트리아, 에디오피아, 시에라 리온, 소말리아, 그리고 수단 남부에서도 10명 중 9명의 여인이 할례를 받았다는 통계가 있다. 여성 할례라는 용어는 사실 잘못 붙여진 이름으로, 이 시술은 정확하게는 세 가지 형태 중의 하나로 행해진다. 이 중 가장 덜 잔인하지만 거의 시행되지 않는 방법은 음핵을 덮고 있는 표피만을 베어내는 것으로, 실제로 남성의 할례에 비유할 수 있는 것은 이 경우뿐이다. 가장 흔하게 행해지는 두번째 형태는 소음순과 음핵을 모두 베어내는데, 이를 남성의 경우에 대입한다면 음경 전체를 잘라내는 것과 마찬가지이다. '봉합(infibulation)'이라고 하는 어울리지 않게 고상한 명칭이 붙여진 세번째 방법은 이슬람교에서는 '파라오의 할례'라고도 하는데, 여성 성기의 밖으로 드러난 부분은 모두 도려 낸 뒤 소변과 월경혈이 통과할 수 있는 아주 작은 구멍만을 남겨두고 꿰매어 버리는 것이다. 아프리카 지역에서는 이 봉합에 비단실이나 고양이의 창자, 또는 말총 등을 아카시아 나무 가지에 꿰어서 사용하며 구멍이 막히지 않도록 작은 갈대나 나무 또는 은(銀)조각을 끼워 넣어 둔다. 상처 위에는 그 지방 사람들이 가장 좋은 약이라고 생각하는 물질들—즉 재, 약초, 동물의 똥 등이 뿌려지고, 소녀의 두 다리는 상처가 아물 때까지(또는 패혈증이 발생할 때까지) 함께 묶어둔다[39].

이 의식을 통해서 남성 유전자가 얻는 이득은 두번째 방법의 경우에 가장 분명히 드러난다. 여자들이 성행위를 통하여 더 이상 쾌감을 느낄 수 없게 된다면 그 법적인 남편의 정자가 그녀의 난자와 수정하여 자궁을 장악하고, 다음 세대에서 자신을 대신 할 확률이 그렇지 못할 확률보다 확실하게 높아지기 때문이다. 그렇다면 나머지 두 경우는? ······아마 부족의 자존심을 높여 주었거나 남자들이 자신의 손에 쥐어진 권력을 마음껏 과시할 수 있었다는 것 정도가 될 것이다.

문화적인 요소들이 뒷받침된 유전적 충동이 아니고서는 이처럼 잔인하고, 위험스럽고, 그리고 여성의 입장에서 본다면 극도로 비생산적인 관습이 지금까지 명맥을 이어 올 수는 도저히 없었을 것이다. 할례를 받은 여성들은 임신을 할 수 없게 되거나 시술 때의 충격과 출혈, 그리고 병균의 감염으로 목숨을 잃는 일도 허다하다. 그러나 이로 인해 얻을 수 있는 사회적인 되먹임 현상이 너무나도 강력한 나머지, 심지어는 여성들조차도 이 관습을 지지하는 경향을 보일 정도이다. 자기 자신이 이 의식의 희생자인 어머니는 자신의 딸이 할례를 치르게 되면 더러운 욕정이 사라지고 불륜을 저지르지 않게 될 뿐 아니라 좋은 신부감의 조건을 갖추게 되어 훌륭한 남편감을 만날 수 있다고 말한다. 이것을 보면 지위가 높은 남성에게 무조건 동조하는 여성의 오랜 습관이 이성적 사고의 방해를 전혀 받지 않은 채 *Homo sapiens* 종족 안에 아직도 도도하게 흐른다는 사실을 알 수 있다. 아마 어쩌면 남자들의 유전자가 다음 세대로 전달되기 위해서 성적 문란함이 꼭 필요했기 때문에, 선사시대의 경험을 통하여 이를 알고 이해하는 '여성 유전자'가 남자의 딸들에게서 좋은 형질로 선택되었는지도 모른다. 바로 이 유전적으로 '이해된' 지식이 오늘날 여성의 몸매에 대한 집착과 전세계의 패션 및 화장품 산업을 지탱해 나간다고 말해도 과언은 아니다. 남성 유전자들이 직접 나섰더라도 아마 이렇게 멋진 각본은 쓸 수 없었을 것이다.

'부자연스러운' 행동

생물체의 생식과 결부된 전략들은 유전자의 명령에 기초를 두고 있어 문화나 교육에 의해서도 거의 변하지 않는다는 점을 생각할 때, 우리는 인간의 남성유전자가 정권을 장악하려드는 정도가 다른 동물의 기준에 비추어서 비교적 온화한 편에 속한다는 사실을 매우 감사해야 할 것 같다. 인류가 다른 동물과는 다른 점으로 여겨져 오던, 그러니까 인류만이 가졌다고 생각해 오던 '부자연스러운 행동'들도 알고 보면 전혀 그렇지 않다. 강간, 살인, 유아살해, 어린이에 대한 이상 성욕, 동성애, 호색한, 그리고 심지어는 시체를 상대로 한 성교를 열망하는 증세들은 다른 동물의 세계에서도 찾아볼 수 있다—그리고 수컷들에게만 한정되어 있는 것도 아니다. 실제로 자연에서 관찰되는 성폭행 중에서 가장 심한 사례는 자카나 새(*Jacana jacana*)의 암컷이 그 주체이다. 이들의 경우 수컷이 알을 품고 또 깨어난 새끼들을 돌보는 의무를 짊어지고 있기 때문에 번식기 동안 내내 수컷은 둥지를 떠나지 않으면서 암컷의 명령에 전적으로 순종하는 태도를 보인다. 따라서 둥지 주변을 수호하는 일은 물론 성행위의 주체도 자연스럽게 암컷의 차지가 되는데, 실제로 이 새의 암컷들은 짝지을 권리를 놓고 서로 싸우며, 승리자는 그 주변에 여러 마리의 '알을 품는' 수컷들로 형성된 하렘을 거느리게 된다. 그런데 짝이 없는 암컷이 침입해 들어와서 이미 있던 암컷을 몰아 낸 경우, 이 새로운 승리자는 패배자의 알을 모두 깨버리는 것은 물론 그 병아리들도 죽여 버린다(왜냐하면 이들은 먼젓번 암컷의 유전자를 가지고 있으니까). 그리고는 하렘의 수컷들에게 구애를 하는데, 자식도 잃어버리고 홀아비가 된 수컷은 이를 받아들여 새로 짝짓기를 한다. 이와 비슷한 행동은 자카나 이외의 다른 새에서도 보고된 바 있다[40].

이처럼 자신의 씨를 남기고자 하는 처절한 경쟁에서 이기기 위하여, 자카나의 암컷은 평소에도 마치 인간 남자들처럼 난폭하게 행동하는 경향이 있다. 이것을 보아도 알 수 있듯이 성과 연관된 행동들은 도덕적 또는 비도덕적이라고 분류할 성질의 것은 아니며 또 남녀의 성별에 의하여 영향을 받지도 않는다. 이는 단지 다른 모든 행동이 그러하듯이 유전자의 명령과 상황에 따라 결정될 뿐이며, 생명의 발원과 너무나도 긴밀하게 연결된 행위인만큼 이성적 사고의 방해로부터도 완벽하게 보호되어져 있다. 인간의 경우 이 보호막은 '감정'이며, 문화적 요소에 의한 되먹임작용은 이를 더욱 강화시키는 작용을 한다.

그러나 다행스럽게도 인류는 대부분의 경우 자신들의 행동을 차갑고 객관적인 눈으로 바라다 볼 수 없으며, 또 꼭 보아야 할 이유도 없다. 만일 사람들의 눈앞에서 환상의 베일들이 일순간에 걷혀져 버린다면, 아마도 우리의 문화생활을 유지시켜 주고 있는 발전기 또한 작동을 멈추고 여기저기에서 불길이 치솟는 상황이 벌어질 것이다. 그래서 인간의 유전자는 이러한 일이 일어나지 않도록 예방장치를 해둔 것이며, 따라서 우리들은 이들이 만들어 놓은 선과 악의 개념을 그대로 믿는 것밖에 다른 방법이 없었고, 또한 앞으로도 계속 저 보석새처럼 진실, 정의, 명예라는 이름의 거울에 비치는 자신의 모습을 적으로 생각하고 이를 향해 돌진하는 과정에서 몸과 마음이 멍들어 갈 것이다.

날로 늘어가는 인구증가 속에 부족사회적인 구조들이 점차로 묻혀 사라져 버리고 그 작고 안락하던 경계 또한 희미해져 가는 오늘날, 어쩌면 지금쯤은 우리 인류의 저 X 인자, 즉 모든 사물과 사건에 신비주의적 유의성을 부여하고자 하는 그 성향이 인류에게 도움보다는 문젯거리를 더 많이 만들어 주었다고 말해도 좋을지 모르겠다. 오랜 세월 동안 인류를 보호해 왔던 엑스캘리버가 이제는 친구와 적을 구별하지 않고 날렵하게 베어대는 바람에 수적으로는 팽창되어 있으나 사회적으로 분열된 국가들은 더 이상 통치가 불가능한 지경에 이르렀다. 이는 언뜻 보기에는 진화의 가장 훌륭하고 멋진 발명품, 즉 인류의 슬픈 종말을 나타내고 있는 것 같지만, 어쩌면 이러한 생각 자체도 인간중심주의에서 나온 근시안적 판단일지도 모른다. 아니 이는 오히려 우리들의 녹슨 마법의 칼이 진화가 맡긴 마지막 대업(大業)—즉 칼의 주인을 대상으로 '가이아 학설'에 입각한 해결 방법을 행사함으로써 1만여 년 전 그 자신이 시작을 도왔던 인류의 병균적 증가에 종지부를 찍으려 하고 있음을 나타내 주는 것은 아닐까?

제 10 장
한밤중의 예측

멈추어라 쉬지 않고 도는 행성이여
시간이 멈추고
한밤중은
영원히 오지 않도록.
—말로우(Marlow), 『파우스트 Faustus』

한밤중의 기대

고전적인 잣대로 살펴본다면 인류의 복지는 모든 면에서 날로 개선되어가고 있다. 예전보다 많은 사람들이 보다 좋은 음식을 먹고 보다 나은 환경에서 생활하고 있으며, 인구의 증가에도 불구하고 중년기를 넘어서까지 사는 사람의 숫자도 훨씬 늘어났다. 경제학자들은 이를 가리켜서 인류의 슬기와 기술의 발달이 인구 증가로 인한 문제점을 능가하기 때문이라고 지적하며, 이 상황이 앞으로도 달라지지는 않을 것이라고 장담한다.

그러나 이와 동시에 생태계에 해를 끼치는 행동 또한 역사상 전례가 없이 급증하고 있다. 선진국만을 대상으로 살펴본다면 공기 오염은 예전보다 나아졌고 물도 맑아져서 다시 마실 수 있게 되었고, 식량조달이 안정된 것은 물론 음식물들의 값은 저렴해진 반면 종류는 매우 다양해졌다. 정치가와 경제인, 그리고 다른 신비주의자들은 지구의 온난화의 원인이 인간 활동의 증가 때문임을 명백하게 보여 주는 증거가 없을 뿐 아니라, 온난화 자체가 정말로 그렇게 '나쁜 현상'인지도 확실치 않다고 성급한 판단을 내린다. 실제로 1억 년 전경의 지구는 지금보다도 훨씬 따뜻했으며, 이 상승된 온도는 오히려 생물종의 다양성이 화려하게 꽃피는 결과를 가져왔다는 것이다. 이런 증거들은 많은 사람들로 하여금 인류가 오래전부터 그 도래(到來)를 두려워 해 온 환경 위기가 사실은 정신 나간 사람들이 만들어 낸 망상, 또는 기회주의자들로 구성된 협상단체의 조작에 불과한 것이라고 믿도록 만든다. 이들은 이 '환경주의적 종말론자'들이 주장하는 우울한 결론도 알고 보면 현대 세계의 '정보의 바다'로부터 자신에게 필요한 단편적인 조각만을 건져내어 조립한 의심스러운 증거를 근거로 하고 있음을 발견하고 스스로 만족해 한다. 또 어떤 사람들은 '좋았던 옛 시절'이 실제로는 선택된 소수에게나 좋았던 것이며, 이를 지지하는 통계적 증거도 탄탄하다는 사실을 상기시켜 준다. 그럴 만도 한 것이 지금 지구상에는 그 언제보다도 많은 숫자의 사람들이 예전보다 훨씬 덜 고생스럽고 덜 위험한 삶을 영위하고 있으며, 인류 복지의 이러한 발전 추세는 앞으로도 달라질 것 같지는 않다—최소한도 시장 경제의 입장에서 본다면 말이다.

  만일 이 지구가 전적으로 인간만을 중심으로 운영되고 있으며 앞으로 멀지 않은 미래까지만을 고려한다면 앞서의 주장들은 모두 근거가 확실하고 또 매우 설득력 있는 것들이다. 그러나 이 작고 한정된 자원을 가진 행성에서 이제까지 진행되어 왔던 생물학적 및 지질화학적 진화의 전체 역사에 대하여 희미하게라도 알고 있는 사람이라면 이러한 사고가 얼마나 초점을 벗어난 것인지를 쉽게 깨달을 것이다. 한 예로, 많은 숫자의 건강한 쥐들이 그 병균적 증가의 초기 단계에서 아무것도 모르고 행복하게 번성한 것은 이후 환경이 그 자신에게 '만족스러운' 결과, 즉 쥐들의 파국적 멸망을 불러오기 위한 전제조건이었던 것이다. 만일 개체들이 병균적 증가의 가장 마지막 단계까지 꾸준히 증가하지 않는다면 그 '최고점'에 다다르지 못할 것이고, 따라서 급격한 추락도 없을 것이기 때문이다. 환경의 입장에서 본다면 이는 별로 바람직하지 못한 상황인데, 인류나 쥐와 같이 성공적으로 번성한 종들이 오래도록 지구를 지배하는 것은 생태계의 다양성을 위협하는 결과를 가져오기 때문이다.

만일 인류의 복지가 우리들이 이 지구에서 얼마나 더 오래 살 수 있는지를 나타내 주는 좋은 척도가 아니라면, 우리는 인간의 병균적 증가가 언제 그 추락을 시작할 것인지를 어떻게 알 수 있을까? 좀 의심스럽고 주관적이기는 하지만 환경 파괴의 정도가 그 증거일까? 또한 우리가 지금 온실효과와 오존층의 파괴와 같은 문제들을 해결할 방법은 없다고 포기해 버린 채, 혹시 인류 쪽에서 약간만이라도 습관과 도덕개념을 바꾼다면 상황을 바꿀 수 있는 것은 아닌지 시도조차도 해보지 않는 무관심은 정당한 것일까?

카오스 이론

이 질문에 대한 답을 찾기 전에 앞서 이야기한 '카오스 논리'를 다시 한 번 살펴볼 필요가 있다. 1963년 매사추세츠 주립대학교의 기상학자 에드워드 로렌츠가 제시한 이 원리는 다양하고 서로 전혀 무관한 듯이 보이는 사건들—예를 들어 지구의 날씨와 과자반죽, 물이 새는 수도꼭지, 그리고 인간 심장의 박동 사이에 어떤 질서가 존재한다고 주장한다. 이 원리에 의하면 혼란한 시스템 내에서는 아주 미세한 움직임일지라도 인접한 주기적인 패턴 속에서 증폭되어 나가다가 마침내 원래의 주기적 패턴 및 이에 인접한 주기와는 전혀 다른 형태를 향하여 기하급수적으로 변화될 수 있다. 그런데 지구는 궁극적으로 유한한 시스템이므로, 이처럼 가속화되어가는 다양성은 결국 주변의 주기들로 하여금 서로 겹쳐서 접혀지는, 그러니까 기상 예측도의 등고선이나 켜를 이루는 페스트리 반죽과 같은 양상을 보이도록 만든다는 것이다. 그리고 이 접힘이 반복되면 결국 프랙털(fractal) 구조, 즉 크고 작은 각각의 조각이 모여서 만들어진, 전체의 모습이 모든 크기의 조각들에 그대로 반영되어 있는 형태를 나타낸다고 하였다. 로렌츠는 이 프랙털 구조와 그 시스템이 가지는 극도의 민감성을 가리켜서 '나비 효과'라고 불렀는데, 그의 이론에 따르면 지구 한 쪽에서 나비가 날개짓을 한 것이 그 반대편 쪽에 몬순 폭풍을 일으킬 수도 있으며, 또한 이 몬순의 커다란 소용돌이 속에는 나비가 날아가면서 일으킨 것과 같은 미세한 소용돌이들이 반복되어 있다고 한다.

이 카오스 시스템이 쉬고 있는 상태는 '정돈'이 아니라 '순서가 있는 무질서'라고 표현하는 것이 옳을 것 같은데, 왜냐하면 이 시스템은 그 속에 내재되어 있는 카오스적인 되먹임 작용의 진동이 일으키는 그 어떤 비정형적인, 그러나 전적으로 무작위적이지는 않은 방식에 따라 쉴 새 없이 변화하고 또 물결치고 있는 역동적 상황이기 때문이다. 로렌츠와 다른 학자들은 카오스 시스템이 놀라울 정도로 민감하고 예민한 반응을 보이는 동시에 또 장기적으로는 놀라울 정도의 불변성과 자율적 조절 능력을 보유하고 있어서, 궁극적으로는 매우 건강한 시스템이라고 말한다. 인간의 심장이 튼튼한 근육으로 만들어져 있으며 그 박동이 매우 규칙적인 동시에 아주 미세한 감정의 불꽃에도 민감하게 반응할 수 있는 것은 바로 이 때문이다. 보스턴에 있는 두 연구팀이 각기 건강한 사람과 그렇지 못한 사람의 심장 박동을 결정짓는 파동을 비교해 본 결과, 건강한 심장의 파동이 '카오스적인 무질서'의 양상을 나타내는 반면 환자의 심장 파동은 보다 질서정연한 패턴을 보인다는 것이 발견되었다. 이를 두고 MIT 대학의 연구팀을 주도한 치상푼 (Chi-Sang Poon) 박사는 "우리들의 연구 결과는 건강한 심장은 매우 카오스적인 반면 병든 심장의 리듬은 이보다 훨씬 덜 무질서하다."고 표현하였다[1].

만일 이처럼 무질서한 듯 보이지만 그 속에 스스로를 조절하는 능력이 내재되어 있는 것이 카오스 시스템의 특징이라면, 그리고 이것이 지구 생태계의 크고 작은 프랙털들—즉 분자 수준에서부터 행성 전체에 이르는 모든 차원 속에 반복되어져 있다면, 이것이 바로 스스로를 통제하는 '가이아 지구'의 본질임을 부인할 길은 없을 것이다.

여기서 처음의 질문으로 다시 한 번 돌아가 보자 : 지금 우리는 정말 지구상의 환경 문제에 대하여 심각하게 걱정해야만 하는 것일까? 만일 지구가 진실로 스스로를 조절하는 카오스 시스템이라면 그 답은 간단하다—즉 인류는 실로 그 앞날에 대해 심각하게 걱정해야 할 필요가 있다는 뜻이다. 우리가 이미 보았듯이 카오스적 시스템이 쉬고 있는 상황은 안정이 아니라 법칙이 있는 무질서이며, 우리 눈에 보이는 '안정'은 매우 짧고 일시적일 뿐 일단 한 번 흔들리면 순식간에 사라지고 다시는 돌아오지 않는 현상에 불과하다. 따라서 일단 변화하기 시작한 환경을 어떻게든 다시 그 안정되고 건강한 상태로 되돌리려고 노력하는 것은 헛수고일 뿐이다. 실제로 지구의 생물권은 그 안에 일단 시작된 변화의 조짐을 바꾸어 보려는 그 어떤 시도에도 더욱 강렬하고 예측 불가능한 반응을 보일 가능성이 크다. 진화에는 엄밀하게 말해서 '좋은 일'도 '나쁜 일'도 없는 것이다. 사실 이와 같은 환경의 불안정성 덕분에 지구가 그 생물권을 오랜 기간 동안 유지할 수 있었다고 볼 수 있다. 그리고 이 불안정성의 가장 큰 원인인 Homo Sapiens는 환경의 징벌이 가해질 때 첫번째 표적으로 지목될 것이며, 또 그 까다로운 식성으로 미루어 볼 때 아주 벌주기 쉬운 표적이 될 것이다. 인류의 식량으로 사용되는 생물들은 가능한 최고의 생산성을 낼 수 있도록 품종이 개량된 반면 나쁜 환경에 대응하는 능력은 약하며, 또한 대부분의 농작물이 고도가 낮은 해변 지역에 집중되어 재배되고 있기 때문에 해수면이 높아지면 가장 먼저 물 속에 잠기게 된다.

수요와 공급

어느 특정 동물의 병균적 증가가 그 최고점에 다다랐으며 곧이어 추락이 뒤따르리라는 것을 가장 잘 경고해 주는 요소는 바로 그들이 먹는 먹이의 부족 현상이다. 전세계의 식량 생산은 1980년대 중반 마침내 인류의 수적 증가와의 경쟁에서 두손들었다[2]. 이는 역사가 기록되기 시작한 이래 처음으로 생산이 인구증가와 보조를 맞추는 데 실패한 경우이며, 이 때를 시작으로 몇 차례에 걸쳐 범세계적인 식량부족 현상이 일어났다. 또한 지난 10년 동안 전세계 식량 공급이 수요량을 간신히 채우는 데 그친 사실은 앞서 제2장에서 이미 언급한 바 있다. 게다가 지구상의 야생 어족(魚族)은 급격하게 감소하고 있는 추세이며 전세계 식량 보유고는 단 2개월을 지탱하기에도 모자라는 수준까지 내려갔고, 해마다 도시 개발에 따른 농토의 소실을 비롯하여 토양의 침식, 염류화, 그 밖의 다른 요인들로 인하여 경작 면적도 줄어들고 있다. 화학비료와 살충제라는 옵션은 이미 써볼 만큼 다 써본 상태에서 맬서스가 예언한 종말을 다만 20~30년만이라도 더 뒤로 미룰 수 있는 유일한 방법은 아마도 관개 면적을 늘리고 유전자 변형을 통해서 병충해에 내성을 가지는 작물들을 개발하는 일이 될 것이다. 그러나 우

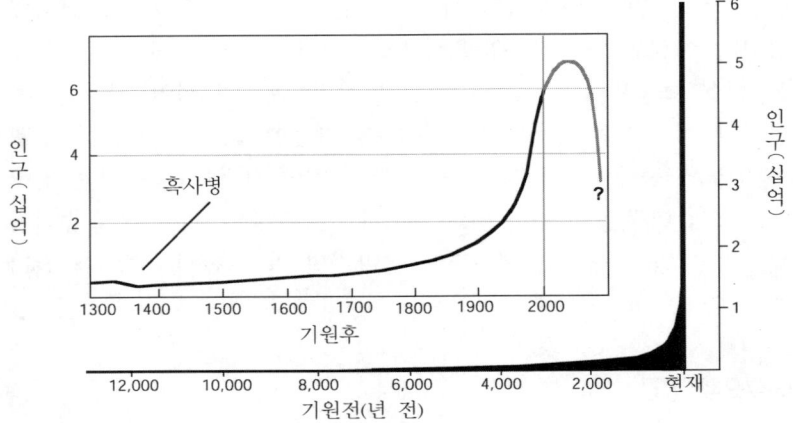

그림 22. 인류의 병균적 증가
지금으로부터 1만 2천 년 전 지구상의 인구는 400만에 불과했으며 2000년 전 무렵까지도 2억 5천에 머물러 있었고, 200년 전까지만 해도 10억을 넘어서지 못했다. 그 이후 발생한 첨예한 수직 증가는 바로 병균적 증가 곡선의 대표적인 특징이다.

리가 이미 목격한 바와 같이 이 대안들은 비용이 많이 들고 수반되는 위험성도 만만치 않으며, 결국 1960년대 화학비료와 농약, 그리고 고생산성 품종의 개발이 가져다주었던 희망들과 마찬가지로 궁극적인 해결책은 아니다. 그러나 인류에게는 다른 선택의 여지가 없고, 그렇다고 뒤로 물러설 수도 없는 상황이다.

이처럼 줄어드는 식량과는 대조적으로 지구 생물권에 가장 큰 골칫거리가 되고 있는 두 요인, 즉 동식물의 멸종현상과 대기중의 탄소량 증가는 지속적으로 상승세를 보이고 있다. 원래 1년이라는 기간 동안 생물 100만 종당 하나 정도가 멸종하는 것이 기본임을 생각할 때 현재 지구상에서 진행되고 있는 동식물의 멸종 속도는 이보다 1000~10000배나 더 빠른 것이며, 대기 중의 탄소량은 지난 200년 동안 33% 정도씩 증가하는 추세를 보여 왔다. 이러한 증상들은 모두 어김없이 하나의 분명한 메시지—즉 자연계의 모든 심판관들이 인류를 향하여 엄지손가락을 아래로 내리고 있다는 것을 나타내 준다. 또한 현재의 인구증가곡선을 살펴보면(그림 22) 동일한 메시지가 훨씬 더 크고 더 분명하게 적혀 있는 것을 발견하게 된다 : 즉 인류의 병균적 증가는 이제 그 전형적인 '최고점—추락' 단계의 바로 문 앞에까지 왔다는 것이다. 인간의 유전자는 이제까지 인류가 포유류의 모든 특성을 그대로 보유하고 있으며 따라서 진화의 모든 조절 법칙들이 우리에게도 그대로 적용된다는 사실을 인간들에게 매우 효과적으로 숨겨왔을 뿐 아니라, 인구증가가 병균적 증가곡선의 보편적 진행 경로에서 조금이라도 벗어나지 않도록 모든 노력을 다해 왔다. 하지만 '가이아'는 스위스 시계처럼 정확하게 작동하고 있는 것이다.

태엽 감기

만일 우리가 지구 생물권의 권익을 위하여 활동하는 운동가라고 생각해 보자. 그렇다면 진화가 지금 이 순간 인류로부터 가장 원하는 것은 인간들이 환경 요인들로부터의 경고를 무시하고 이제까지 해왔던 것처럼 그대로 계속 앞으로 나아가는 것임을 분명히 알 수 있을 것이다. 현재 진행되고 있는 경제 및 기술의 발전이 조금이라도 주춤한다면, 수직으로 치솟고 있는 인구 증가와 대기 중의 탄소 증가로 미루어 볼 때 조만간 파국을 향하여 재빠르게 수직 하강을 할 것이 보장(?)되어 있는 인류의 병균적 증가 또한 주춤할 것이기 때문이다.

불행하게도 이 절벽 꼭대기에 올 때까지 인류가 걸어온 길을 되돌아보는 인간의 시각은 언제나 심하게 일그러지고 형편없이 근시안적이었다. 인간의 탄생과 죽음 사이에 놓여 있는 제한된 수명을 가지고서는 100만 년은 고사하고 단 1000년의 세월도 그 본

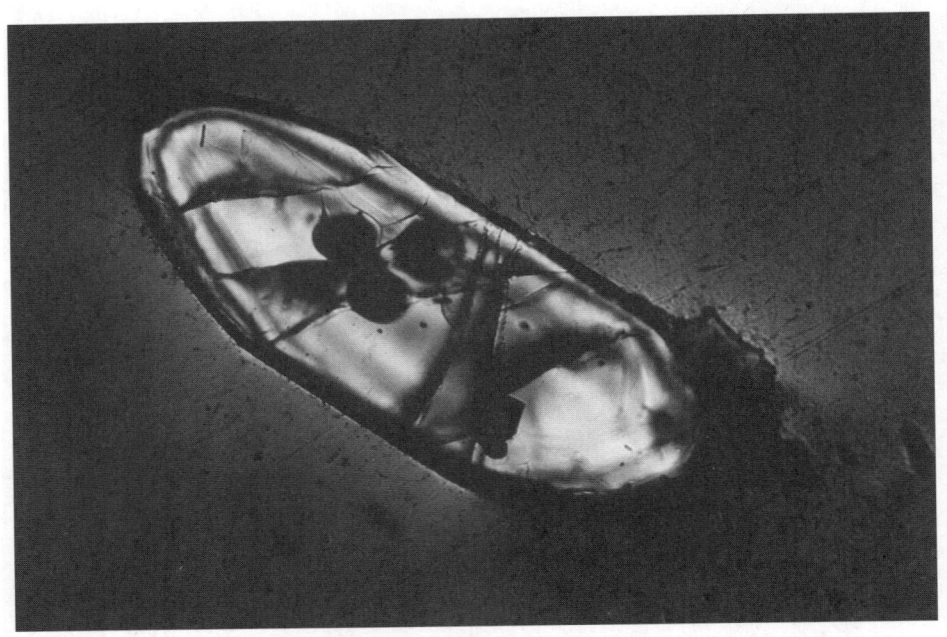

호주 서부 너라이어 산에서 발견되는 지르콘 광석
지르콘의 결정체는 지각을 형성하고 있는 물질들 중 가장 오래된 것의 하나로, 지금으로부터 약 42억 년 전부터 형성되기 시작했다. 이는 지구의 역사를 24시간으로 환산해 본다면 대략 새벽 2시에 해당되는 시간이다.

모습을 제대로 보기가 불가능했기 때문이다. 하물며 100만 년이라는 단위는 말할 것도 없다. 이를 감안한다면 여기서 잠깐 시간을 내어 진화의 전 과정과 인류의 출현을 보다 큰 지질학의 단위로—그러나 우리가 쉽게 이해할 수 있는 표현을 통해서 다시 한 번 살펴보는 것이 매우 중요하다. 시간의 단위 중 인간의 삶에 가장 밀접한 영향을 미치는 것은 지구가 그 축을 중심으로 한 번 회전하는 데 걸리는 기간, 즉 24시간으로 이루어진 하루이다. 만일 지구의 전체 역사를 이 하루라는 척도에 대입해 본다면 각 사건이 일어나기까지 걸린 기간의 상대적 길이를 보다 쉽게 이해할 수 있

Dickinsonia coatata의 화석
호주 남부 에디아카라에서 발견되는 이 6억 년 가량 된 화석은 지구상에 가장 처음 생겨났던 다세포 생물들 중의 하나이다. 이 이전에 살았던 생물들에 대한 기록이 없는 관계로 그 진화적 기원은 확실하게 알 수 없다. 동물 또는 식물로 구분되기보다는 현재의 원생동물에 가장 가까운 특징들을 보이는 이 생물은 지구의 24시간 역사에서 밤 9시쯤 무대에 등장했다.

을 것이다. 우선 지구라는 행성의 덩어리가 오늘 새벽 0시에 만들어졌다고 생각해 보자. 그렇다면 지구상에 나타난 첫번째 생명체의 흔적—바로 제5장에서 언급했던 북극의 남조류 화석—은 서둘러 나오느라 부스스한 모습으로 새벽 6시쯤 등장할 것이다. 그러나 첫번째 다세포 생물은 밤 9시가 되어서야 겨우 나타나는데, 이것만 보더라도 우리는 생명 탄생을 둘러싼 기적의 본질은 일순간에 이루어진 창조보다는 오랜 협력 과정의 산물이라는 것을 짐작할 수 있다.

진화 과정에서 우리 인류가 차지하는 위치 또한 이처럼 지질학적인 시간을 하루 24시간으로 치환해서 생각해 보면 쉽게 이해할 수 있다. 우리가 알고 있는 바에 의하면 첫번째 직립 원인이 동부 아프리카의 먼지 이는 평원에 그 발자국을 남긴 것은 밤 12시가 되기 55초 전이었고, 진정한 의미의 인류는 이보다 24초 후쯤에 생겨났으며, 오늘날 우리들의 직계 조상이 되는 근대 인류는 자정 4초 전에야 모습을 나타낸 셈이다! 그러니까 한 생물종이 생겨나서 병균적 증가 모드에 돌입하고 또한 전 지구를 완전히 독점한 나머지 오늘날 그들 자신의 생존마저도 위협을 받는 지경까지 환경을 파괴하는 데 걸린 시간은 단지 4초였던 것이다. 이에 비하면 공룡들은 천천히, 그리고 발뒤꿈치를 들고 살금살금 지질시대를 걸어 왔던 것으로 보인다. 이들은 무려 한 시간이 넘게(그러니까 약 1억 8천만 년 동안) 지구상을 배회하고 다녔으나 오늘날 이들이 남긴 흔적은 그리 많지 않다.

그래서 지금 우리는 이렇게 다시 자정이 임박한 시각에 와 있다. 전세계의 60억 인구가 작은 강둑에 옹송그리고 모여 앉아서 말이다. 그러나 지금 이 순간에도 해수면은 계속 불어 오르고 파괴된 환경으로부터는 사정없이 폭풍이 몰아쳐 온다. 인류라는 종족의 운명은 지금 저울대 위에 올라 있으며 이것이 어느 쪽으로 기울 것인지는 진화의 스톱워치에서 다음 100만분의 1초 동안에 결정될 것이다.

와일드 카드

그렇다면 우리가 과거에 좀더 현명하게 행동할 수는 없었을까? 지금 시계를 45초만큼만 되돌려서 원숭이를 닮은 인류의 조상들—저 자그마하고 침팬지와 비슷한 모습을 한 인류과(科)의 원인들이 메말라가는 아프리카 평원에서의 삶에 적응하려고 애쓰던 시점으로 돌아가 보자. 느려진 성장속도와 그 뇌 속에 일어난 몇 가지 변화, 그리고 이러한 변화들을 전적으로 지지했던 자연 도태의 선택과정에 힘입어 이 미약한 생물은 그때 막 진화가 내놓은 와일드카드—그러니까 액면가는 보잘것없는 반면 그 잠재력은 무한한 동물이 되려 하고 있었다. 그러나 이러한 변화는 신체적으로 막대한 희생을 치르고서 얻어진 것이었다. 진화와의 밀고 당기는 협상과정에서 인류는 자신들이 원래 가지고 있었던 강점의 거의 대부분—즉 거친 털과 날카로운 이빨, 그리고 강인한 힘과 재빠른 몸동작을 모두 포기해야만 했다. 이는 실로 막대한 손실이어서, 그 대가로 얻어진 몇몇 특징들, 그러니까 보다 멀리까지 볼 수 있는 시력과 자유롭게 움직일 수 있는 어깨, 그리고 매우 섬세한 손놀림을 가지고도 잃은 것을 모두 보충할 수는 없었다. 더구나 빙하기마저 다가오고 있던 이 무렵의 상황은 마치 환경이 인류에게 "너, 거기 세번째 유인원, 너희들의 세상은 이제 끝났다."라고 말하고 있는 격이었다.

그러나 이 당시 인류의 조상에게 일어났던 신체 구조상의 변화는 아마도 보기보다는 꽤 가치가 컸던 모양이다. 언뜻 보아서는 길어진 유년기와 보다 자유자재로 성대를 사용하게 된 것, 직립보행, 그리고 때를 가리지 않고 성행위를 할 수 있게 된 것이 빙하기를 살아남는 데 무슨 도움이 되었을지 의아해진다. 그러나 이들의 커진 두뇌 속에 바로 한 개의 빛나는 무기, 그리고 이전의 어느 누구도 가지지 못했던 무기가 감추어져 있었던 것이다. 인류의 두뇌는 그 기본 구조면에서 본다면 오스트랄로피테쿠스 원인(原人)의 그것과 별반 다를 것이 없다. 단지 차이점은 그 크기가 현저하게 크고, 표면에 주름이 더 많이 잡혀 있다는 것뿐이다. 그러나 이렇게 증가된 대뇌 피질의 면적과 대폭 확장된 신경회로는 인류의 조상들로 하여금 실로 엄청난 양의 데이터를 머리 속에 저장하고 찾고 또 비교 분석할 수 있는 능력을 소유하게 해주었던 것이다. 무엇보다도 중요한 사실은 이 두뇌 확장 이후 인류가 복잡한 언어 구사 능력과 기술의 발명, 그리고 추상적인 개념을 사고할 수 있는 능력들의 기반이 되는 신경계 구조를 갖추게 되었다는 것이다.

외형적인 특징만을 놓고 본다면 인간은 얼마나 볼품없는 존재인지 모른다. 분류상으로 영장류에 속하지만 이들은 다른 유인원들처럼 빠르지도 않고, 건장하지도 않으며, 몸에 털도 없고, 마치 어린아이를 크기만 늘려 놓은 것 같은 모습이다. 한마디로 말해서 자연 도태의 첫번째 대상으로 안성맞춤일 것처럼 보이지만, 이들은 사실 지구상에서 가장 두려운 생물—즉 무기를 든 미치광이와도 같은 존재이다. 그 어떤 전문적인 공격무기나 방어능력을 가진 것도 아니면서 이들은 모든 역경을 참으로 잘도 이겨내 왔다. 바로 완성된 생존자의 모습이자 모든 동물의 귀감이라고 할 수 있다.

약 2500만 년 전 인류의 전형(典型)이 처음으로 그 모습을 갖추었을 당시 인류강(綱)은 세 개 혹은 네 개의 가지로 나뉘어져 있었다. 그러나 100만 년 전이 되었을 무렵에는(그러니까 24시간 척도로는 자정에서 20초 전이다) 이들 중 고기를 먹는 단 한 종류, 즉 우리의 조상만이 살아남아 있었다. 그런데 '살아남았다'고 하는 표현은 어쩌면 좀 어폐가 있다. 20~40명씩 떼를 지어 생활하고 함께 사냥하면서, 이들은 그 때 이미 지구의 반대편까지 성공적으로 진출한 상태였으니까 말이다. 또한 가는 곳마다 먹이 피라미드의 가장 꼭대기 자리를 차지한 것은 물론이다. 이 성공 사례는 그 주인공인 모험심 강한 *Homo erectus*들이 원래 아프리카의 메마른 평원에서 발원해 나왔음에도 불구하고, 빙하기가 지구상의 온대지방 전반에 그 맹위를 막 떨치기 시작한 무렵에 북구 지방의 추운 숲에서 이루어졌다는 점을 생각할 때 더욱 놀라울 뿐이다.[3]. 가진 무기라고는 기껏해야 막대기와 돌, 꾀를 부릴 줄 아는 두뇌, 그리고 결정적으로 그 피 속에 흐르는 약간의 미치광이 기질뿐이었지만, 이 특출한 동물은 그들이 잘 조직된 집단을 이루어 공격한다면 털북숭이 매머드나 검치 호랑이, 그리고 코뿔소도 능히 때려눕힐 수 있다는 것을 서서히 깨닫게 되었다. 그러니까 인간의 유전자가 인류 역사의 험난한 첫 단계에서 그들을 안전하게 인도해 주었던 미신적 성향과 협동, 그리고 기술 경쟁의 적절한 배합을 지금도 추구하고자 하는 것은 무리가 아니다. 그런데 이 유전 형질이 과거 위기에 처한 *Homo erectus*들에게 그토록 큰 힘이 되어주었다면, 오늘날 우리에게도 같은 작용을 할 수 있지 않을까?

개인적으로 나는 그러하리라고 믿지만, 그러나 힘이 되어 준다고 해보았자 인류가 멸종에 이르는 상황을 피할 수 있게 해주는 정도일 것이다. 인류가 첫번째 겪었던 환경 위기, 즉 빙하기와는 달리 지금의 상황은 다분히 인류 자신에 의하여 초래된 것이고, 우리 혼자만의 단독 질주에 대한 환경으로부터의 반격이다. 즉 이는 본질적으로 인간을 표적으로 한 공격이며, 이에 대응하고자 인류가 꺼내어 들 것이 뻔한 첨단기술이라는 무기는 저 석기시대의 돌과 막대기보다 훨씬 효능이 낮을 수밖에 없는데, 왜냐하면 첨단기술 그 자체가 모든 문제의 핵심 원인이기 때문이다. 지금의 상황은 전 지구 생물권 대 인류의 대결이며, 설상가상으로 지금까지 인류 발전의 원동력이 되어주던 조작된 신화는 이제 오히려 인류의 확실한 패배를 보장해 줄 망상 속으로 우리를 몰아가고 있다. 바로 다음과 같은 망상들이다.

    1. 인류는 영적으로 자유로우며 따라서 스스로의 행동에 책임을 진다.
    2. 환경은 본질적으로 안정하기 때문에 설사 파괴되었다 하더라도

조금만 기회를 주면 다시 원상태로 회복될 것이다.
3. 대부분의 환경 파괴는 인류의 무지와 욕심, 그리고 기술의 잘못된 사용으로 인한 것으로, 마음만 먹으면 고칠 수 있다.
4. 인류의 지능과 기술로 대부분의 환경 문제들은 해결 가능하며, 충분한 시간과 자금만 주어진다면 시민 교육과 정책 변경을 통하여 파괴된 환경도 모두 복구할 수 있다.
5. 인류는 언제나 그래왔듯이 그 높은 지능, 풍부한 지략, 그리고 꺾이지 않는 기상을 가지고 이 위기도 극복하고 살아남을 것이다.

그러나 실제 상황은 이와 반대이다.

1. 인간은 다른 모든 동물과 마찬가지로 유전적인 요인의 지배를 받는다. 인간의 정신은 육체와 분리될 수 없으며, 따라서 정신이 육체를 지배한다고는 말할 수 없다.
2. 환경은 카오스적인 시스템이며 본질적으로 불안정하다. 언제나 그래왔고, 앞으로도 그럴 것이다. 환경의 불안정성이 아니었다면 진화는 일어나지 않았을 것이다. 또한 환경이 가진 성질 중에 원상복귀란 없다.
3. 대부분의 환경 문제는 개체수의 과잉 증가에 따른 필연적인 결과이며, 이 개체의 병균적 증가가 시작되고 종결되는 주기에 필요하다.
4. 인류가 현재 직면하고 있는 환경 문제들은 과학기술을 발전시킨다고 해서 해결될 성질의 것이 아니다. 인간의 모든 활동은 좋은 것이든 나쁜 것이든 상관없이 환경에 빚을 지게 만든다. 인류가 시도하는 과학 기술이 첨단으로 갈수록 이 부채도 더욱 커진다 [환경에 미치는 영향(I)=인구(P)×활동(A)×기술의 발전(T)].
5. 병균적 증가의 주기는 진화의 과정에서 꼭 필요한 요소이며 특히 *Homo sapiens*처럼 매우 생산적이고 환경에 미치는 영향이 막대한 종의 경우에는 이로 인해 생겨난 환경 문제들을 해결할 수 있는 유일한 해결책이 된다.

이렇게 많은 오개념들에 얽매인 채, 인류는 이제야 되돌이킬 수 없는 파국이 이미 시작되었음을 겨우 깨달으려 하고 있다.

지구가 놓은 쥐덫

효과적인 쥐덫에는 '지연장치'라는 것이 필요하다. 덫이 닫혀 버리기 전에 쥐가 완전히 그 속으로 들어가기까지 충분한 시간을 주어야 하기 때문인데, 지구의 생태계가 놓아둔 쥐덫에는 두 가지의 지연장치가 설치되어 있다. 그 첫번째는 바로 지구상의 모든 생물학적 및 지질 화학적 주기가 공통적으로 보여주는 복잡성과 방대함이다. 바로 오늘 대기중의 탄소량이 3분의 1로 줄어든다 하더라도 이 변화가 지구상의 탄소 주기에 영향을 미치기까지는 100년도 더 걸릴지 모른다—지금 당장 인류가 모든 탄소연료의 사용을 중지한다고 해도 말이다. 지구 표면의 71%를 차지하고 있는 바다 또한 거대한 열 흡수층으로 작용할 수 있어 현재의 탄소로 포화된 대기가 방출하는 열기를 앞으로도 수십 년쯤은 더 감추어 줄 수 있다.

동식물의 멸종 현상은 처음 시작되었을 때는 진행 속도가 느리며 알아차리기 어렵지만, 일단 진행이 되고 나면 이를 멈출 방도가 없다는 특징을 가지고 있다. 쉽게 망가지는 지구의 환경에서 중요한 역할을 하는 종이 하나나 둘 정도 사라졌다고 치자. 이는 금세 이 종들에게 의존하고 있는 다른 생물들의 멸종을 초래할 것이며, 이 멸종은 또 다른 멸종을 일으켜서 마침내 수세기에 걸친 멸종의 연쇄반응이 시작된다. 또한 이 광범위 멸종현상은 그것이 처음 동물(또는 식물) 쪽에서 시작되었더라도 결국은 식물(또는 동물) 쪽에서도 멸종 현상을 유발하며, 경우에 따라서는 이러한 교

호주 중부 늪지대에서 발생하는 메탄가스의 거품들
이 지역의 진흙이나 얕은 웅덩이 속에서 썩어가는 식물들이 박테리아에 의하여 분해되는 과정에서 발생한다.

차가 몇 번씩이나 일어나기도 한다.

 두번째 지연장치는 인간들의 두뇌 속에 설치되어 있다. 즉 그들의 유전적 성향에 기원을 두고 있는데, 우선적으로는 인류의 부족집단적 특성으로부터 오고, 그 다음으로는 언어능력과 관련이 있다. 무엇보다도 잔인한 것은 마치 브루투스가 시이저에게 했던 것처럼, 진화가 주는 벌칙이 우리의 급소를 찾고 있는 동안 이 브로카의 중추가 여러 가지 환상으로 인류를 현혹시키면서 시간을 벌어주고 있다는 사실이다. 이 치명적인 전략이 실천되는 현장을 보고 싶다면 신문을 읽거나 TV 뉴스를 시청하기만 하면 된다. 그곳에서 우리는 사람들이 가장 알고 싶어하는 것은 다른 사람들의 행동이며 동식물의 멸종이나 대기 중의 탄소량 증가, 또는 지구상에서 가장 생산성이 높은 땅인 습지들이 무더기로 사라져 간다는 사실 따위에는 관심이 없다는 것을 알 수 있다. 즉 인류는 기회가 닿는 한 그 신비주의적 성향을 충족시켜 주는 주제에 심취하며 머리가 두 개 달린 괴물 이야기를 듣고 싶어한다는 뜻이다.

지연장치 말고도 성능이 좋은 쥐덫은 머리카락만 닿아도 작동할 만큼 예민해야 한다. 지구가 놓은 쥐덫의 경우 그 예민함은 미생물들을 통하여 얻어지는데, 이 사실은 매우 잘 숨겨져 있다. 이 첩보작전의 주역은 바로 박테리아의 계통수에서 두번째 가지로 나타내는 시원세균이다. 이 생물은 가장 강력한 온실효과를 가져오는 메탄가스를 주로 방출하며, 열대의 늪지나 토탄 웅덩이, 그리고 만년빙으로 덮힌 극지대의 툰드라처럼 산소가 없는 환경에서 발견된다. 만일 지금처럼 지구의 기온이 계속해서 상승한다면 극지방의 얼음 속에 갇혀 있는 엄청난 양의 메탄가스가 방출될 것은 물론 해수면이 증가하면서 전 지구상의 열대 저지대는 물에 잠겨 메탄으로 가득 찬 늪으로 변할 것이다. 그리고 이에 뒤따라 가해질 환경으로부터의 반격은 현재 당면한 인구 문제를 늦어도 20~30년 안에는 거뜬히 해결할 것이 분명하다. 시베리아의 얼어붙은 호수에서 지금도 녹아 나오고 있는 메탄가스는 과거 27,000년 동안 그 진흙 얼음 속에 안전하게 갇혀 있었던 것이다[4].

인류는 그러나 앞으로도 계속 코앞에 닥친 문제들을 제대로 파악하지 못한 채, 다른 유인원과 마찬가지로 영장류 특유의 취미생활이라고 할 수 있는 섹스, 범죄, 전쟁, 스포츠, 그리고 정치를 즐기며 지낼 것이다. 게다가 지금은 제아무리 허무맹랑하거나 끔찍한 장면조차도 감쪽같이 만들어 낼 수 있는 디지털 영상 기술이 개발되었는지라 많은 다큐멘터리 영화들조차 그 진실성을 의심받고 있는 지경이다. 이에 힘입어 모든 미신과 신비주의적 요소들은 지구 전체를 자유롭게 활보하고 있어, 앞으로 다가올 환경의 징벌이 그 정당성을 증명하기 위하여 내세울 자료들은 충분하고도 남는다.

꼭대기로 올라가기

인류가 자신이 보고 듣고 느낀 모든 것을 신비화시키고자 하는 집착에 가까운 충동은 그 궁극적 목표를 달성하기에 아주 적절한 장치이다. 이것이 해야 할 일은 오로지 우리로 하여금 정치적, 경제적, 그리고 영적(靈的) 기업들을 계속 발전시켜 나가도록 부추김으로써 인구 증가가 그 최고점을 지나 스스로 알아차리기도 전에 멈출 수 없는 추락으로 이어지도록 만드는 것이다. 순진한 경제적 합리주의가 서구사회의 정치사상을 지배하는 한편 산업화의 도도한 물결이 인구가 집중된 아시아 국가들을 휩쓸고 있는 이 시점에서, 산업기술과 무절제한 소비를 기반으로 형성된 범세계적 소비자문화가 예시해 주는 바에 따르면, 인류의 병균적 증가는 21세기의 중반이 지나기 전 마침내 그 최고점에 달할 것으로 보인다.

병균적 증가 성향을 보이는 다른 포유류 동물로부터의 통계 수치들을 살펴보면 그 수적 증가가 최고치를 이룬 후 찾아오는 감소세는 이전의 증가 속도에 비례한다고 나타나 있다. 지구의 생물권은 매우 공평하게 작동하는 시스템이니만큼, 신체적으로도 그다지 내세울 강점이 없는 인류가 이 현상을 예외적으로 피해갈 가능성은 없어 보인다. 그리고 만일 인류의 추락이 그 증가곡선과 대칭을 이룬다면 그 숫자가 반으로 줄어드는 데는 채 100년도 걸리지 않을 것이며, 특히 인구가 밀집된 제3세계의 국가에서 발생할 것으로 예측되는 사태들은 과거 히틀러나 마오 쩌둥, 그리고 스탈린(Stalin)에 의해서 행해졌던 대량 학살을 아마추어의 장난쯤으로 보이게 만들지도 모른다.

인류의 몰락을 총지휘하게 될 요인이 인류 버전의 범적응현상

(GAS)이 될지, 아니면 환경으로부터의 엄한 벌칙이 될지는 아무도 모른다. 쥐에서 나타나는 GAS 증상은 내분비 기능의 이상과 성기능 장애, 배란 및 착상률의 감소, 젖의 부족, 면역력 저하, 그리고 유아 사망률의 급증이었다. 또 사회성 측면에서는 공격성의 증가와 유아 살해 및 서로 잡아먹는 현상, 출산율의 감소, 젖먹이기를 거부하는 행위 등이 나타나며, 그 밖에도 여러 가지 정도를 벗어난 성행위, 그 중에서도 특히 동성애 및 어린 동물과의 짝짓기가 두드러진다고 되어 있다. 이 중에 현재 인류가 처한 상황과 비슷한 점이 있는지를 판단하는 것은 독자들에게 맡기기로 한다. 인간 사회에서는 영아 사망률이 증가하지 않고 있으며 서로 잡아먹는 행위 또한 아직까지는 보고된 바 없다. 그러나 현재 인류 전반에 걸쳐 나타나고 있는 건강상의 문제들, 특히 인체의 면역계와 자율신경계, 그리고 생식기를 둘러싼 미미한 변화가 점차 증가 추세에 있는 것으로 보인다. 이들 중 직접적이든 간접적이든 우리 주변의 화학적 오염물질에 책임을 물을 수 있는 현상이 대부분인 것으로 미루어 볼 때, 이는 인체 시스템의 내재적인 문제가 아니라 환경 파괴로 인한 기능 장애임이 분명하다. 그러나 다른 포유류 동물의 연구 결과에서는 병균적 증가의 종식이 일반적으로 내부적 요인과 외부적 요인이 함께 작용하여 일어난다고 보고되어 있다.

인류가 진화의 소외 계층으로부터 세계의 지배자로 탈바꿈한 과정은 길고 고통스러운 것이었다. 선사시대의 사냥꾼이 흥분하여 질러대던 소리로부터 베토벤(Beethoven)의 제9번 교향곡까지, 그리고 석기시대인들이 투덜대던 말로부터 일본 하이쿠(역주: 5,7,5의 3구로 이루어진 서정 단시)까지, 아르데세 동굴과 카카두의 돌집에 그려진 벽화로부터 도자기로 만들어진 시드니 오페라하우스의 날개지붕까지―이들은 실로 다른 어느 동물의 세계에서도 찾아 볼 수 없는 진화의 여정에 세워진 이정표들로, 그 가치를 가늠하기 어려운 업적들이다. 번쩍이는 서구의 산업사회 한복판에서 바라다 볼 때 고통스러웠던 인류의 태동은 새로운 별의 탄생처럼 요원하게 여겨지지만, 그러나 진화의 척도로는 불과 수 분 전에 일어났던 사건이며 그래서 아직도 우리 주변에 그 여파가 남아 있다. 인류의 조상들이 선사시대 동굴의 벽에 사람의 손바닥 형상을 베껴 놓은 흔적은 그들에게 있어 오늘날 최신형 컴퓨터 스크린이 우리에게 가지는 의미 못지 않게 중요한 것이었다. 또한 인류가 발명한 최첨단의 레이저 유도장치가 부착된 무기도 알고 보면 우주시대의 석기(石器)에 불과하다. 어쩌면 우리는 이 선사시대의 오리지널들이 가지고 있던 우아함과 효율성을 상업적으로 좀더 그럴싸하게 보이기 위한 겉치레 포장과 바꾼 것인지도 모른다.

한편 이 모든 변화에도 불구하고 인류의 조상이 가지고 있던 유목민적인 삶의 요소들은 아직도 우리들 안에, 그러니까 저 거대한 DNA의 저장고 속에 원형 그대로 남아 있다. 그 증거는 도처에서 찾아볼 수 있으나 주말이 되면 더욱 분명해진다. 부족시대의 유물인 전투 기질은 이제 스포츠 경기장에 내어놓기 좋도록 얌전하게 길들여진 것처럼 보이지만, 응원하는 팬들은 여전히 거칠고 원시적이다. 또 호주 내의 어느 국립공원 관리인에게 물어보더라도 여름철 내내 주말마다 도시에서 몰려오는 전사들이 바위를 기어오르고 짐승들을 쏘아 죽이며, 그들이 떠난 자리에 연기가 피어오르는 망가진 자연을 남기는 것을 막을 방도는 없다고 대답할 것이다.

도시의 전사들

미국과 호주에서 총기와 관련된 로비활동이 그처럼 강력한 영향력을 행사할 수 있는 것도 어쩌면 인류의 오래된 전사 기질 때문인지도 모른다. 지금은 비록 검치 호랑이의 위협이 우리들 위에 그림자를 드리우고 있는 것은 아니지만, 아직도 많은 사람은 우리를 가장 효과적으로 방어해 줄 수 있는 무기를 몸에 지닌다는 것에 대하여 강한 매력을 느끼는 것 같다. 호주의 경우는 사실 한 번도 지금 미국이 처해 있는 상황처럼 국가 전체가 총기의 유혹에 빠져드는 일은 없었지만, 그럼에도 불구하고 한 정신이상 젊은이가 반자동 소총을 54명의 무고한 사람들에게 난사하여 그 중 34명이 사망하는 사건이 발생하고 나서야 비로소 총기의 개인 소유를 금지하는 법령을 통과시킨 바 있다. 타즈마니아의 포트 아서에서 일어난 이 사건이 초래한 비극 이후에도 법령을 통과시키는 과정은 전혀 순탄하지 않았는데, 총기 소지를 지지하는 로비스트들은 그들의 논리가 더 이상 합당하지 않다는 것이 증명되었음에도 불구하고 1970년대의 베트남 전쟁 반대 운동 이래 가장 규모가 큰 시위(참가자는 주로 남자들이었다)를 벌이는 데 성공하였다.

이 총기 로비스트들의 감정적인 반응이야말로 이들의 행동이 유전적인 요소들로부터 기인한 것임을 더할 나위 없이 잘 나타내 주고 있다. 고대의 수렵 채집인 사회에서 각각의 전사들이 소유한 무기들은 그의 남성 성기(性器)만큼이나 소중한 신체의 일부였으며, 이 집착은 도시의 전사에서도 근본적으로 변한 것이 없다. 따라서 총기 소지권을 주장하는 자신의 논리를 합리화할 근거가 희박해지자 호주의 광적인 총기 소지 지지자들은 미국에 있는 동지들과 마찬가지로 궁지에 몰린 그들의 유전자가 생각해 낼 수 있는 마지막 보루, 즉 '음모설'을 주장하기에 이른다. 이들에 의하면 총기소지 금지법은 권력에 눈이 먼 정치가들이 국민, 그 중에서도 특히 자신들처럼 자유롭고 독립적인 기상을(그리고 총기를) 지니고 있어 정부가 민주주의와 개인의 자유를 박탈하고자 시도할 경우 첫번째로 대항하고 나설 사람들을 무장해제 시키기 위한 속임

수라는 것이다.

그러나 다행스럽게도 무기를 둘러싼 로비 활동은 인류의 일상적인 삶에 영향을 미치는 여러 가지 다양한 유전적 명령이 섬세한 균형을 이루고 있는 국회 의사당에서 다수의 지지를 받고 있는 것 같지는 않다. 그러나 한 번은 타즈마니아의 의사당에서 전형적인 전사 기질이 극적으로 연출된 사건이 있었다. 이 때 주로 남성들로 구성된 상원(上元)의회에서는 총기 소유와 관련된 지방 법률을 개정하자는 의견이 제출되었는데, 즉 총기를 소유할 수 있는 연령 제한을 12세로 낮추고, 또한 총기 소지자가 술이나 정신성 약물을 복용한 상태에서 총기를 사용하는 것을 합법으로 허용하도록 하자는 것이었다. 이는 어쩌면 그저 단순히 노망이 든 상원의원의 어처구니없는 실수라고 볼 수도 있겠으나, 사실 선사시대의 전사 유전자는 아직도 이처럼 기회가 있을 때마다 이성적 사고의 중추로부터 인간 두뇌의 지배권을 찬탈하는 힘을 가지고 있는 것이다.

포트 아서에서 발생한 총기난사 사건의 충격과 그 후 오래도록 지속된 사회적 후유증에도 불구하고 불과 1만여 년의 역사를 가진 농경—도시문화가 도저히 200만 년이라는 세월에 걸쳐서 다져진 인류의 전사 기질을 누를 수 없다는 사실을 직시하는 사람은 그리 많지 않다. 어느 측면에서 살펴보더라도 인류의 두뇌 속에는 아직도 석기시대의 구조들이 그대로 남아 있으며, 그 어느 문화도, 또는 인류의 진화가 앞으로 얼마든지 더 진행된다고 하더라도 이를 바꿀 수는 없을 것으로 보인다. 유전적인 관점에서 볼 때 인류는 지금 이 상태대로 완성된 작품이며 앞으로 발전시켜 나갈 전형(典刑)은 아닌 것이다. 달리 표현하자면 우리들의 앞에 기다리고 있는 빛나는 유토피아는 없다.

그러나 포트 아서의 우울한 기록에는 조금 고무적인 주석이 붙여져 있다. 이 사건을 다룬 저널리스트 스티브 미첨(Steve

Meacham)이 지적하고 있는 바와 같이, 총기를 난사한 주범은 이런 종류의 사건이 언제나 그렇듯이 남자였지만, 피해자 중에서 다섯 명의 남자는 자신의 아내와 아이들을 몸으로 덮쳐 구해 보려고 하다가 숨졌으며, 한 어머니도 이와 마찬가지로 아기를 대신하여 목숨을 잃었다. "총탄이 쏟아지는 방향으로 몸을 날릴 때 이들은 분명히 자신을 희생해서라도 가장 사랑하는 이들의 목숨을 구해야 한다는 그 어떤 원초적인 충동에 의하여 순간적으로 행동했을 것이다."라고 미첨은 적고 있다. "불과 1초도 안 되는 시간 동안에 이들의 운명은 결정된 것이며, 이는 사고(查考)보다는 반사(反射)의 산물이었다.[5]" 실제로 그날 오후의 비극 속 어디에도 이성적 사고가 설 자리는 없어 보인다. 오직 동물적 충동에 의한 선한 행동이 있었을 뿐이며, 따라서 이 여섯 사람이 보여준 영웅심 또한 결국은 유전적인 명령으로부터 나왔던 것이다.

길거리로 나앉다

현재 인류는 정체감(正體感)의 상실을 겪고 있다. 유전학적으로 우리는 수렵채집생활을 하는 유인원이어야 하지만, 더 이상 이 오래된 역할에 적합한 사회적 및 물리적 환경에서 살고 있지 않다. 수렵 채집인 사회의 기준으로 본다면 인류는 마치 가출한 청소년들과 비슷한 처지로, 근본도 없고 목적도 없이 하루하루를 자신의 보잘것없는 지혜에 의존하여 살아가야 한다. 그러나 인류는 이 새로운 삶의 방식에 꽤 잘 적응해 왔다고 볼 수 있다—아니 어쩌면 너무 잘 적응했는지도 모른다. 그러나 지구라는 작은 행성을 지배하는 자연의 법칙들은 마침내 인류의 위법 행위들을 감지하기에 이르렀고, 그에 해당하는 판결도 이미 내려진 상태이다.

인류가 그처럼 자랑스럽게 생각하고 또 전적으로 의존하게 되어 버린 산업과 의학 기술의 눈부신 발전은 알고 보면 모두 그 병균적 증식 모드를 유지시키고자 고안된 것으로, 결국 우리로 하여금 지구가 놓은 쥐덫에 꼼짝없이 갇히게 만든 원인이다. 유아 사망률의 감소와 공중 보건의 향상은 궁극적으로 먹여 살려야 할 입이 더 늘어난 상황을 초래할 뿐이다. 높은 생활수준과 교육 또한 자원의 소비를 증가시키고 이로 인한 쓰레기와 오염도 따라서 늘어나는 결과를 가져온다. 보편적인 생활수준은 높아지는 반면 출생률은 감소세를 보이는 현시점에서 사람들은 점점 더 많은 자동차와 집, 그리고 TV를 사들이는 한편 이들을 생산하고 사용하기 위해 점점 더 많은 에너지와 자연 자원을 소비하고 있다. 그 결과 인류가 지구 생물권에 미치는 영향은 출생률의 감소에도 불구하고 전혀 줄어들지 않았을 뿐 아니라 오히려 늘어났다. 다시 말하면 앞으로 출생률이 계속 줄어든다고 하더라도 인류의 에너지 소비는 계속 증가할 것이기 때문에, 인간 활동이 미치는 영향의 총합은 병균적 증가의 예상 곡선을 앞으로도 정확히 따라갈 것을 의미하고 있으며, 이 정확도는 그저 우연의 일치라고 보기는 어렵다.

현재 인도와 중국에는 전세계 인구의 3분의 1에 해당하는 숫자가 살고 있다. 인도는 지금 2억이라는 숫자의 중산층을 가상 소비자로 설정하여 본격적인 자동차 생산에 돌입하려는 중이며, 중국 또한 비슷한 계획을 세우고 있다. 중국에서는 전체 가구의 80% 정도가 TV를 가지고 있는데, 이를 통해 방영되는 홈쇼핑 프로그램들이 많은 인기를 얻고 있다고 한다. 프로그램에서 선전하는 상품을 마음대로 살 수 있는 사람들은 아직 그리 많지는 않으나 생활수준의 향상과 더불어 수요가 점차로 늘어나고 있는 추세인지라 이들 공산품의 생산이 환경에 미치는 영향은 그 동안 가족계획과 교육, 그리고 원래 의도했던 바는 아니지만 성생활을 통해 전염되는 질병에 대한 두려움이 부추긴 피임도구의 사용 등을 통하여 어렵사리 출생률을 감소세로 돌려놓은 것에도 불구하고 날로 급증하고 있다. 또 이 두 나라의 산림들은 이미 거의 대부분 파괴되었고 인구밀도는 과잉 상태이며 오염된 공기로 둘러싸여 있어, 이에 비한다면 서구 국가들이 당면한 문제는 상대적으로 매우 하찮게 보인다. 이 두 거대한 집단이 21세기로 도약하는 과정에서 사용할 에너지는 결국 황이 잔뜩 포함된 석탄과 수력발전, 그리고 핵 에너지뿐이다. 그러나 핵발전소는 짓는 데도 막대한 경비가 들 뿐 아니라 그 유지비도 엄청난 반면 그 수명은 제한되어 있어 결과적으로 투자에 비하여 얻는 것이 별로 없는 설비이다. 그런가 하면 수력 또는 화력발전소는 적은 비용으로 설치할 수 있고 한 번 지으면 오래도록 사용이 가능하므로 상대적으로 매우 효율적인 에너지 생산 방법이라고 할 수 있지만, 이들 또한 환경에 매우 나쁜 영향을 미치기는 마찬가지이다.

댐의 과실

어느 정부나 국민을 막론하고 모두들 수력발전은 그 운영 과정에서 환경에 해로운 요인들을 거의 발생시키지 않는 '깨끗한 에너지원'—다만 그 댐을 건설하는 과정에서 일어나는 피해를 제외시키기만 한다면—이라고 믿어왔다. 또 일단 시설이 지어지기만 하면 그 유지비는 매우 싼 편이며, 게다가 온실 효과에 한몫을 하는 가스들도 발생시키지 않는다. 정치가들의 주장에 의하면 그야말로 '무해 에너지'인 셈이다.

그러나 이 상상이 사실이라면 얼마나 좋을까. 수력 발전을 일으키기 위한 댐이 건설되는 과정에서 물 속에 잠기게 되는 골짜기의 식물군들과 진흙들이 썩어가면서 만들어내는 온실 효과는 같은 양의 전력을 생산할 수 있는 화력발전소가 방출하는 양과 맞먹거나 훨씬 더 크다. 브라질의 아마조니아 국립 연구소에서 일하는 생태학자 필립 페른사이드(Philip Fearnside)가 분석한 바에 따르면 브라

호주 머레이 계곡에 있는 코우 늪지대
수력발전소나 관개용 저수지를 건설하는 과정에서 이렇게 숲 전체가 물에 잠기게 되면 결국 엄청난 양의 메탄가스가 발생하는 결과를 가져온다.

질의 발비나 저수지로부터 나오는 이산화탄소와 메탄가스의 양은 동일한 규모의 석탄을 때는 화력발전소에서 배출하는 양보다 무려 16배나 더 많다고 한다. 더욱 놀라운 것은 이 발전소가 가동된 첫해인 1987년에는 페른사이드 박사가 조사를 시행한 1996년보다 네 배나 더 많은 1000만 톤의 이산화탄소와 15만 톤의 메탄이 방출되었을 것으로 추정된다는 사실이다. 페른사이드 박사는 발비나 저수지에서 나오는 온실가스들이 앞으로 계속 줄어들기는 하겠지만, 물속과 같이 산소가 없는 환경에서는 커다란 나무 둥치 하나가 완전히 썩어 없어지는 데 500년 정도가 걸린다는 점을 감안한다면 이 수력 댐은 앞으로 적어도 50년 동안은—아니 어쩌면 언제까지나, 동일한 규모의 화력발전소보다 훨씬 큰 환경 피해를 일으킬 것으로 보인다[6].

　물론 모든 저수지가 다 나쁜 것은 아니다. 이들이 방출하는 온실 가스의 양은 장소에 따라 크게 달라지게 마련인데, 브라질의 발비나 골짜기는 울창한 숲이었지만 그 깊이는 저수지 전체에 걸쳐서 4미터도 채 되지 않았기 때문에 그 방대한 면적에도 불구하고 당초 계획했던 발전량을 생산해 내는 데는 실패한 경우이다. 그런가 하면 그 지역의 위도나 기온은 온실가스 배출량에 별로 영향을 미치지 않는 것으로 보인다. 캐나다의 위니펙에 있는 국립담수연구소에서 존 러드(John Rudd) 박사가 이끄는 연구팀이 북부 마니토바 지역에 있는 수력발전소들을 비슷한 방법으로 조사해 본 결과 저수지 수면에 대량의 메탄가스가 포함되어 있는 것을 발견한 바 있다. 이 중 한 저수지의 물에는 제곱미터당 7그램의 메탄가스가 녹아 있는 반면 다른 장소—토탄층의 늪지였다—에서는 그 양이 30그램에 달하는 경우도 있었고, 물 속의 이산화탄소 양도 450그램에서 1800그램까지 많은 차이가 있었다. 또 마찬가지로 북부 마니토바 지역에 건설된 넓이가 1200제곱킬로미터에 달하는 거대한 시더 레이크 저수지에서는 동일한 양의 전기를 생산해 내는 화력발전소와 비슷한 양의 온실가스가 배출되는 것으로 나타났다[7].

　여기서 산업기술의 발달이 문제를 해결해 주지 못한다는 사실이 또 한 번 증명된 셈이다. 겉보기에는 아무리 친환경적으로 보일지라도 인위적으로 만들어 낸 모든 에너지는 본질적으로 비싼 대가를 치러야만 얻을 수 있는 것이다. 우리가 더 많은 물질을 소비하면 할수록 환경이 치러야 하는 비용도 따라서 증가하는 것을 피할 방법은 없다. 일본의 경험이 그 대표적인 예라고 하겠다. 날로 악화되어 가는 스모그 현상을 해결하기 위한 방책으로, 일본 정부는 그 전력 생산의 대부분을 나름대로 '깨끗한 에너지'라고 믿었던 수력발전으로 대체하는 정책을 고수해 왔다. 그래서 지난 40여 년 동안 일본에서는 1000개가 넘는 수력발전소가 건설되었고 이외에도 500여 개를 더 만들려는 계획이 진행중이다. 그 결과는 어떠했을까? 지금 일본에는 폐수의 여과장치 역할을 하는 습지가 거의 모두 사라져 버렸고 때때로 발생하는 홍수에 의하여 강물이 청소되는 현상도 더 이상 일어나지 않는다. 게다가 값싼 전력의 공급에 힘입어 여기저기에서 공장이 세워지는 바람에 지금 일본의 모든 강과 해안은 전부 심하게 오염된 상태이다[8]. 그런데 러드나 페른사이드 방식으로 계산해 보면 이 수력발전 시설들이 온실 가스를 배출하는 정도는 같은 양의 전력을 전적으로 화력 발전을 통하여 생산했을 경우보다 조금도 덜하지 않다는 것이다. 더욱이 이 많은 수력발전 시설을 건설하는 데 사용된 그야말로 엄청난 양의 시멘트는 대기 중으로 방출되는 이산화탄소의 양을 더 늘리는 결과를 초래하고 있다.

시멘트의 생산 과정에서 대량의 이산화탄소가 만들어지는 이유는 두 가지이다. 첫째는 탄산칼슘이 산화칼슘으로 바뀌어지는 화학반응의 과정에서 이산화탄소가 형성되기 때문이며, 둘째는 이 화학반응을 일으키기 위하여 불가마를 섭씨 1450도까지 가열하는 데에 엄청난 양의 화석 연료가 소모되기 때문이다. 현재 전세계의 시멘트 생산업자들이 매년 발생시키는 이산화탄소의 양은 지구 전체의 7%에 해당하며, 이 또한 해마다 5% 정도의 증가율을 보이고 있는 실정이다. 물론 이것은 아직 전력의 생산과정 또는 자동차의 배기가스가 지구 온난화에 미치는 영향보다는 낮은 수준이지만, 전세계의 비행기에서 나오는 온실가스보다는 훨씬 많은 양이다[9].

다시 한 번 말하거니와 산업 발전은 인류를 점점 더 깊은 환경 문제 속으로 빠져들게 만들 뿐이다. 그러나 지금 이 순간에도 인류의 신화에 심취된 산업 문화는 우리들을 끊임없이 매혹시키고 또한 즐겁게 해주면서 우리가 처한 상황의 심각성을 막다른 골목에 갇힐 때까지 깨닫지 못하도록 유혹하고 있다. 결국 200만 년이라는 세월에 걸쳐 진행되어 온 인류 역사의 대단원은 모든 것이 너무 늦어 버린 상황이 되기 전까지는 그 임박함이 끝내 알려지지 않을 성싶다. 인류가 이 사실을 깨닫기까지는 기상 이변과 해수면의 상승, 그리고 도처에서 발생하는 기아, 사회 구조의 붕괴, 그리고 각종 전염병의 창궐로 그 세균적 증가가 마침내 멈추고 추락이 시작되는 일이 선행되어야 할 모양이다. 그러나 이와 같은 현상들이 실제로 이미 일어나고 있다는 증거는 도처에서 발견된다.

유전자 바꿔치기

세계 각국의 공공 의료기관에서는 이미 기존의 항생제에 대하여 내성을 가진 균들이 결핵, 콜레라, 말라리아, 그리고 성행위를 통하여 전염되는 여러 질병에서 발견되기 시작했다. 그래서 특히 병원 시설에서 많이 발생하는 이 내성균들이 일으키는 질병을 '병원 병(病)'이라고 부르기도 하는데, 그 대표적인 예는 메티실린에 대한 내성을 보유한 포도상구균인 MRSA와 밴코마이신이 듣지 않는 대장균의 일종인 VRE이다. 지금 현재 VRE를 억제할 수 있는 항생제는 없으며, MRSA의 16번 균주의 경우는 밴코마이신 계열에 속하는 단 한 가지 종류의 항생제를 제외하고는 모든 치료약에 대한 내성을 가지고 있다. 만일 밴코마이신에 대한 VRE의 내성이 MRSA로 옮겨지고 이 균이 일으키는 질병이 발생하게 될 경우 전 세계의 병원은 차례로 하나씩 문을 닫을 수밖에 없을 것이다.

이러한 예측이 일반인 사이에서 상당한 공포심을 불러일으키고 있는 반면, 미생물학자들은 최근 들어 이 박테리아들을 새로운 관점에서 연구하기 시작했다. 이 세균들이 실제로 진화의 거대한 설계도에서 차지하고 있는 위치가 본격적으로 드러나기 시작한 것은 지금으로부터 10년쯤 전에 불과하다. 앞서 제 5장과 6장에서 언급한 바와 같이, 지구상 생물체의 계통수는 그 밑둥에 가장 가까운 부분에서 두 개의 커다란 가지로 갈라져 나가는데, 이는 곧 진정세균이 시원세균으로부터 분리되어 나온 시점을 나타내고 있다. 이 첫번째 분열의 결과는 지금 우리 몸속에서도 찾아볼 수 있다. 왜냐하면 인간의 신체를 구성하고 있는 세포는 결국 이 두 가지 세균이 여러 가지 방식으로 합쳐지는 과정에서 생겨났다고 볼 수 있기 때문이다. 그러니까 결국 이처럼 진정세균과 시원세균의 성질을 모두 가지고 있는 합체 세포로 이루어진 인간의 신체 또한 일종의 합체라고 말할 수 있다. 물론 이 두 요소 중에서 실제로 지구라는 행성의 생태계를 좌지우지하는 것은 진정세균으로, 이들은 지구 생태계를 향해서는 매우 모험적인 성향을 나타내는 한편 그들 서로간에 유전 물질을 교류하는 면에서는 전적으로 무차별주의를 표방한다. 린 마길리스와 도리안 세이건은 그들이 공저한 책에서 "이 (진정)세균들은 시카고 무역센터에서 거래에 여념이 없는 상인들보다 더 적극적으로 유전자를 주고 받는다[10]."라고 비유한 바 있다. 이들이 서로 유전 물질을 주고받기 위하여 동원하는 방법 또한 다양하기 그지없는데, 때로는 자신의 유전 물질 일부를 복사해 내어(이를 플라스미드라고 부른다) 그들이 살고 있는 액체 환경 속으로 방출하고 다른 박테리아로부터 나온 플라스미드를 대신 집어삼키는가 하면, 때로는 동종 또는 이종의 다른 박테리아와 일시적으로 접합 부위를 형성한 뒤 이를 통하여 자신의 유전 물질을 흘려보내기도 한다. 이 자유분방하고 어쩌면 문란하기까지 한 박테리아 특유의 생식법이야말로 진화의 모든 과정을 유발시킨 원동력이며 모든 생명의 근원이었다고 할 수 있다[11].

마길리스와 세이건이 지적하는 것처럼 이 지구는 알고 보면 박테리아의 행성인 것이, 바로 이 세균에 의해서 지구상 생물권의 모든 순환 과정이 발생하거나 또는 유지되고 있기 때문이다. 이는 다시 말해서 이 박테리아 중 특정 항생제나 살균제에 대하여 내성을 가지는 변종이 발생한다면 이 새로운 성질이 동종의 박테리아는 물론 같은 생태계 내에 존재하는 다른 박테리아에까지 전이되어 심각한 환경 문제로 대두되는 것은 그야말로 시간 문제임을 말해 준다. 이제까지 발명된 그 어떤 화학 농약도 5년 이상 효력을 발휘하지 못한 것은 바로 이 때문이다. 따라서 문제는 MRSA가 과연 그 하나 남은 치료약에 대해서도 내성을 획득하게 될 것인가가 아니라 그 일이 '언제' 일어날 것인지가 중요할 뿐이다.

박테리아가 가진 또 하나의 강점은 그 빠른 번식력이다. 대부분의 박테리아는 24시간 동안 50번 이상 분열할 수 있다. 게다가 사람이라는 이름의 매우 기동성이 강한 숙주와 이들을 반나절이면 지구의 반대편으로 옮겨다 줄 수 있는 제트비행기에 힘입어 질병을 일으키는 박테리아들은 그야말로 황금기에 돌입하려고 하는 상황이다. 어쩌면 이들의 전성시대가 실제로 도래하는 그 때야말로 지구상에서 '인류로 인한 문제'들이 진정한 해결 국면으로 들어가는 시점이 될지도 모른다.

지구의 입장에서 볼 때 역병(疫病)은 하나도 새로울 것이 없는 사건이다—단 인류라는 이름의 생물들이 일으킨 것을 제외하고는 말이다. 또한 그래서 이 기나긴 진화의 드라마는 지구 역사상 처음으로 다윗과 골리앗 식의 대결—그러니까 작고 보잘것없지만 재빠른 '문화의 혁명'과 '자연의 보복'이라는 이름의 음울한 괴물이 벌이는 싸움으로 마지막을 장식하게 될 것으로 보인다. 즉 다윈 대 라마르크, 또는 토끼와 거북의 경주라고나 할까? 그런데 결국 인류 그 자신이 진화의 기나긴 과정을 통하여 어렵사리 발전해 온 존재임을 생각한다면 인간이라고 해서 자연계의 법칙들을 비껴

갈 것을 기대하기는 어려울 것이다. 이제까지 순탄하게만 진행되어 온 인류의 병균적 증가 곡선과 그 최고점 이후의 추락을 예고하는 현상이 도처에서 발견되기 시작한 것 자체가 이를 시사해 주고 있는지도 모른다. 아직 지구 바깥의 우주로 진출하거나 자연의 엄격한 잣대를 피할 방도를 마련하지 못한 현재의 상황에서 인류는 이제 우리가 치러야 할 대가를 현실적으로 직시하는 것밖에는 달리 취할 방도가 없다.

책임의 전가

현재 지구 생물권 곳곳에서 벌어지고 있는 사건들은 *Homo sapiens*라는 이름의 수다쟁이 천재들이 지구가 놓아 둔 잘 손질된 쥐덫의 적수가 되기에는 역부족임을 나타내 주고 있다. 지난 40억 년이라는 세월 동안 지구는 '가이아 방식'으로 많은 역병을 효과적으로 다스려 왔으며, 인류의 경우 이제까지의 어느 경우보다도 규모가 큰 맞대결이 벌어질지는 모르겠지만 어찌되었든 지구의 입장에서 본다면 이들 또한 그 방대한 생물권 중의 한 구성 요소에 지나지 않는 것이 사실이다. 게다가 인류의 경우는 진화가 약간의 부수적인 보험까지 들어 둔 것으로 보이는데, 이는 바로 인종 차별과 모든 정치적 또는 종교적 이념 전쟁에서 인류가 언제나 내걸기 좋아하는 명목, 즉 "모든 것은 신의 뜻이다."라는 말로써 문제를 덮으려 드는 성향이다. 그러나 앞서 제6장에서 이야기한 말타와 이스터 섬의 우울한 역사를 오늘의 현실에 대입해 볼 때, 21세기 중반 무렵 점차로 커져가는 환경 문제로 인하여 전세계적인 질병의 창궐과 곡물의 흉작이 주기적으로 인류를 강타할 것을 피할 수는 없을 것으로 보인다.

그렇다고 이제 와서 현실을 보다 잘 일깨워 줄 수 있는 지식을 창출해 내는 것도 별다른 도움을 줄 수는 없는데, 왜냐하면 인류는 주변의 사실적 증거들이 그 유전적 충동과 부합하지 않을 경우 단순히 이들을 변형시켜 버림으로써 언제나 보고 싶은 것만을 보려고 드는 성향이 있기 때문이다. 16세기와 17세기에 걸쳐 유럽 전역에서는 수천 수만에 달하는 마녀들이 많은 '목격자'의 증언을 근거로 하여 고문을 당하거나 처형되었다. 또한 과거 4000여 년에 이르는 인류의 역사 기록을 보면 수없이 많은 지식인과 성실한 시민들이 악마나 유령을 실제로 보았으며 환생 또는 별나라로의 여행을 경험하였고, 외계인에게 납치되어 조사를 받거나 이들과 성교를 나누었다고 주장하고 있다.

이 중에서도 우주인에게 납치를 당했다는 스토리는 많은 사람들이 특별히 관심을 느끼는 주제이다. 이는 어쩌면 인류의 역사가 시작되기 이전의 시점으로 돌아가고자 하는 오래된 관습이 보다 현대적인 표현방법을 통하여 재현된 것이라고 할 수 있는데, 과거의 역사에서 납치범의 역할은 주로 악마나 마술사에게 맡겨졌고 간혹 드물게는 이 사악한 존재들이 자신을 천사나 백조, 또는 백마의 모습으로 변장시켜서 사람들을 현혹시킨 것으로 표현되기도 한다. 반면 현대의 외계인은 언제나 그 시대의 피랍(被拉)자들이 가장 선호하는 외형적 특징으로 묘사되는 경향이 있다. 그래서 UFO의 승무원들은 예전에는 키가 크고 금발 머리를 가진 북유럽인의 모습이었으나, 지금은 최근의 헐리우드 유행에 맞추어 그 모습은 인간과 비슷하지만 작은 몸집에 어울리지 않게 커다란 머리와 역시 커다랗고 어린아이처럼 물기 많은 눈을 가진 형태로 묘사되고 있다(극장가에서는 언제나 커다랗고 물기 어린 눈동자를 선호한다).

사교의 부흥

항상 신비스러운 것을 추구하는 인간의 수렵 채집인 유전자는 초자연적이고 허황하기까지 하여 믿기 어려운 시나리오일수록 더 매혹적으로 이끌리는 성향이 있다. 특히 확대된 가족 구조가 실질적으로 무너져 버려서 유전적인 친족관계가 더 이상 사회 구성원을 하나로 묶어주는 역할을 할 수 없게 되어 버린 국가에서는 기상천외하고 미신적인 이념을 표방하는 부족사회 스타일의 사교(邪敎) 집단이 인기를 얻고 퍼져나가는 현상이 일어난다. 이 신흥 종교의 추종자들이 벌이는 광신적 행위가 심심치 않게 신문의 제1면을 장식하곤 하는데, 주로 그 신도들이 집단 자살을 기도했다거나 아니면 그 지도자가 신도 집단을 이 세상에서 다른 곳으로 옮겨가려 했다는 식의 내용이 대부분이다. 최근 들어서만도 이런 부류의 극단적인 집단 광신행위가 구아나의 존스 타운에 있는 피플스 템플(917명 사망), 텍사스 와코의 다윗 분파주의 본부(74명 사망), 그리고 미국과 유럽 전 지역에 퍼져 있는 태양 사원들(총 70명 이상 사망)에서 발생한 바 있다. 일본의 경우 18만 명 이상의 등록 신자를 자랑하는 진리교 골수분자들이 제2차 세계대전 때 사용된 것과 같은 사린 타입의 독가스를 비밀리에 제조하여 일본은 물론 전세계를 볼모로 잡으려고 시도하기도 했다. 나중에 알려진 바에 의하면 이들은 전세계 인구를, 그것도 몇 번씩이나 살상하기에 충분한 양의 사린을 제조할 수 있는 능력을 갖추고 있었다고 한다. 1995년 이들이 도쿄 지하철역에서 시험 삼아 터뜨린 가스 폭탄으로 목숨을 잃은 사람은 12명에 불과했지만 무려 6000명에 이르는 사람이 심각한 상해를 입었고, 이들 중 수천 명은 입원 치료를 받아야 했다. 이 사이비 종교 집단들이 그 구성원에게 이처럼 엄청난 구속력을 행사할 수 있는 비결은 엄격한 규율, 그리고 아이러니컬하게도 그 허황된 신앙 이념 그 자체이다[12].

그런데 이에 못지 않게 위험스러운 것은 증오심으로 불타는 정치 및 종교적 근본주의에 기반을 둔 지하조직들로, 현재 이들이 분쟁을 일으키고 있는 지역은 가장 먼저 떠오르는 이름만 나열하더라도 아프가니스탄과 알제리, 미주대륙, 중동지방, 그리고 북아일랜드를 비롯하여 수없이 많다. 이 이념조직에 가담하기 위하여 갖추어야 할 조건은 실로 만만치 않다. 지원자들은 무엇보다도 폭탄 파편에 맞아 찢겨진 여자와 어린아이의 시체가 가득 널려진 시장터의 풍경을 보고서 이를 정의와 자유가 구현된 것으로 해석할 수 있어야 하며, 또 이 끔찍한 사건을 주동하다가 그 과정에서 죽을 경우 내세에서 대신 큰 상을 받게 될 것을 확고하게 믿을 수 있어야 한다.

사이비 종교 집단이 가장 빠르게 퍼져 나가는 국가들의 공통점이 예전에 대단한 이념으로 뭉쳐져 있던 나라들이라는 점으로 미루어 볼 때, 어쩌면 인류의 문화가 필요로 하는 신비주의적 성향의 총량(總量)은 불변인지도 모른다. 일본의 경우 현재 위세를 떨치고 있는 신흥 종교집단의 거의 대부분이 1960년대 이후 생겨났으며, 미국과 러시아 두 나라는 냉전 체제의 종식과 때를 같이하여 온갖 신비주의적 종교들의 온상이 되어 버렸다. 서구 사람들이 개인적 또는 사업상의 문제로 고심할 때 심리치료사를 찾아가는 것과 마찬가지로 러시아인들은 지금 같은 마을에 사는 마술사—그들의 말로는 콜둔(koldun)이라고 한다—를 찾아간다. 현재 모스크바 안에만도 1만 5천 명이 넘는 허가된 콜둔이 활동하고 있는데, 이들은 모두 국립 보건국에 합법적으로 등록되어 있다. 또 모스크바에서 가장 인기 있는 TV 채널 중 두 곳에서는 하루 종일 콜둔이 행하는 마술을 시청자들에게 보여준다. 모스크바에 주재하고 있는 줄리엣 버틀러(Juliet Butler) 기자는 "중세 이후 마술이 이처럼 한 국가를 통째로 사로잡은 적은 없을 것"이라고 전한다[13].

유전적 눈가리개

신비한 것에 이끌리는 인류의 어리석음은 실로 그 끝을 알기 어려울 정도이다. 물론 대부분의 사람은 자신이 외계인에게 납치되었다고 믿거나 사린가스로 지하철역을 공격하지는 않지만, 아직도 현대인 사이에는 점성술을 비롯한 미신적 요소들이 널리 퍼져 있다. 또한 인류 사회의 경제가 지속적인 성장을 계속하고 있다는 사실 그 자체도 결국은 인간의 '감정'을 통해서 얻어진 '증거'들을 조금이라도 객관적인 잣대로 가늠해 보려는 사람은 극히 소수임을 간접적으로 알려주고 있는 셈이다. 인류가 만들어 낸 전설과 신화 중 가장 위험하면서도 큰 유혹을 지닌 것—예를 들어 인종 차별주의와 종교, 그리고 정치는 인간의 이성적 사고가 뚫고 들어갈 수 없는 특수한 방패가 보호해 주고 있다.

간혹 의심스러운 마음이 싹트더라도 이를 기꺼이 뒷전으로 미루어 두는 인류의 특성은 사회적 지도자의 위치를 차지하고자 갈망하는 사람들에게는 매우 편리한 것이어서, 이들은 원한다면 자신이 관할하는 지역 내에서 소리 없는 산사태처럼 쏟아져 내리는 자연 환경의 파괴에 대한 과학적 증거를 향하여 얼마든지 눈과 귀를 닫고 지낼 수 있다. 따라서 각국의 대통령과 수상과 그 밖의 권력자들은 실제로 가장 중요한 예산안(豫算案), 즉 우리가 환경에 지고 있는 엄청난 빚의 액수에 관해서는 아무것도 몰라도 좋은 것이다. 마찬가지 원리로 산업과 자원의 정책을 결정하는 실권자들도 지구 생물권에서 멈추지 않는 출혈처럼 계속되고 있는 생물종의 멸종을 무시하고 넘어갈 것이다—만일 이 생물종이 유권자라면 상황은 다르겠지만 말이다. 심지어는 노벨 경제학상을 수상한 밀턴 프리드만(Milton Friedman)과 메릴랜드 대학교에서 경제실천이론을 가르치는 쥴리앙 시몽(Julian Simon) 교수조차도 오로지 중요한 것은 인류의 복지뿐이라고 여러 차례에 걸쳐 공개적으로 주장한 바 있다. 시몽 교수는 지속적인 인구 증가야말로 인류 사회의 부(富)와 생활수준을 향상시켜 줄 것으로 믿고 있으며, 프리드만 박사는 산업 기술과 인류의 지혜로 결국은 모든 문제를 해결할 수 있을 것이라고 말한다. 이들의 주장은 원하는 증거만을 골라서 채택하는 인류의 특성을 고스란히 드러내고 있는 것으로, 과거 10여 년에 걸쳐 감소세를 면치 못하고 있는 어획량과 그보다 더 오래 전에 줄어들기 시작한 곡물 생산량, 그리고 여러 가지 형태의 토양 유실로 인한 생산성 감소, 동식물의 멸종 현상, 온실 가스의 배출 등은 전혀 고려하지 않은 의견이다. 아니 어쩌면 지구 생태계가 이 요인을 통하여 제시하고자 하는 메시지가 너무나도 명확하기 때문에, 사회에서 지도적 위치에 있는 사람들은 자신의 지위와 안전이 위협을 받을 것이 두려워서 무의식적으로 이 징조들을 무시하고 있는지도 모른다.

이처럼 놀라운 '선택적 맹목 현상'이 정치와 상업, 그리고 경제 사회에서 특히 두드러지게 나타나고 있다는 사실은 인류의 X 인자가 가지는 위력을 다시 한 번 상기시켜 준다. 적당한 신경전달 물질이 대량으로 쏟아져 들어오는 상황에서는 제아무리 수학적으로 훈련된 예리한 두뇌라고 해도 '불필요한' 수학적 증거들은 돌아다보지 않게 된다. 그리고 머릿속에서 이러한 상황이 벌어지고 나면 그 지도자는 스스로 확신을 가지고 "자연으로부터의 위협 같은 것은 존재하지 않음"과 "인구 증가는 인류의 놀라운 성공을 나타내는 것"을 주장하고 "인류의 두뇌야말로 모든 해결책의 근원"임을 믿어 의심치 않게 되는 것이다[14]. 그러나 지금 이 순간에도 인류의 숫자는 계속 늘어나고 있는 반면 인구 일인당 소비할 수 있는 곡물의 양은 줄어들고, 대기 중의 이산화탄소 양은 계속 늘어나지만 지구의 크기는 야속하게도 그대로 변치 않고 있다.

최후의 해결책

과거 6억 년 동안의 화석 증거를 살펴보면 진화의 큰 그림은 항상—군데군데 작은 흔들림을 제외하고는—종의 다양성을 지향해 온 것을 알 수 있다. 오래 전 다윈이 주장한 바와 같이, 그리고 이후 지구 곳곳에서 시행된 야외 채집 연구가 이를 뒷받침하듯이, 종의 다양성이야말로 지구 생태계의 안정성과 회복력을 유지시켜 주는 근본이다. 심지어는 컴퓨터 시뮬레이션으로 만들어진 제임스 러브락의 '데이지 왕국'조차도 종의 다양성과 환경의 안정성 사이에 존재하는 끊을 수 없는 상관관계를 명백히 보여주고 있다. 인구의 과잉 증가로 인한 동식물의 멸종이 날로 심각해지고 있는 현재의 상황은 지구 생태계가 당면한 가장 큰 문제가 바로 인류 자신임을 말해 준다. 그렇다면 생물권의 입장에서 볼 때는 인류에게 멸망을 가져다 줄 수 있는 요인이야말로 이 시점에서는 가장 소중한 무기가 될 것이다. 그러나 전세계를 휩쓸고 있는 산업화의 물결과 무절제한 소비지향주의가 이미 생물권이 원하는 바 목적을 달성할 절호의 기회를 마련해 주고 있는 만큼, 지구가 현재 인류에게 바라는 것은 오직 하나, 앞으로도 계속 지금과 똑같은 방식으로 살아가는 것이 아닐까 한다. 구체적으로 말하자면 개발도상국가들에서는 부유한 기업가와 부패한 정부가 계속 들어서고, 선진국에서는 예전과 다름없이 기업가 정신에 투철한 야심 가득한 정부가 권력을 유지하는 것이다. 이 조건들의 조합은 이제까지 아주 성공적으로 환경을 파괴해 왔으며, 앞으로도 계속 인류가 가장 추앙하는 두 가지 우상, 즉 '성장과 발전'이 권좌에 머물러 있도록 함으로써 동일한 영향력을 행사할 것으로 보인다.

그러나 환경 문제에 올바로 대응할 수 있는 정책을 수립하기란 쉬운 일이 아니다. 지구의 온실 효과 문제를 타개하기 위하여 소집되었던 1997년 도쿄 정상회담에서 호주는 특별한 유예 대상으로 선정되어 이후로도 매년 전체 이산화탄소 배출량을 8%까지 증가시키는 것을 허락받았다(참고로 당시 대부분의 선진국들은 배출량을 줄이기로 동의했다). 호주 수상과 환경장관은 이 이상스러운 특별대우를 가리켜서 '호주 국민을 위한 승리' 또는 '호주정부의 외교적 개가'라고 선포한 바 있다[15]. 이처럼 과학적 데이터를 향한 다분히 의도적인 무지와 인류 자신의 신화에 따라 세상을 재조명하는 특이한 능력에 힘입어 세계 각국의 정치인들은 인류로 하여금 그 자신의 멸망을 공모하는 과정에서 가장 주된 역할을 하도록 만들고 있다.

한스 셀리를 포함한 다른 연구자들이 보여 준 바와 같이 포유류의 병균적 증가를 종식시키는 방법은 오직 하나, 그 최고점 뒤에 어김없이 따라오는 추락을 기대하는 것뿐이다. 이 급격한 수적 감소가 셀리의 학설대로 범적응현상(GAS)에 의한 것인지 아니면 자원의 고갈로 인한 것인지에 상관없이, 이것이 일단 한 번 시작되고 나면 중간에 그 진행이 멈추는 법은 없는 것만은 확실하다. 그러나 아직 식량 부족 현상이 본격화되기도 전에 전세계적으로 일어나고 있는 출산율의 감소 현상은 우리로 하여금 인류가 문화적인 돌연변이를 일으켜 줘에서 관찰할 수 있는 GAS 방식을 따라가게 된 것인지, 아니면 이것이 야생의 황색 비비원숭이에게서 볼 수 있는 것과 같은 포유류 방식의 '온화한' GAS에서 그칠 것인지를 놓고 고심하지 않을 수 없게 만든다. 지금 현재 얻을 수 있는 유일한 자료인 출산율의 감소만을 놓고 본다면 아마도 인류가 겪게 될 시련의 정도는 이 두 극단적 사례의 중간쯤에 위치하지 않을까 생각된다. 그러나 앞서 이미 살펴본 것과 같이 인구의 과도한 증가와 이로 인한 자멸(自滅) 현상이 역사적으로 여러 번, 특히 물리적으로 고립된 위치에 있었던 말타나 이스터 섬의 문명에서 일어났음을 잊어서는 안된다. 왜냐하면 인류의 독특한 신비주의적 성향과 이로 인한 망상이야말로 쥐들의 세계에서 그 병균적 증가를 완전한 몰살로 마감짓도록 만드는 저 알 수 없는 생물학적 요인과 같은 작용을 할 가능성이 있기 때문이다.

지금 현재 인류의 출산율이 전반적으로 줄어들고 있다고는 하나 인구수는 앞으로 적어도 30년 동안은 계속해서 늘어날 것이 분명하다(UN을 비롯한 전문 기관이 추정하는 바는 향후 40～50년까지도 잡고 있다).[16] 이제 지구의 식량 생산은 그 한계에 달한 반면 에너지를 비롯한 자연 자원의 소비는 날로 늘어가는 현재 상황으로 볼 때 인류가 21세기의 중반 무렵에 지구 환경으로부터 최후의 일격을 맞을 확률은 매우 높다고 본다. 이는 다시 말하자면 지금 인류가 포유류의 병균적 증가에서 나타나는 전형적인 파국—즉 먼저 호르몬의 불균형으로 인한 출산율이 감소되고 난 뒤 이어서 환경 요인들에 의한 확인 사살로 생태계 파괴의 주범들을 처단해 버리는 해결 방식과 대면하고 있음을 시사해 준다.

다시 엑스캘리버

생물체의 모든 적응 능력은 결국에는 그 멸망을 초래하는 성질로 작용하게 된다. 만일 그렇지 않았다면 지구 전체가 단 한 가지 생물에 의하여 점령되고 말았을 것이다. 다른 말로 표현하자면 생물체의 적응력과 또 그 속에 내재된 한계성이야말로 다윈의 자연도태, 즉 정밀한 진화 과정의 씨줄과 날줄을 이루고 있는 기본 요소라는 뜻이다. 다른 영장류와 비교할 때 인류는 가진 것이 별로 많지 않은 종족이다—단 한 가지 우리의 두뇌를 제외하고는 말이다. 그러나 인간은 협동을 추구하는 과정에서 언어를 습득하게 되었고 또한 그 영성(靈性)을 발달시키게 되었는데, 이 특성은 단순히 그들의 신체적 결함을 보완하는 데 그치지 않고 혁신적인 진화의 무기로 등장하게 되었다. 바로 이 특성이야말로 보잘것없고 위험에 처한 영장류를 최고의 승리자이자 행동주의적 천재로 바꾸어 놓은 마법의 검 엑스캘리버였던 것으로, 그 힘을 빌어 인류는 마침내 자신들의 진화 과정 그 자체를 바꾸어 놓기에 이른다.

그러나 이 놀라운 무기에는 또한 엄청난 벌칙이 부수적으로 따라오게끔 되어 있었다. 인류의 영장류 조상이 가지고 있던 미신적 요소 중 필요한 일부만을 선택적으로 유전시키는 방법을 통해서 진화는 그들의 문명이 성공적으로 번영할 수 있도록 모든 장치를 해두었기 때문이다. 이렇게 하여 인간의 특성이 되어 버린 성향들, 즉 모든 일에 의미를 부여하고자 하는 집착과 영적 및 초자연적인 것을 향한 갈망, 다시 말해서 그 특유의 X 인자가 아니었다면 인류가 이처럼 주변 환경의 파괴와 인구의 과잉을 미연에 방지하려는 노력을 전혀 기울이지 않은 채 지금까지 살아오기란 불가능했을 것이다. 반면에 인간의 이성적 사고 중추가 유전자의 명령 체계로부터 주도권을 빼앗아 올 수 있었다면 아마도 인류는 좀더 신중한 방법으로 좀더 오랜 기간 동안 지구를 지배할 수 있었을지도 모른다. 그러나 그 결과 지구 생물권에서 종의 다양성은 더욱 심각하게 위협을 받았을 것이고, 따라서 진화의 과정에 큰 걸림돌이 되었을 것이다. 그러니까 지구의 입장에서 본다면 이는 가장 선택하고 싶지 않은 옵션이므로 '가이아 학설'이 이를 허락하지 않았을 것이 분명하다.

결국 인류 이전에 살았던 다른 모든 생명체와 마찬가지로 인간 또한 가장 유용한 강점인 동시에 가장 치명적인 약점으로 작용하는 적응 장치를 그 속에 가지고 있어, 당장은 인류에게 유익을 가져다주는 것처럼 보이는 요인이 궁극적으로는 그 생존을 위협하게 될 것으로 보인다. 이는 다름 아니라 인류의 커다란 두뇌와 그 속에 장착된 첨단의 언어 능력을 가리키는 것으로, 이 언어 중추는 대뇌의 시상하부를 통하여 유전자의 명령 체계와 매우 긴밀하게 연결되어져 있다. 이것이 처음 생겨났을 당시 인류가 처해 있던 환경에서는 더없이 유용한 기능을 발휘했던 것은 사실이나 다른 모든 적응장치와 마찬가지로 지구상에서 생존의 법칙이 바뀌는 상황이 도래하면 이 또한 인류의 자멸을 초래하는 요인으로 작용하지 말라는 법은 없다.

인류의 입장에서는 아마도 우리가 이처럼 신비주의적 성향을 고수하지 않았다면 지구의 생물권에서 완전히 따돌림을 받는 존재가 되어 버렸을 것이라는 변명을 내세울 수 있을지 모르겠다. 영토 수호에 목숨을 거는 보석새와 인종 청소를 감행하는 침팬지들, 그리고 자카나 새라는 영아 살해범 따위로 가득 찬 지구에서 전적으로 이성적인 생물이란 실로 잘 어울리지 않는 존재임에 틀림없다. 모든 동물은 그 유전적 명령 체계가 지시하는 대로 그 영토의 소유권과 암컷 또는 수컷임을 과시하기 위하여 노래하고 춤추고 또 때로는 싸울 수밖에 없도록 만들어져 있다. 인간들도 예외는 아니다.

인류의 가장 주된 목적은 다음 세대로 그 유전자를 존속시키는 것이다. 이보다 더 중요한 일은 없기 때문에 다른 모든 것은 이를 위하여 얼마든지 희생할 수 있다. 따라서 지구상에 깃들어 사는 여러 생물과 마찬가지로 인류 또한 앞으로도 그 유전자가 자신에게 부여해 준 역할을 충실히 수행하며 살아갈 것이다. 진화의 법칙은 어느 누구에게도 예외 조항을 적용시켜 주는 경우는 없으며 이는 인류라는 이름의 수다쟁이 천재에 대해서도 마찬가지이다. 인류의 병균적 증가는 이제까지 그 예상 경로를 충실히 밟아 왔으므로 그 궁극적 결과 또한 예측되는 바와 크게 다르지 않을 것이다. 그러나 이처럼 인류가 유전자의 명령에 복종할 수밖에 없는 상황이라고 하더라도 우리는 지금 할 수 있는 한 지구상의 다른 생명체를 보존하고자 노력해야만 한다.

인류가 이제까지 누려오던 우월감과 여러 가지 영적 환상을 모두 떨쳐 버리는 작업은 일종의 묘한 만족감을 준다. 그러나 어찌되었든 인간의 유전자가 만들어 낸 이 환상이 아니었다면 인류는 오늘날 이 자리에 서 있을 수 없었을 것이 분명하다. 지금 내 머릿속의 고루한 시상하부는 자신이 잃게 될 것들을 아쉬워하며 본능적으로 움츠러들고, 브로카 중추는 대뇌 피질의 분노로 인하여 시끄럽게 떠들어대고 있다. 인류의 문화가 만들어 낸 모든 문학작품과 음악, 미술, 희곡, 역사, 법률, 그리고 전설은 모두 인류의 유전자가 만들어 낸 인간중심주의를 바탕으로 하여 창조된 것들이다. 그리고 이 가상의 세계가 결국 우리들이 알고 있는 유일한 세계인 것이다.

　인간의 인지(認知)라고 하는 좁다란 무대에서 서로 부대끼며 으스대는 부풀려진 영웅들과 악당, 그리고 신들과 괴물은 우리들의 삶을 매순간 들고 나는 생물학적 현실감을 대체하기에는 턱없이 부적합한 것이 사실이다. 그러나 인간의 이성적 사고가 마치 스포트라이트처럼 무대 위의 어둠을 비추는 드문 순간이 오더라도 우리들은 주변의 어둠 속에서 들려오는 유전적 속삭임을 통해 사물을 판단할 수밖에 없으며, 따라서 전 우주를 지배하는 법칙을 파악하기란 실로 불가능하다. 그러나 이처럼 인류의 신비주의적 성향이 초래하는 모든 무지와 고통에도 불구하고 우리는 이것이 완전히 사라져 버리기를 바랄 수는 없다. 인류, 그리고 나아가서 지구상의 모든 동물은 그 나름대로의 유전적 광기가 없이는 살아남을 수가 없기 때문이다. 그렇게 되면 나이팅게일은 더 이상 노래를 부르지 않고 들개들 또한 짖지 않을 것이며 지구의 생물권 전체가 완전한 침묵 속에 가라앉을 것이 분명하다.

　그런 의미에서 다시 한 번 인류 특유의 신비주의를 정의해 보자 : 우리의 녹슨 칼, 저 옛적부터 전해져 내려오는 유전적 광기는 여러 차례 인류를 멸망의 늪에서 건져내었을 뿐 아니라 우리를 달과 별에 데려다 주었고 또한 지금 인류가 연출하고 있는 드라마가 막을 내린 뒤에도 우리가 가야 할 길로 인도해 줄 것이다. 결론적으로 말해서 나 자신은 인류의 신비주의 성향에 대하여, 그리고 나아가 이를 유지시키는 인류의 무지와 두려움에 대해서도 적대감을 가지고 있지는 않다. 이 미약하고 두려움에 가득 찬 어리석은 동물―그것이 바로 우리 자신의 모습이기 때문이다.

주해

서문

1. Richard Dawkins, *The Blind Watchmaker* (1986), p. xv.
2. 엑스캘리버에 대하여 잘 모르는 독자들을 위하여 이것이 고대 영국의 아서왕 전설에 나오는 이야기라는 것을 말해 둔다. 아서왕은 이 칼을 지니고 있었기 때문에 전투가 벌어질 때마다 승리할 수 있었다고 전해진다.

1. 수다쟁이 천재

1. Laura E. Berk, "*Why Children Talk to Themselves,*" *Scientific American*, November 1994, pp.60~65.
2. Carl Sagan and Ann Druyan, *Shadows of Forgotten Ancetors*(1992), pp.276~79.
3. Ibid., pp.273~74. 또한 Jared Diamond, *The Rise and Fall of the Third Chimpanzee*(1991), pp.20~26.
4. 인간중심주의(anthropocentrism), 즉 모든 것을 인간의 관점과 가치관을 기준으로 판단하고자 하는 이 철학은 인류가 지구를 지배하고 있다는 사실 그 자체가 지구, 그리고 나아가 우주 전체가 인류를 염두에 두고 고안되었음을 증명해 준다는 믿음에 기반을 두고 있다.
5. Sue Savage-Rumbaugh and Roger Lewin, *Kanzi: The Ape at the Brink of the Human Mind*(1994).

2. 변화하는 세상

1. 인용된 문구는 1972년 기록영화 시나리오 작가인 Ted Perry가 기술한

것을 사용했다. 이것이 1854년 시애틀 추장이 한 말을 원래 그대로 전달하고 있지 않다는 지적이 있지만 그 당시나 지금이나 마찬가지로 그가 전달하고자 했던 의미나 정확성을 해치지는 않는다고 믿는다.

2. Edward O. Wilson, *The Diversity of Life*(1992), p.272.

3. Tony McMichael, *Planetary Overload*(1993), p.112.

4. Ted Trainer, *The Global Crisis*(1995), p.27.

5. David M. Raup, *Bad Genes or Bad Luck?*(1991), pp.70~73.

6. Wilson, *The Diversity of Life*, pp.182, 275, 278.

7. Ibid., p.280. (Reproduced by permission of Penguin Books Ltd.)

8. Richard Leakey and Roger Lewin. *The Sixth Extinction: Biodiversity and Its Survival*(1995), pp.234~41.

9. Claude Martin, "The Year the World Caught Fire," *1997 World Wide Fund for Nature deport* (summary), p.1.

10. Raup, *Bad Genes or Bad Luck?* p.73.

11. Ibid. 또한 Douglas H. Erwin, "The Mother of Mass Extinctions," *Scientific American*, July 1996, pp.56~62.

12. Edward O. Wilson, "Threats to Biodiversity," *Scientific American*, September 1989, p.65.

13. Lou Bergeron, "Will El Niño Become El Hombre?" *New Scientist*, 20 January 1996, p.15.

14. Vin Morgan, research scientist, Australian Antarctic Division (pers. comm., 1996).

15. Tony McMichael, *Pranetary Overload*(1993), p.134. Jeff Hecht, "Bahamas Back Theory of Sudden Climate Change," *New Scientist*, 18 December 1993, p.14.

16. Debora MacKenzie, "Polar Meltdown Fulfills Worst Predictions," *New Scientist*, 12 August 1995, p.4; Frank Press and Raymond Siever, *Understanding Earth*(1994), p.347.

17. Jeff Hecht, "Shallow Methane Could Turn On the Heat," *New Scientist*, 8 July 1995, p.16.

18. 다른 온실가스들에 의하여 흡수되지 않는 파장의 복사열을 모조리 빨아들이는 메탄가스는 단위무게당 이산화탄소보다 50배나 더 강력한 온실

효과를 나타낸다. 그러나 이산화탄소와는 달리 메탄이 공기 중에 머무는 기간은 약 10년 정도밖에 안 된다는 점을 감안하면 11배 정도 더 강한 효과를 가진다고 보는 것이 옳으므로, 실제로는 평균 잡아 약 20배 정도의 온실 효과를 나타낸다고 볼 수 있다.

19. Jeff Hecht, "Baked Alaska," *New Scientist*, 11 October 1997, p.4.
20. Richard A. Houghton and George M. Woodwell, "Global Climatic Change," *Scientific American*, April 1989, pp.36~44; John Gribbin, "Methane May Amplify Climate Change," *New Scientist*, 2 June 1990, p.13.
21. Houghton and Woodwell, "Global Climatic Change," pp.36~44.
22. Ibid.
23. James Woodford, *Sydney Morning Herald*, 24 June 1995. Also Vin Morgan, research scientist with the Australian Antarctic Division (pers. comm., 1996).
24. Bill de la Mare, "Abrupt Mid-Twentieth-Century Decline in Antarctic Sea-Ice Extent from Whaling Records," *Nature* 389(1997), p.57. 1931년과 1957년 사이, 그리고 다시 1972년에서 1987년까지의 기간 동안 영국과 노르웨이의 고래잡이 어선들은 남극대륙 연안의 부빙(浮氷) 주변에서 흰 수염고래와 혹등고래, 참고래, 그리고 밍크고래 등을 포획한 숫자와 그 지역의 정확한 위치에 관한 기록을 남겨놓았다. de la Mare는 이 기록들을 면밀히 검토한 결과 부빙들의 위치가 해마다 남쪽으로 내려오고 있음을 알아내었다.
25. MacKenzie, "Polar Meltdown," p.4; Vincent Kiernan, "Is the Frozen North in Hot Water?" *New Scientist*, 8 February 1997, p.10.
26. Ross Edwards, "Not Yodeling but Drowning," *New Scientist*, 11 November 1995, p.5.
27. John and Mary Gribbin, "The Greenhouse Effect," Inside Science: *New Scientist*, 13 July 1996, p.4; David Schneider, "The Rising Seas," *Scientific American*, March 1997, p.100.
28. Fred Pearce, "Pacific Plankton Go Missing," *New Scientist*, 8 April 1995, p.5.
29. Barbara E. Brown and John C. Ogden, "Coral Bleaching," *Scientific*

American, January 1993, pp.44～50.

30. Nigel Dudley and Jean-Paul Jeanrenaud, "The Year the World Caught Fire," 1997 *World Wide fund for Nature Report* (summary).

31. Eugene Linden, "Warning from the Ice," *Time Magazine*, 17 March, 1997, pp.100～105.

32. Paul R. Ehrlich and Anne H. Ehrlich, *Healing the Planet* (1991), pp.150～51, 203, 210～11.

33. United Nations Environment Program, *Global Environment Outlook* (1997), p.236.

34. Ehrlich and Ehrlich, *Healing the Planet*, pp.195～201. 또한 Lester R. Brown, "Grain Harvest Drops," *in Vital Signs: The Trends That Are Shaping Our Future* (1992), pp.24～25.

35. McMichael, *Planetary Overload*, p.207; 1990 UN report: *Global Outlook 2000. An Economic, Social and Environmental Perspective.* ST/ESA/215/Rev,1.

36. Mary E. White, *Listen ... Our Land Is Crying*(1997), pp.85, 91～92.

37. *Australia: State of The Environment 1996*, p.2:10.

38. *Australia: State of The Environment 1996*, pp.5:9, 6:12; Commonwealth Biodiversity Unit, "Native Vegetation Clearance, Habitat Loss and Biodiversity Decline," *Biodiversity Series No.6* (1995), pp.14, 18～19.

39. White, *Listen ...* , p.107.

40. Fred Pearce, "Thirsty Meals That Suck the World Dry," *New Scientist*, 1 February 1997, p.7.

41. United Nations Population Fund, *Human Development Report 1994*, p.6.

42. Fred Pearce, "Poisoned Waters," *New Scientist*, 21 October 1995, pp.29～33

43. Ibid.

44. D. E. Gelburd, "Managing Salinity: Lessons from the Past," *Journal of Soil and Water Conservation* 40(1985), pp.329～31.

45. McMichael, *Planetary Overload*, pp.203～8, 216～19.

46. Brown, "Grain Harvest Drops," pp.24～25.

47. Kurt Kleiner, "Panic as Grain Stocks Fall to All-Time Low," *New Scientist*, 3 February 1996, p.10.

48. McMichael, *Planetary Overload*, pp.216~17. 또한 Ehrlich and Ehrlich, *Healing the Planet*, p.197.
49. Vaclav Smil, "Global Population and the Nitrogen Cycle," *New Scientist*, 30 May 1998, p.63.
50. Joel E. Cohen, *How Many People Can The Earth Support?* (1995), p.171. 또한 Ehrlich and Ehrlich, *Healing the Planet*, p.211.
51. Richard Allison and Ann Greene, "Recombination between Viral RNA and Transgenic Plant Transcripts," *Science* 263 (1994); pp.1423~25.
52. Peter McGrath, "Lethal Hybrid Decimates Harvest," *New Scientist*, 30 August 1997, p.8.
53. Rob Edwards, "Tomorrow's Bitter Harvest," *New Scientist*, 17 August 1996, p.14.
54. Rob Edwards, "End of the Germ Line," *New Scientist*, 28 March 1998, p.22.
55. Bob Holmes, "Blue Revolutionaries," *New Scientist*, 7 December 1996, p.33.
56. Debora Mackenzie, "The Cod That Disappeared," *New Scientist*, 16 September 1995, pp.24~29. 그러나 1997년 4월 캐나다 정부는 10년여에 걸친 조업 금지령을 해제하고 특정 해역에서 제한된 고기잡이를 허락했다
57. Timothy Flannery, *The Future Eaters*, (1994), pp.95~96, 102~7; Australian Bureau of Statistics, Commodity Statistical Bulletin 1994, p.107.
58. Holmes, "Blue Revolutionaries," pp.32~36.
59. Ibid., pp.33, 36.
60. United Nations Population Fund, *Human Development Report 1994*, p.27.
61. Cohen, *How Many People?* pp.209~10. Cohen은 여기에서 브라운 대학교의 Robert Kates가 쓴 글을 인용하여 1인당 필요한 하루의 기본 열량을 2,350kcal로 잡고 있다.
62. Wayne Meyer, professor of irrigation at Charles Sturt University, New South Wales (pers. comm., 1997).
63. Fred Pearce, "White Bread Is Green," *New Scientist*, 6 December 1997, p.10. 이 엑세터 대학교 연구팀이 행한 또 다른 연구결과는 식품이

소비자에게 전달되기까지 이들의 생산과 가공, 판매 및 운송에 소비되는 1만 8천 메가줄의 에너지는 국가 전체가 사용하는 에너지량의 10분의 1에 달한다는 것을 나타내고 있다.

64. United Nations Environment Program, *Global Environment Outlook* (1997), p.231.

65. McMichael, *Planetary Overload*, p.108.

66. United Nations Environment Program, *Global Environment Outlook* (1997), p.231; Fred Pearce, "To Feed the World, Talk to the Farmers," *New Scientist*, 23 November 1996, p.6.

67. 이 계산은 현재 해마다 1.3% 정도씩 줄어들고 있는 인구 증가율과 저자의 개인적인 생각으로 2050년 무렵까지 세계 인구가 UN이 예상하고 있는 최저치인 77억에도 미치지 못할 것으로 가정하여 산출된 것이다.

68. Ehrlich and Ehrlich, *Healing the Planet*, p.184; McMichael, *Planetary Overload*, p.228; Bob Holmes, "Water, water everywhere ... " *New Scientist*, 17 February 1996, p.17.

69. McMichael, *Planetary Overload*, p.112.

70. Fred Pearce, "Northern Exposure," *New Scientist*, 31 May 1997, pp.24~27.

71. Ibid.

72. M. J. Molina and F. S. Rowland, "Stratospheric Sink for Chloro-fluoro-Methanes: Chlorine Atom-Catalysed Destruction of Ozone," *Nature* 249 (1974): pp.810~14.

73. *Australia: State of the Environment 1996*, p.5:18.

74. "Burning Issue," *New Scientist*, 20 July 1996, p.13. 이 오존량의 감소는 어쩌면 그 해 유난히도 심했던 성층권의 역류 현상 때문이었을 가능성도 있다. 그러나 이 같은 성층권의 변화는 약 26개월을 주기로 언제나 되풀이되어 온 것이므로 실제 오존 감소의 주범이라고 보기는 어렵다.

75. Brenda Dekoker, "An Acid Test," *Scientific American*, October 1995, p.25.

76. Peter Hadfield, "Raining Acid on Asia," *New Scientist*, 15 February 1997. pp.16~17.

77. Paul과 Anne Ehrlich는 이 방정식을 "*The Population Explosion*(1990),

pp.58~59"에서 제안한 바 있으며 "Healing the Planet, pp.7~10"에서 좀 더 자세히 설명하고 있다.

78. 현재 UN이 예상하고 있는 최저치는 77억이다(State of the World Population 1997, p.4).

79. UN은 2050년의 에너지 소비량이 1990년의 2.6배에 이를 것으로 예상하고 있다. (United Nations Environment Program, Global Environment Outlook 1997, p.216.)

3. 인류의 유전적 근원

1. 한 종류의 아미노산에 해당하는 암호는 여러 개가 있을 수 있으며, 단백질 합성을 중지하라는 명령으로 사용되는 세 개의 암호 중 하나만 있어도 번역은 중단된다.
2. Richard Dawkins, *The Blind Watchmaker* (1986), pp.123~26.
3. Richard Dawkins, *The Selfish Gene* (1976), p.35.
4. Ibid., p.21
5. Ibid., p.36.
6. Chicago Zoological Society news release, 16 August 1996.
7. Dawkins, *Blind Watchmaker*, pp.169~72.
8. Stephen Jay Gould, *Hen's Teeth and Horse's Toes* (1983), pp.177~86.
9. Ian Patterson, "Out of Africa Again ... and Again," *Scientific American*, April 1997, pp.46~53.
10. Dean Falk, "Hominid Paleoneurology," *Annual Review of Anthropology*, no. 16 (1987): pp.13~30. 또한 Terrence W. Deacon, "The Human Brain," in *The Cambridge Encyclopedia of Human Evolution* (1994), pp. 116~21.
11. Falk, "Hominid Paleoneurology" p.20.
12. Robert Foley and Robin Dunbar, "Beyond the Bones of Contention," *New Scientist*, 14 October 1989, p.23. 또한 Deacon, "Human Brain," pp.116~17.
13. Falk, "Hominid Paleoneurology" pp.15~16, 26~27; Nicholas Toth, "The Oldowan Reassessed: A Close Look at Early Stone Artifacts," *Journal*

of Archaeological Science 12, no.2 (March 1985): pp.101~20; Jean-Pierre Changeux, *Neuronal Man* (1986), p.236. 또한 Deacon, "Human Brain," p.116.

14. Michael C. Corballis, *The Lopsided Ape* (1991), pp.98~99; Richard F. Thompson, *The Brain* (1985), pp.31~32. 또한 Deacon, "Human Brain," p.l16.

15. Thompson, *The Brain*, p.249.

16. Carla J. Shatz, "The Developing Brain," *Scientific American*, September 1992, p.38.

17. Thompson, *The Brain*, p.3.

18. Changeux, *Neuronal Man*, pp.246~49; Corballis, *Lopsided Ape*, pp.122~25

19. Changeux, *Neuronal Man*, p.249.

20. David R. Shaffer, *Developmental Psychology* (1993): p.375.

21. Yves Coppens, "East Side Story: The Origin of Humankind," *Scientific American*, May 1994, p.67: 또한 L. A. Frakes, *Climates throughout Geologic Time* (1979), p.235.

22. Foley and Dunbar, "Beyond the Bones of Contention," pp.24~25.

23. Katharine Milton, "Distribution Patterns of Tropical Plant Foods as an Evolutionary Stimulus to Primate Mental Development," *American Anthropologist 83*, no.3 (Sepmember 1981): pp.534~48. 또한 Katharine Milton, "Foraging Behavior and the Evolution of Primate Intelligence," in *Machiavellian Intelligence: Social Expertise and the Evolution of Intellect in Monkeys, Apes, and Humans*, ed. Richard Byrne and Andrew Whiten (New York: Oxford University Press, 1988).

24. Deacon, "Human Brain," p.116; Changeux, *Neuronal Man*, p.263.

25. Milton, "Distribution Patterns of Tropical Plant Foods," pp.534~48.

26. Katharine Milton, "Diet and Primate Evolution," *Scientific American*, August 1993, pp.70~77.

27. Thompson, *The Brain*, p.46.

28. Corballis, *The Lopsided Ape*, pp.69~70.

29. Foley and Dunbar, "Bones of Contention," p.24. 또한 Christopher

Dean, "Jaws and Teeth," *The Cambridge Encyclopedia of Human Evolution* (1994), p.57

30. Stephen Jay Gould, "A Biological Homage to Mickey Mouse," in *The Panda's Thumb* (1980), pp.81~91.

31. Jeffrey T. Laitman, "The Anatomy of Human Speech," *Natural History*, August 1984, pp.20~27. 또한 Philip Lieberman, "Human Speech and Language," in *The Cambridge Encyclopedia of Human Evolution* (1994), pp.134~37.

32. Falk, "Hominid Paleoneurology" p.26. 또한 Corballis, *Lopsided Ape*, pp.307~8.

33. S. A. Barnett, *The Rat* (1963), pp.12~13.

34. Carl Sagan and Ann Druyan, *Shadows of Forgotten Ancestors* (1992), p.463 n6.

35. Amy Davis Mozdy, "Pay Attention Rover," *New Scientist*, 10 May 1997, pp.30~33.

36. Roger Lewin, "Human Origins: The Challenge of Java's Skulls," *New Scientist*, 7 May 1994, pp.36~40. 또한 Rick Gore, "The Dawn of Humans," *National Geographic*, May 1997, pp.96~100.

37. Roger Lewin, *The Origin of Modern Humans* (1993), pp.1~3.

38. Ofer Bar-Yosef and Bernard Vandermeersch, "Modern Humans in the Levant," *Scientific American*, April 1993, pp.64~70.

39. Alan Thorne, Australian National University, Canberra (pers. comm., 1996).

40. Ibid.

41. Ibid.

42. 뉴기니 섬은 지금으로부터 약 16만 년에서 17만 2천 년 전 사이, 그리고 다시 2만 년에서 15000년 전까지 바다 해수면이 최고로 낮아졌던 시기 동안, 지금은 바닷속에 잠겨 있는 넓고 기름진 평원에 의하여 호주 대륙과 연결되어져 있었다.

43. Mary E. White, *After the Greening* (1994), pp.188~93; L. A. Frakes, *Climates throughout Geological Time* (1979), p.249. 또한 G. Singh and E. A. Geissler, "Late Cenozoic History of Vegetation, Fire, Lake Levels and

Climate at Lake George, New South Wales, Australia," *Philosophical Transactions of the Royal Society of London* 311 (1985): pp.379~447.
44. Leigh Dayton and James Woodford, "Australia's Date with Destiny" *New Scientist*, 7 December 1996, pp.30~31; A. P. Kershaw, P. T. Moss, and S. van der Kaars, "Environmental Change and the Human Occupation of Australia," *Anthropologie* 35, no. 23 (1997): pp.35~43. 또한 A. P. Kershaw, "Climatic Change and Aboriginal Burning in North-East Australia during the Last Two Glacials," *Nature* 322 (1986): pp.47~49.
45. D. R. Harris, "Human Diet and Subsistence," *The Cambridge Encyclopedia of Human Evolution* (1994), p.72; Richard E. Leakey and Roger Lewin, *Origins* (1982), p.123.
46. M. J. Morewood et al., "Fission-Track Ages of Stone Tools and Fossils on the East Indonesian Island of Flores," *Nature* 392, no.12 (1998): p.173.
47. Patricia Vickers-Rich and Thomas Hewitt Rich, *Wildlife of Gondwana* (1993), p.197.
48. Alan Thorne, Australian National University (pers. corm., 1997).

4. 농경 사회로의 전환

1. Jared Diamond, *The Rise and Fall of the Third Chimpanzee* (1991), p.168.
2. Carl Sagan and Ann Druyan, *Shadows of Forgotten Ancestors* (1992), pp.348~51. 또한 Richard Wrangham et al., eds., *Chimpanzee Cultures* (Cambridge: Harvard University Press, 1994).
3. Thomas Robert Malthus, *An Essay on the Principle of Population* (1798).
4. 맬서스가 사용한 '생존을 위한 투쟁'이라는 표현은 다윈과 월레스로 하여금 각기 자연도태에 의한 진화의 개념을 추구하도록 만든 불씨가 되었다.
5. Originally published in a Danish-Norwegian economic magazine (*Danmarks og Norges Oeconomiske Magazin*) in 1758.
6. Joel E. Cohen, *How Many People Can the Earth Support?* (1995), pp.77, 400.

7. 1997 UN Population Fund report (*The State of World Population 1997*, p.4).
8. Cohen, *How Many People?*, pp.5~6, 400.
9. D. E. Gelburd, "Managing Salinity: Lessons from the Past," *Journal of soil and Water Conservation* 40 (1985): pp.329~31; Curtis N. Runnels, "Environmental Degradation in Ancient Greece," *Scientific American*, March 1995, pp.72~75.
10. Andrew Dobson, "People and Disease," *The Cambridge Encyclopedia of Human Evolution* (1994), pp.415~16.

5. 생태계의 오염과 진화

1. Stephen Jay Gould, *Life's Grandeur* (1996), pp.221~23.
2. 아델라이데 대학교의 동물학자이며 개구리 전문가인 Mike Tyler가 내게 말해 준 바에 따르면 끓는 물 속의 개구리에 관한 이야기는 근거가 없는 미신일 뿐이라고 한다.
3. Jim Downey, "The Paperless Office: A Science Fiction Fantasy." *Australian Conservation Foundation Report*, 12 June 1996, pp.2~3.
4. Debora Mackenzie, "Off to a Dirty Start," *New Scientist*, 20 September 1997, p.13.
5. Fred Pearce, "Catalyst for Warming," *New Scientist*, 13 June 1998, p.20.
6. 오늘날 대부분의 진화생물학자들은 Lynn Marguilis가 제안한 공생 이론에 동의한다. 진핵 생물의 DNA에서는 박테리아 유전자의 흔적들도 발견되는데, 이들은 주로 미토콘드리아 안에 들어 있다. 심지어는 진핵생물의 세포 안에서 핵을 둘러싸고 있는 막 구조가 생겨난 것도 이 셋방살이 박테리아들이 숙주의 DNA를 침범하는 것을 방지하기 위함이었다고 보는 견해도 있다.
7. Lynn Margulis, University of Massachusetts (pers. comm., 1998).
8. 샤크 베이 바닷속 퇴적층에 깊이 뿌리를 내리고 해마다 0.5~1밀리미터씩 자라나는 이 녹조류 기둥 중에는 그 나이가 1000년이 넘는 것들도 있다.
9. Lynn Margulis and Dorion Sagan, *What Is Life?* (1995), p.133.

6. 불균형 바로잡기

1. James Lovelock, *The loges of Gaia* (1987), p.63.
2. Lynn Margulis and Dorion Sagan, *What Is Life?* (1995), p.28.
3. Lovelock, *Ages of Gaia*, pp.125, 133~35.
4. Richard A. Houghton and George M. Woodwell, "Global Climate Change," *Scientific American*, April 1989, pp.36~44.
5. Norman R. Pace, "A Molecular View of Microbial Diversity and the Biosphere," *Science* 276 (2 May 1997): p.736.
6. Stephanie Pain, "The Intraterrestrials," *New Scientist*, 7 March 1998, pp.28, 32; Pace, "Microbial Diversity and the Biosphere," pp.736, 739.
7. Jeff Hecht, "Shallow Methane Could Turn On the Heat," *New Scientist*, 8 July 1995, p.16; Reg Morrison, *Australia: The Four-Billion-Year Journey of a Continent* (1990), pp.82~87, 126~34. 또한 L. A. Flakes, *Climates throughout Geologic Time* (1979), pp.58~61, 129~33.
8. Houghton and Woodwell, "Global Climate Change," pp.39~40.
9. Lovelock, *Ages of Gaia*, pp.45~53.
10. Carl Sagan, *The Demon-Haunted World* (1996), p.117; Ian Lowe, "Are We Really That Smart?" *New Scientist*, 1 July 1995, p.47.
11. Michael Archer, Tim Flannery, and Cordon Grigg, *Kangaroo* (1985), p.34~35; Samuel K. Wasser, "Reproductive Control in Wild Baboons Measured by Fecal Steroids," *Biology of Reproduction* 55 (1996): pp.393~99; M. R. Soules, "Luteal Dysfunction," in *The Ovary* (1993), pp.607~27.
12. Dennis Chitty, *Do Lemmings Commit Suicide? Beautiful Hypotheses and Ugly Facts* (1996), pp.104~11, 200~206; Samuel A. Barnett, *The Rat: A Study in Behaviour* (1963), pp.134~36; John J. Christian, "The Adreno-Pituitary System and Population Cycles in Mammals," *Journal of Mammalogy* 31 (1950): pp.247~59.
13. Hans Selye, "A Syndrome Produced by Diverse Nocuous Agents," *Nature* 138 (1936): p.32, (6:1); John B. Calhoun, "Population Density and Social Pathology." *Scientific American*, February 1962, pp.139~46. 또한 "The General Adaptation-Syndrome and Diseases of Adaptation," *Journal of*

Clinical Endocrinology and Metabolism 6 (1946): pp.217~30.
14. Chitty, *Do Lemmings Commit Suicide?* pp.98~99, 128~29.
15. Gunter Dörner, "Prenatal Stress and Possible Aetiogenetic Factors of Homosexuality in Human Males," *Endokrinologie*, no.75 (1980): pp.365~68.
16. Gail Vines, "Some of Our Sperm Are Missing," *New Scientist*, 26 August 1995, p.23~26; Rachel Carson, *Silent Spring* (Houghton Mifflin, 1962).
17. Vines, "Some of Our Sperm Are Missing," pp.23~26; Beth Martin and Michael Day "Fresh Alarm over Threatened Sperm," *New Scientist*, 11 January 1997, p.5.
18. United Nations, *Global Environment Outlook* (1997), p.224.
19. Frans de Waal, "Bonobo Sex and Society," *Scientific American*, March 1995, pp.58~64.
20. Frans de Waal, *Good Natured* (1996), p.154; de Waal, "Bonobo Sex and Society," pp.6o, 63.
21. Ibid., p.60.
22. Ibid., p.58.
23. Ibid., p.59.
24. F. Gibson, "The Simplest Forms of Life," in *In the Beginning ...* (1974), p.118.
25. United Nations Population Fund, *The State of World Population* 1997, p.4.
26. Jared Diamond, *The Rise and Fall of the Third Chimpanzee* (1991), pp.297~301. 또한 Tony McMichael, *Planetary Overload* (1993), pp.84~87.
27. Paul Bahn and John Flenley, *Easter Island, Earth Island* (1992).
28. Ibid. p.203~7. 또한 Paul Bahn, "Who's a Clever Boy Then?" *New Scientist*, 14 February 1998, pp.44~45.
29. Bahn and Flenley, *Easter Island*, p.179.
30. Caroline Malone et al., "The Death Cults of Prehistoric Malta," *Scientific American*, December 1993, pp.76~83. 또한 S. Stoddart et al., "Cult in an Island Society: Prehistoric Malta in the Period," *Cambridge*

Archaeological Journal 3, no.1 (April 1993): pp.3~19.
31. Malone et at., "Death Cults," pp.76~83.
32. Ibid., p.83.

7. 해결사들

1. J. C. Fanning, M. J. Tyler, and D. J. C. Shearman, "Converting a Stomach to a Uterus: The Microscopic Structure of the Stomach of the Gastric Brooding Frog *Rheobatrachus silus*," *Gastroenterology* 82, no.1 (1982), pp.62~70.
2. Michael J. Tyler, *There's a Frog in My Stomach* (1984), pp.22~43.
3. Ibid.
4. Kurt Kleiner, "Billion-Dollar Drugs Are Disappearing in the Forest," *New Scientist*, 8 July 1995, p.5.
5. Jared Diamond, *The Rise and Fall of the Third Chimpanzee* (1991), pp.287~91; Tim Flannery, *The Future Eaters* (1995), pp.195~98.
6. Flannery, *Future Eaters*, pp.235~36.
7. *Australia: State of the Environment 1996*, pp.4:6, 4:16.
8. Mary E. White, *Listen ... Our Land Is Crying* (1997), p.13.
9. Richard Dawkins, *The Blind Watchmaker* (1986), pp.125~29.
10. C. D. Rowley, *Outcasts in White Australia* (1970), pp.24, 34~43, 55~58.

8. 유전자의 영혼

1. Roger Lewin, "Birth of a Toolmaker," *New Scientist*, 11 March 1995, pp.38~41.
2. Richard F. Thompson, *The Brain* (1985), p.3. 일반적으로 척추동물의 뇌는 체내로 유입된 산소의 2~8%를 사용하는 것이 보통이다. 그런데 동물 중에는 인간보다 더 높은 EQ를 가진 종류들도 간혹 있다. 대표적인 예로는 일종의 레이더 관측 장치를 통하여 먹이를 찾는다고 알려진 아프리카산 물고기와, 두뇌가 차지하는 비율이 5%에 달하여 동물계에서 가장 높

은 EQ 지수를 자랑하는 다람쥐 원숭이가 있다.
3. David Sandeman, professor of neurobiology at the University of New South Wales (pers. comm., 1998); Thompson, *The Brain*, p.46.
4. David Sandeman, professor of neurobiology, University of New South Wales (pers. comm., 1998).
5. David Sandeman (pers. comm., 1998). 또한 T. H. Bullock and G. A. Horridge, *Structure and function in the Nervous Systems of Invertebrates*, vol.2 (1965), pp.125~323.
6. Judith Rich Harris and Robert M. Liebert, *The Child* (1984), pp.144~46.
7. Ibid.
8. T. J. Bouchard et al., "Genetic and Environmental Influences on Vocational Interests Assessed Using Adoptive and Biological Families, and Twins Reared Apart and Together," *Journal of Vocational Behavior* 44, no. 3 (1994): pp.263~78. 또한 T. J. Bouchard, "Whenever the Twain Shall Meet," *Sciences-New York* 37, no. 5 (1997) pp.52~57.
9. Harris and Liebert, *The Child*, p.67: Jean-Pierre Changeux, *Neuronal Man* (1986), pp.163~68.
10. Florence Levy et al., "Attention-Deficit Hyperactivity Disorder: A Category or a Continuum? Genetic Analysis of a Large-Scale Twin Study," *American Academy of Child and Adolescent Psychiatry* 36, no.6 (June 1997): pp.1~7.
11. Hans Eysenck and Michael Eysenck, *Mindwatching* (1981), p.108.
12. Semir Zeki, "The Visual Image in Mind and Brain," *Scientific American*, September 1992, p.47.
13. Ibid., pp.43~50.
14. Ibid.
15. Charles Darwin, *The Descent of Man and Selection in Relation to Sex* (Random House, 1993), p.734.
16. R. W. Sperry, "Lateral Specialisation in the Surgically Separated Hemispheres," *Neurosciences: Third Study Program* (1974), pp.5~19. Sperry는 분열된 두뇌를 대상으로 한 이 연구 업적으로 1981년 노벨상을 수상했다.

17. Michael S. Gazzaniga, "The Split Brain Revisited," *Scientific American*, July 1998, pp.35~39. 또한 M. J. Tramo et al., "Hemispheric Specialization and Interhemispheric Integration," *in Epilepsy and the Corpus Callosum* (1995).
18. Sally P. Springer and Georg Deutsch, *Left Brain, Right Brain* (1981), p.192.
19. Anne Moir and David Jessel, *Brain Sex* (1989), pp.39~49.
20. Thompson, *The Brain*, p.26.
21. Carl Sagan, *The Demon-Haunted World* (1996), p.349.
22. Thompson, *The Brain*, pp.19~21.
23. Gordon M. Shepherd, *Neurobiology*, 3d ed. (1994), pp.606~8; Larry Cahill et al., *Proceedings of the National Academy of Sciences* 93 (1996): p.8016.
24. Alison Motluk, "Touched by the Word of God," *New Scientist*, 8 November 1997, p.7.
25. Laura Betzig, "Roman Polygyny," *Ethology and Sociobiology* 13, (1992), pp.309~49.
26. Jared Diamond, *The Rise and Fall of the Third Chimpanzee* (1988), p.75.
27. Carl Sagan and Ann Druyan, *Shadows of Forgotten Ancestors* (1992), p.329.
28. 진화는 끊임없는 다양성의 추구와 이로부터 주어진 환경에 가장 잘 적응할 수 있는 형질을 선택하는 작업을 통하여 이루어진다. 환경 또한 쉬지 않고 변화하므로 진화를 '진보(progress)'의 개념으로 이해하는 것은 옳지 않다.

9. 엑스캘리버!

1. Jared Diamond, "What Are Men Good For?" *Natural History*, May 1993, pp.24~29.
2. Martin Scorcese, 그가 Michael Henry Wilson과 함께 감독한 다큐멘터리 "Century of Cinema"에서 한 이야기.

3. Dean Falk, "Hominid Paleoneurology," *Annual Review, Anthropology*, no.16 (1987), p.26.

4. David Harris, "Human Diet and Subsistence," *Cambridge Encyclopedia of Human Evolution* (1992), p.72: Richard Leakey, Origins (1991), p.123.

5. Terrence W. Deacon, "The Human Brain," *The Cambridge Encyclopedia of Human Evolution* (1992), p.116~18. 또한 Falk, "Hominid Paleoneurology," pp.18~25.

6. Bill Neidjie, Stephen Davis, and Allan Fox, *Kakadu Man* (1985), pp.33~95.

7. R. M. Berndt, *Love Songs of Arnhem Land* (1976), p.103.

8. B. Price, "AIB National Poll of First-Year Biology Students in Australian Universities," *The Skeptic* 12, no.3 (1992), pp.26~31.

9. Michael Archer, "'Sine' of the Times," *Australian Nutural History*, Summer 1994/95, pp.68~69. 또한 Ian Lowe, "Are We Really That Smart?" *New Scientist*, 1 July 1995, p.47.

10. David Attenborough, *The Trials of Life* (1990), pp.231~34.

11. Michael Jordan, *Cults, Prophesies, Practices, and Personalities* (1996), pp.68~69.

12. Frans de Waal's book *Good Natured* (1996), p.195, (originally quoted in the *New York Times*, 5 August 1990.)

13. Jared Diamond, *The Rise and Fall of the Third Chimpanzee* (1988), pp.250~76.

14. Richard Wrangham and Dale Peterson, *Demonic Males* (1996), pp.5~6, 10~21. Wrangham은 이 기간 동안 Jane Goodall의 연구팀에서 일한 바 있다. 여기에 인용된 의도적인 공격 사례에 대한 보다 자세한 기록은 Goodall의 "Life and Death at Gombe"에 적혀 있다. *National Geographic*, May 1979, pp.592~620. 또한 Jane Goodall, *Through a Window: My Thirty years with the Chimpanzees of Gombe* (Boston: Houghton Mifflin, 1990).

15. Wrangham and Peterson, *Demonic Males*, pp.19~21.

16. Diamond, *Third Chimpanzee*, pp.252~55; Tim Flannery, *The Future Eaters* (1994), pp.313~15.

17. Henry Reynolds, *Frontier* (1987), p.38. 인용된 문구는 일반적으로 제1대 호주 총독이 있던 Arthur Phillip(재임기간 1788~92)가 했던 말이라고 알려져 있다.
18. Flannery, *Future Eaters*, p.317; 또한 Reynolds, *Frontier*, pp.3~80.
19. Diamond, *Third Chimpanzee*, pp.252~54.
20. 유명한 탐험가이자 작가였던 William Jowitt가 1859년 영국에 있는 모친에게 보낸 서한 중에서. (Reynolds, *Frontier*, p.42).
21 Diamond, *Third Chimpanzee*, p.254; Reynolds, *Frontier*, p.196.
22. Frans de Waal, *Good Natured* (1996), pp.125~36, 164~66, 176~82.
23. Ibid., p.161; Wrangham and Peterson, *Demonic Males*, pp.127~52. Wrangham과 Peterson은 또한 영장류 학자인 Biruté Galdikas가 그녀가 속해 있던 연구팀의 한 여성 연구자가 군달이라는 이름의 젊은 수컷 오랑우탄에게 성폭행을 당했던 사건을 이야기해 주었다고 적고 있다.
24. Wrangham and Peterson, *Demonic Males*, pp.132~52.
25. Richard H. Scheller and Richard Axel, "How Genes Control an Innate Behavior," *Scientific American*, March 1984, pp.44~52.
26. Richard Frederick Thompson, The Brain (1985), pp.18~19, 34~42.
27. Helen E. Fisher, "Lust, Attraction, and Attachment in Mammalian Reproduction," *Human Nature* 9, no.1 (1998): pp.23~52.
28. M. Garry et at., "Imagination Inflation: Imagining a Childhood Event Inflates Confidence That It Occurred," *Psychonomic Bulletin and Review* 3, no. 2 (1996): pp.208~14; Gordon M. Shepherd, *Neurobiology* (1994), pp.615~16. 또한 Elizabeth Loftus, "Creating False Memories," *Scientific American*, September 1997, pp.51~55.
29. Rosie Mestel, "Behind the Mask," *New Scientist*, 27 April 1996, pp.10~13. 또한 Michael S. Gazzaniga, "The Split Brain Revisited," *Scientific American*, July 1998, pp.35~39.
30. J. G. Hildebrand and G. M. Shepherd, "Mechanisms of Olfactory Discrimination: Converging Evidence for Common Principles across Phyla," *Annual Review Neuroscience* 20 (1997): pp.595~631; David Sandeman, "Funktionelle Ähnlichkeiten zwischen Nervensystemenvon Vertebraten unt Invertibraten: Homolog odor Analog?" *Abh. der Akad. Wiss und Lit.*

Mainz, Stuttgart, 1996.
31. Shepherd, *Neurobiology*, pp.603~14.
32. David R. Bergamini, *Japan's Imperial Conspiracy* (1971), pp.202~3.
33. Ibid., p.54. 또한 John Costello, *The Pacific War* (1981), p.578.
34. Bergamini, *Japan's Imperial Conspiracy*, pp.1036, 1040.
35. Ibid., pp.1016~30.
36. Ibid., p.1040. 또한 Costello, *Pacific War*, pp.558~59.
37. Bergamini, *Japan's Imperial Conspiracy*, pp.1030~31.
38. Richard Leakey and Roger Lewin, *The Sixth Extinction: Biodiversity and Its Survival* (1995), p.241.
39. Sue Armstrong, "Female Circumcision: Fighting a Cruel Tradition," *New Scientist*, 2 February 1991, pp.22~27; Wrangham and Peterson, *Demonic Males*, p.119. 또한 Marguerite Holloway, "Trends in Women's Health," *Scientific American*, August 1994, pp.77~83.
40. Carl Sagan and Ann Drulyan, *Shadows of Forgotten Ancestors* (1992), pp.324~26; S. T. Emlen, N. J. Demong, and D. Emlen, "Experimental Induction of Infanticide in Female Wattled Jacanas," *The Auk* 105 (1989): pp.1~7.

10. 한밤중의 예측

1. Mark Buchanan, "Fascinating Rhythm," *New Scientist*, 3 January 1998, p.22.
2. Tony McMichael, *Population Overload* (1993), p.204; Paul Ehrlich and Anne Ehrlich, *Healing the Planet* (1991), p.196; Joel E. Cohen, *How Many People Can the Earth Support?* (1995), p.187.
3. L. A. Frakes, *Climates throughout Geological Time*, (1979) 1980, p.236.
4. "Lake Gas," *New Scientist*, 16 August 1997, p.21. 메탄 속에 들어 있는 탄소원자는 방사선 동위원소를 이용한 연대 측정을 가능하게 해준다.
5. Steve Meacham, "Protective Reflex Made Apocalypse Cafe Heroes," *Sydney Morning Herald*, 3 May 1996, p.13.

6. Fred Pearce, "Trouble Bubbles for Hydropower," *New Scientist*, 4 May 1996, pp.28~30.
7. Ibid., pp.30~31.
8. Fred Pearce, "Land of the Rising Concrete," *New Scientist*, 11 January 1997, p.43.
9. Fred Pearce, "The Concrete Jungle Overheats," *New Scientist*, 19 July 1997, p.14.
10. Lynn Margulis and Dorion Sagan, *What is Life?* (1995), p.73.
11. Ibid., pp.73~76.
12. Michael Jordan, *Cults, Prophesies, Practices, end Personalities* (1996), pp.58~67.
13. Juliet Butler, "Russia's Witches: Spellbinding a Nation," *Marie Claire Australia*, August 1997, pp.54~60.
14. Professor Julian Simon, as quoted by Anita Cordon and David Suzuki in *It's a Matter of Survival* (1990), p.172.
15. 호주방송공사의 뉴스 보도(11 December 1997).
16. United Nations Population Fund, *The State of the World Population 1997*, p.249.

참고문헌

Allison, Richard, and Ann Greene. "Recombination between Viral RNA and Transgenic Plant Transcripts." *Science* 263 (March 1994).
Archer, Michael. "'Sine' of the Times." *Australian Natural History* (summer 1994/95).
Archer, Michael, Tim Flannery, and Gordon Grigg. *Kangaroo*. Sydney: Weldons, 1985.
Armstrong, Sue. "Female Circumcision: Fighting a Cruel Tradition." *New Scientist*, 2 February 1991.
Attenborough, David. *The Trials of Life*. London: William Collins, 1990.
Australia. *Landcover Disturbance over the Australian Continent*. Biodiversity Series, Paper No.7. Canberra: Department of Environment, Sport and Territories, 1995.
_____. *Native Vegetation Clearance, Habitat Loss and Biodiversity Decline*. Biodiversity Series, Paper No.6. Department of Environment, Sport and Territories, 1995.
_____. *Australia: State of the Environment 1996*. Melbourne: CSIRO Publishing.
Bahn, Paul. "Who's a Clever Boy Then?" *New Scientist*, 14 February 1998.
Bahn, Paul, and John Flenley. *Easter Island, Earth Island*. London: Thames and Hudson, 1992.
Barnett, S. A. *The Rat*. Chicago: University of Chicago Press, 1975.
Bar-Yoseph, Ofer, and Bernard Vandermeersch. "Modern Humans in the Levant." *Scientific American*, April 1993.
Bergamini, David. *Japan's Imperial Conspiracy*. London: William Heinemann,

1971.
Berk, Laura E. "Why Children Talk to Themselves." *Scientific American*, November 1994.
Berndt, R. M. *Love Songs of Arnhemland*. Melbourne: Thomas Nelson, 1976.
Berndt, Thomas J. *Child Development*. New York: Holt, Rinehart and Winston, 1992.
Betsworth, D. G., T. J. Bouchard, C. R. Cooper, H. D. Grotevant, J. I. C. Hansen, S. Scarr, and R. A. Weinberg. "Genetic and Environmental Influences on Vocational Interests Assessed Using Adoptive and Biological Families, and Twins Reared Apart and Together." *Journal of Vocational Behavior* 44, no.3 (1994).
Betzig, Laura. "Roman Polygyny." *Ethology and Sociobiology* 13 (1992).
Blackmore, Susan. "Alien Abduction." *New Scientist*, 19 November 1994.
Blumenschine, Robert J., and john A. Cavallo. "Scavenging and Human Evolution." *Scientific American*, October 1992.
Bouchard, T. J. "Whenever the Twain Shall Meet." *Sciences-New York* 37, no.5 (1997).
Broecker, Wallace S. "Chaotic Climate." *Scientific American*, November 1995.
Brown, Barbara E., and John C. Ogden. "Coral Bleaching." *Scientific American*, January 1993.
Brown, L. R. "Grain Harvest Drops." In *Vital Signs: The Trends That Are Shaping Our Future*, edited by L. R. Brown, C. Flavin, and H. Kane. New York: Norton, 1992.
Buchanan, Mark. "Fascinating Rhythm." *New Scientist*, 3 January 1998.
Bullock, T. H., and G. A. Horridge. *Structure and Function in the Nervous Systems of Invertebrates*, no. 12. San Francisco: W. H. Freeman, 1965.
Butler, Juliet. "Russia's Witches: Spellbinding a Nation." *Marie Claire Australia*, August 1997.
Cahill, Larry, et al. *Proceedings of the National Academy of Sciences*, no. 93(1996).
Calhoun, John B. "Population Density and Social Pathology." *Scientific*

American, February 1962.
Changeux, Jean-Pierre. *Neuronal Man*. New York: Oxford University Press, 1986.
Chitty, Dennis. *Do Lemmings Commit Suicide? Beautiful Hypotheses and Ugly Facts*. New York: Oxford University Press, 1996.
Christian, John J. "The Adreno-Pituitary System and Population Cycles in Mammals." *Journal of Mammalogy* 31(1950).
Cohen, Joel E. *How Many People Can the Earth Support?* New York: W. W. Norton, 1995.
Coppens, Yves. "East Side Story: The Origin of Humankind." *Scientific American*, May 1994.
Corballis, Michael C. *The Lopsided Ape*. New York: Oxford University Press, 1991.
Costello, John. *The Pacific War*. New York: Rawson Wade Publishers, 1981.
Darwin, Charles Robert. *On the Origin of Species*. 1859.
_____. *The Descent of Man and Selection in Relation to Sex*. 1871.
_____. *The Expression of the Emotions in Man and Animals*. 1872.
Dawkins, Richard. *The Selfish Gene*. New York: Oxford University Press, 1976.
_____. *The Blind Watchmaker*. London: Longmans, 1986.
Dayton, Leigh, and James Woodford. "Australia's Date with Destiny." *New Scientist*, 7 December 1996.
Deacon, Terrence W. "The Human Brain." In *The Cambridge Encyclopedia of Human Evolution*, edited by Steve Jones, David Martin, and David Pilbeam. Cambridge: Cambridge University Press, 1992.
Dean, Christopher. "Jaws and Teeth." In *The Cambridge Encyclopedia of Human Evolution*, edited by Steve Jones, David Martin, and David Pilbeam. Cambridge: Cambridge University Press, 1992.
Dekoker Brenda. "An Acid Test." *Scientific American*, October 1995.
de la Mare, Bill. "Abrupt Mid-Twentieth-Century Decline in Antarctic Sea-Ice Extent from Whaling Records." *Nature* 389 (1997).

Diamond, Jared. *The Rise and Fall of the Third Chimpanzee*. London: Radius, 1991.
_____. "What Are Men Good For?" *Natural History*, May 1993.
Dobson, Andrew. "People and Disease." In *The Cambridge Encyclopedia of Human Evolution*, edited by Steve Jones, David Martin, and David Pilbeam. Cambridge: Cambridge University Press, 1992.
Dörner, Gunter. "Prenatal Stress and Possible Aetiogenetic Factors of Homosexuality in Human Males." *Endokrinologie*, no.75 (1980).
Downey, Jim. "The Paperless Office: A Science Fiction Fantasy." *Australian Conservation Foundation Report*, 12 June 1996.
Dudley, Nigel, and Jean-Paul Jeanrenaud. "The Year the World Caught Fire." *WWF International Discussion Paper*(executive summary), December 1997.
Edwards, Rob. "Tomorrow's Bitter Harvest." *New Scientist*, 17 August 1996.
_____. "End of the Germ Line." *New Scientist*, 28 March 1998.
Edwards, Rob, and Ian Anderson. "Seeds of Wrath." *New Scientist*, 14 February 1998.
Edwards, Ross. "Not Yodelling but Drowning." *New Scientist*, 11 November 1995.
Ehrlich, Paul R. *The Population Bomb*. New York: Ballantine Books, 1968.
Ehrlich, Paul R., and Anne H. Ehrlich. *The Population Explosion*. New York: Simon & Schuster, 1990.
_____. *Healing the Planet*. New York: Addison-Wesley, 1991.
Emlen, S. T., N. J. Demong, and D. Emlen, "Experimental Induction of Infanticide in Female Wattled Jacanas." *The Auk*, no. 105 (1989).
Erwin, Douglas H. "The Mother of Mass Extinctions." *Scientific American*, July 1996.
Eysenck, Hans, and Michael Eysenck. *Mindwatching*. London: Michael Joseph, 1981.
Falk, Dean. "Hominid Paleoneurology." *Annual Review of Anthropology*, no.16 (1987).
Fanning, J. C., M. J. Tyler and D. J. C. Shearman. "Converting a

Stomach to a Uterus: The Microscopic Structure of the Stomach of the Gastric Brooding Frog *Rheobatrachus silus*: *Gastroenterology* 82, no.1 (1982).

Fisher, Helen E. "Lust, Attraction, and Attachment in Mammalian Reproduction." *Human Nature* 9, no.1 (1998).

Flannery, Timothy Fridtjof. *Australia's Vanishing Mammals*. Sydney: Readers Digest, 1990.

_____. *The Future Eaters*. Sydney: Reed Books, 1994.

Foley, Robert, and Robin Dunbar. "Beyond the Bones of Contention." *New Scientist*, 14 October 1989.

Frakes, L. A. *Climates throughout Geological Time*. Amsterdam: Elsevier Scientific, 1979.

Garry, M., C. G. Manning, E. F. Loftus, and S. J. Sherman. "Imagination Inflation: Imagining a Childhood Event Inflates Confidence That It Occurred." *Psychonomic Bulletin and Review* 3, no. 2 (1996).

Gazzaniga, Michael S. "The Split Brain Revisited." *Scientific American*, July 1998.

Gelburd, Diane E. "Managing Salinity: Lessons from the Past." *Journal of Soil and Water Conservation* 40, no. 4 (1985).

Gibson, F. "The Simplest Forms of Life." In *In the Beginning*… Canberra: Australian Academy of Science, 1974.

Goodall, Jane. "Life and Death at Gombe." *National Geographic*, May 1979.

Goodall, Jane. *Through a Window: My Thirty Years with the Chimpanzees of Gombe*. Boston: Houghton Mifflin, 1990.

Gordon, Anita, and David Suzuki. *It's a Matter of Survival*. Toronto: Stoddart Publishing, 1990.

Goss, Helen. "Meltdown Warning as Tropical Glaciers Trickle Away." *New Scientist*, 24 June 1995.

Gould, Stephen Jay. *The Panda's Thumb*. New York: W. W. Norton, 1980.

_____. *Hen's Teeth and Horse's Toes*. New York: W. W. Norton, 1983.

_____. *Life's Grandeur(Full House)*. London: Random House, 1996.

Gribbin, John. "Methane May Amplify Climate Change." *New Scientist*, 2 June 1990.
Gribbin, John, and Mary Gribbin. "Inside Science: The Greenhouse Effect." *New Scientist*, 13 July 1996.
Grove, Richard H. "Origins of Western Environmentalism." *Scientific American*, July 1992.
Hadfield, Peter. "Raining Acid on Asia." *New Scientist*, 15 February 1997.
Harris, D. R. "Human Diet and Subsistence." In *The Cambridge Encyclopedia of Human Evolution*, edited by Steve Jones, David Martin, and David Pilbeam. Cambridge: Cambridge University Press, 1992.
Harris, Judith Rich, and Robert M. Liebert. *The Child*. New Jersey: Prentice Hall, 1987.
Hecht, Jeff. "Bahamas Back Theory of Sudden Climate Change." *New Scientist*, 18 December 1993.
──────. "Shallow Methane Could Turn On the Heat." *New Scientist*, 8 July 1995.
──────. "Baked Alaska." *New Scientist*, 11 October 1997.
Hildebrand, J. G., and G. M. Shepherd. "Mechanisms of Olfactory Discrimination: Converging Evidence for Common Principles across Phyla." *Annual Review of Neuroscience* 20 (1997).
Holloway, Marguerite. "Trends in Women's Health." *Scientific American*, August 1994.
Holmes, Bob. "Blue Revolutionaries." *New Scientist*, 7 December 1996.
Houghton, Richard A., and George M. Woodwell. "Global Climatic Change." *Scientific American*, April 1989.
Jordan, Michael. *Cults, Prophesies, Practices, and Personalities*. Sydney: The Book Company, 1996.
Kazantzakis, Nikos. *Zorba the Greek*. Translated by Carl Wildman. London: Faber and Faber, 1961.
Kershaw, A. P. "Climatic Change and Aboriginal Burning in North-East Australia during the Last Two Glacials." *Nature* 322 (1986).
Kershaw, A. P., P. T. Moss, and S. van der Kaars. "Environmental

Change and the Human Occupation of Australia." *Anthropologie* 35, no. 2/3 (1997).

Kiernan, Vincent. "Is the Frozen North in Hot Water?" *New Scientist*, 8 February 1997.

Krebs, Charles J. *Ecology: The Experimental Analysis of Distribution and Abundance*. New York: Harper and Row, 1972.

Laitman, Jeffery T. "The Anatomy of Human Speech." *Natural History*, August 1984.

Leakey, Richard, and Roger Lewin. *Origins*. London: Macdonald and Jane's Publishers, 1977.

Leakey, Richard, and Roger Lewin. *The Sixth Extinction: Biodiversity and Its Survival*. New York: Doubleday, 1995.

Levy; Florence, David A. Hay, Michael McStephen, Catherine Wood, and Irwin Waldman. "Attention-Deficit Hyperactivity Disorder: A Category or a Continuum? Genetic Analysis of a Large-Scale Twin Study." *American Academy of Child and Adolescent Psychiatry* 36, no. 6 (1997).

Lewin, Roger. *The Origin of Modern Humans*. New York: W. H. Freeman, 1993.

——. "Human Origins: The Challenge of Java's Skulls." *New Scientist*, 7 May 1994.

Lieberman, Philip. "Human Speech and Language." *The Cambridge Encyclopedia of Human Evolution*, edited by Steve Jones, David Martin, and David Pilbeam. Cambridge: Cambridge University Press, 1992.

Linden, Eugene. "Warning from the Ice." *Time Magazine*, 17 March 1997.

Loftus, Elizabeth. "Creating False Memories." *Scientific American*, September 1997.

Lovelock, James. *The Ages of Gaia*. New York: Oxford University Press, 1987.

Lowe, Ian. "Are We Really That Smart?" *New Scientist*, 1 July 1995.

MacKenzie, Debora. "Will Tomorrow's Children Starve?" *New Scientist*, 3 September 1994.

——. "Polar Meltdown Fulfils Worst Predictions." *New Scientist*, 12

August 1995.

———. "The Cod That Disappeared." *New Scientist*, 16 September 1995.

———. "Off to a Dirty Start." *New Scientist*, 20 September 1997.

Malone, Caroline, Anthony Bonanno, Tancred Gouder, Simon Stoddart, and David Trump. "The Death Cults of Prehistoric Malta." *Scientific American*, December 1993.

Malthus, Thomas Robert. *An Essay on the Principle of population*. 1798.

Margulis, Lynn, and Dorion Sagan. *What Is Life?* London: Weidenfeld and Nicolson, 1995.

Martin, Beth, and Michael Day. "Fresh Alarm over Threatened Sperm", *New Scientist*, 11 January 1997.

McGrath, Peter. "Lethal Hybrid Decimates Harvest": *New Scientist*, 30 August 1997.

McMichael, Tony. *Planetary Overload*. Cambridge: Cambridge University Press, 1993.

Mestel, Rosie. "Behind the Mask." *New Scientist*, 27 April 1996.

Milton, Katharine. "Distribution Patterns of Tropical Plant Foods as an Evolutionary Stimulus to Primate Mental Development." *American Anthropologist* 83, no. 3 (1981).

———. "Diet and Primate Evolution." *Scientific American*, August 1993.

Moir, Anne, and David Jessel. *Brain Sex*. New York: Bantam, Doubleday, Dell, 1992.

Morewood, M. J., P. O. Sullivan, F. Aziz, and A. Raza. "Fission-Track Ages of Stone Tools and Fossils on the East Indonesian Island of Flores." *Nature* 392, no. 12 (1998).

Morrison, Reg. *Australia: The Four-Billion-Year Journey of a Continent*. New York: Facts on File, 1990.

Motluk, Alison. "Touched by the Word of God." *New Scientist*, 8 November 1997.

Mozdy, Amy Davis. "Pay Attention Rover." *New Scientist*, 10 May 1997.

Neidjie, Bill, Stephen Davis, and Allan Fox. *Kakadu Man*. Sydney: Allan Fox and Associates, 1985.

Pace, Norman R. "A Molecular View of Microbial Diversity and the Biosphere." *Science*, 2 May 1997.

Pain, Stephanie. "Tiny Killers Bloom in Warmer Seas." *New Scientist*, 24 February 1996.

———. "The Intraterrestrials." *New Scientist*, 7 March 1998.

Patterson, Francine, and Eugene Linden. *The Education of Koko*. New York: Holt, Rinehart and Winston, 1981.

Patterson, Ian. "Out of Africa Again··· and Again." *Scientific American*, April 1997.

Pearce, Fred. "How Disappearing Lakes Are Swelling the Oceans." *New Scientist*, 22 January 1994.

———. "Forests Destined to End in the Mire." *New Scientist*, 7 May 1994.

———. "Will Global Warming Plunge Europe into an Ice Age?" *New Scientist*, 19 November 1994.

———. "Dead in the Water." *New Scientist*, 4 February 1995.

———. "Pacific Plankton Go Missing." *New Scientist*, 8 April 1995.

———. "Global Alert Over Malaria." *New Scientist*, 13 May 1995.

———. "Poisoned Waters." *New Scientist*, 21 October 1995.

———. "How the Soviet Seas Were Lost." *New Scientist*, 11 November, 1995.

———. "Trouble Bubbles for Hydropower." *New Scientist*, 4 May 1996.

———. "To Feed the World, Talk to the Farmers." *New Scientist*, 23 November 1996.

———. "Land of the Rising Concrete." *New Scientist*, 11 January 1997.

———. "Thirsty Meals That Suck the World Dry." *New Scientist*, 1 February 1997.

———. "Northern Exposure." *New Scientist*, 31 May 1997.

———. "The Concrete Jungle Overheats." *New Scientist*, 19 July 1997.

———. "Promising the Earth." *New Scientist.*, 30 August 1997.

———. "White Bread is Green." *New Scientist*, 6 December 1997.

Potts, Richard. "The Hominid Way of Life." *The Cambridge Encyclopedia of*

Human Evolution, edited by Steve Jones, David Martin, and David Pilbeam. Cambridge: Cambridge University Press, 1992.

Press, Frank, and Raymond Siever. *Understanding Earth*. New York: W. H. Freeman, 1994.

Price, B. "AIB National Poll of First-Year Biology Students in Australian Universities." *The Skeptic* 12, no. 3 (1992).

Rahmstorf, Stefan. "Ice-Cold in Paris." *New Scientist*, 8 February 1997.

Ramage, Colin S. "El Niño." *Scientific American*, June 1986.

Raup, David M. *Bad Genes or Bad Luck?* New York: W. W. Norton, 1991.

Reynolds, Henry. *Frontier*. Sydney: Allen and Unwin, 1987.

Rowley, C. D. *Outcasts in White Australia*. Canberra: Australian National University Press, 1970.

Runnels, Curtis N. "Environmental Degradation in Ancient Greece." *Scientific American*, March 1995.

Safina, Carl. "Where Have All the Fishes Gone?" *Issues in Science and Technology* 10 (spring 1994).

―――. "The World's Imperiled Fish." *Scientific American*, November 1997.

Sagan, Carl, and Ann Druyan. *Shadows of Forgotten Ancestors*. London: Random House, 1992.

―――. *Demon Haunted World*. London: Headline Book Publishing, 1996.

Sandeman, David. "Funktionelle Ähnlichkeiten zwischen Nervensystemenvon Vertebraten und Invertibraten: Homolog oder Analog?" *Abh. der Akad. Wiss und Lit. Mainz*, Stuttgart. 1996.

Savage-Rumbaugh, Sue, and Roger Lewin. *Kanzi: The Ape at the Brink of the Human Mind*. New York: Wiley, 1994.

Scheller, Richard H., and Richard Axel. "How Genes Control an Innate Behavior." *Scientific American*, March 1984.

Schneider, David. "The Rising Seas." *Scientific American*, March 1997.

Selye, Hans. "A Syndrome Produced by Diverse Nocuous Agents." *Nature* 138, no. 32 (1936).

―――. "The General Adaptation-Syndrome and Diseases of Adaptation."

Journal of Clinical Endocrinology and Metabolism, no. 6 (1946.)

Shaffer, David R. *Developmental Psychology*. California: Brooks/Cole Publishing, 1992.

Shatz, Carla J. "The Developing Brain." *Scientific American*, September 1992.

Shepherd, Gordon M. *Neurobiology*. 3d ed. New York: Oxford University Press, 1994.

Singh, G., and E. A. Geissler. "Late Cenozoic History of Vegetation, Fire, Lake Levels, and Climate at Lake George, New South Wales, Australia," *Philosophical Transactions of the Royal Society of London*, no. 311 (1985).

Smil, Vaclav. "Global Population and the Nitrogen Cycle." *Scientific American*, July 1997.

Soules, M. R. "Luteal Dysfunction." In *The Ovary*, ed. Eli Y. Adashi and Peter C. K. Leung. New York: Raven Press, 1993.

Sperry, R W. "Lateral Specialization in the Surgically Separated Hemispheres." In *Neurosciences: Third Study Program*, ed. F. O. Schmitt and F. G. Worden. Cambridge: MIT Press, 1974.

Springer, Sally, and Georg Deutch. *Left Brain, Right Brain*. New York: W. H. Freeman, 1993.

Stoddart, S., A. Bonanno, T. Gouder, C. Malone, and D. Trump. "Cult in an Island Society: Prehistoric Malta in the Tarxien Period." *Cambridge Archaeological Journal* 3, no. 1 (April 1993).

Suzuki, David, and Anita Gordon. *It's a Matter of Survival*. Toronto: Stoddart Publishing, 1990.

Thompson, Richard Frederick. *The Brain*. New York: W. H. Freeman, 1985.

Toth, Nicholas. "The Oldowan Reassessed: A Close Look at Early Stone Artifacts." *Journal of Archaeological Science* 12, no. 2 (March 1985).

Trainers, Ted. *The Global Crisis*. Sydney: University of New South Wales, 1996.

Tramo, M. J., K. Baynes, R. Fendrich, G. R. Mangun, E. A. Phelps, P.

A. Reuter-Lorenz, and M. S. Gazzaniga. "Hemispheric Specialization and Interhemispheric Integration." *Epilepsy and the Corpus Callosum*. New York: Plenum Press, 1995.

Tyler, Michael J. *There's a Frog in My Stomach*. Sydney: Collins, 1984.

United Nations. *Human Development Report 1994*.

_____. *The State of World Population 1994*.

_____. *Global Environment Outlook 1997*.

_____. *The State of World Population 1997*.

Vickers-Rich, Patricia, and Thomas Hewitt Rich. *Wildlife of Gondwana*. Sydney: William Heinemann, 1993.

Vines, Gail. "Some of Our Sperm Are Missing." *New Scientist*, 26 August 1995.

de Waal, Frans B. M. "Bonobo Sex and Society." *Scientific American*, March 1995.

_____. *Good Natured*. Cambridge: Harvard University Press, 1996.

Wasser, Samuel K. "Reproductive Control in Wild Baboons Measured by Fecal Steroids." *Biology of Reproduction* 55 (1996).

Watzman, Haim. "Lusher Times at Masada." *New Scientist*, 3 September 1994.

White, Mary E. *After the Greening*. Sydney: Kangaroo Press, 1994.

_____. *Listen··· Our Land Is Crying*. Sydney: Kangaroo Press, 1997.

Wilson, Edward O. *On Human Nature*. Cambridge: Harvard University Press, 1978.

_____. *The Diversity of Life*. Cambridge: Harvard University Press, 1992.

Wrangham, Richard, and Dale Peterson. *Demonic Males*. London: Bloomsbury Publishing, 1996.

Wrangham, Richard W., W. C. McGrew, Frans B. M. de Waal, and Paul G. Heltne, eds. *Chimpanzee Cultures*. Cambridge: Harvard University Press, 1994.

Zeki, Semir. "The Visual Image in Mind and Brain." *Scientific American*, September 1992.

찾아보기

〈ㄱ〉

가미가제 385
가스 하이드레이트 61
가이아 학설 212
감자 마름병 88
개인용 컴퓨터 193
거미의 신경계 287
게놈 116
게오르그 도이치 316
결혼 의식 329
고릴라 35, 132
고릴라 사회의 영유아 살해 369
고인류 156
곰베 강 연구센터 364
관개 사업 75
관개로 인한 토양의 염류화 78
광고업 303
광합성 생물 216
구 소련의 붕괴 186
국제 벼농사 연구소 96
국제 자연 보호기구(WWF) 50
국제연합 식량농업기구(FAO) 49
국제자원연구소(World Resources Institute) 49
군터 되르너 233
그랜드 뱅크스 92
그물거미들 279
극지방 만년설 58

근시안적 유전자 308
금연운동가 308
기억의 조작 379
꽃 305

〈ㄴ〉

나비 효과 373, 405
나자렛 무덤 유적 154
난자 117
난잡한 성행위 395
남극 58, 63
남방진동 56
남획 90
내분비 교란 물질 235
내분비 저해제 235
냉전 체제 190
노란 털 비비 원숭이 230
노먼 페이스 219
노스폴 198
녹색 혁명 107, 189
녹조류 기둥 203
논리적 사고 312
농경 사회 169
농업 생산성의 증대 85
뇌량 314
뉴질랜드의 멸종사례 263

479

\<ㄷ\>
다윈의 지지자들 228
다트머스 대학 인지 신경학 센터 315
단일 재배 88
대뇌의 두 반구 314
대량 멸종 51
대장균 244
더글라스 H. 어윈 52
데이비드 베가미니 389
데이빗 M. 롭 52
데이빗 샌더만 288
데카르트 372
도리안 세이건 213, 432
도박사업 355
독재자 물레이 이스마일 327
동류(同流)집단으로부터의 압력 325
동물의 도구사용 277
동성애 237, 328
동성애자 233
동성혐오심리 328
두뇌 유연성 133
두뇌화 지수 131, 140

\<ㄹ\>
랄프 할러웨이 128
러브락 212, 223, 440
러시아 67
럿거스 대학교 376
레스터 브라운 83
레이첼 카슨 235

레이크 죠지 159
로라 벳지히 326
로버트 맥나마라 96
로저 스페리 314
로져 류윈 49
로져 쇼트 352
로즈 강 노래집 351
루이스 파스퇴르 179
루터 교회 37
뤼트켄 265
리차드 오웬 228
리처드 도킨스 119, 120
리처드 리키 49
리처드 휴우턴 221
린 마굴리스 213, 432
린네 37

\<ㅁ\>
마약 356
마오리 섬의 새들 259
마이크 모어우드 161
마이크 타일러 256
마이클 S. 가자니거 315
만년빙 60, 220, 419
말 125, 136
말타 섬 249
맑은 물 98
망그로브 93
맬서스 265
멍고 호수 164
메탄가스 55, 60, 217, 419, 428
멸종 51

멸종 속도 49
멸종의 연쇄반응 417
모로 반사 292
모스크바 437
모아새 260
몽고 67
문명과 진화 185
문명의 몰락 245
미국 67, 71
미시시피 종자 회사 89
미토콘드리아 200
미툼바 그룹 365
밀턴 프리드만 438

〈ㅂ〉

바우어새 310
바이러스 87
바클라프 스밀 85
발비나 저수지 428
방글라데시 74
배아 휴면 230
밴코마이신 431
범적응증후군 231
범적응현상 420, 441
베르니케 영역 38
병균적 증가 188, 407
병균적 증가의 증거들 178
보노보 침팬지의 성행위 238
보석새 334
보스톡 기지 62
보스톡 연구기지 58
부모의 희생 121

부영양화 94
부티포스 79
브로카 중추 33, 136
블라디미르 베르나드스키 213
빅터 135
빈곤 96
빈티 주아 123
빙하기 138, 217, 220

〈ㅅ〉

사람의 DNA 123
사막 지역의 염류화 75
사막화 현상 66
사모아 섬 327
사회적 스트레스 231
산성비 103, 106
산소 199
산업오염물질 100
산화철 199
살인사건 발생률(도쿄) 360
살인사건 발생률(로마) 360
살인사건 발생률(베를린) 360
살충제 79, 86, 87
새뮤얼 월버포스 228
샐리 스프링거 316
샘 와서 231
생물공학 87
생식 179
생식 세포 117
생태계의 다양성 49
샤크 베이 203
선양 106

선전광고 305
『선한 마음』 368
성 호르몬들 377
성(性)간의 경쟁 393
성기능 장애 236
성도착 증세 237
성적 적응력 233
세계은행 96
세미어 제키 297
수력발전 427
수렵 채집인의 사회 337
수렵 채집인과 농경인의 분리 268
수메르 문명 80
수산업 생산의 감소 90
수자원 이용 98
수잔 새비지 – 럼박 40
수정란 293
숲이 차지하고 있는 면적 49
스토팅 356
스티브 미첨 424
스티븐 제이 굴드 185
시각 작용 297
시더 레이크 저수지 429
시상하부 320
시원 세균 61, 198, 419
식량농업기구 90
식생활 패턴에 따른 EQ 변화 140
쌍둥이 293
쓰레기와 오염물질 209

〈ㅇ〉
아돌프 히틀러 228
아랄해 78
아미노산 117
아일랜드 88
아테시안 퇴적층 73
아프리카 67, 71, 397
안정성 224
알래스카 61
알렉산더 플레밍 179
알베르트 아인슈타인 의과대학 378
알프레드 러셀 월레스 227
애덤 세지윅 228
양식 92
언어 중추 33
언어와 이성적 사고 372
언어의 학습 133
얼굴 표정 381
얼음 기둥 58, 63
에너지의 부채 85
에드워드 N. 로렌츠 374, 404
에드워드 O. 윌슨 47, 48, 53
에드워드 제너 179
에른스트 체인 179
에스트로겐 377
에이브러햄 링컨 328
엑세터 대학교 에너지 환경 연구소 96
엔소(ENSO) 57, 63, 83
엘 니뇨 56
『여섯번째 종말』 49

여성의 할례 397
연방 과학 산업기구 99
열대 가뭄 65
열대 산호초 65
열대 우림 259
열대림 49
열량 95
열중함 377
염류화 66, 74
영양실조 95, 97
영웅심 425
영웅주의 385
영토 335
영토 수호 본능 242
오랑우탄 35
오랑우탄 사회의 강간 371
오른손잡이 132
오모 강 138
오염 100
오존층 101
오존층의 파괴 101
오토 디트리히 뤼트켄 175
온난화의 가속화 60
온실 효과 55
왈레스 프리센 381
우다야마 326
우즈베키스탄 공화국 78
원주민 263
월드 워치 연구소 83
월레스 브뢰커 66
웨인 마이어 99
위 속 부화 254

윌리엄 훗지 247
유전자 117
유전자의 명령 301
유전자의 복제 116
유전자의 안정성 268
유전적 반사 290
유전적 요인과 행동 299
유전적 충동 310
유전적인 불균형 308
유전정보의 복제 119
유전체 116
유형 성숙 127
윤리의식 299
윤리적 요인 304
음모의 신화 358
'의미' 중독증 320
의용군 집단 359
이라크 무덤 154
이란성 쌍둥이 293
이모 173
이산화질소 195
이산화탄소 55, 428
이산화황 103, 106, 194
이스터 섬 247
이주민 263
인간 영혼의 독립성 299
인간 중심 37
『인간과 동물의 감정 표현』 381
인간들의 욕심 43
인간의 종교적 신앙심 323
인구의 폭발 244
인도 71, 75, 94, 426

인류가 하루에 소비하는 에너지의
  양 43
인류의 기원 127
인류의 문명 339
인류의 상상력 167
인류의 생식능력 243
인류의 식성이 달라짐 337
인류의 에너지 소비 426
인류의 진화 412
인종 청소 364
인종 학살 363
일란성 쌍둥이 293
일부 다처제 326

〈ㅈ〉

자외선 102
자원의 낭비 192
'잘못된 기억' 증후군 316
장 밥티스테 라마르크 186
쟈크 투르뇌르 343
쟝 피엘 상규 136
전사 117, 118
전(前)전두엽 피질 148
점성술 340
정숙함 328
정자 117
정자 수의 감소 235
제레드 다이아몬드 337
제2차 세계대전 385
제인 구달 364
제임스 쿡 247
제초제 86

조지 우드웰 221
존 러드 429
존 홀드렌 107
『종의 기원』 37
종자 특허 89
쥴리엣 버틀러 437
중국 67, 71, 75, 426
중동 지방 397
중동 지역 75
쥴리앙 시몽 438
쥴리앙 헉슬리 189
지구 온난화의 열두 가지 징후
  63
지니 135
지식의 전달 173
직립 원인 139
직립원인과 언어 158
진리교 436
진정세균 198
진핵생물 200
진화론과 창조론 227
질병을 치료하기 위한 약제들
  258
질소 비료 85
집단 자살 436

〈ㅊ〉

천적 86
초목과 표토층의 소실 264
총기 로비활동 422
추장 시애틀 350
측두엽 간질 323

치상푼 406
『침묵의 봄』 236
침수 66, 81
침식 66
침식 구덩이 61
침팬지 33, 35, 132
침팬지의 DNA 36

⟨ㅋ⟩
카라칼파크스탄 80
카를 마르크스 228
카사켈라 그룹 364
카오스 원리 374
『카카두 맨』 350
카하마 그룹 364
칸지 40, 277
칼 보쉬 85
칼 세이건 320
칼라 샤츠 134
캐트린 밀턴 140
캔버라 244
캥거루 230
컨버터 194
컴퓨터와 종이소비 193
컴퓨터의 신화 357
코돈 117
코모도 도마뱀 163
콜둔 437
쿠블라이 칸 386
크리스틴 호크스 337
클로드 마틴 50
클로로플루오르카본(CFC) 102

⟨ㅌ⟩
타일랜드 94
타즈마니아 원주민의 학살 365
타즈마니아의 악마 162
탄소 펌프 216
탄소-꽃가루층 159
태생화 146
태아화 127
태양 에너지 44, 54, 95
태초 신화 361
테스토스테론 377
토마스 부샤드 294
토머스 로버트 맬서스 174
토양의 고갈 66, 69
토양의 유실 190
토양의 침식 71
토요다 제독 389
토지의 황폐화 66
토탄 웅덩이 56, 419
톡사펜 100
투르카나 호수 128, 161
툰드라 220, 419
툰드라 지역 61
트루가니니 367
티모시 맥베이 359
팀 플래너리 263

⟨ㅍ⟩
파악(把握) 반사 292
파울 브로카 33
편도체 321
포유류의 멸종률 225

포트 아서 423
폴 에를리히 84, 107, 189
폴 에크만 381
폴란드 105
폴리네시아 군도 327
프란스 데 바알 360, 368
프랑스와 페론 365
프랙털 구조 405
프로모터 116
프리드리히 엥겔스 228
프릿츠 하버 85
피셔 378
필립 페른사이드 427

〈ㅎ〉

하와이 열도 103
하워드 플로리 179
한스 셀리 231, 441
한스 아이젠크 296
해머슬리 산맥 196
해수면 158
해충 87
핵산 염기 115
헬렌 피셔 376
호르몬 230, 233
호주 67, 71
호주 원주민의 영성과 신비주의 342
호주 학술원 주최 국제 심포지엄 244
호주의 멸종사례 261
호주의 환경 파괴 263

화석 연료 55
화전농법 161
환경의 위기 264
황 203
후각 148
흑사병 181
히틀러 328

〈영문〉

ADHD 주의력 결핍 및
  과잉행동장애 295
Dinopis 280
DNA 115
DNA의 상보성 116
ER 1470 130, 132, 136
Homo erectus 139, 152
Homo habilis 130, 139
I=PAT 107, 237, 416
KNM-ER 1470 128
MRSA 431
R. M. 번트 351
Rheobatrachus silus 255
Rheobatrachus vitellinus 255
T. H. 헉슬리 228
X 인자 167

유전자의 영혼

1쇄 2003년 11월 30일
재판 2014년 12월 31일

지은이 레그 모리슨
옮긴이 황수연
발행인 손영일

펴낸곳 전파과학사
출판 등록 1956. 7. 23(제10-89호)
120-112 서울 서대문구 연희2동 92-18
전화 02-333-8877・8855
팩시밀리 02-334-8092

한국어판 ⓒ 전파과학사 2003 printed in Seoul, Korea
ISBN 89-7044-236-7 03470

Website : www.S-wave.co.kr
E-mail : S-wave@S-wave.co.kr